創意無限
樂高 SPIKE
機器人
使用 LEGO MINDSTORMS
Robot Inventor

李春雄
李碩安　著

序言 Preface

運算思維（Computational Thinking）本身就是運用電腦來解決問題的思維。其中 "Computaional" 就是指「可運算的」，為什麼強調可運算？因為電腦的本質就是一台功能強大的計算機，所以，我們必須先「定義問題」再將問題轉換成電腦可運算的形式，亦即程式處理程序（俗稱程式設計），透過它的強大運算能力來幫我們解決問題。

由於傳統的教學方式，大部份著重在「知識傳遞」，較少讓學生能「動手做」的機會，使得學生往往無法親自體驗學習的樂趣，更無法瞭解知識如何與生活上的連接性及應用性，導致許多學生誤認為「學習無用」的想法。

近年來全球吹起 Maker（創客）風潮，其主要的目的就是讓學生親自「動手做、實踐創意」之翻轉教育，它強調「一起做（Do It Together）」的跨領域整合學習方式。因此，美國總統歐巴馬也曾公開呼籲學生，希望學生多參與 Maker 活動，激發學生的各種創意思考，並希望透過 STEM（Science、Technology、Engineering、Mathematics）教育來跨領域地整合學習，讓學生可以從「創意」走向「創新」及「創業」。

由於傳統的程式設計教學方式，學生只會跟著老師學習本課中的小程式，它是屬於單向式教法、記憶式教法或紙上談兵法，無法讓學生感受到程式設計對它未來的幫助。

有鑑於此，本書主要發想就是利用「SPIKE 機器人創客套件」為教具，來讓學生親自動手「組裝」日常生活上最想要設計的作品外部機構，並加裝各種電控元件，以完成「智能裝置」，再讓學生親自撰寫「程式」，訓練學生們的「邏輯思考」及「問題解決」能力。

Preface

因此，本書使用 SPIKE 機器人官方提供的開發軟體，其主要的功能如下：

1. 提供「完全免費」的「整合開發環境」來開發專案。
2. 提供「群組化」的「元件庫」來快速設計使用者介面。
3. 用「視覺化」的「拼圖程式」來撰寫程式邏輯。
4. 支援「娛樂化」的「樂高機器人」製作的控制元件。
5. 提供「多媒體化」的「聲光互動效果」。

綜合上述，筆者利用「SPIKE 機器人」來開發一套可以充份發揮學生「想像力」及「創造力」的快速開發教材，其主要的特色如下：

1. 親自動手「組裝」，訓練學生「觀察力」與「空間轉換」能力。
2. 親自撰寫「程式」，訓練學生「專注力」與「邏輯思考」能力。
3. 親自實際「測試」，訓練學生「驗證力」與「問題解決」能力。

最後，在此特別感謝各位讀者對本著作的支持與愛護，筆者才疏學淺，有疏漏之處，敬請各位資訊先進不吝指教。

李春雄

（Leech@gcloud.csu.edu.tw）

2021.11.1

於　正修科技大學　資管系

目錄

Chapter 1 樂高機器人

1-1	什麼是機器人	2
1-2	樂高的基本介紹	5
1-3	SPIKE 樂高機器人	10
1-4	如何用 Lego SPIKE 程式學習運算思維	13
1-5	樂高 SPIKE「教育版」套件十大作品集	14
1-6	樂高 SPIKE「家用版」套件十大作品集	15
1-7	機器人在創客教育上的應用	16
	課後習題	21

Chapter 2 樂高機器人的程式開發環境

2-1	樂高機器人 SPIKE「手機版」軟體取得及連線	24
2-2	樂高機器人 SPIKE「手機版」程式開發環境	29
2-3	撰寫第一支 SPIKE「手機版」程式	36
2-4	樂高機器人 SPIKE「電腦版」軟體取得	40
	課後習題	43

Chapter 3 打陀螺機器人

3-1	打陀螺機器人	46
3-2	SPIKE 打陀螺機器人組裝	48
3-3	撰寫「打陀螺機器人」之指引程式	60
3-4	專題製作：打陀螺機器人	61
	實作題	63

Chapter 4 自動投籃機器人

4-1	自動投籃機器人	66
4-2	SPIKE 自動投籃機器人組裝	68
4-3	撰寫「自動投籃機器人」之指引程式	80
4-4	專題製作：自動投籃機器人	82
	實作題	84

Contents

Chapter 5 會打鼓的機器人

5-1	會打鼓的機器人	88
5-2	SPIKE 會打鼓的機器人組裝	90
5-3	撰寫「會打鼓的機器人」之指引程式	110
5-4	專題製作：會打鼓的機器人	112
實作題		116

Chapter 6 自動手搖杯機器人

6-1	自動手搖杯機器人	120
6-2	SPIKE 自動手搖杯機器人組裝	122
6-3	撰寫「自動手搖杯機器人」之指引程式	141
6-4	專題製作：自動手搖杯機器人	143
實作題		145

Chapter 7 智慧型垃圾桶

7-1	智慧型垃圾桶	150
7-2	SPIKE 智慧型垃圾桶組裝	152
7-3	撰寫「智慧型垃圾桶」之指引程式	175
7-4	專題製作：智慧型垃圾桶	177
實作題		179

Chapter 8 移動式翻轉病床

8-1	移動式翻轉病床	184
8-2	SPIKE 移動式翻轉病床組裝	186
8-3	撰寫「移動式翻轉病床」之指引程式	205
8-4	專題製作：移動式翻轉病床	207
實作題		209

Contents

Chapter 9 二足人形機器人

9-1	二足人形機器人	214
9-2	SPIKE 二足人形機器人組裝	216
9-3	撰寫「二足人形機器人」之指引程式	227
9-4	專題製作：二足人形機器人	229
實作題		231

Chapter 10 無人作戰車

10-1	無人作戰車	238
10-2	SPIKE 無人作戰車組裝	240
10-3	撰寫「無人作戰車」之指引程式	259
10-4	專題製作：無人作戰車	261
實作題		263

Chapter 11 多方位機動戰車

11-1	多方位機動戰車	266
11-2	SPIKE 多方位機動戰車組裝	268
11-3	撰寫「多方位機動戰車」之指引程式	286
11-4	專題製作：多方位機動戰車	289
實作題		291

Chapter 12 賽車機器人

12-1	賽車機器人	294
12-2	SPIKE 賽車機器人組裝	296
12-3	撰寫「賽車機器人」之指引程式	312
12-4	專題製作：賽車機器人	319
實作題		323

本書所引述的圖片及網頁內容，純屬教學及介紹之用，著作權屬於法定原著作權享有人所有，絕無侵權之意，在此特別聲明，並表達深深的感謝。

範例檔案下載與實作題解答說明：
為方便讀者學習本書程式檔案，請至本公司 MOSME 行動學習一點通網站（http://www.mosme.net/），於首頁的關鍵字欄輸入本書相關字（例如：書號、書名、作者）進行書籍搜尋，尋得該書後即可於〔學習資源〕頁籤下載範例檔案與實作題解答。

Chapter 1 樂高機器人

- **1-1** 什麼是機器人
- **1-2** 樂高的基本介紹
- **1-3** SPIKE 樂高機器人
- **1-4** 如何用 Lego SPIKE 程式學習運算思維
- **1-5** 樂高 SPIKE「教育版」套件十大作品集
- **1-6** 樂高 SPIKE「家用版」套件十大作品集
- **1-7** 機器人在創客教育上的應用

⭐ 學習目標

1. 瞭解機器人定義及在各領域上的運用。
2. 瞭解利用 Lego SPIKE 程式學習運算思維。

1-1 什麼是機器人

一 定義

機器人（Robot）它不一定是以「人形」為限，凡是可以用來模擬「人類思想」與「行為」的機械玩具才能稱之，三種主要組成要素 1.感測器（輸入）、2.處理器（處理）、3.伺服馬達（輸出）。

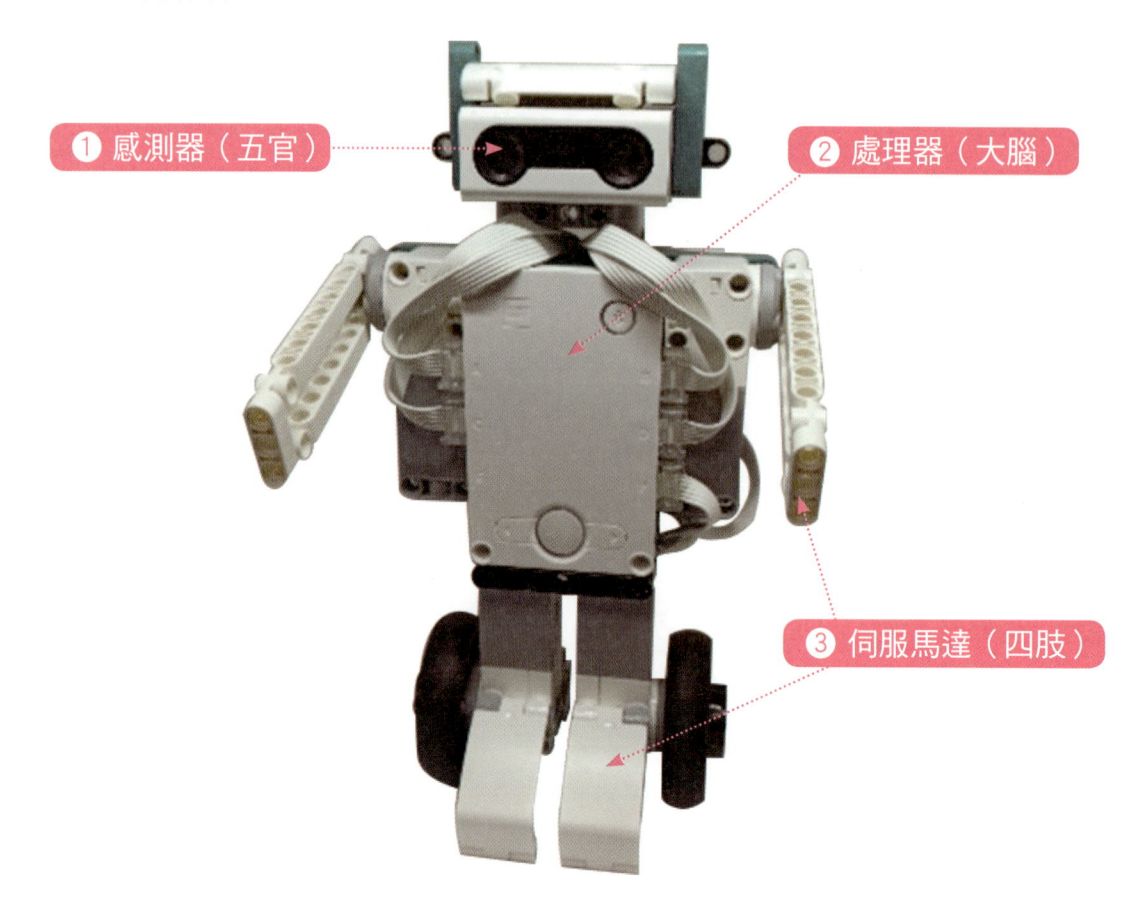

① 感測器（五官）
② 處理器（大腦）
③ 伺服馬達（四肢）

• SPIKE 樂高機器人

二 機器人的運作模式

輸入端	處理端	輸出端
類似人類的「五官」，利用各種不同的「感測器」，來偵測外界環境的變化，並接收訊息資料。	類似人類的「大腦」，將偵測到的訊息資料，提供「程式」開發者來做出不同的回應動作程序。	類似人類的「四肢」，透過「伺服馬達」來真正做出動作。

Chapter 1　樂高機器人

🗨️ 舉例　會走迷宮的機器人

假設已經組裝完成一台樂高機器人的車子（又稱為輪型機器人），當「輸入端」的「超音波感測器」偵測到前方有障礙物時，其「處理端」的「程式」可能的回應有「直接後退」或「後退再進向」或「停止」動作等，如果是選擇「後退再進向」時，則「輸出端」的「伺服馬達」就是真正先退後，再向左或向右轉，最後，再直走等動作程序。

三　機器人的運用

由於人類不喜歡做具有「危險性」及「重複性」的工作，因此，才會有動機來發明各種用途的機器人，其目的就是用來取代或協助人類各種複雜性的工作。

常見的運用

工業
焊接用的機械手臂
（如：汽車製造廠）
或生產線的包裝。

軍事
拆除爆裂物。
（如：炸彈）

太空
無人駕駛。
（如：偵查飛機、探險車）

醫學
居家看護。
（如：通報老人的情況）

生活
自動打掃房子。
（如：自動吸塵器）

運動
自動發球機。
（如：桌球發球機）

運輸
無人駕駛車。
（如：Google 研發的無人駕駛車）

安全測試
汽車衝撞測試。

娛樂
取代傳統單一功能的玩具。

教學
訓練學生邏輯思考及整合應用能力，其主要目的讓學生學會機器人的機構原理、感測器、主機及伺服馬達的整合應用，進而開發各種機器人程式以實務上的應用。

機器人結合 AI 人工智慧

　　近年來 AI 技術突飛猛進，各界積極推動 AI 技術應用至各行業，對人類威脅在於部分工作被人工智慧機器所取代，特別是「工業機器人」部署規模日益擴大，將對全球就業市場帶來顛覆性變革，因此，對於「簡單性」、「重複性」和「規律性」的工作終將會被機器（人工智慧）所取代。

原文網址：https://kknews.cc/tech/voe65b4.html

1-2 樂高的基本介紹

樂高（Lego）是一間位於丹麥國家的玩具公司，總部位於比隆，創始於西元 1932 年，初期它主要生產積木玩具命名為樂高。現今的樂高，已不只是小朋友的玩具，甚至它已經成為許多大朋友的最愛。其主要原因就是因為樂高公司不停的求新求變，並且與時代的潮流與趨勢結合，它先後推出了一系列的主題產品。本書歸納出三種主要的系列：1 樂高創意積木系列 2. 樂高動力機械系列 3. 樂高機器人系列。

一 樂高創意積木

| 功能 |

　　讓小朋友隨著「故事」的情境，發揮自己的想像力，使用 LEGO 積木動手組裝出自己設計的模型。

| 目的 |

1. 培養孩子的創造力。

2. 實作中訓練手指的靈活度。

3. 讓小朋友與大家分享自己的作品，培養孩子的表達能力。

| 樂高教具 |

classic ideas 創意積木	創意積木

二 樂高動力機械

| 功能 |

　　讓小朋友使用 LEGO 動力機械組,藉由動手實作以驗證「槓桿」、「齒輪」、「滑輪」、「連桿」、「輪軸」……等物理機械原理。

| 目的 |

1. 從中觀察與測量不同現象,深入了解物理科學知識。
2. 由「做中學,學中做」。
3. 觀察生活與機械與培養解決能力。

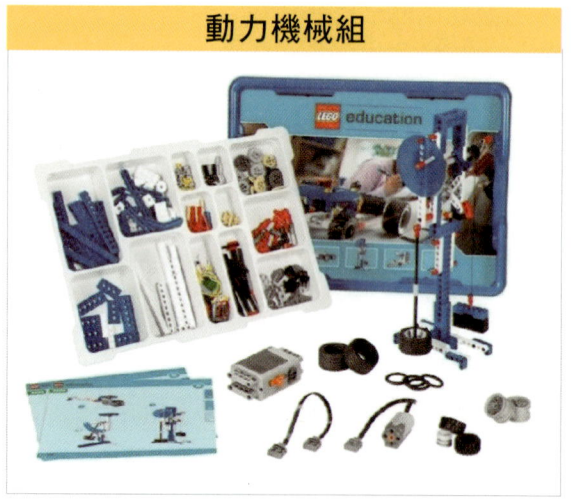

| 教具 |

幼兒簡易動力機械組

動力機械組

三 樂高機器人

|定義|

樂高集團所製造的可程式化的機器玩具（Mindstorms）。

|目的|

1. 親自動手「組裝」，訓練學生「觀察力」與「空間轉換」能力。
2. 親自撰寫「程式」，訓練學生「專注力」與「邏輯思考」能力。
3. 親自實際「測試」，訓練學生「驗證力」與「問題解決」能力。

|樂高教具|

RCX（第一代）1998

NXT（第二代）2006

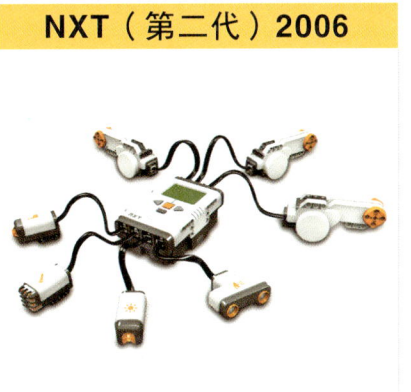

EV3（第三代）2013

SPIKE Prime（號稱第四代）2019

SPIKE 教育版　　SPIKE 擴充組　　SPIKE 家用版

註1 第一代的 RCX 目前已經極少家玩在使用了。⇒ 已成為古董級來收藏。

註2 第二代的 NXT 目前雖然已經停產，但是大部分的教育中心尚在使用。

註3 第三代的 EV3 目前市面上的主流機器人，但是即將停產。將由 SPIKE 取代之。

1. NXT（第二代）相關的套件如下：

NXT 玩具版（零售版） LEGO 8547

NXT 教育版 LEGO 9797

2. EV3（第三代）相關的套件如下：

EV3 家用版（零售版） LEGO 31313

EV3 教育版 LEGO 45544

雖然，上面三個世代的機器人，皆可以提供學生來學習機構組裝、寫程式。但是，對於小學生而言，並非完全適合。因此，樂高公司陸續推出「WeDo 機器人」來讓小學生入門，用較玩具式的方式來介紹機器人給小朋友。

3. WeDo 機器人（適合小學三年以下）

WeDo 機器人（套件組）

WeDo 機器人（程式）

官方作品

4. SPIKE Prime（適合小學三年～大專院校）

　　由於第三代的 EV3 即將停產。將由 SPIKE 取代之。其主要原因是 SPIKE 機器人它是使用 Scratch 為基礎的語言，非常適用學生銜接小學及國中的 Scratch 電腦課程，結合 STEM（科學、技術、工程、數學）跨領域課程，並且 SPIKE 機器人也能使用 Python 語言，進而可以推廣到高中職及大專院校的程式設計及專題製作課程。

1-3　SPIKE 樂高機器人

| 定義 |

樂高機器人是樂高集團所製造的可程式化的機器玩具。

| 目的 |

1. 親自動手「組裝」，訓練學生「觀察力」與「空間轉換」能力。
2. 親自撰寫「程式」，訓練學生「專注力」與「邏輯思考」能力。
3. 親自實際「測試」，訓練學生「驗證力」與「問題解決」能力。

| 版本 |

分為教育版和家用版兩種不同的版本。

教育版

lego 45678

擴充組：lego 45680

家用版 Lego 51515

盒裝（正面）

盒裝（背面）

家用版與教育版之比較表

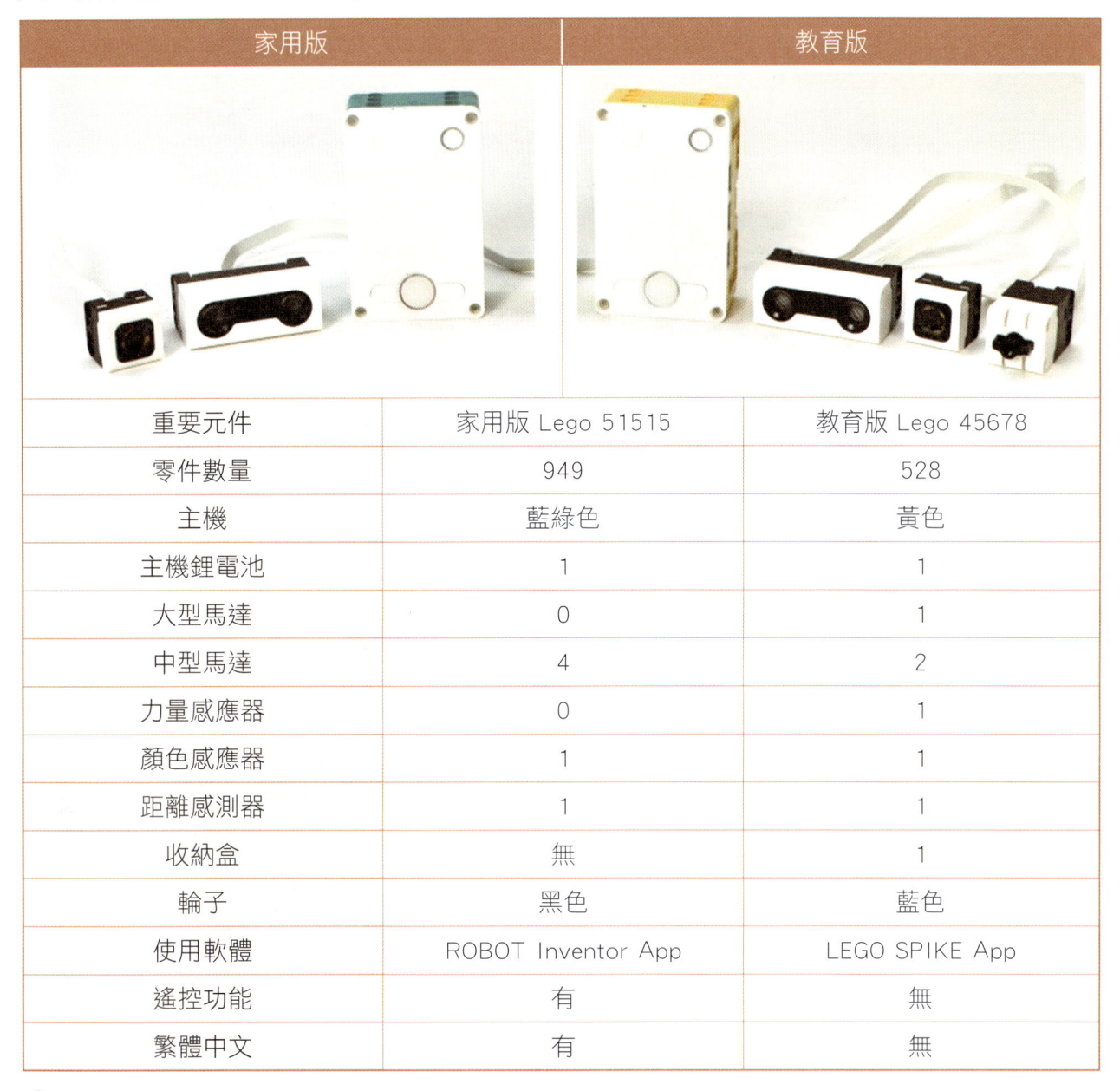

家用版	教育版

重要元件	家用版 Lego 51515	教育版 Lego 45678
零件數量	949	528
主機	藍綠色	黃色
主機鋰電池	1	1
大型馬達	0	1
中型馬達	4	2
力量感應器	0	1
顏色感應器	1	1
距離感測器	1	1
收納盒	無	1
輪子	黑色	藍色
使用軟體	ROBOT Inventor App	LEGO SPIKE App
遙控功能	有	無
繁體中文	有	無

註 本書籍使用「SPIKE 家用版」為主。

創意無限樂高 SPIKE 機器人

樂高官方所提供的各種圖片：5 in 1 的五種模型

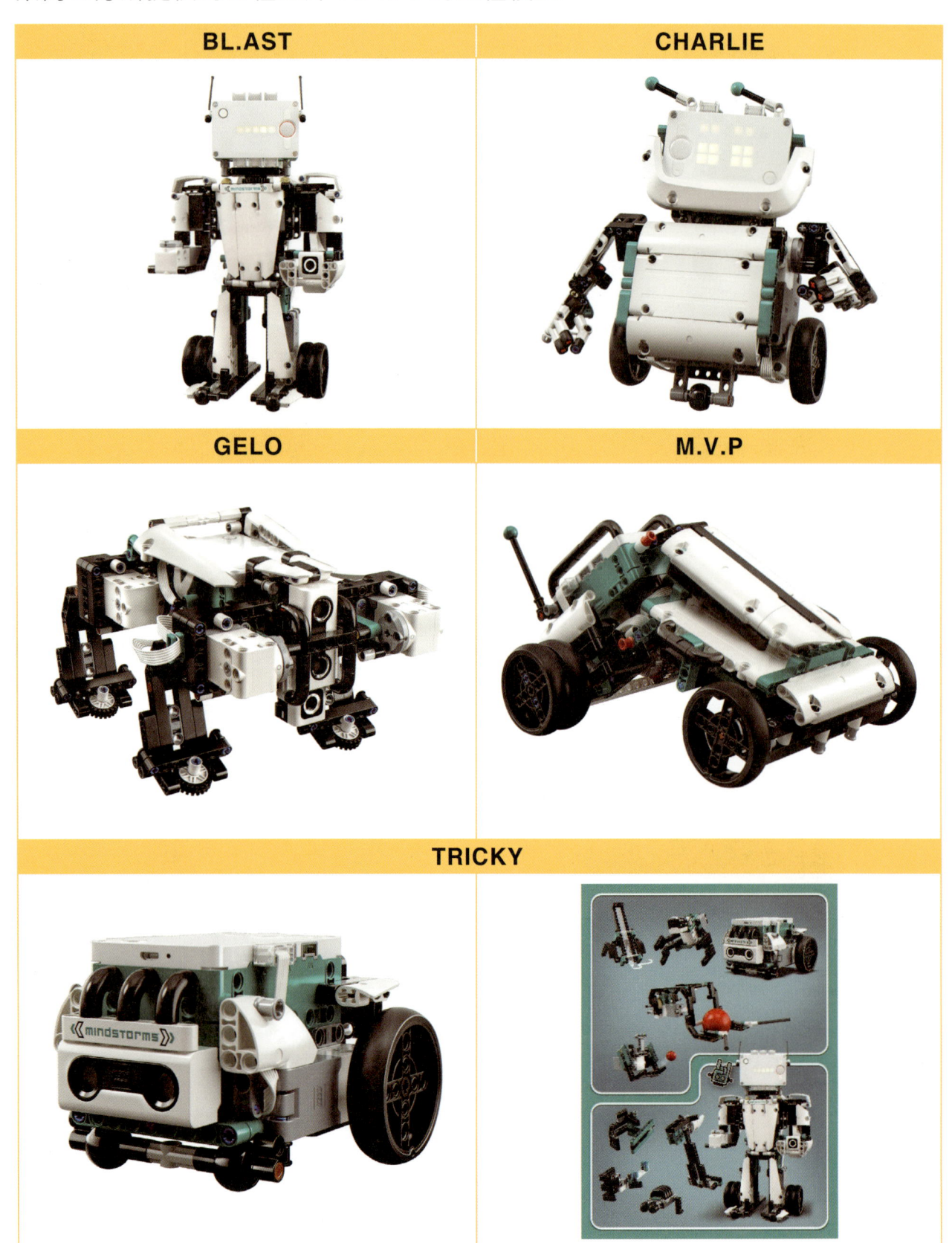

BL.AST	CHARLIE
GELO	M.V.P

TRICKY

1-4 如何用 Lego SPIKE 程式學習運算思維

　　運算思維（Computational Thinking）本身就是運用電腦來解決問題的思維。其中"Computational" 就是指「可運算的」，為什麼強調可運算？因為電腦的本質就是一台功能強大的計算機，所以，我們必須先「定義問題」再將問題轉換成電腦可運算的形式，亦即程式處理程序（俗稱程式設計），透過它的強大運算能力來幫我們解決問題。

　　由於傳統的教學方式，大部分著重在「知識傳遞」，較少讓學生能「動手做」的機會，使得學生往往無法親自體驗學習的樂趣，更無法瞭解知識如何與生活上的連接性及應用性，導致許多學生誤認為「學習無用」的想法。

　　近年來全球吹起 Maker（創客）風潮，其主要的目的就是讓學生親自「動手做、實踐創意」之翻轉教育，它強調「一起做（Do It Together）」的跨領域整合學習方式。因此，美國總統歐巴馬也曾公開呼籲學生，希望學生多參與 Maker 活動，激發學生的各種創意思考，並希望透過 STEM（Science、Technology、Engineering、Mathematics）教育來跨領域地整合學習，讓學生可以從「創意」走向「創新」及「創業」。

　　由於傳統的程式設計教學方式，學生只會跟著老師學習本課中的小程式，它是屬於單向式教法、記憶式教法或紙上談兵法，無法讓學生感受到程式設計對它未來的幫助。

　　有鑑於此，本書主要發想就是利用為教具，來讓學生親自動手「組裝」日常生活上最想要設計的作品外部機構，並加裝各種電控元件，以完成「智能裝置」，再讓學生親自撰寫「程式」，訓練學生們的「邏輯思考」及「問題解決」能力。

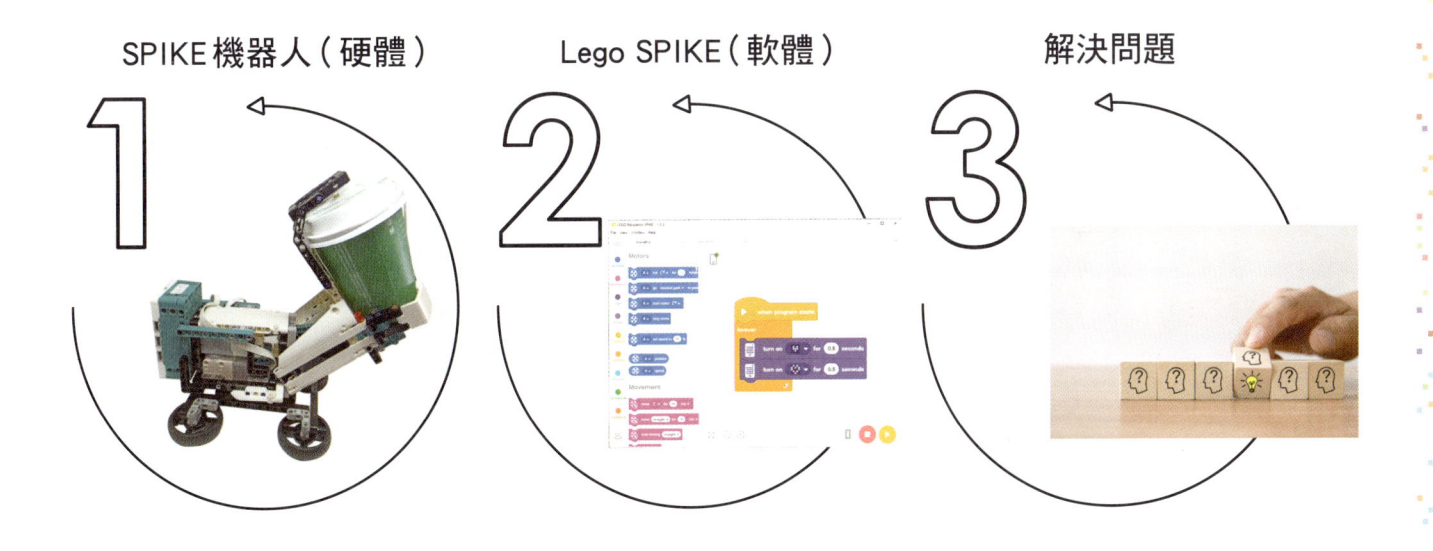

SPIKE 機器人（硬體）　　Lego SPIKE（軟體）　　解決問題

1　2　3

1-5 樂高 SPIKE「教育版」套件十大作品集

如果想要利用 Lego SPIKE 程式及機器人來學習運算思維,除了官方作品之外,也必須要瞭解筆者或其他業餘的創客的 Lego SPIKE 作品。以下是透過樂高 SPIKE「教育版」套件十大作品集。

1. 入門基本車	2. 進階基本車
3. 相撲機器人	4. 搬運堆高機
5. 機器手臂搬運車	6. 工業堆高機
7. 仿生機器人	8. 超跑機器人
9. 無人重機車環島	10. 工廠商品顏色分類器

註 以上十大作品集的機構組裝及程式撰寫,請參考「台科大圖書」出版的書籍。

1-6 樂高 SPIKE「家用版」套件十大作品集

如果想要利用 Lego SPIKE 程式及機器人來學習運算思維，除了官方作品之外，也必須要瞭解筆者或其他業餘的創客的 Lego SPIKE 作品。以下是透過樂高 SPIKE「家用版」套件十大作品集。

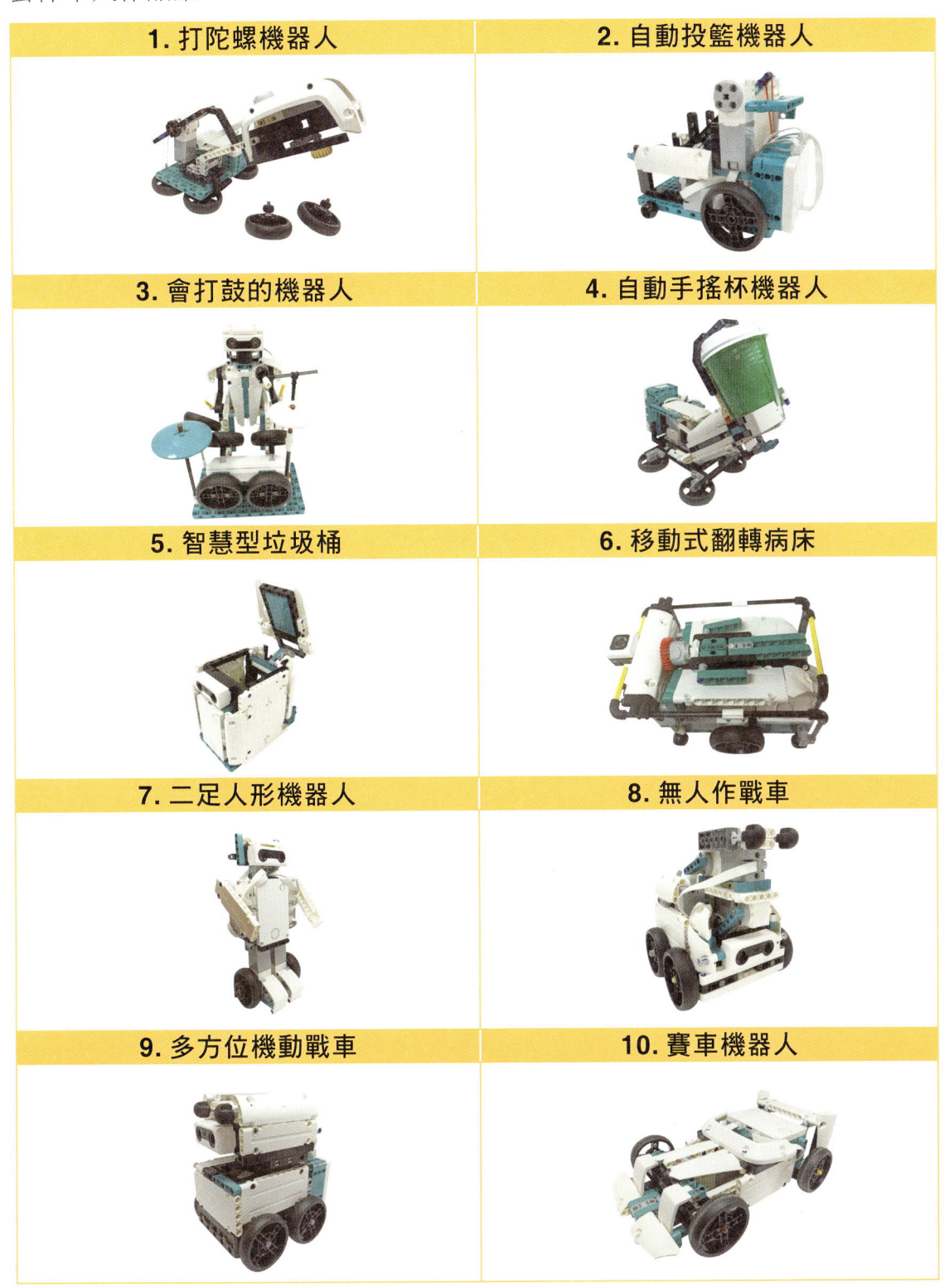

1. 打陀螺機器人	2. 自動投籃機器人
3. 會打鼓的機器人	4. 自動手搖杯機器人
5. 智慧型垃圾桶	6. 移動式翻轉病床
7. 二足人形機器人	8. 無人作戰車
9. 多方位機動戰車	10. 賽車機器人

1-7　機器人在創客教育上的應用

在瞭解樂高機器人教育組的基本運用之後,各位同學是否有發現,樂高機器人如果沒有結合擴展套件,好像不夠精彩及有趣。因此,筆者的研究室開發了各種不同專題製作的作品。常見如下:

一 智慧型撿桌球機器人

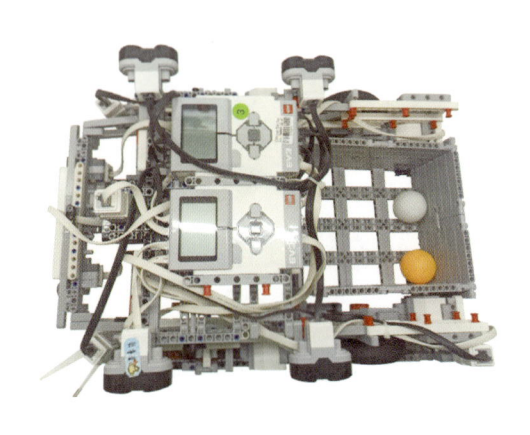

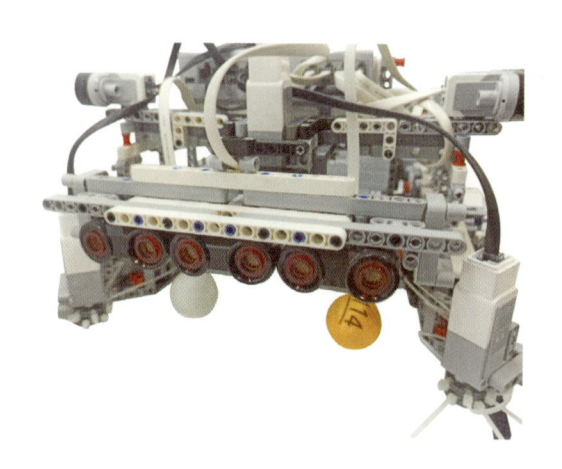

二 智慧型資源回收分類系統

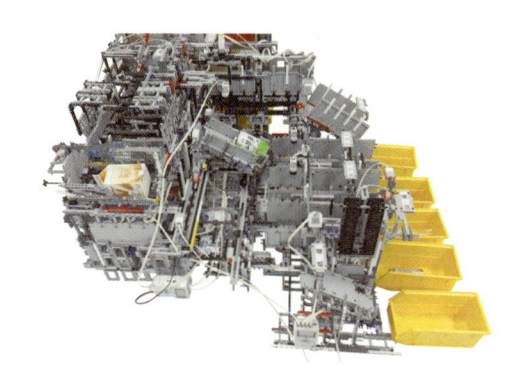

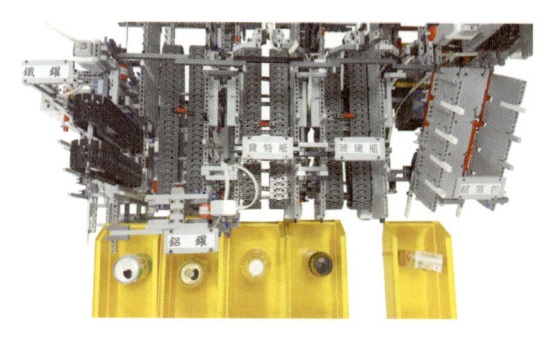

三 智能垃圾壓縮桶

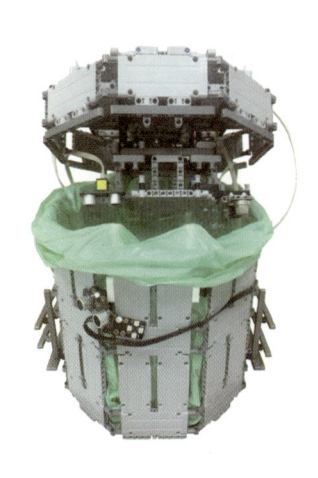

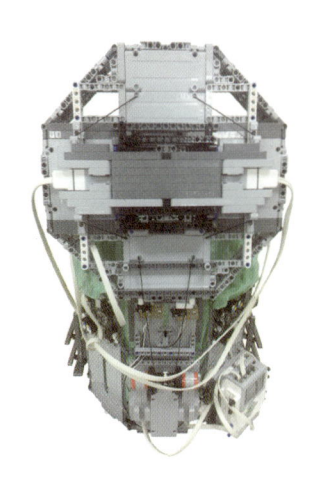

四 樂高版智慧藥盒

樂高版智慧藥盒（藥袋版 1.0）

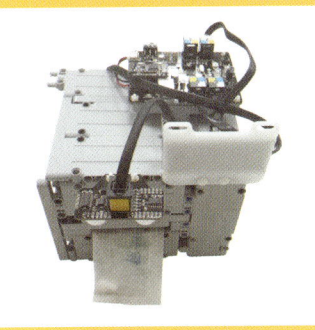

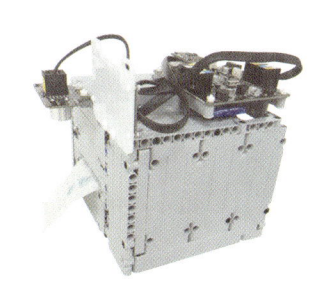

樂高版智慧藥盒（藥盒版 2.0）

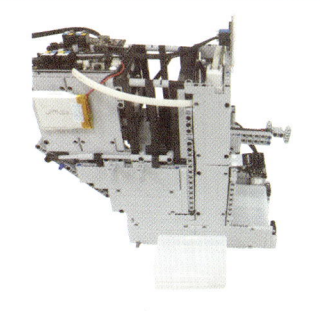

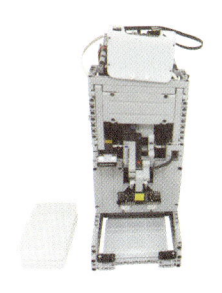

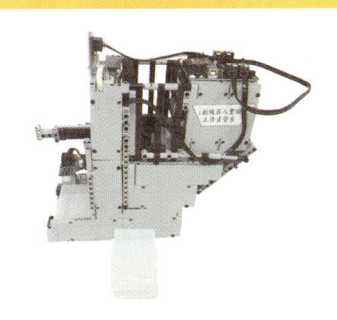

樂高版智慧藥盒（藥盒版 3.0）

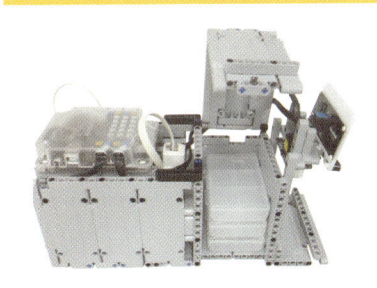

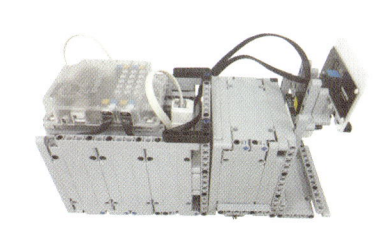

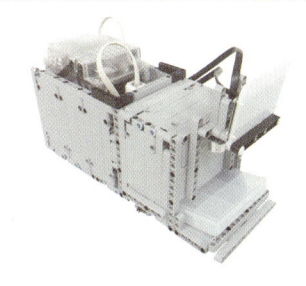

摩天輪智慧藥盒（藥盒版 4.0）

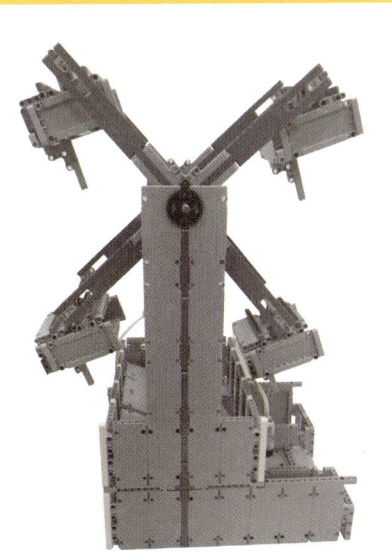

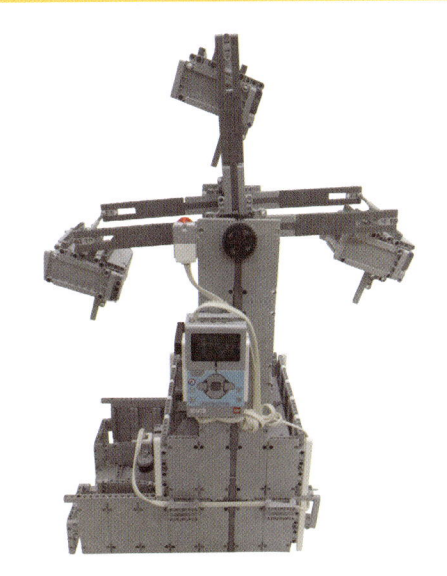

五 長照型服務機器人

Chapter 1　樂高機器人

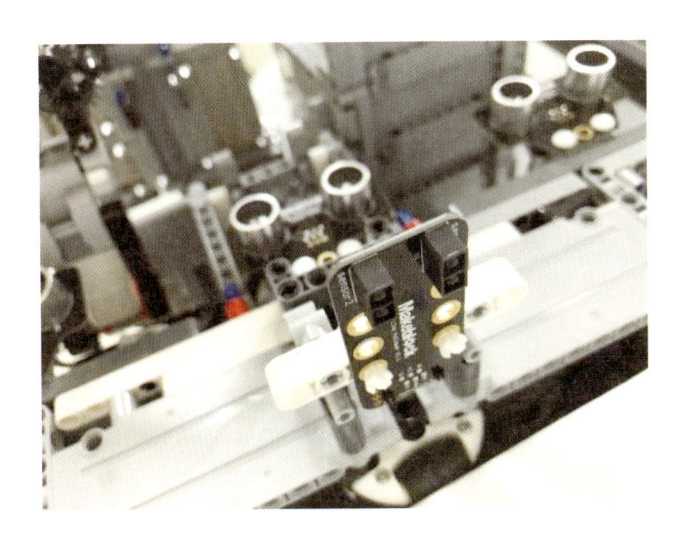

六　樂高智慧屋

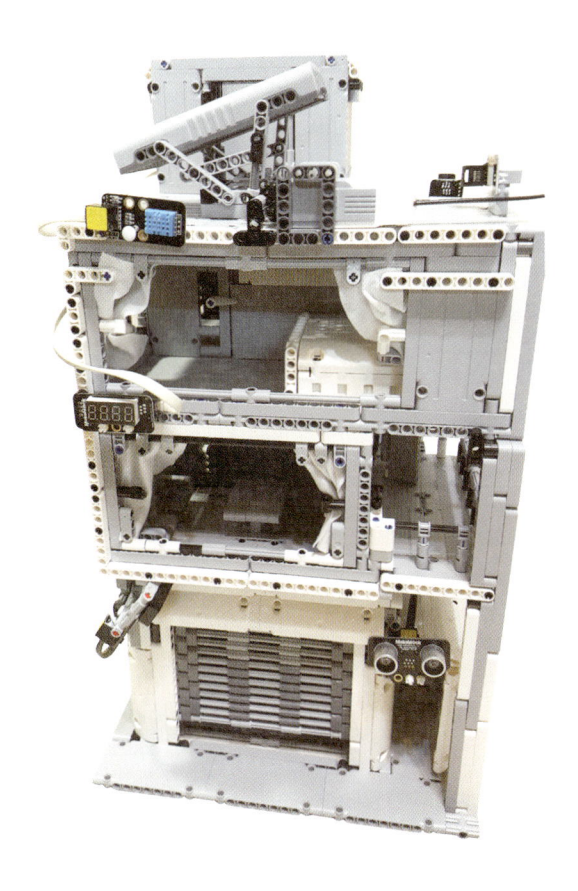

七 智能導盲杖

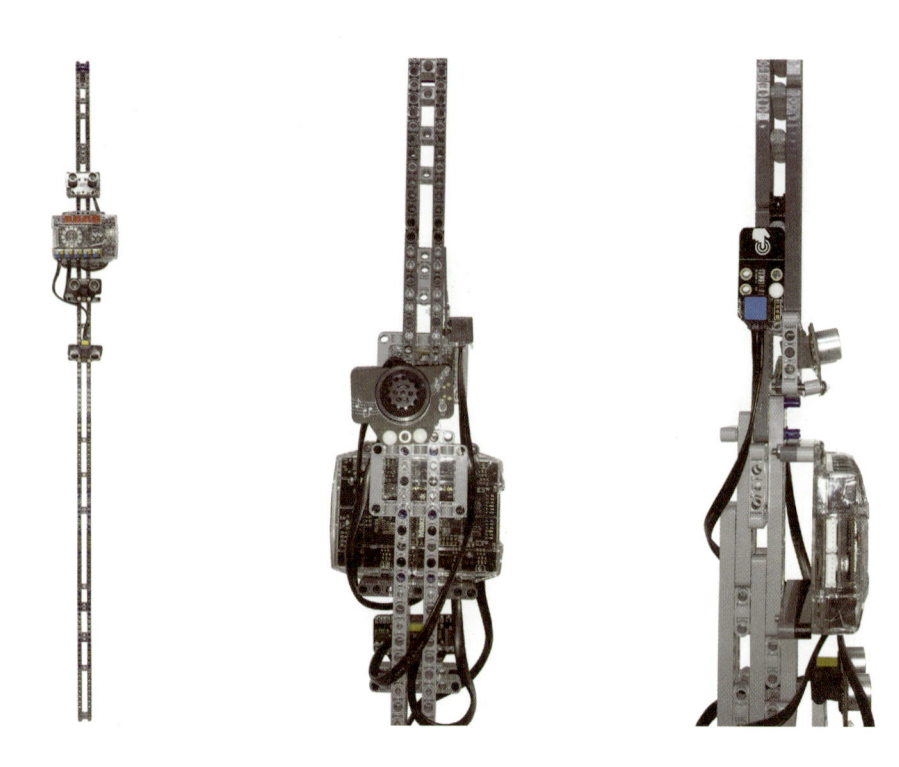

當你看到以上這些專題製作，心裡一定會想問，擁有一台屬於個人的 SPIKE 機器人智能車之後，我可以做什麼？這是一個非常重要的問題。請不用緊張，接下來，來幫各位讀者歸納出一些運用。

1. 娛樂方面

   由於智能小車上有「紅外線接收器」，因此，我們可以透過「紅外線遙控器」來操作機器人，也還可以切換到自走車。例如：遙控車、避障車及循跡車等。

2. 訓練邏輯思考及解決問題的能力

   （1）親自動手「組裝」，訓練學生「觀察力」與「空間轉換」能力。

   （2）親自撰寫「程式」，訓練學生「專注力」與「邏輯思考」能力。

   （3）親自實際「測試」，訓練學生「驗證力」與「問題解決」能力。

   綜合上述，學生在組裝一台智能小車之後，再利用「圖控程式」方式來降低學習程式的門檻，進而達到解決問題的能力。

3. 機構改造與創新

   （1）依照不同的用途來建構特殊化創意機構。

   （2）整合機構、電控及程式設計的跨領域的能力。

Chapter 1　課後習題

1. 請說明創意積木、動力機械及樂高機器人三者的主要差異。

2. 請說明樂高機器人的發展歷程。（第一代到第三代）

3. 請列舉出機器人的組成三要素。

4. 請列舉出機器人的運用。至少列出 10 項。

5. 請問目前常見有哪些軟體程式可以用來控制「樂高機器人」？

MEMO

Chapter 2 樂高機器人的程式開發環境

2-1　樂高機器人 SPIKE「手機版」軟體取得及連線
2-2　樂高機器人 SPIKE「手機版」程式開發環境
2-3　撰寫第一支 SPIKE「手機版」程式
2-4　樂高機器人 SPIKE「電腦版」軟體取得

★ **學習目標**
1. 瞭解如何下載及安裝樂高機器人的 SPIKE 軟體。
2. 瞭解如何利用 SPIKE 程式來撰寫樂高機器人程式。

2-1　樂高機器人 SPIKE「手機版」軟體取得及連線

當我們了解機器人的輸入端、處理端及輸出端的硬體結構之外，各位一定會迫不及待想寫一支程式來玩玩看。那麼既然想要寫程式，那你不得不先了解樂高機器人的程式開發環境。

▇ 一 下載及安裝 SPIKE 軟體

基本上，控制樂高機器人的程式，本書是利用 Lego Mindstorms Robot Inventor App（本書簡稱為：Robot Inventor App）的 Lego SPIKE 開發環境：圖塊拼圖式的開發介面，軟體由樂高官方下載及安裝，適合國小及國中學生，支援 Android / iOS。

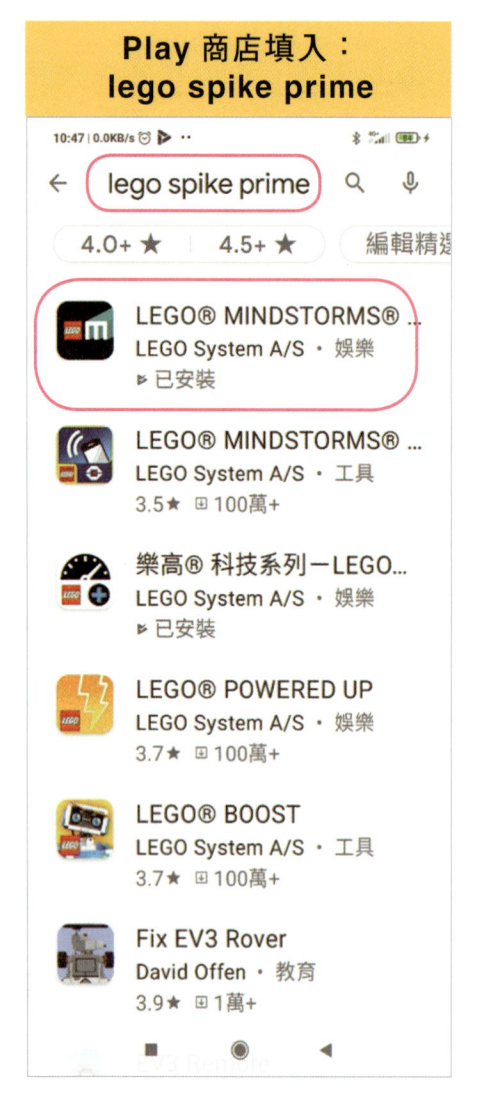

二 主機作業系統更新及藍牙連線

當你順利下載及安裝 Robot Inventor App 程式之後，接下來，再完成以下步驟：

step 01 主機作業系統更新

第一次使用時，主機會要求你作業系統更新。此時，你的主機務必要連接電源，才能順利更新。詳細步驟如右：

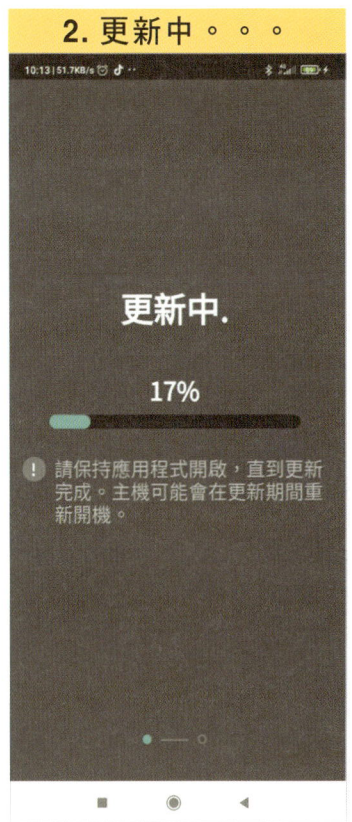

1. 開始更新

2. 更新中。。。

3. 更新中。。。要求配對

4. 更新完成

創意無限樂高 SPIKE 機器人

step 02 語言設定

1. 開啟 SPIKE App 歡迎畫面

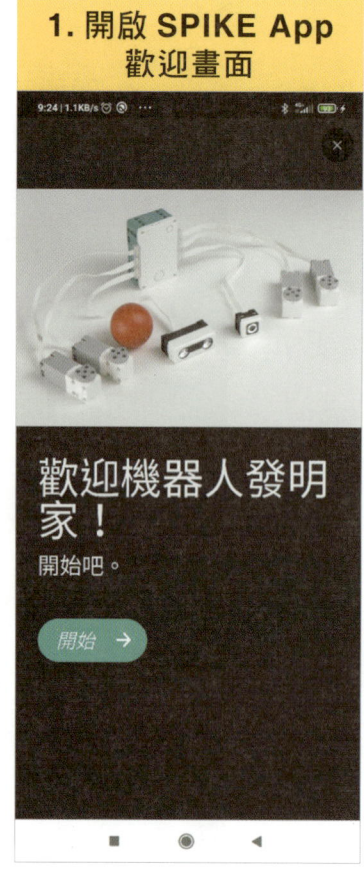

2. 開發環境 _ 主畫面

3. 語言設定

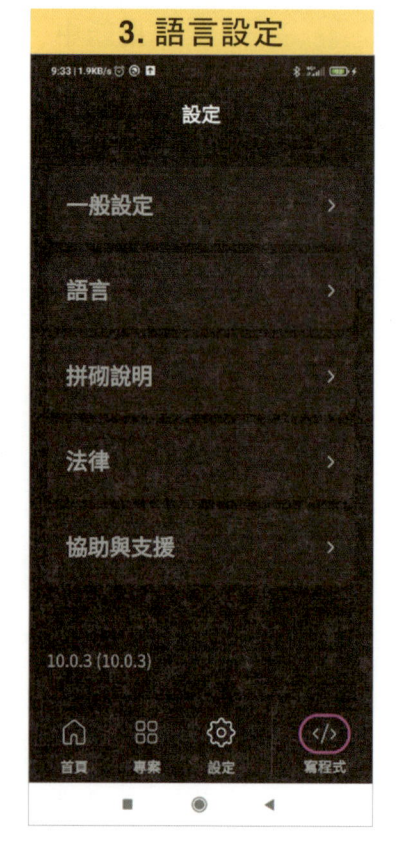

4. 繁體中文

26

Chapter 2　樂高機器人的程式開發環境

step 03 建立專案

1. 我的專案

2. 建立新專案

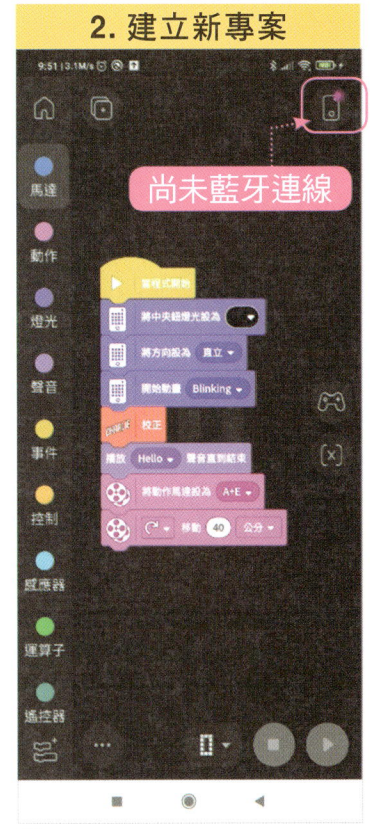

註：右上方是紅色，代表尚未藍牙連線

step 04 藍牙連線

在前一步驟中，因為尚未藍牙連線，因此，按下「右上主機圖示」，即可開始設定行動載具與 SPIKE 主機藍牙連線，詳細步驟如右：

1. 主機藍牙連線－等待中

2. 主機藍牙連線－搜尋到主機

27

創意無限樂高 SPIKE 機器人

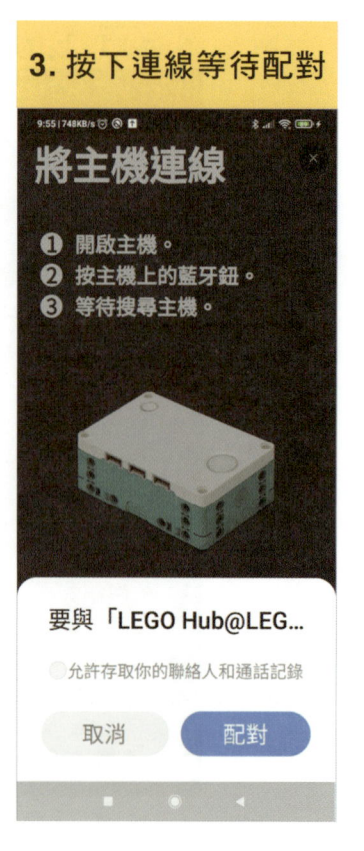

3. 按下連線等待配對

4. 配對成功
（主機已成功連線）

註 主機右上方藍燈恆亮
（按右上方的 X）此時
主機會嗶二聲

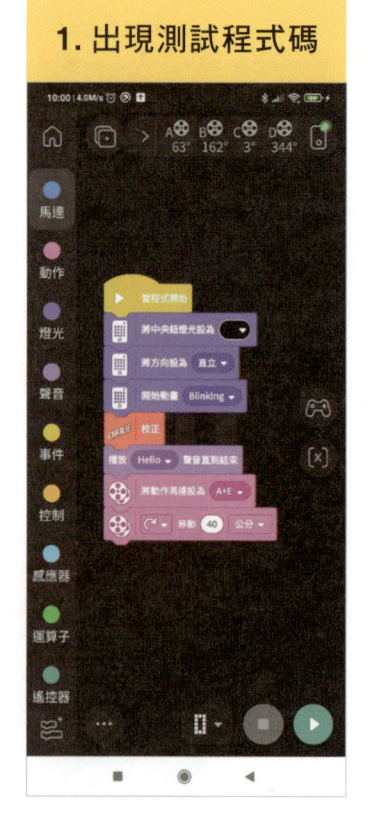

step 05 測試

由於每一個作品馬達功能
不同一因此先刪除程式碼
最後兩個指令圖塊）

1. 出現測試程式碼

2. 測試
（按右下方的執行鈕）

執行測試

28

Chapter 2　樂高機器人的程式開發環境

2-2　樂高機器人 SPIKE「手機版」程式開發環境

如果想利用「SPIKE 圖控程式」來開發樂高機器人程式時，必須要先熟悉 SPIKE 的整合開發環境的介面。

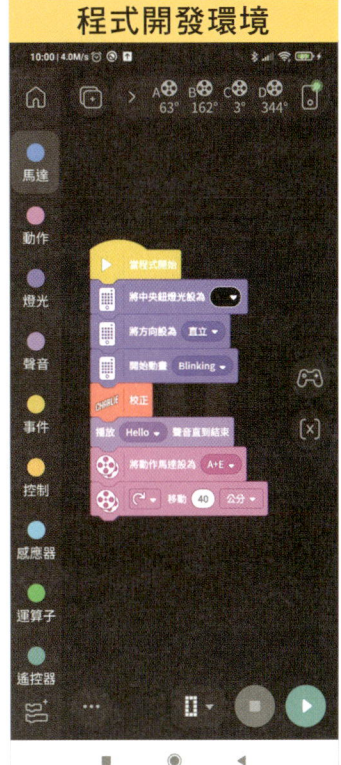

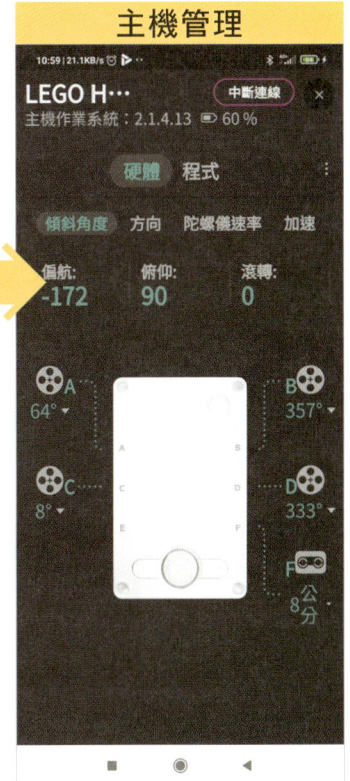

新增專案

程式開發環境

▍SPIKE 啟動畫面（主畫面）

開發環境

主機管理

主機管理[註2]

內建指令

程式編輯區

下載程式[註1]

執行

停止

延伸指令

復原　取消復原　重置縮放

主機管理，詳細介紹參考如下：

29

創意無限樂高 SPIKE 機器人

註1 下載程式介紹：

指定下載空間位置（0～19）

下載程式

指定下載空間位置（0～19）因此，每一個 SPIKE 主機可以儲存 20 個程式。

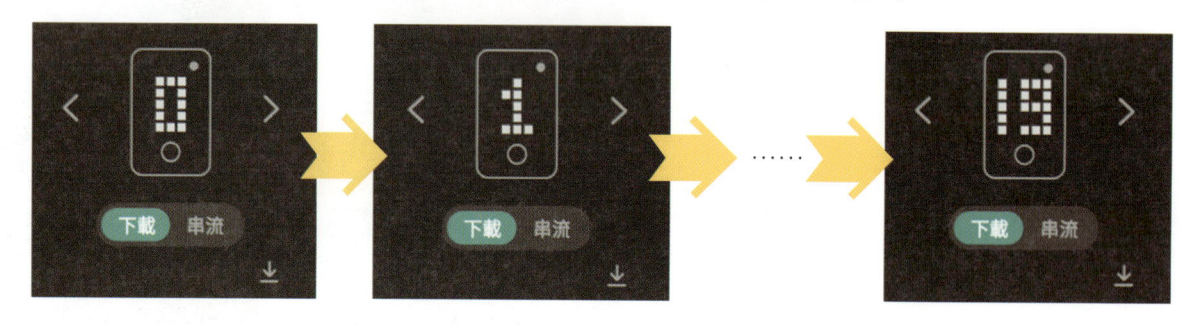

註2 主機管理：

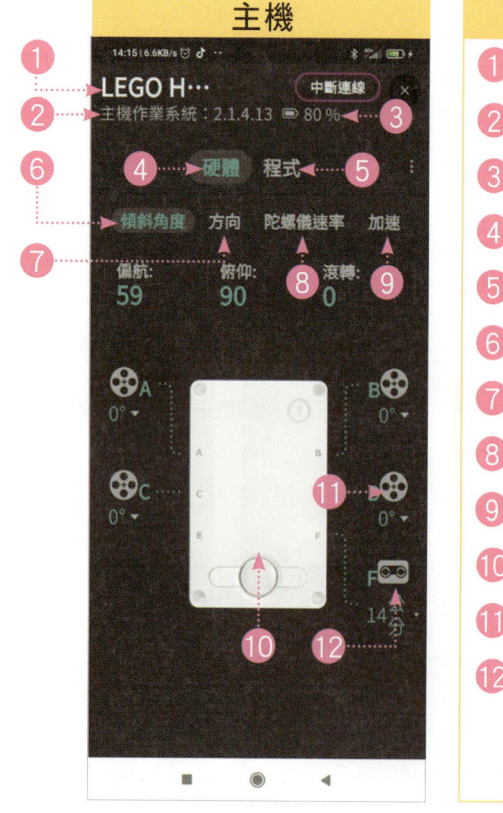

主機	說明
① 主機名稱	① 主機名稱
	② 主機作業系統版本
	③ 主機鋰電池剩餘電力
	④ 硬體（主機、感測器及馬達）
	⑤ 程式（查詢 0～19 個不同程式的名稱）
	⑥ 主機內建的「傾斜角度」感測器
	⑦ 主機內建的「方向」感測器
	⑧ 主機內建的「陀螺儀速率」感測器
	⑨ 主機內建的「加速」感測器
	⑩ 主機外型
	⑪ 主機與目前連接的伺服馬達（A,B,C,D）
	⑫ 主機與目前連接的距離感測器（F）

Chapter 2　樂高機器人的程式開發環境

❺ 查詢 0～19 個不同程式的名稱

❻ 主機內建的「傾斜角度」感測器的名稱

❼ 主機內建的「方向」感測器

❽ 主機內建的「陀螺儀速率」感測器

❾ 主機內建的「加速」感測器

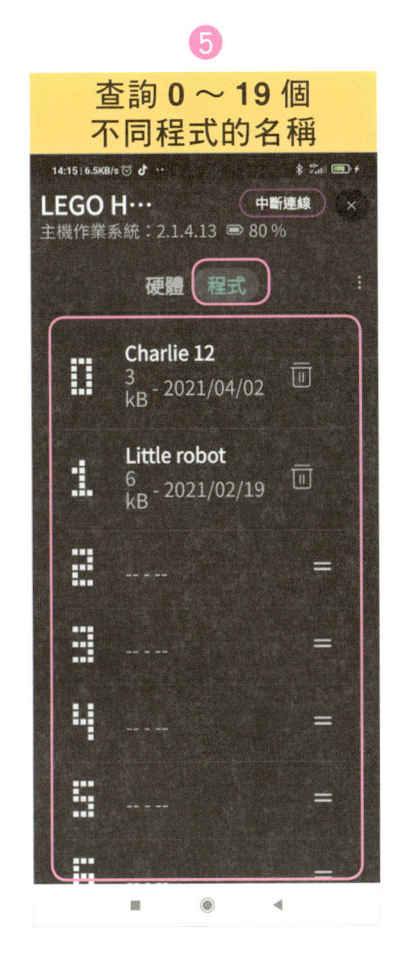

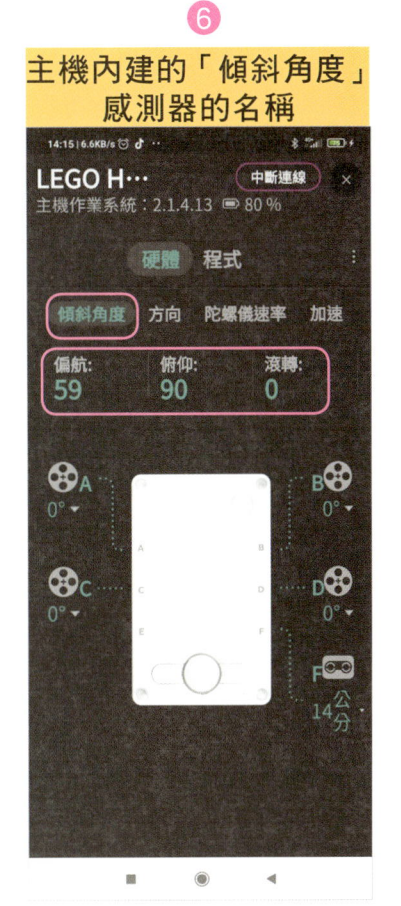

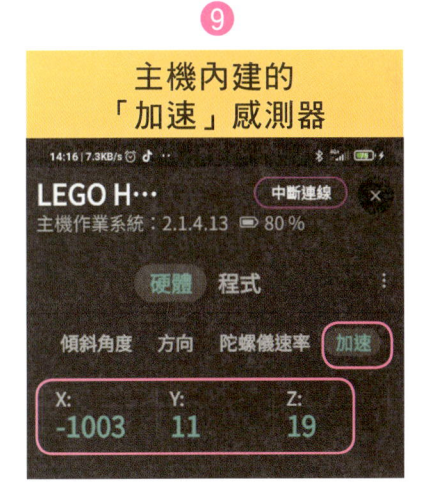

SPIKE 提供的功能

1. 提供「完全免費」的「整合開發環境」來開發專案。至 Play 商店下載即可。

2. 提供「群組化」的「元件庫」來快速設計使用者介面

   全部指令元件皆分門別類，提供學習者更容易及輕鬆撰寫程式。

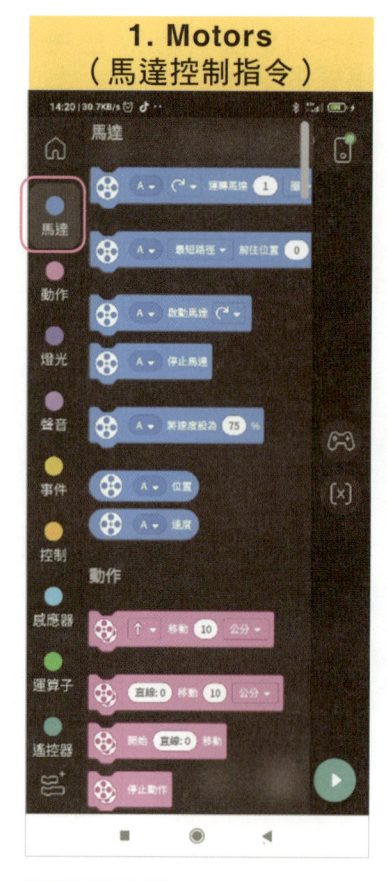

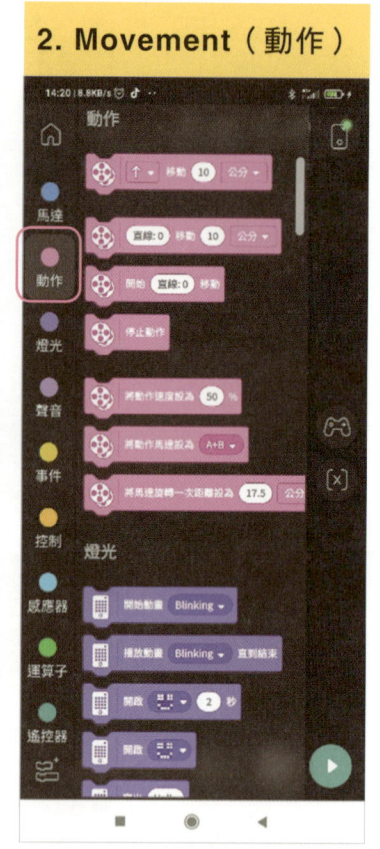

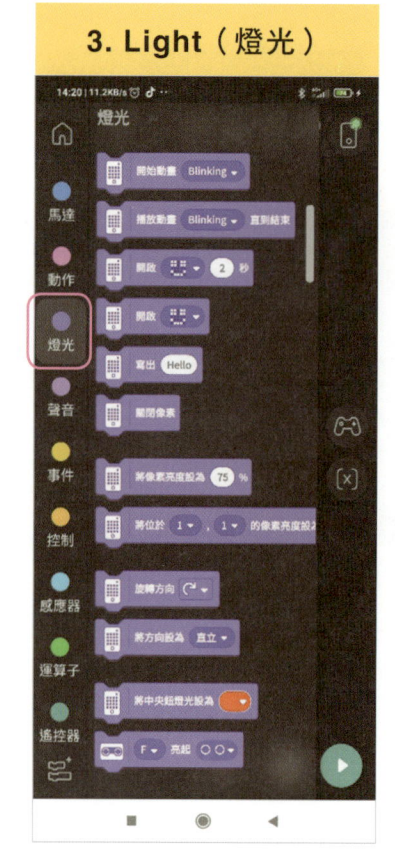

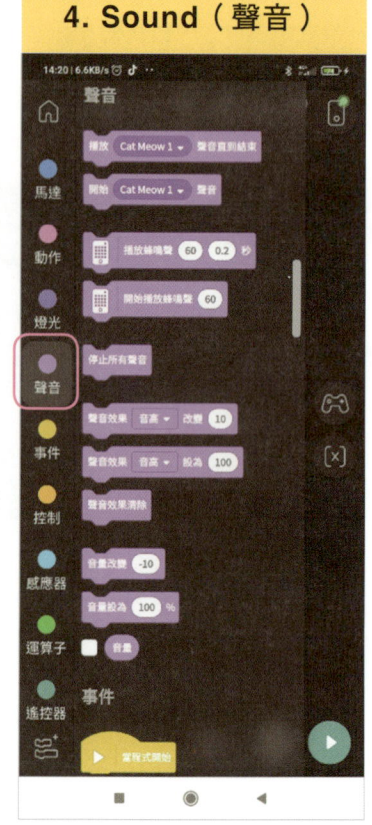

1. Motors（馬達控制指令）

2. Movement（動作）

3. Light（燈光）

4. Sound（聲音）

Chapter 2　樂高機器人的程式開發環境

5. Events（事件）

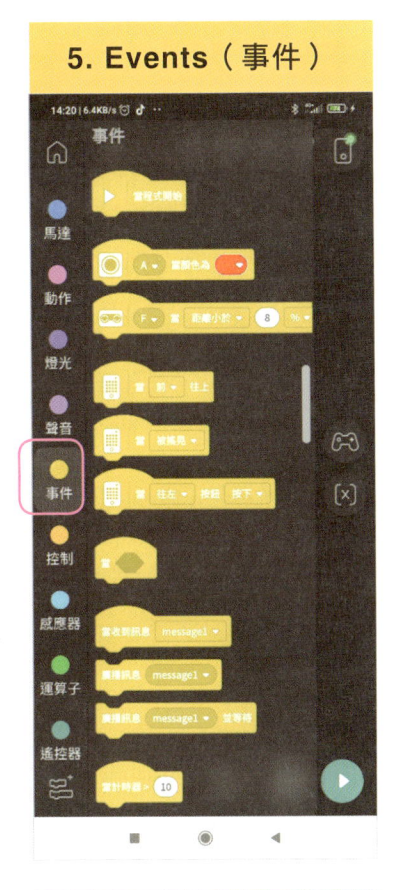

6. Control（控制流程）

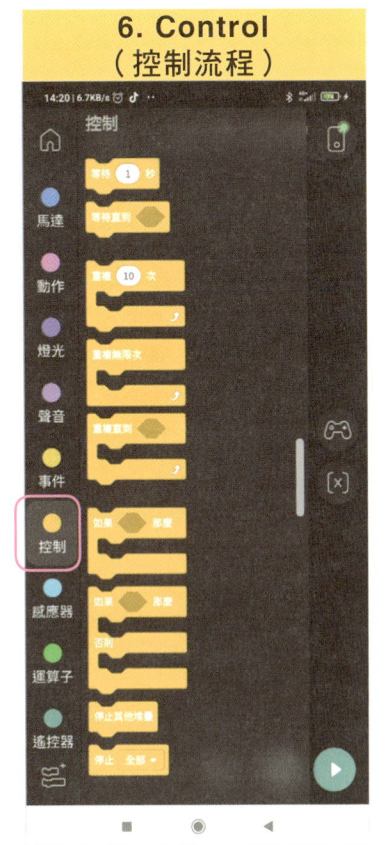

7. Sensors（各種感應器）

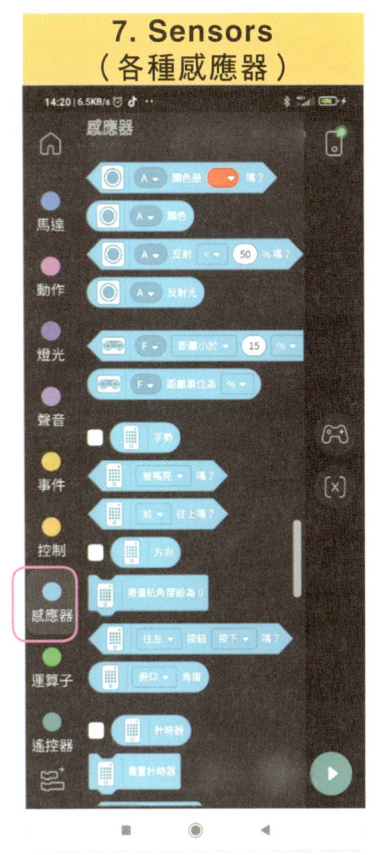

8. Operators（各種運算子）

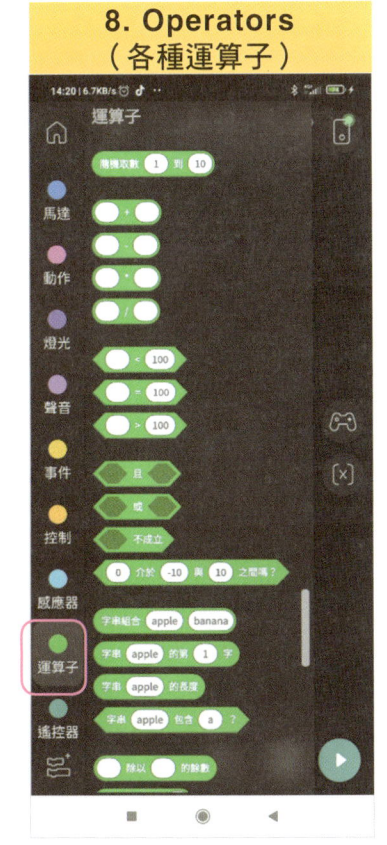

9. Variables（變數）

10. My Blocks（副程式）

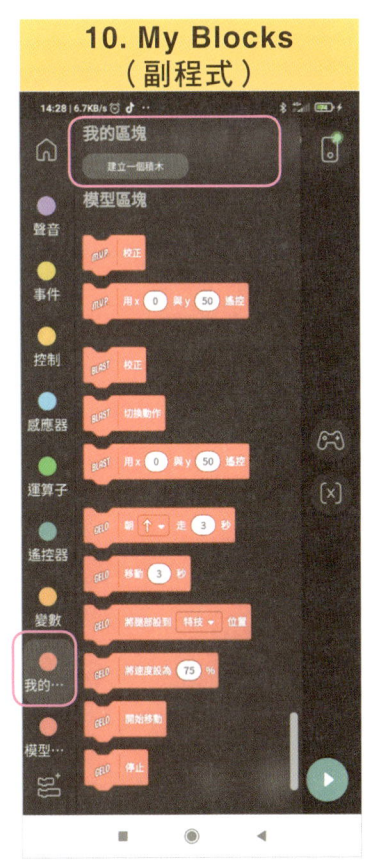

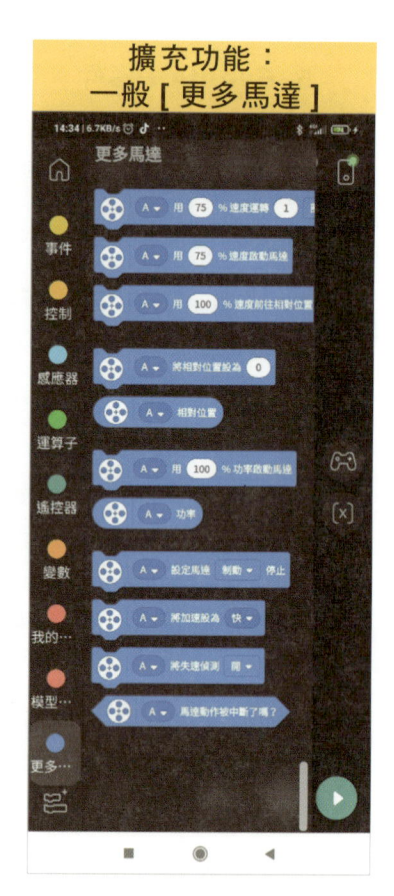

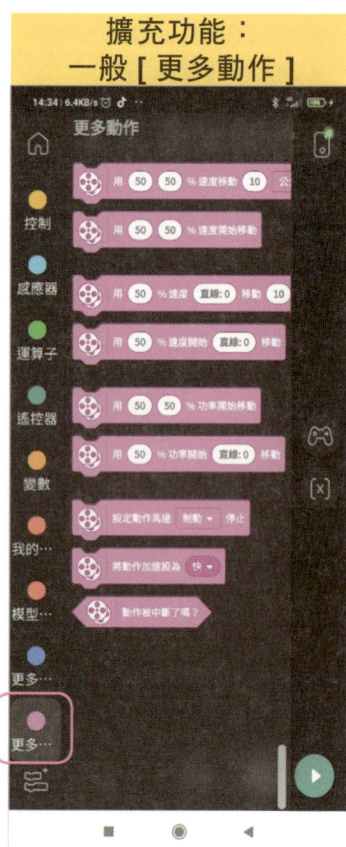

創意無限樂高 SPIKE 機器人

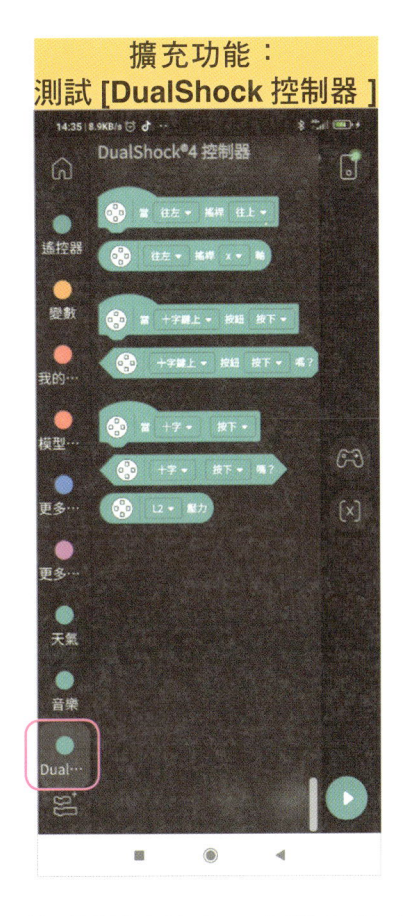

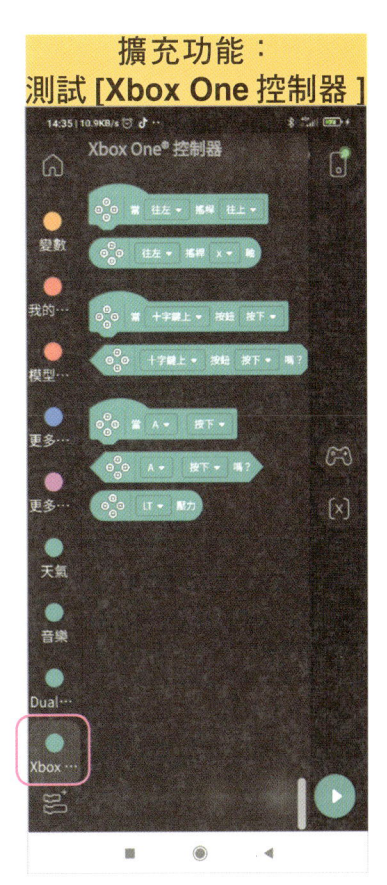

3. 用「視覺化」的「拼圖程式」來撰寫程式邏輯

　　開發環境中各群組中的元件都是利用拼圖方式來撰寫程式，學習者可以輕易地將問題的邏輯程序，透過視覺化的拼圖程式來實踐。

4. 支援「娛樂化」的「樂高機器人」製作的控制元件

　　SPIKE 程式除了可以訓練學習者的邏輯能力之外，並透過控制樂高機器人來引發學習者對於程式的動機與興趣。

5. 提供「多媒體化」的「聲光互動效果」

　　將顯示圖像，設置狀態指示燈和播放聲音。

2-3　撰寫第一支 SPIKE「手機版」程式

在瞭解 SPIKE 開發環境之後，接下來，我們就可以開始撰寫拼圖積木程式 HELLO，其完整的步驟如下所示：

一　新增專案

當我們要開始撰寫程式時，第一個動作就是要先建立新專案，其目的用來記錄你所撰寫程式碼，其步驟如下：

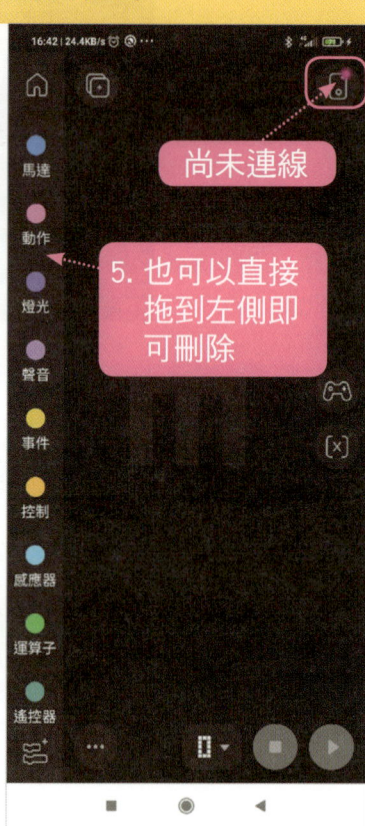

二 藍牙連線

在前一步驟中，因為尚未藍牙連線，因此，按下「右上主機圖示」，即可開始設定行動載具與 SPIKE 主機藍牙連線，詳細步驟如右：

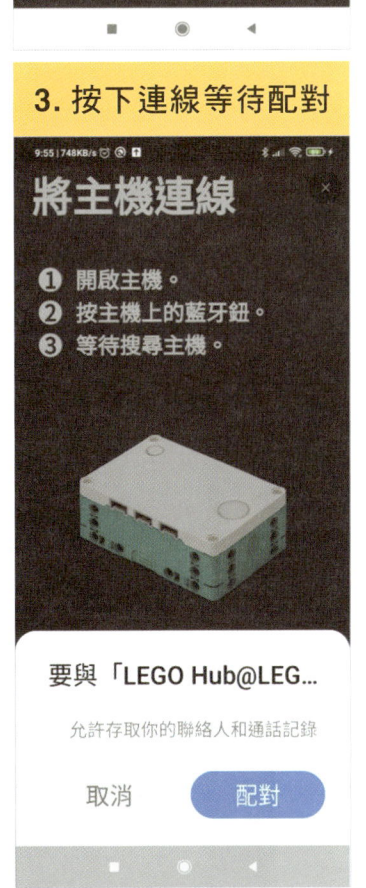

1. 主機藍牙連線－等待中

① 開啟主機。
② 按主機上的藍牙鈕。
③ 等待搜尋主機。

2. 主機藍牙連線－搜尋到主機

① 開啟主機。
② 按主機上的藍牙鈕。
③ 等待搜尋主機。

3. 按下連線等待配對

① 開啟主機。
② 按主機上的藍牙鈕。
③ 等待搜尋主機。

4. 配對成功（主機已成功連線）

註 主機右上方藍燈恆亮（按右上方的 X）此時主機會嗶二聲

此時，如果尚未成功藍牙連線時，可能的原因如下：

SPIKE 機器人主機的電源開關尚未啟動。

SPIKE 機器人主機的鋰電池可能沒有電。

在行動載具與 SPIKE 機器人主機連線時，忘了按主機上的藍牙鈕。

三 撰寫程式碼

由於 Robot Inventor App 的 SPIKE 開發環境內，左側有非常多的元件群組指令可以使用，因此，我們就可以輕易的撰寫一個讓 SPIKE 主機上的 5×5LED 顯示「Hello」跑馬燈。

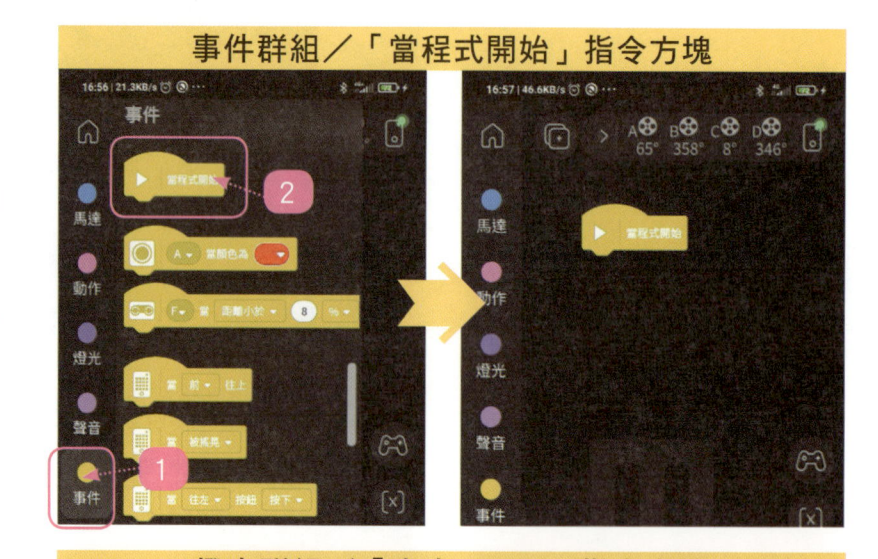

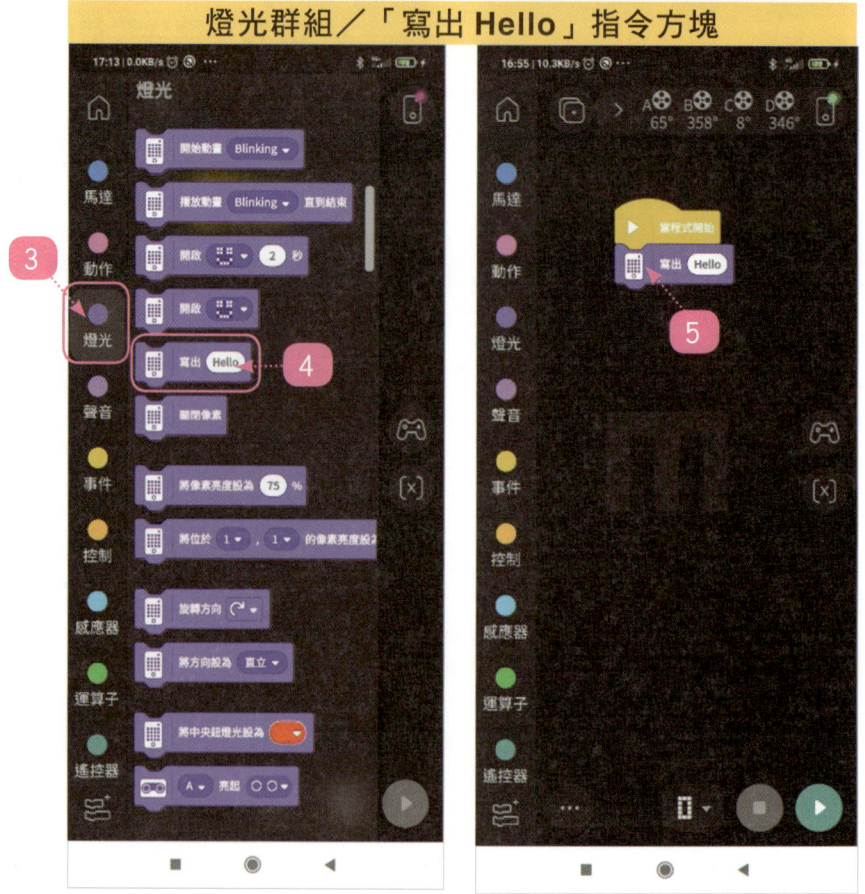

四 連線測試

在撰寫完成以上的程式之後，再按下執行鈕，就會在主機的螢幕上顯示「Hello」英文字跑馬燈。

在順利完成第一支 SPIKE「手機版」程式之後，是否發現 SPIKE 的開發環境中，還有非常多的元件群組，讓學習者設計各種有趣又好玩的程式。

五 下載程式到主機

當我們連線測試成功之後，就可以下載程式到主機上。其步驟如右：

首先，必須要「主機程式管理圖示」，再選擇儲放程式的空間位置（0～19），最後，再按下「下載」鈕，此時，就會自動將程式嵌入到主機上，你就可以透過主機上的「左右方向鍵」來選擇程式儲放位置編號，再按下「啟動鈕」即可執行。

創意無限樂高 SPIKE 機器人

2-4　樂高機器人 SPIKE「電腦版」軟體取得

在瞭解手機版的 SPIKE 程式開發環境之後，在本單元再進一步介紹如何利用電腦版來撰寫程式。

【電腦版軟體網址－縮網址】https://reurl.cc/pmAymb

【電腦版軟體網址－完整網址來源】

https://www.microsoft.com/zh-tw/p/lego-mindstorms-robot-inventor/9mtq0n7w1d6x?activetab=pivot:overviewtab

40

Chapter 2　樂高機器人的程式開發環境

step 03

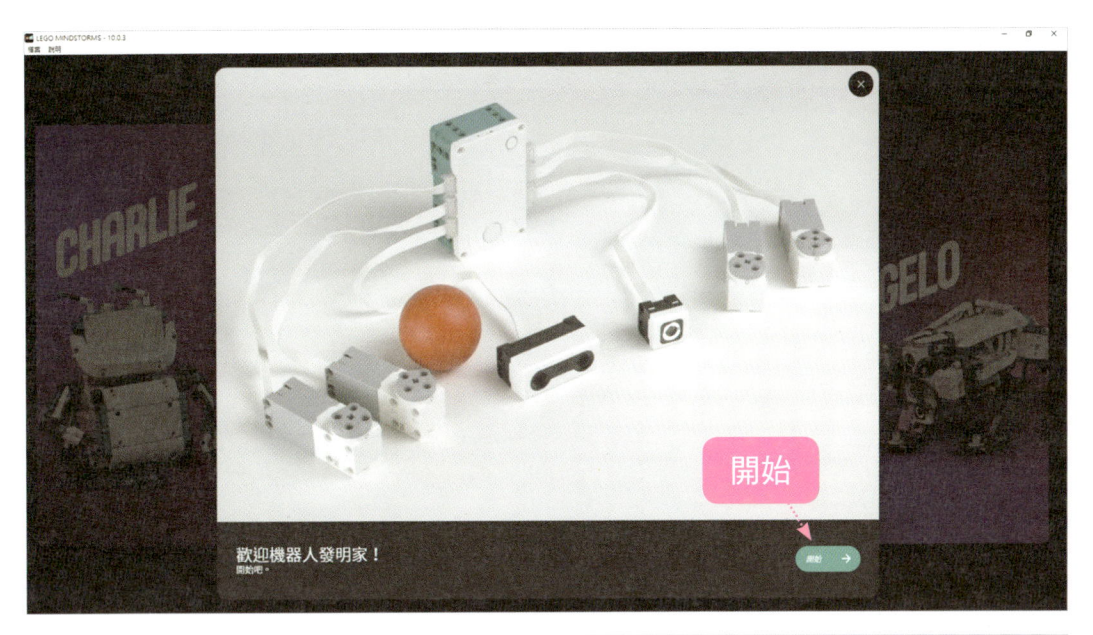

開始

歡迎機器人發明家！
開始吧。

step 04

回主畫面

01/04

連接馬達和感應器！

step 05

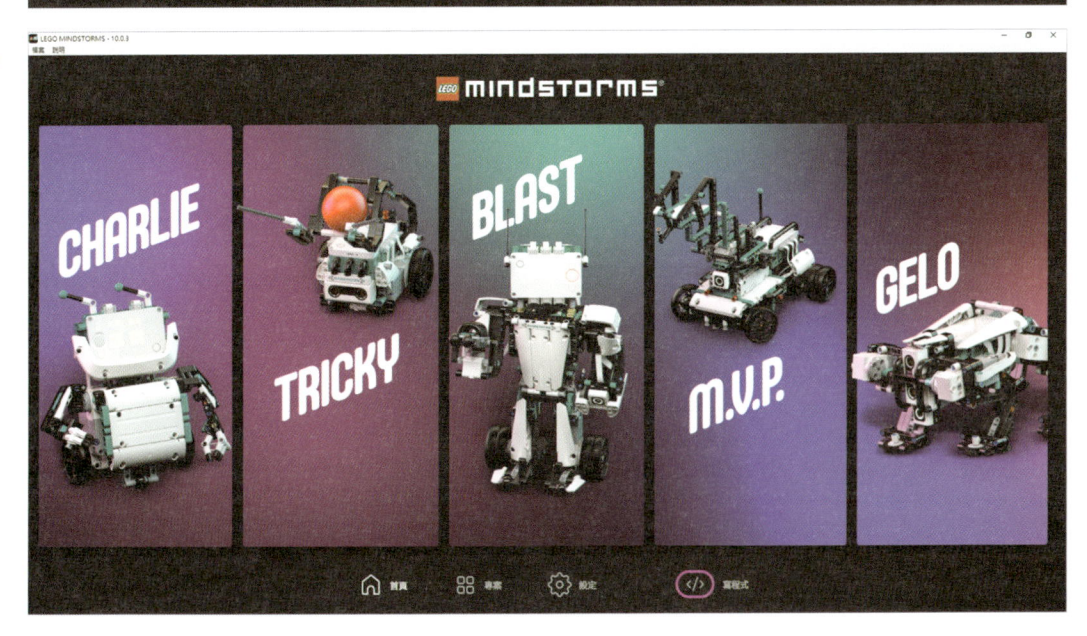

41

註1 提供兩種主機連線方式

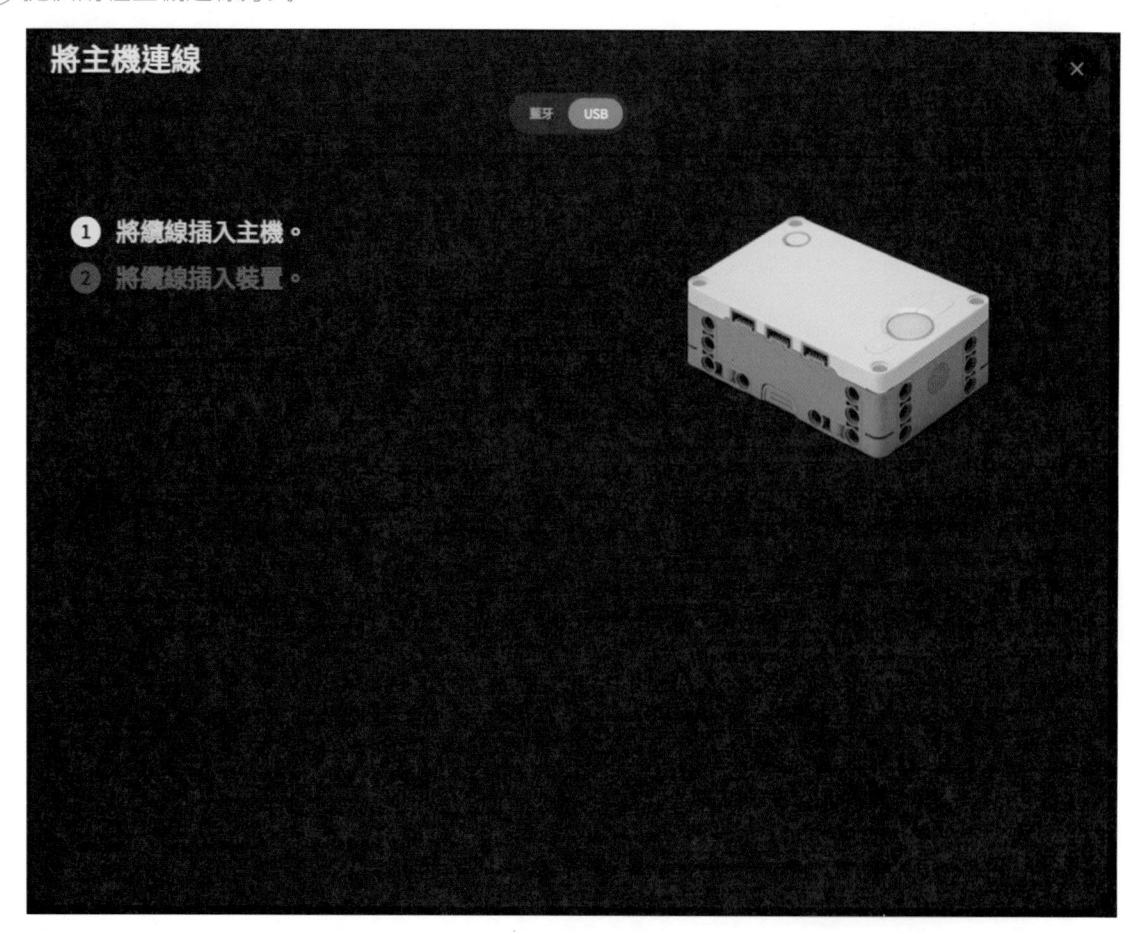

1. 藍牙連線

　請參考手機版的連線方式。

2. USB 連線

　SPIKE 透過 Type B 直接電腦，立即連線完成。

註2 電腦版與手機版的操作介面大致皆相同

筆者建議，如果想利用 SPIKE 家用版來教學時，使用電腦版較適合，因為它可以直接利用滑鼠來操作，並且在電腦螢幕上教學較方便撰寫程式，因此，SPIKE 家用版比教育版更容易提供學習創作，因為 Lego spike 51515 套件零件更多元及創新。此外，它還可以提供搖桿操作功能，創作上更多元更有趣。

Chapter 2　課後習題

1. 請利用「遙控器」元件功能，來控制自動投籃機器人。

   |參考程式|

   當程式開始
   　寫出 Leech

2. 請利用「LIGHT」群組中的小圖示來設計心臟跳動的情況。

   |參考程式|

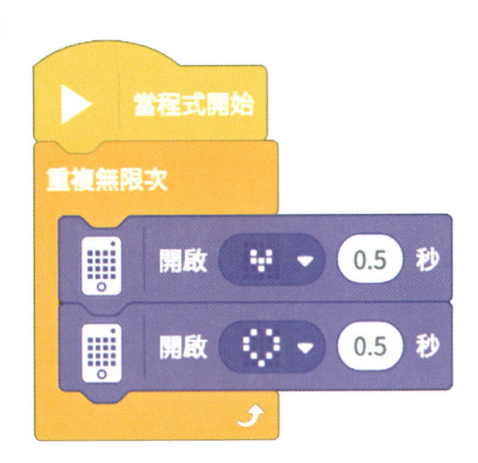

   當程式開始
   　重複無限次
   　　開啟 [圖示] 0.5 秒
   　　開啟 [圖示] 0.5 秒

3. 請利用「LIGHT」群組中的元件，來設計啟動按鈕「紅、藍、綠」三色輪播。

   |參考程式|

   當程式開始
   　重複無限次
   　　將中央鈕燈光設為 [紅]
   　　等待 1 秒
   　　將中央鈕燈光設為 [藍]
   　　等待 1 秒
   　　將中央鈕燈光設為 [綠]
   　　等待 1 秒

Chapter 2　課後習題

4. 請利用「LIGHT」群組中的元件，來設計超音波感測器「LED 的眼球的變化」。

|參考程式|

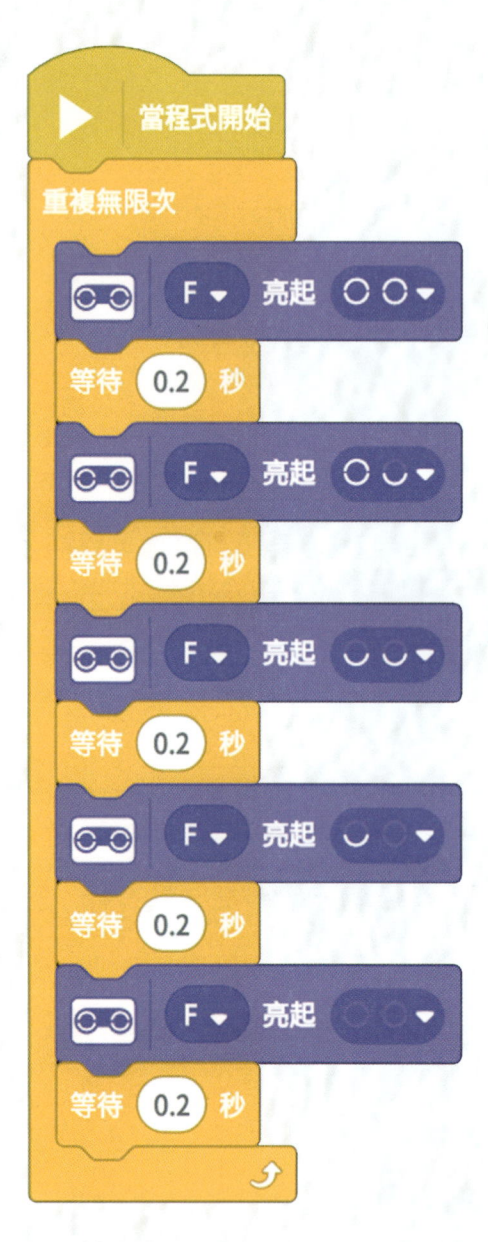

Chapter 3 打陀螺機器人

3-1 打陀螺機器人
3-2 SPIKE 打陀螺機器人組裝
3-3 撰寫「打陀螺機器人」之指引程式
3-4 專題製作：打陀螺機器人

★ 學習目標

1. 瞭解組裝樂高打陀螺機器人方法。
2. 瞭解如何利用 SPIKE 程式來撰寫打陀螺機器人程式。

3-1 打陀螺機器人

各位同學先學會創意組裝一台「打陀螺機器人」之外，再撰寫機器人程式，來讓機器人可以玩比賽，增加學習程式的樂趣。

機構

在本章節中，介紹各位同學利用 SPIKE 套件來設計一台教學用的進階基本車，因此，它要有控制器（主機）、馬達、感測器及相關的樂高零件，來設計一個「SPIKE 打陀螺機器人」。

|主題|
設計「打陀螺機器人」。

|目的|
瞭解齒輪帶動原理及撰寫程式的方法。

|優點|
結構非常簡單，改造容易。

Chapter 3　打陀螺機器人

1　創意組裝　　2　寫程式　　3　測試

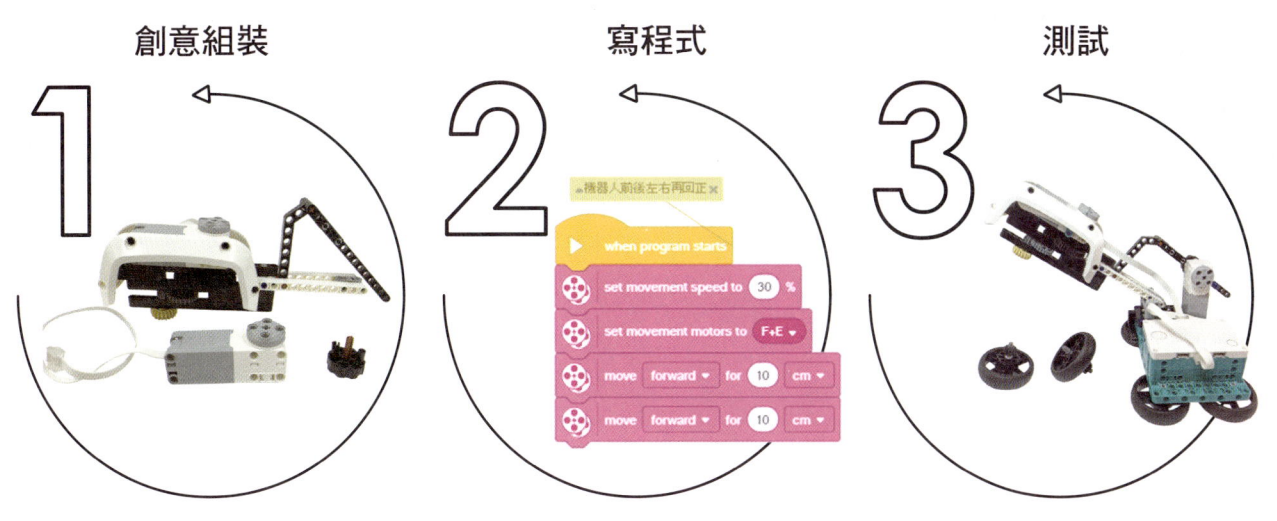

| 說明 |

1. 創意組裝：依照指定「功能及造型」來搭配「感應器及相關配件」結合「主機」。
2. 寫程式：依照指定任務來撰寫處理程序的動作與順序（程式）。
3. 測試：利用拼圖程式：將程式上傳到「主機」內，並依照指定功能先進行測試。

| 流程圖 |

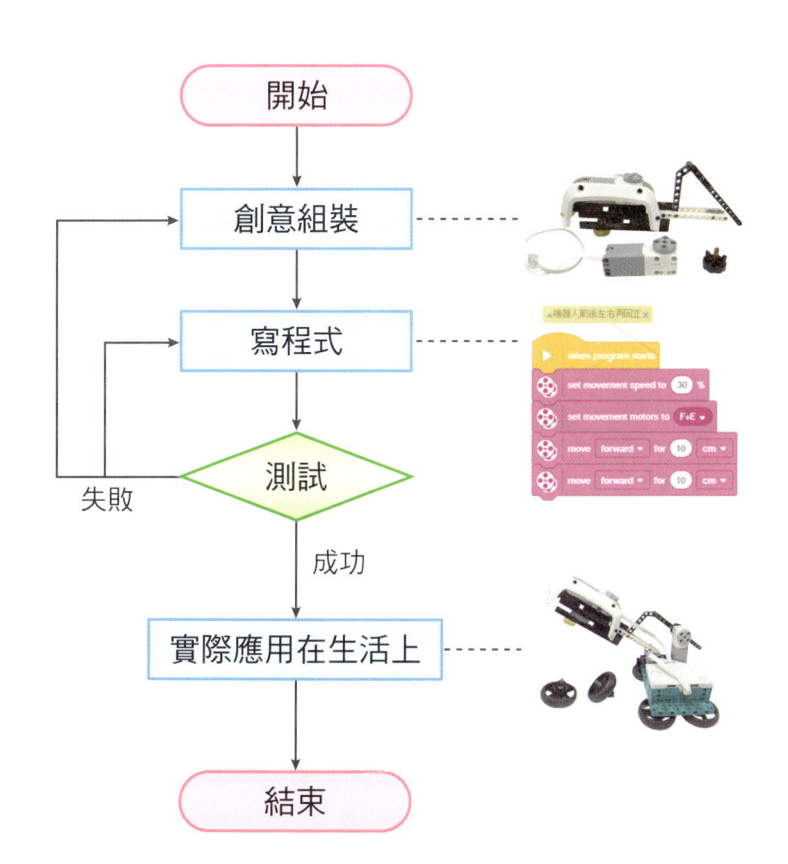

開始 → 創意組裝 → 寫程式 → 測試
- 失敗 → 回到 創意組裝／寫程式
- 成功 → 實際應用在生活上 → 結束

說明

從流程圖中，我們可以清楚瞭解「設計機器人程式」必須要經過的三大步驟，並且在進行第三步驟時，如果無法測試成功，除了要修改程式之外，也要檢查組裝是否正確，並且要反覆地進行測試，直到完全成功為止。最後，就可以將創作的智能裝置，應用在我們日常生活中。

難度 ★★★★

3-2　SPIKE 打陀螺機器人組裝

想要製作一台「SPIKE 打陀螺機器人」時，必須要先準備相關的「主機、馬達、感測器及相關的零件材料」。

你需要準備……

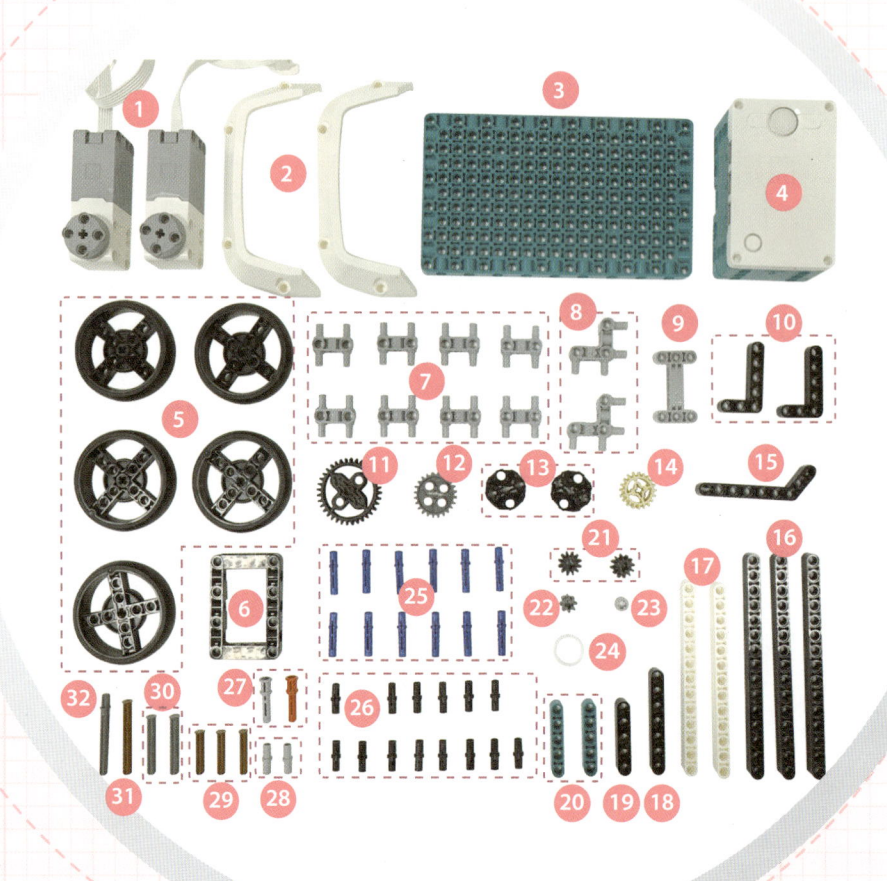

48

Chapter 3　打陀螺機器人

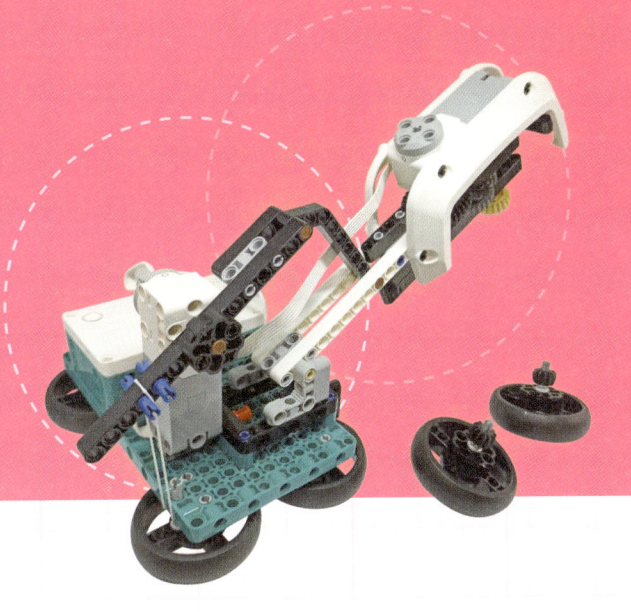

① 馬達 ×2
② 側板 ×2
③ 底座 ×1
④ 主機 ×1
⑤ 輪子 ×5
⑥ 方形框 ×1
⑦ H 型連接器 ×8
⑧ L 型連接器 ×2
⑨ I 型連接器 ×1
⑩ 3*5 橫桿 ×2
⑪ 36 齒雙面斜齒輪 ×1
⑫ 24 齒正齒輪 ×1
⑬ 圓型連接器 ×2
⑭ 24 雙面斜齒輪 ×1
⑮ 3*7 橫桿 ×1
⑯ 15m 橫桿 ×3
⑰ 13m 橫桿 ×2
⑱ 7m 橫桿 ×1
⑲ 黑色 5m 橫桿 ×1
⑳ 藍色 5m 橫桿 ×2
㉑ 12 齒雙面斜齒輪 ×2
㉒ 8 齒正面斜齒輪 ×1
㉓ 套筒 ×1
㉔ 橡皮筋 ×1
㉕ 長插銷 ×12
㉖ 短插銷 ×14
㉗ 連接式插銷 ×2
㉘ 活動式插銷 ×2
㉙ 3m 十字軸 ×3
㉚ 4m 十字軸 ×2
㉛ 5m 十字軸 ×1
㉜ 6m 十字軸 ×1

49

開始動手組裝！

在準備好「打陀螺機器人」所需要的「主機、感測器、構件及相關的材料」之後，接下來，請各位讀者依照以下的步驟就可以完成（註：▭ 代表步驟組裝的部分）：

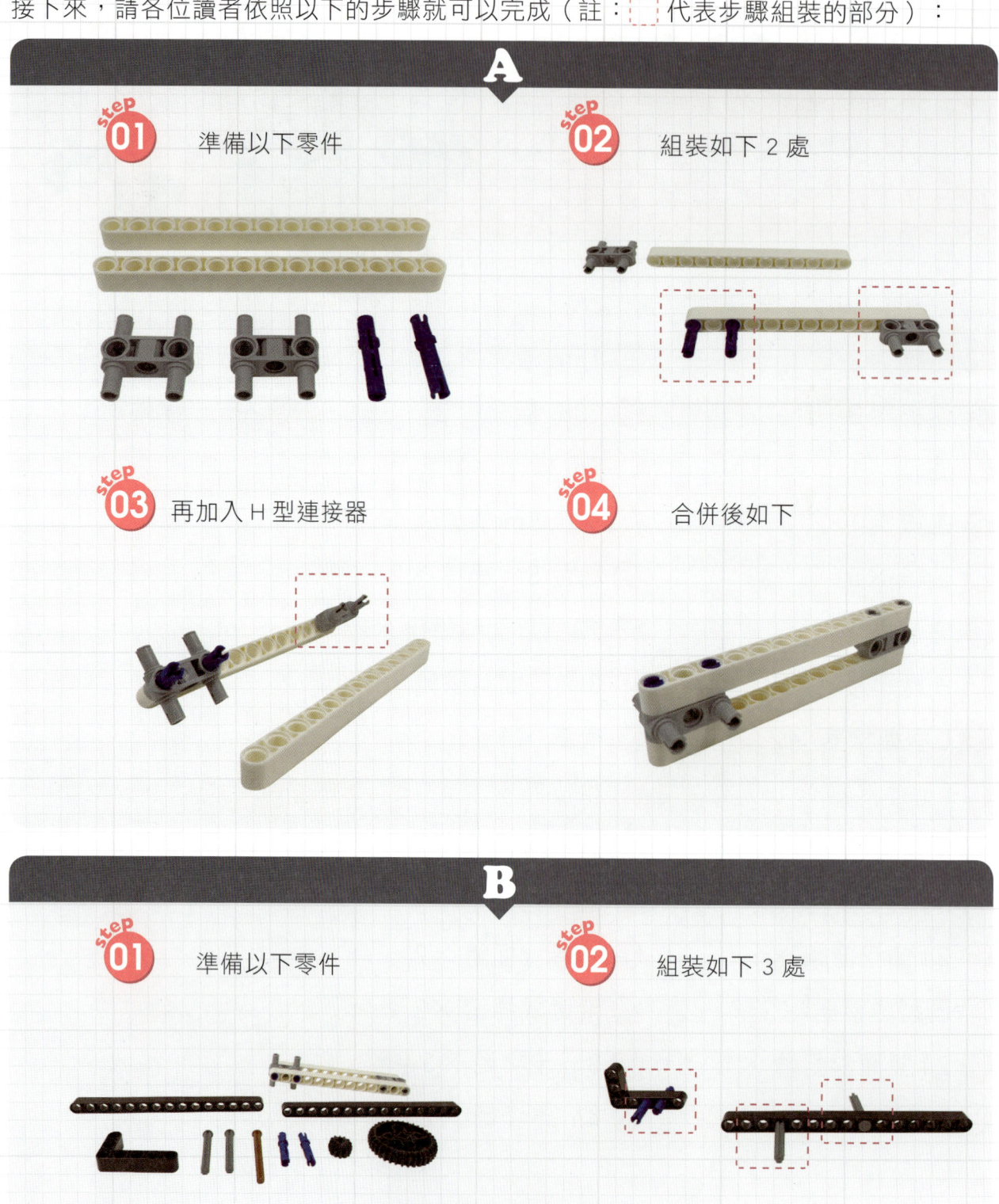

A

step 01 準備以下零件

step 02 組裝如下 2 處

step 03 再加入 H 型連接器

step 04 合併後如下

B

step 01 準備以下零件

step 02 組裝如下 3 處

Chapter 3 打陀螺機器人

B

step 03 合併後,再加大齒輪

從不同角度觀看

step 04 再加入圓圈等零件

step 05 加入小齒輪

step 06 拿出已完成的 3 個模組

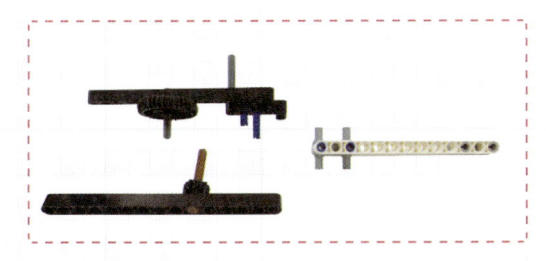

step 07 合併後如下

從不同角度觀看 1

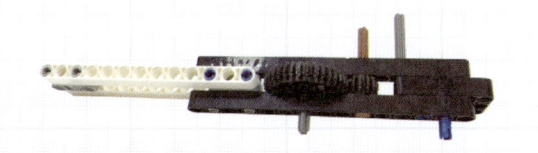

從不同角度觀看 2

51

創意無限樂高 SPIKE 機器人

C

step 01 準備以下零件

step 02 組裝如下 2 處

step 03 拿出 A、B 完成的模組

step 04 合併後如下

從不同角度觀看

step 05 準備以下零件

step 06 合併後如下

52

Chapter 3　打陀螺機器人

D

step 01　準備以下零件

step 02　組裝如下 3 處

step 03　拿出 D 完成的模組

step 04　合併後如下

從不同角度觀看 1

從不同角度觀看 2

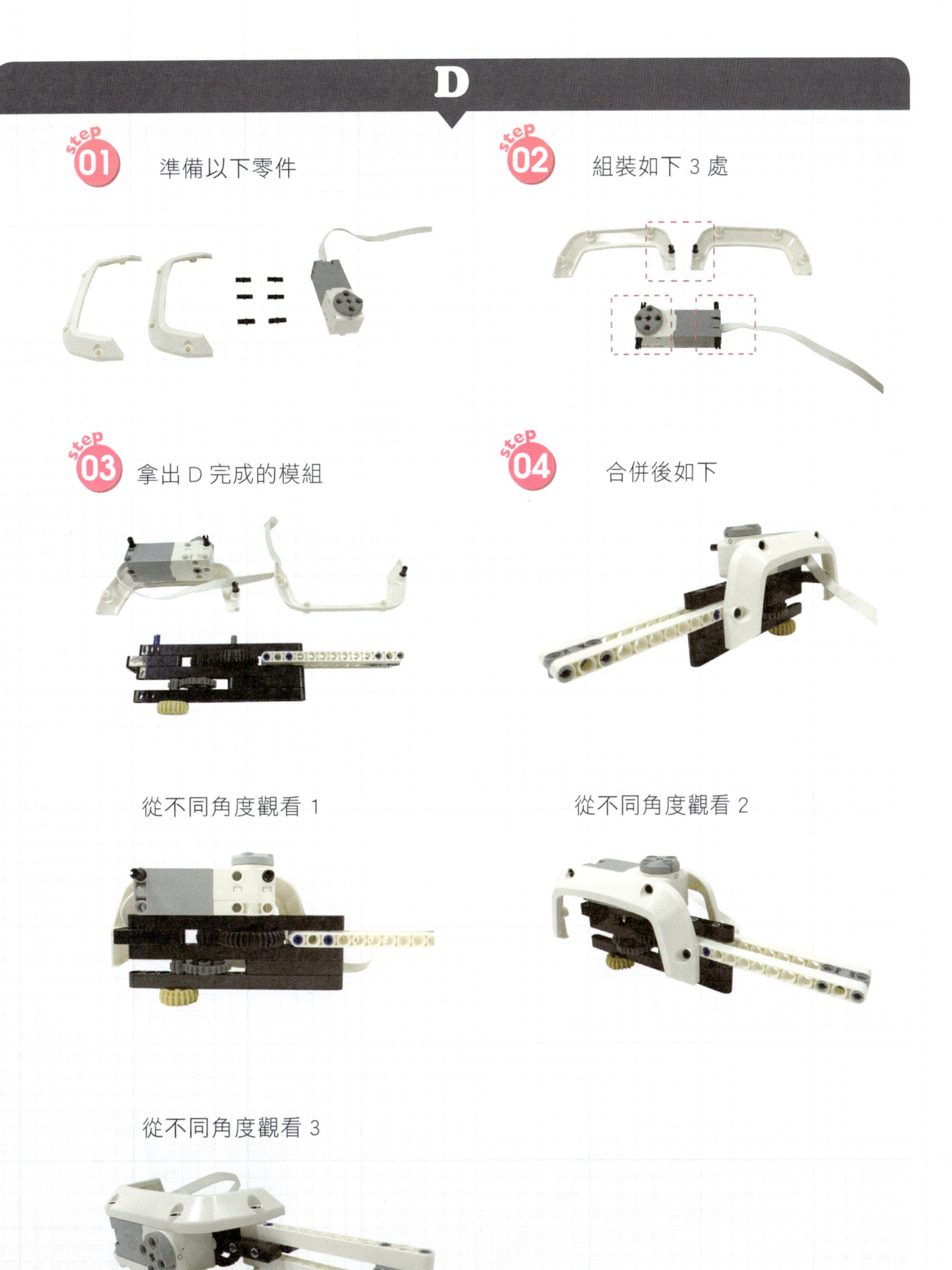

從不同角度觀看 3

53

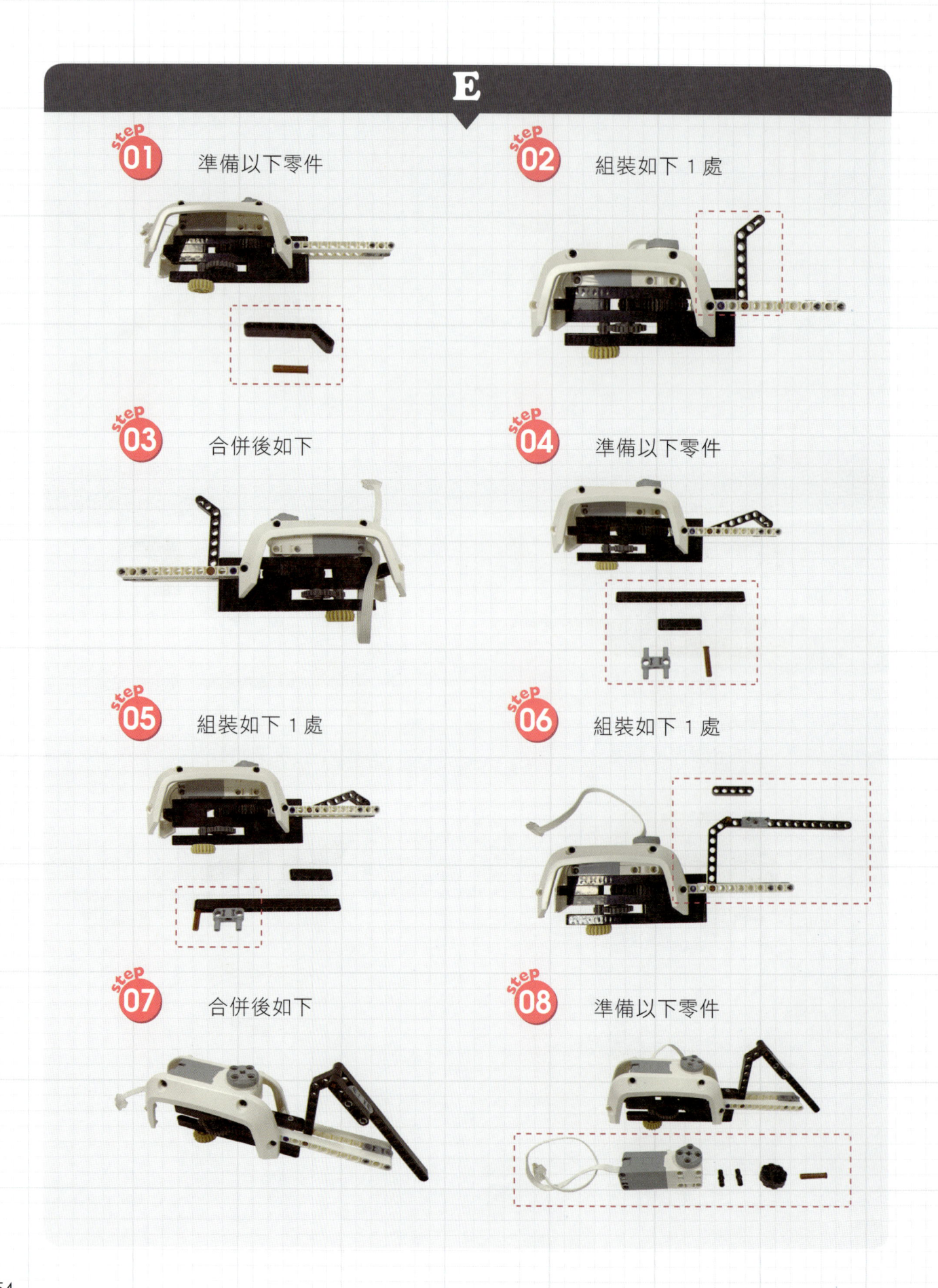

E

step 01 準備以下零件

step 02 組裝如下 1 處

step 03 合併後如下

step 04 準備以下零件

step 05 組裝如下 1 處

step 06 組裝如下 1 處

step 07 合併後如下

step 08 準備以下零件

Chapter 3　打陀螺機器人

E

step 09　組裝如下 1 處

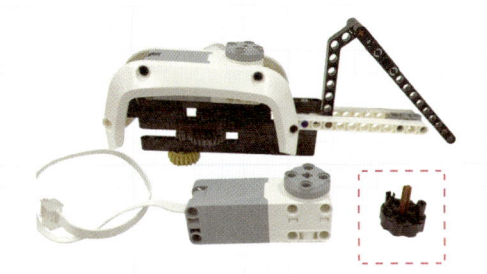

step 10　組裝如下 1 處

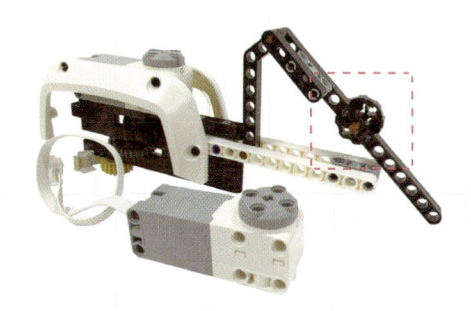

F

step 01　準備以下零件

step 02　組裝如下 4 處

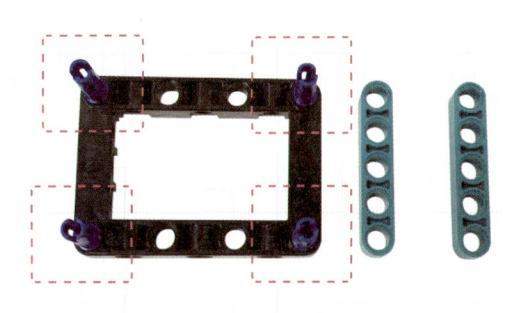

step 03　組裝如下 2 處

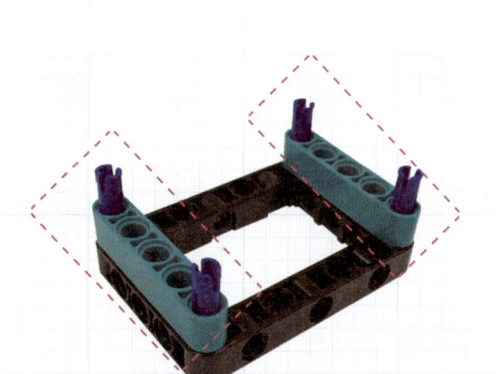

step 04　準備以下零件

55

創意無限樂高 SPIKE 機器人

F

step 05 組裝如下 2 處

step 06 合併後如下

step 07 拿出 E 完成的模組

從不同角度觀看

G

step 01 準備以下零件

step 02 組裝如下 1 處

56

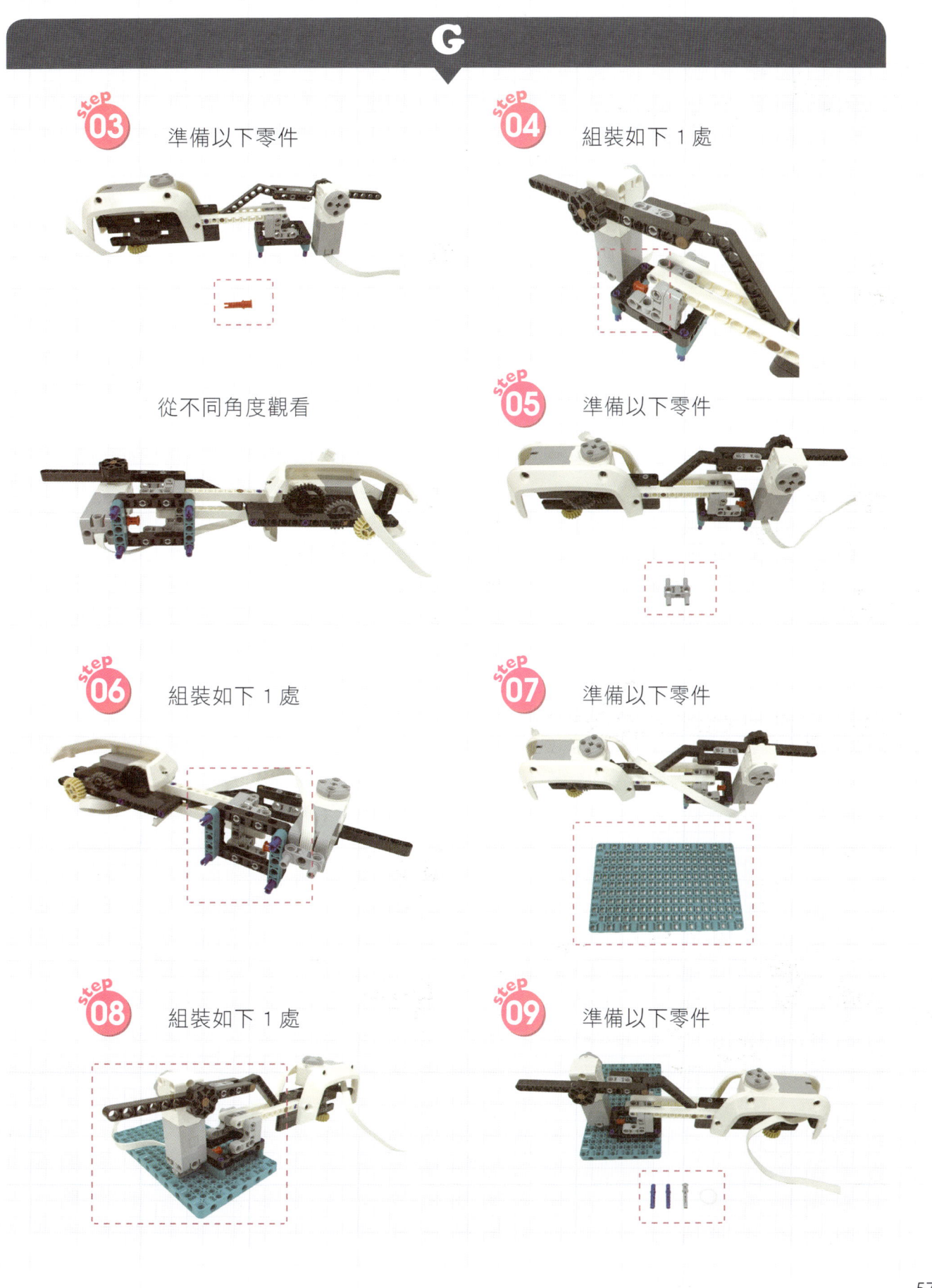

Chapter 3　打陀螺機器人

G

step 03 準備以下零件

step 04 組裝如下 1 處

從不同角度觀看

step 05 準備以下零件

step 06 組裝如下 1 處

step 07 準備以下零件

step 08 組裝如下 1 處

step 09 準備以下零件

創意無限樂高 SPIKE 機器人

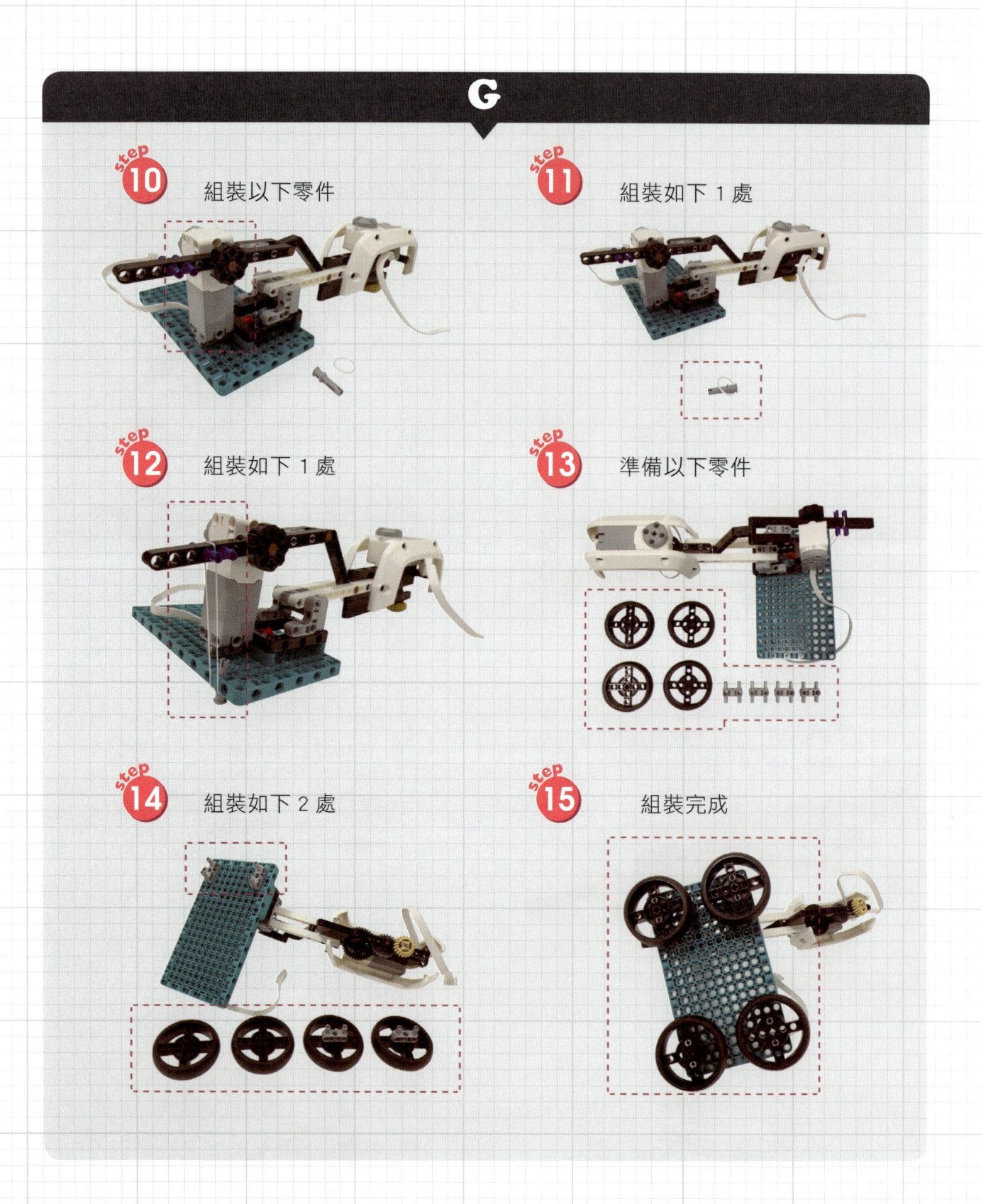

G

step 10 組裝以下零件

step 11 組裝如下 1 處

step 12 組裝如下 1 處

step 13 準備以下零件

step 14 組裝如下 2 處

step 15 組裝完成

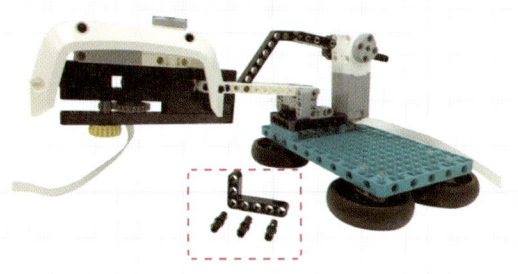

Chapter 3　打陀螺機器人

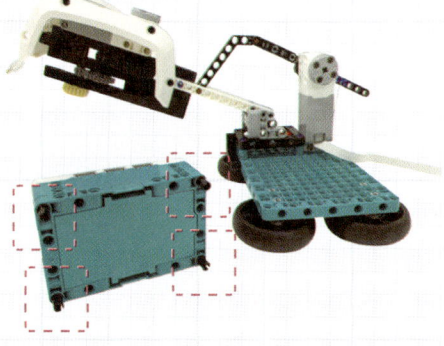

H

step 01　準備以下零件

step 02　組裝如下 1 處

step 03　組裝完成

step 04　準備以下零件

step 05　組裝如下 4 處

step 06　組裝完成

從不同角度觀看

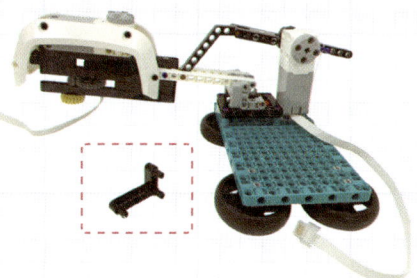

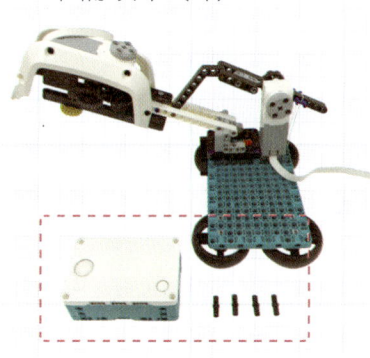

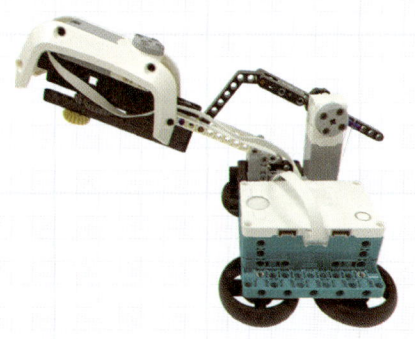

step 07　最後再組裝 1～2 顆陀螺

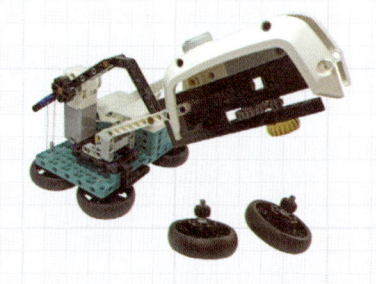

59

3-3 撰寫「打陀螺機器人」之指引程式

一 陀螺機轉動 5 圈

| 流程圖 |

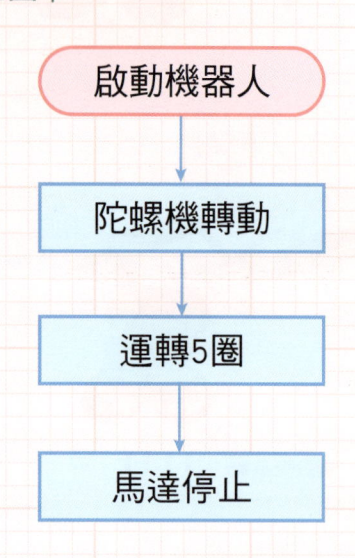

啟動機器人
↓
陀螺機轉動
↓
運轉5圈
↓
馬達停止

| 程式設計 |

- 當程式開始
- 等待 1 秒
- C 用 100 % 速度運轉 5 圈
- C 停止馬達

二 機器手臂定位－固定陀螺

| 流程圖 |

啟動機器人   啟動機器人
↓   ↓
陀螺機轉動   機器手臂定位
↓
運轉5圈
↓
馬達停止

| 程式設計 |

- 當程式開始
- 等待 1 秒
- C 用 100 % 速度運轉 5 圈
- C 停止馬達

- 當程式開始
- D 最短路徑 前往位置 20

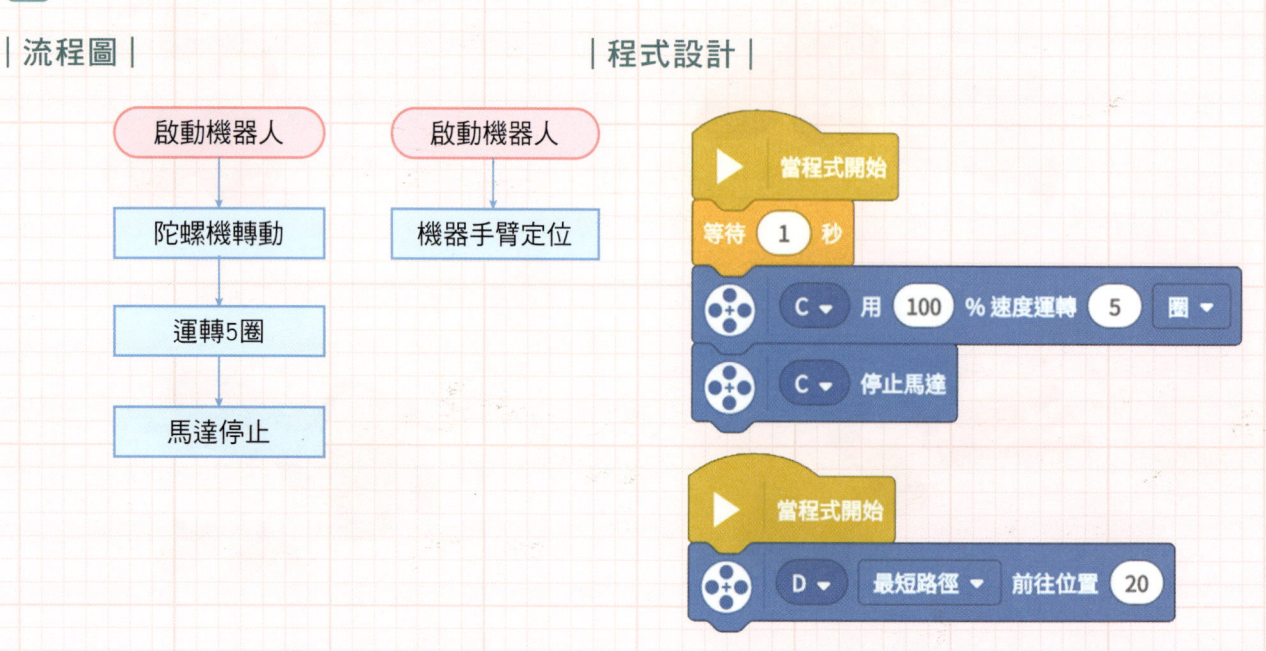

3-4 專題製作：打陀螺機器人

主題發想

看著現在的小朋友，充滿科技感的遊戲軟體，想起兒時，那單純的戶外遊戲，每每到了下課時間，就自己組裝改造陀螺，與同學們比賽，而拉繩的長短、陀螺的轉速、重量配置，總與輸贏的關鍵緊緊相連。

因此，決定運用現有的機器人教具，動手創造新玩法，並找回兒時的陀螺童年。

主題目的

1. DIY創意發想，自行打造遊戲世界，結合手機APP，便能直接改變齒輪的轉速，讓兒時的遊戲更加有趣。

2. 透過齒輪相扣的概念作為動力來源，並可以運用樂高零件，自行創作陀螺的機構。

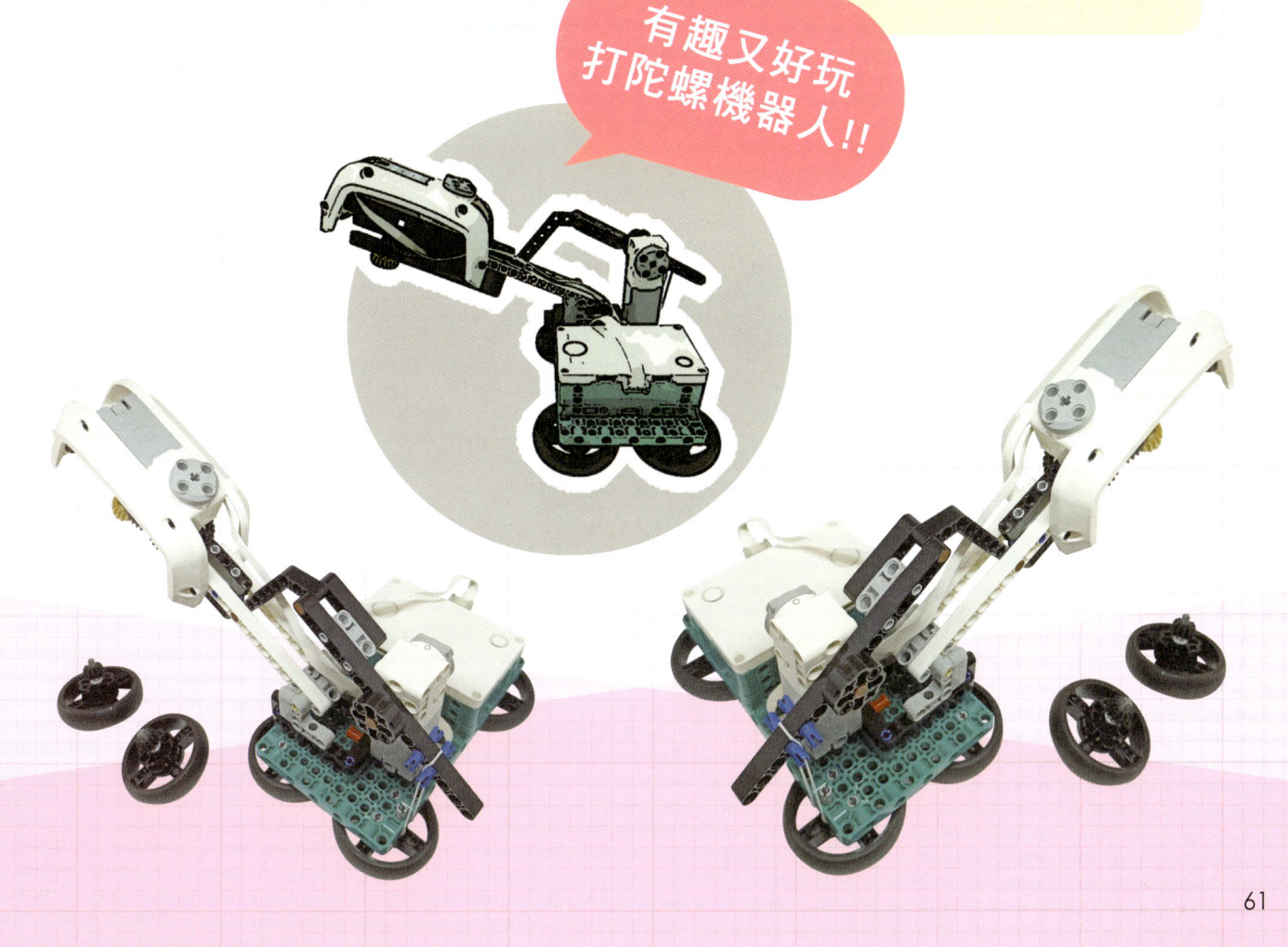

有趣又好玩
打陀螺機器人!!

創意無限樂高 SPIKE 機器人

| 流程圖 |

啟動機器人
↓
陀螺機轉動帶動陀螺
↓
持續5秒
↓
機器手臂舉高
↓
產生打陀螺效果

| 撰寫程式 |

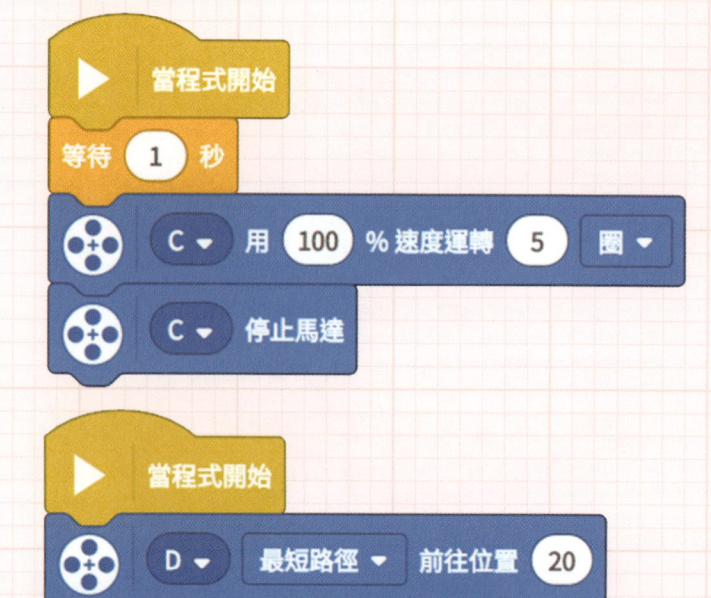

當程式開始
等待 1 秒
C 用 100 % 速度運轉 5 圈
C 停止馬達

當程式開始
D 最短路徑 前往位置 20
D 將速度設為 100 %
D 運轉馬達 1 圈
D 最短路徑 前往位置 50

創新性
1. 透過樂高機器套件，來創意組裝打陀螺機。
2. 自動打陀螺機可以讓玩家自行變更齒輪比，以控制打陀螺的轉速，以增加趣味。

應用性
1. 可以瞭解齒輪比原理，亦即大齒輪帶動小齒輪轉速快，可以製作高速運轉的機構，例如：打陀螺機、跑車等。
2. 可以瞭解齒輪的各種應用，例如：目前常見的機械手臂。

Chapter 3　實作題

題目名稱：打陀螺機器人

題目說明：請利用「遙控器」元件功能，來控制打陀螺機器人。

題目編號：A038001

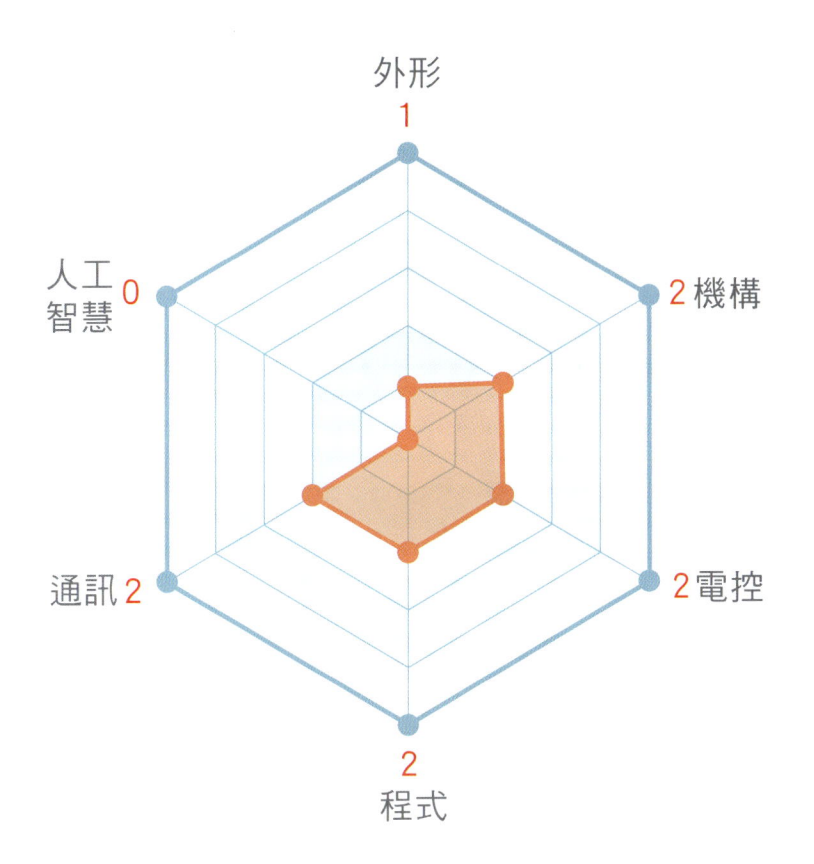

實作時間：120 min	
創客指標	指數
外形（專業）	1
機構	2
電控	2
程式	2
通訊	2
人工智慧	0
創客總數	9

Chapter 3　實作題

|遙控器之介面設計|

|程式設計|

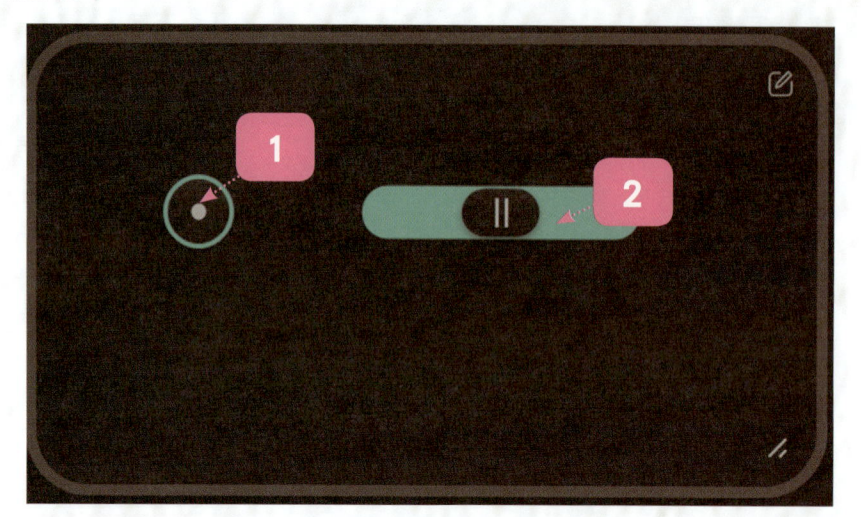

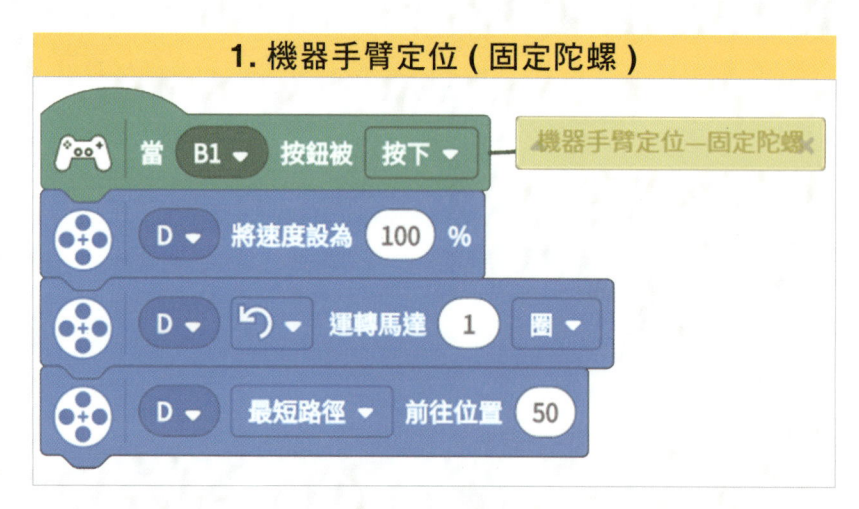

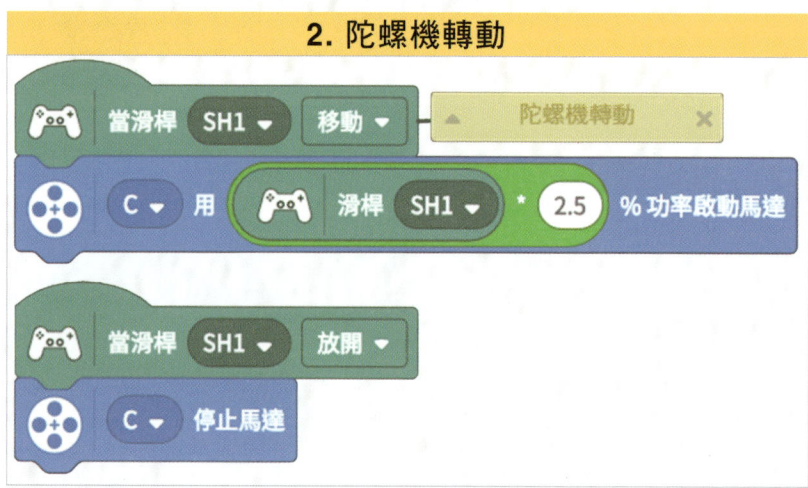

1. 機器手臂定位 (固定陀螺)

當 B1 按鈕被 按下　機器手臂定位—固定陀螺

D 將速度設為 100 %

D ↺ 運轉馬達 1 圈

D 最短路徑 前往位置 50

2. 陀螺機轉動

當滑桿 SH1 移動　陀螺機轉動

C 用 滑桿 SH1 * 2.5 % 功率啟動馬達

當滑桿 SH1 放開

C 停止馬達

Chapter 4 自動投籃機器人

4-1　自動投籃機器人
4-2　SPIKE 自動投籃機器人組裝
4-3　撰寫「自動投籃機器人」之指引程式
4-4　專題製作：自動投籃機器人

★ 學習目標
1. 瞭解組裝樂高自動投籃機器人方法。
2. 瞭解如何利用 SPIKE 程式來撰寫自動投籃機器人程式。

4-1　自動投籃機器人

各位同學先學會創意組裝一台「自動投籃機器人」之外，再撰寫機器人程式，來讓機器人可以玩比賽，增加學習程式的樂趣。

機構

在本章節中，介紹各位同學利用 SPIKE 套件來設計一台教學用的進階基本車，因此，它要有控制器（主機）、馬達、感測器及相關的樂高零件，來設計一個「SPIKE 自動投籃機器人」。

|主題|

設計「自動投籃機器人」。

|目的|

瞭解投籃機器人的組裝及撰寫程式的方法。

|優點|

結構非常簡單，改造容易。

Chapter 4　自動投籃機器人

1 創意組裝　　**2** 寫程式　　**3** 測試

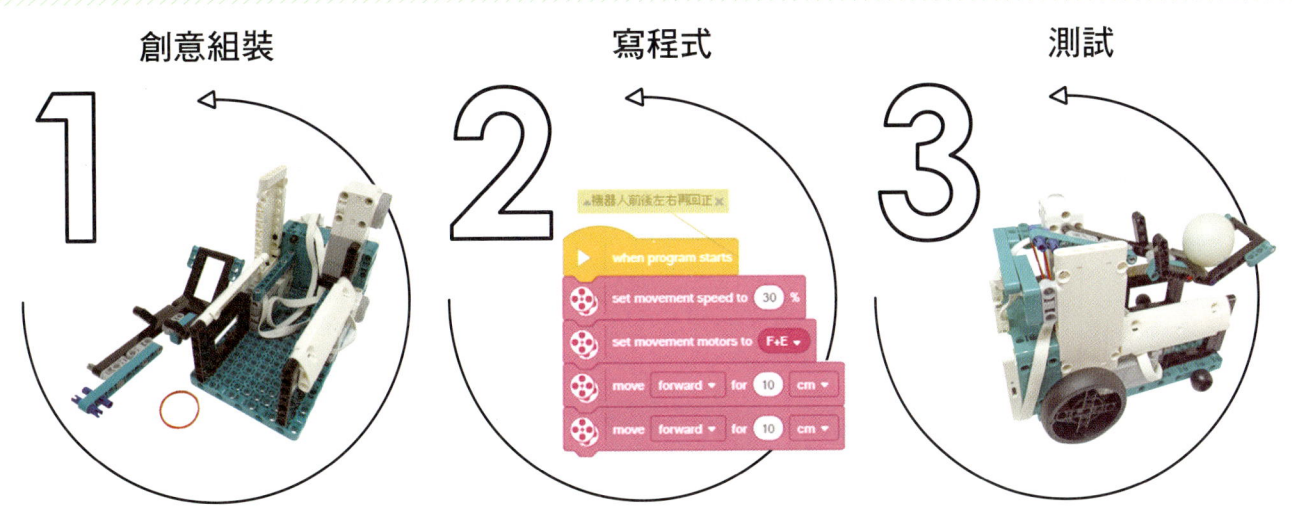

| 說明 |

1. 創意組裝：依照指定「功能及造型」來搭配「感應器及相關配件」結合「主機」。
2. 寫程式：依照指定任務來撰寫處理程序的動作與順序（程式）。
3. 測試：利用拼圖程式：將程式上傳到「主機」內，並依照指定功能先進行測試。

| 流程圖 |

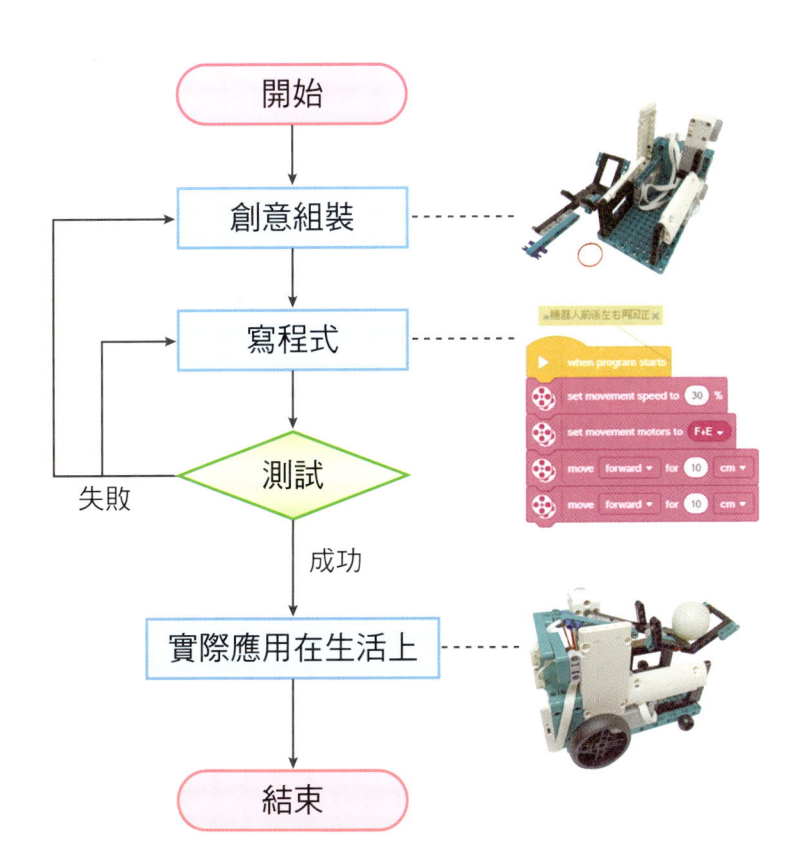

開始 → 創意組裝 → 寫程式 → 測試 →（失敗 回到寫程式/創意組裝）→ 成功 → 實際應用在生活上 → 結束

說明

從流程圖中，我們可以清楚瞭解「設計機器人程式」必須要經過的三大步驟，並且在進行第三步驟時，如果無法測試成功，除了要修改程式之外，也要檢查組裝是否正確，並且要反覆地進行測試，直到完全成功為止。最後，就可以將創作的智能裝置，應用在我們日常生活中。

67

難度 ⭐⭐⭐

4-2　SPIKE 自動投籃機器人組裝

想要製作一台「SPIKE 自動投籃機器人」時，必須要先準備相關的「主機、馬達、感測器及相關的零件材料」。

你需要準備……

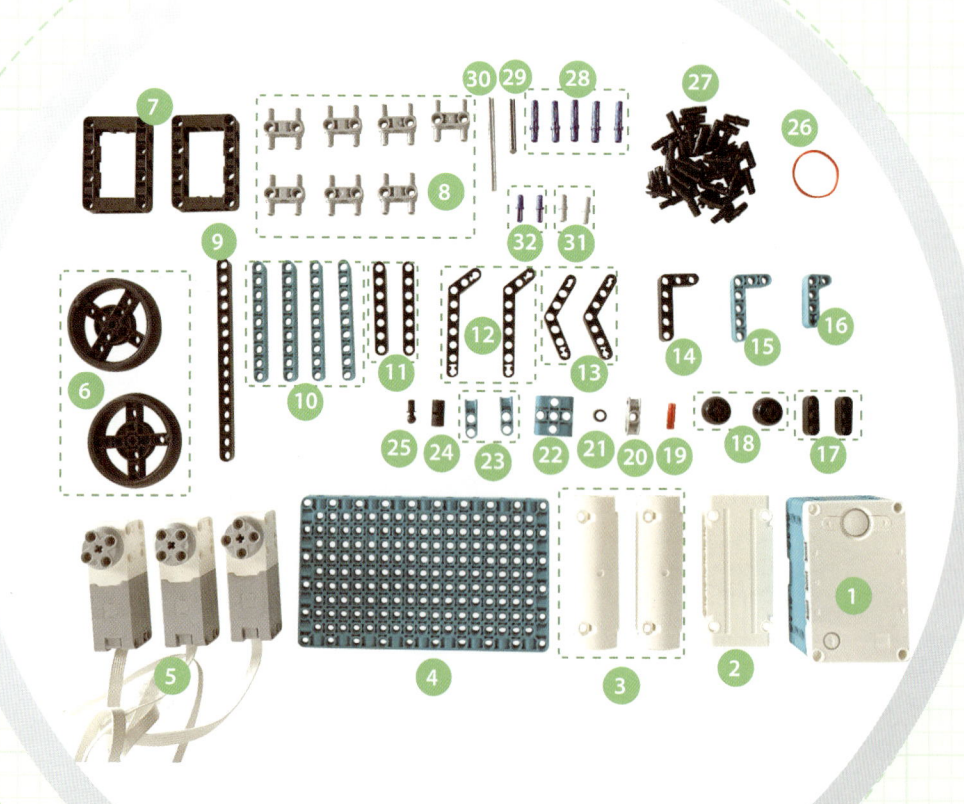

Chapter 4　自動投籃機器人

① 主機 ×1
② 底板 ×1
③ 側板 ×2
④ 底座 ×1
⑤ 馬達 ×3
⑥ 齒輪 ×2
⑦ 方型框 ×2
⑧ H 型連接器 ×7
⑨ 15m 橫桿 ×1
⑩ 9m 橫桿 ×4
⑪ 7m 橫桿 ×2
⑫ 3*7 橫桿 ×2
⑬ 4*4 橫桿 ×2
⑭ 3*5 黑色橫桿 ×1
⑮ 3*5 藍色橫桿 ×1

⑯ 2*4 藍色橫桿 ×1
⑰ 3m 橫桿 ×2
⑱ 小輪子 ×2
⑲ 2m 十字軸 ×1
⑳ 中空連接器 ×1
㉑ 1m 連接器 ×1
㉒ 十字型連接器 ×1
㉓ 2*1 連接器 ×1
㉔ 2m 連接器 ×1
㉕ 橡皮筋固定器 ×1
㉖ 橡皮筋 ×1
（註：自行準備）
㉗ 短插銷 ×35
㉘ 長插銷 ×5
㉙ 4m 十字軸 ×1
㉚ 7m 十字軸 ×1

㉛ 活動式插銷 ×2
㉜ 十字軸插銷 ×2

開始動手組裝！

在準備好「自動投籃機器人」所需要的「主機、感測器、構件及相關的材料」之後，接下來，請各位讀者依照以下的步驟就可以完成（註：▭ 代表步驟組裝的部分）：

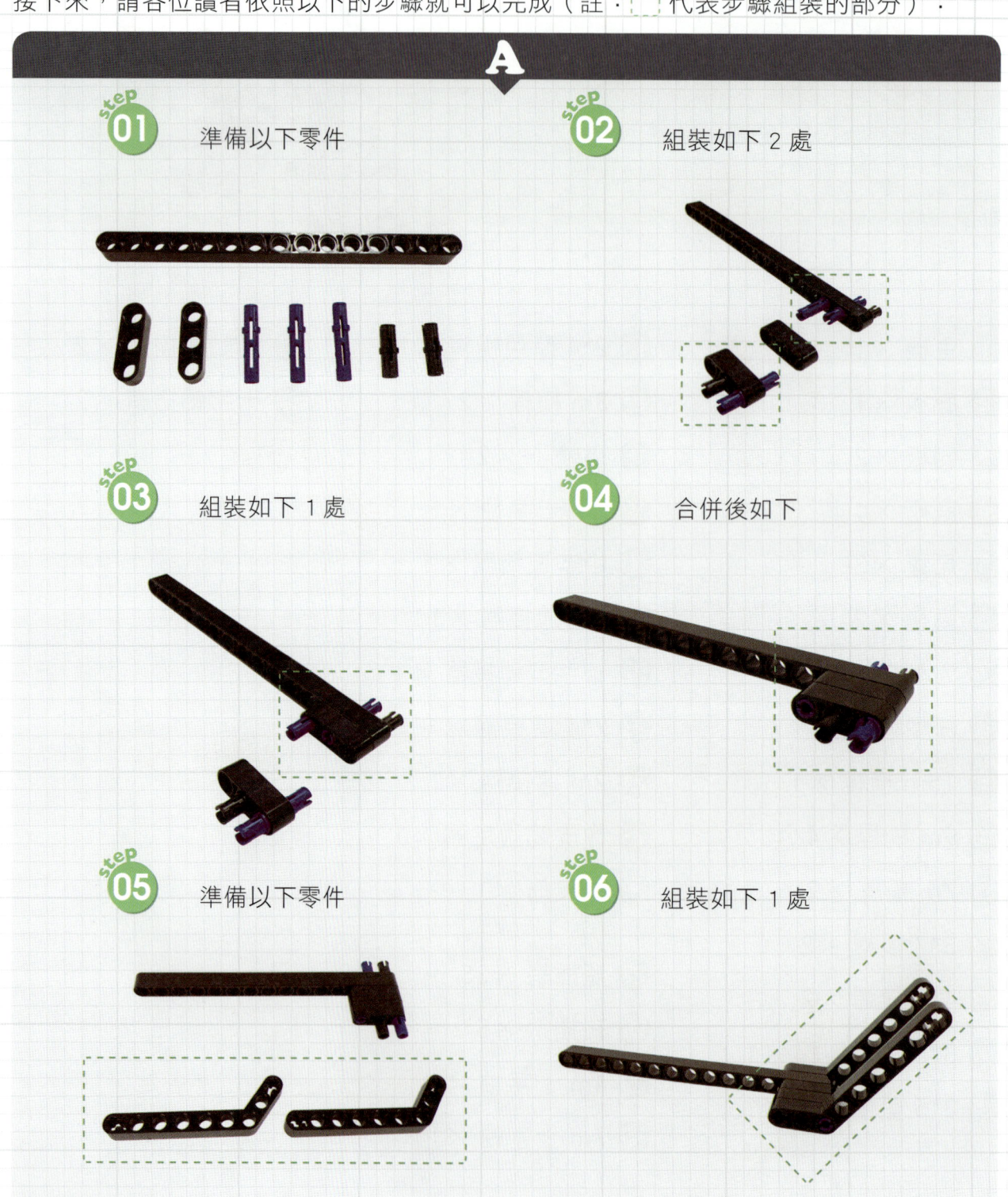

A

step 01 準備以下零件

step 02 組裝如下 2 處

step 03 組裝如下 1 處

step 04 合併後如下

step 05 準備以下零件

step 06 組裝如下 1 處

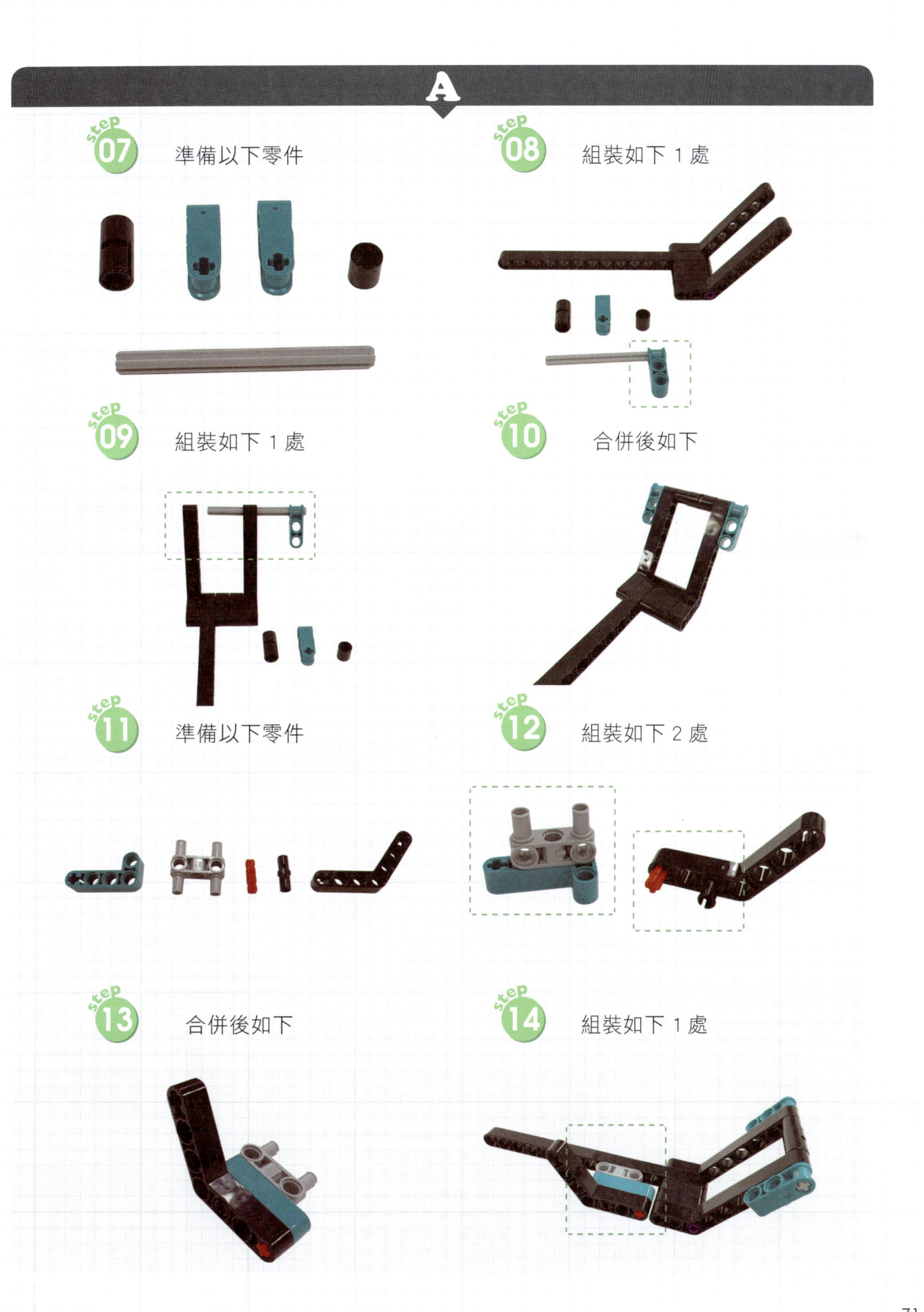

Chapter 4　自動投籃機器人

A

step 07　準備以下零件

step 08　組裝如下 1 處

step 09　組裝如下 1 處

step 10　合併後如下

step 11　準備以下零件

step 12　組裝如下 2 處

step 13　合併後如下

step 14　組裝如下 1 處

創意無限樂高 SPIKE 機器人

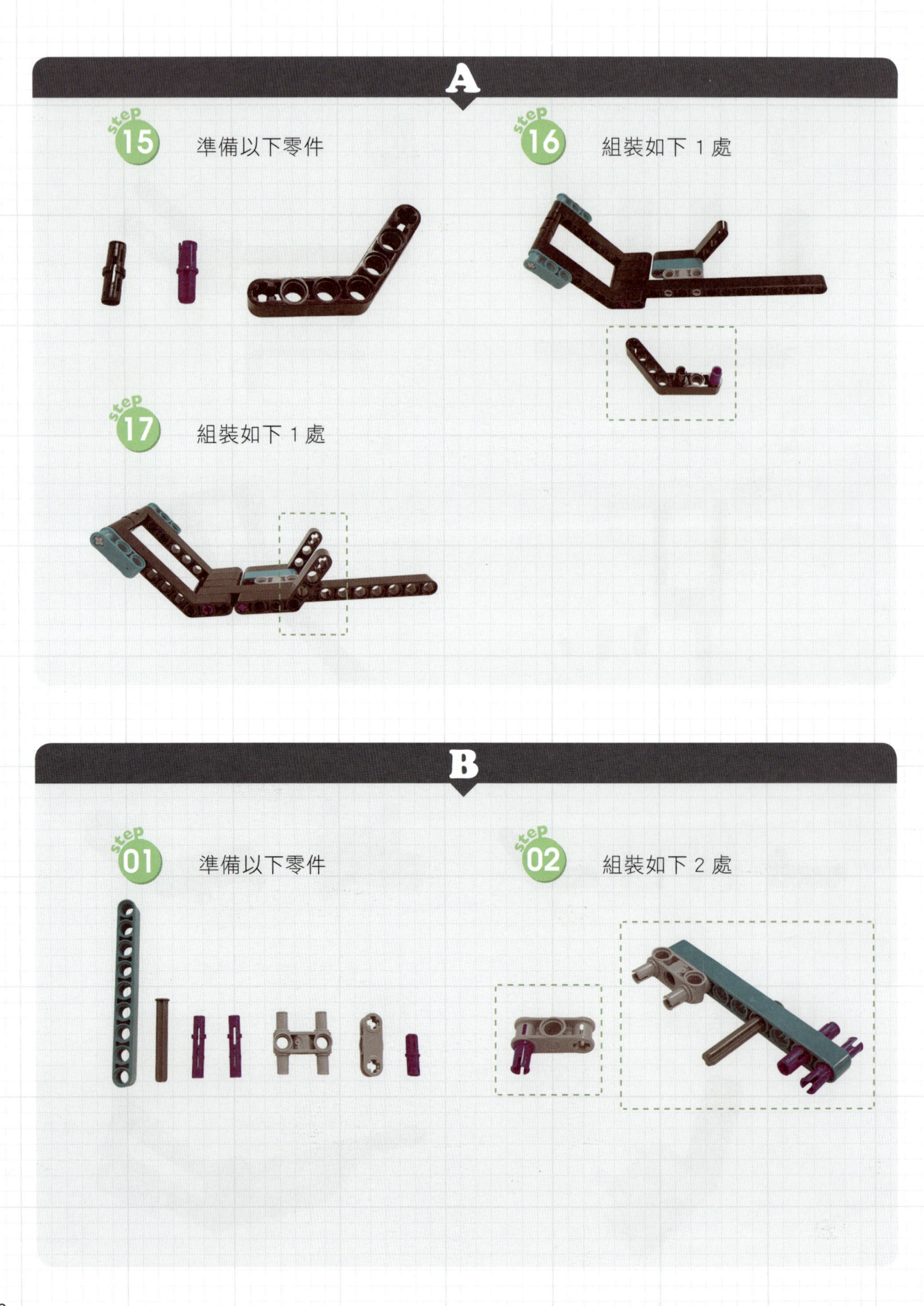

A

step 15 準備以下零件

step 16 組裝如下 1 處

step 17 組裝如下 1 處

B

step 01 準備以下零件

step 02 組裝如下 2 處

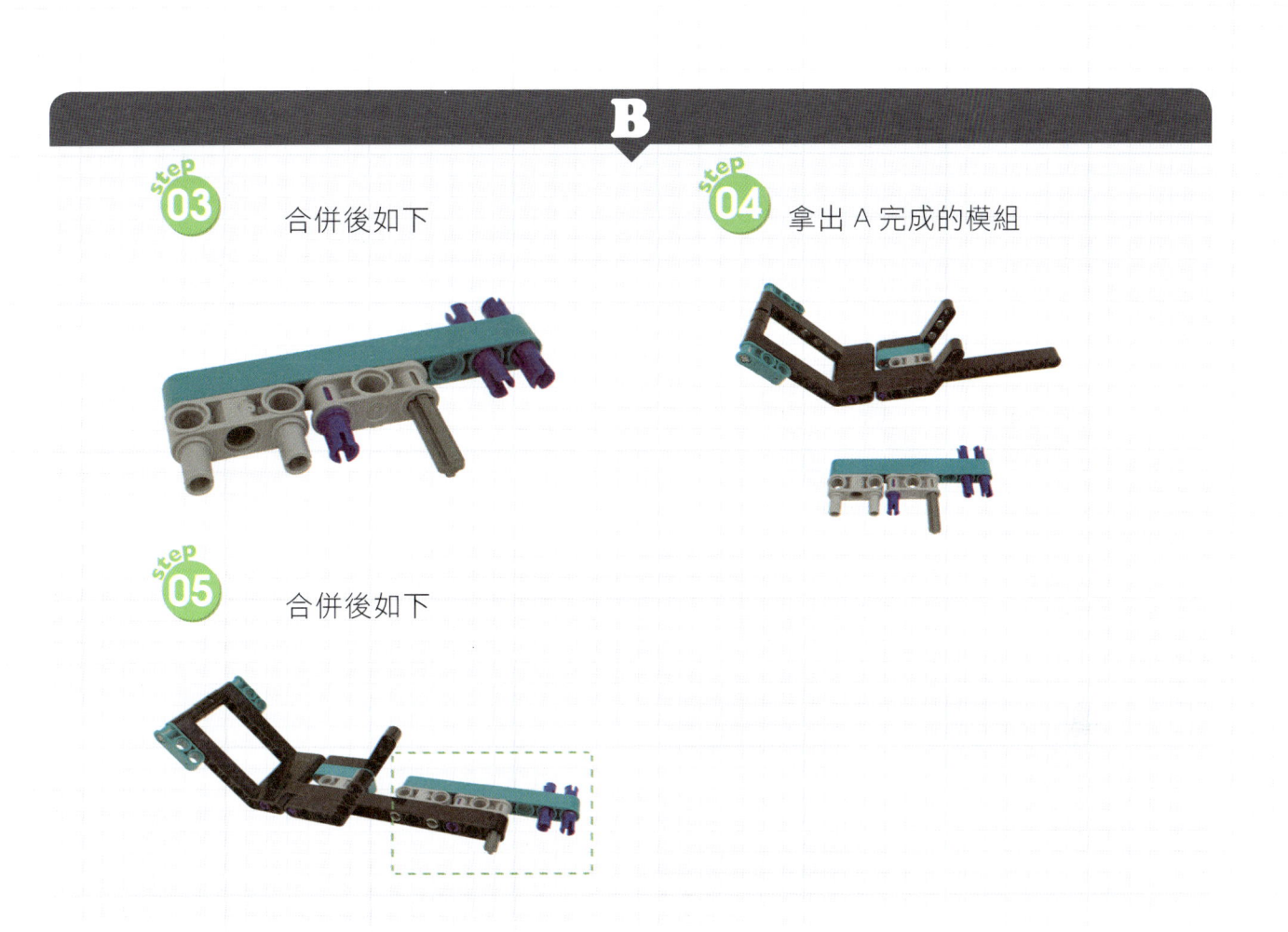

Chapter 4　自動投籃機器人

B

step 03 合併後如下

step 04 拿出 A 完成的模組

step 05 合併後如下

C

step 01 準備以下零件

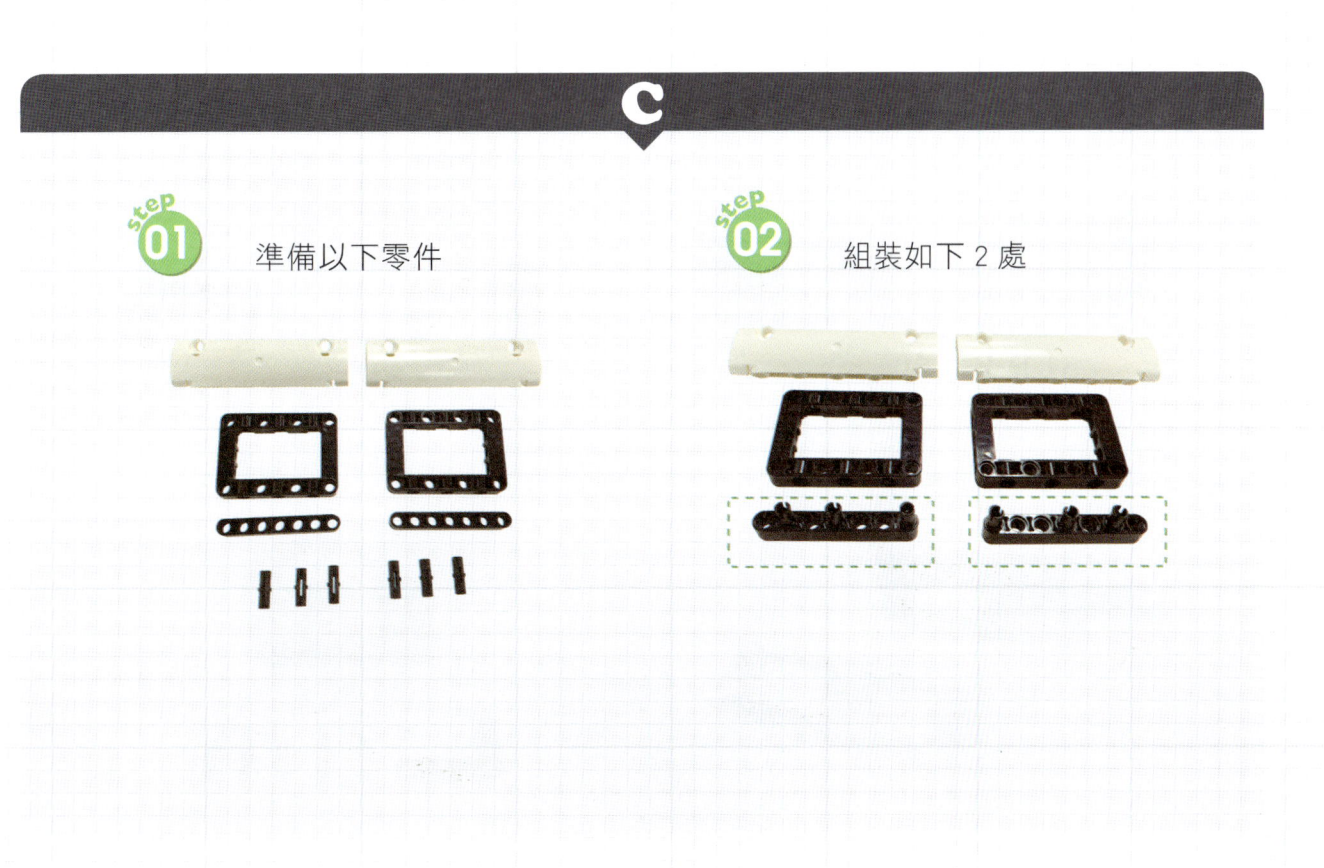

step 02 組裝如下 2 處

73

創意無限樂高 SPIKE 機器人

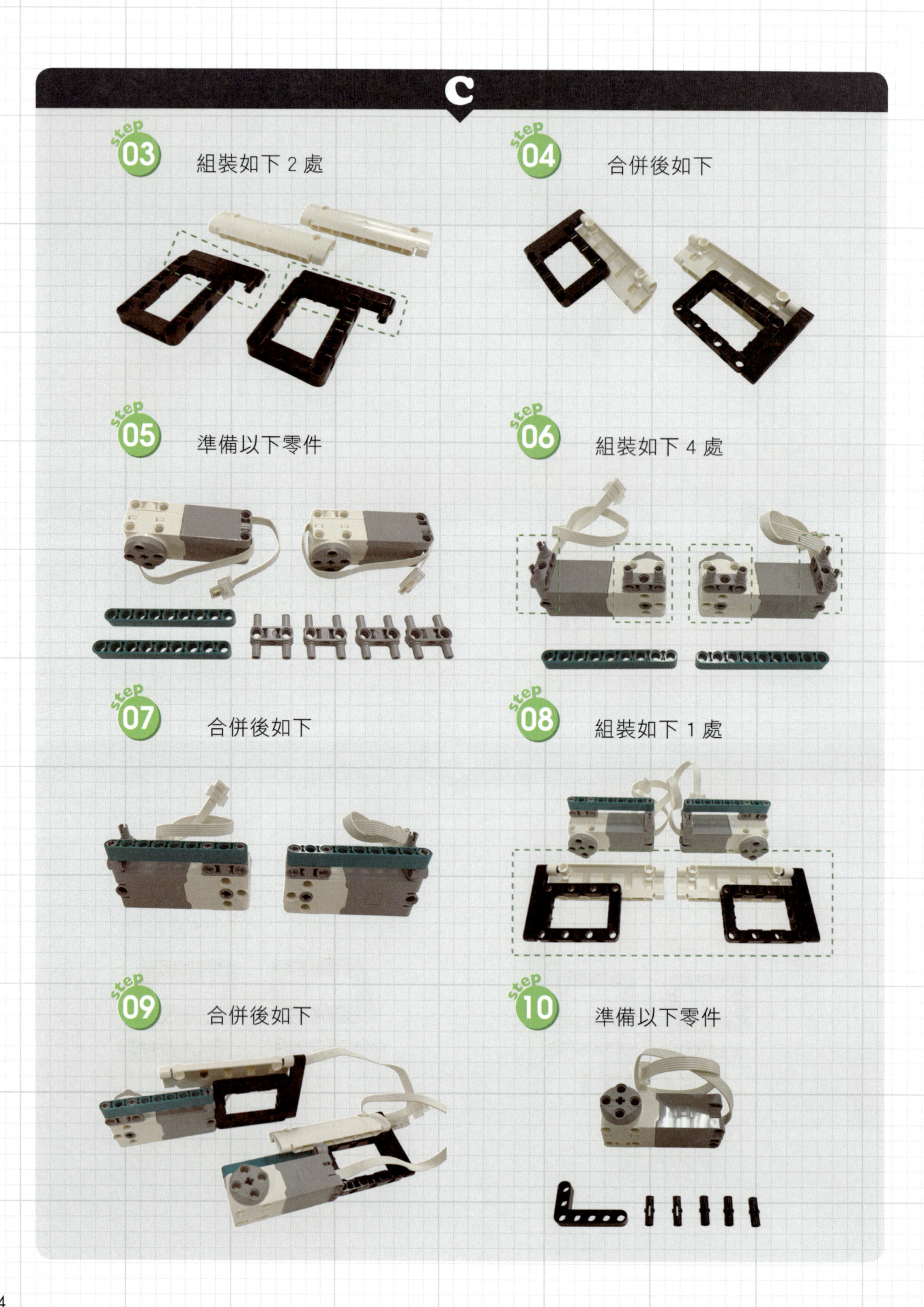

C

step 03 組裝如下 2 處

step 04 合併後如下

step 05 準備以下零件

step 06 組裝如下 4 處

step 07 合併後如下

step 08 組裝如下 1 處

step 09 合併後如下

step 10 準備以下零件

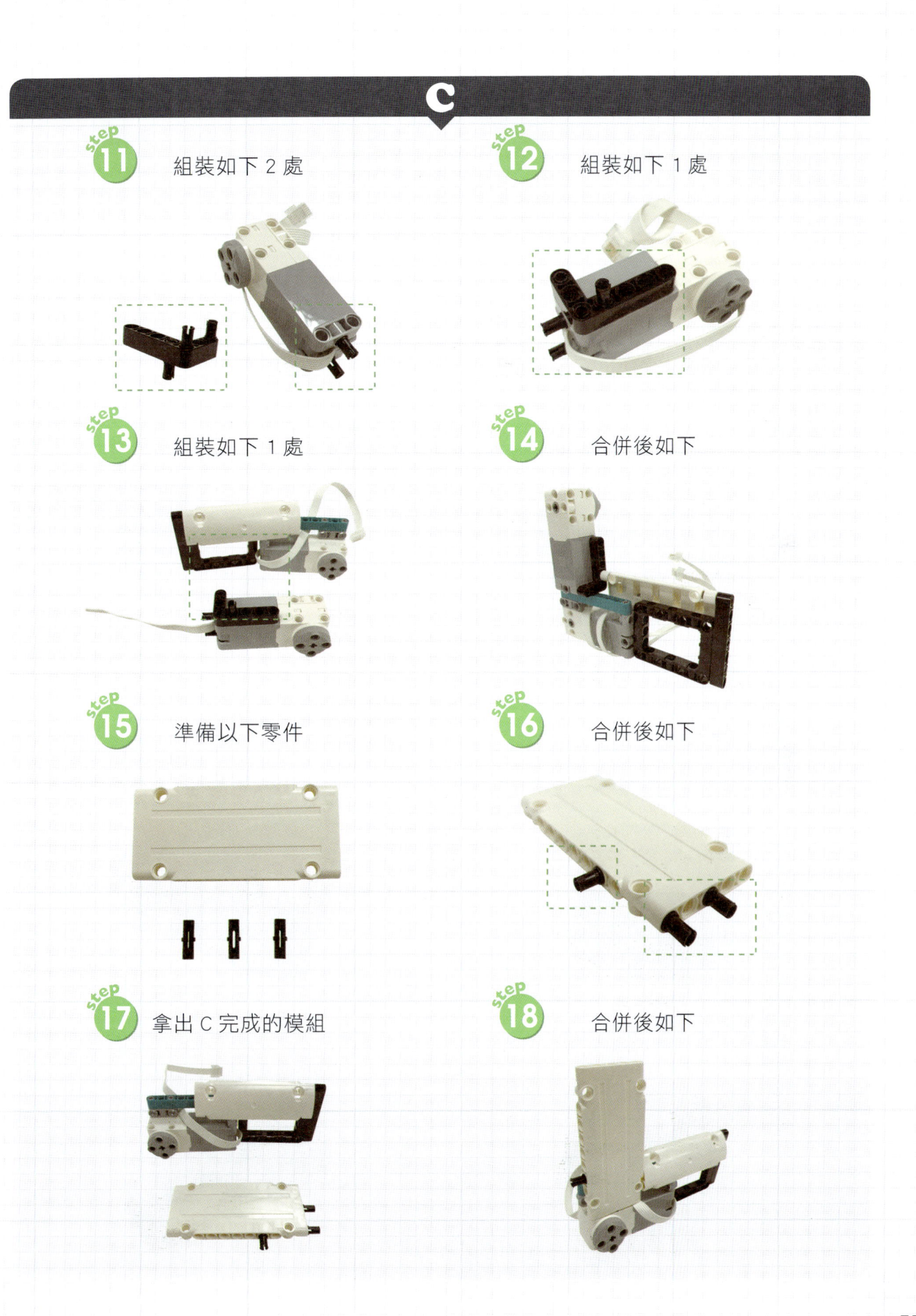

Chapter 4　自動投籃機器人

C

step 11 組裝如下 2 處

step 12 組裝如下 1 處

step 13 組裝如下 1 處

step 14 合併後如下

step 15 準備以下零件

step 16 合併後如下

step 17 拿出 C 完成的模組

step 18 合併後如下

D

step 01 準備以下零件

step 02 合併後如下

step 03 準備以下零件

step 04 組裝如下 5 處

step 05 準備以下零件

step 06 合併後如下

step 07 準備以下零件

step 08 組裝如下 4 處

Chapter 4 自動投籃機器人

E

step 01 拿出已完成的模組

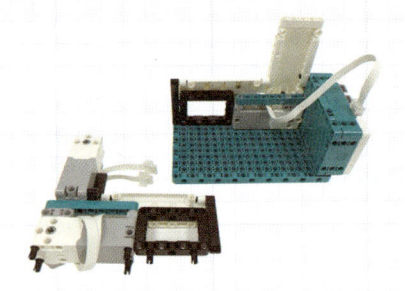

step 02 準備以下零件

step 03 組裝如下 1 處

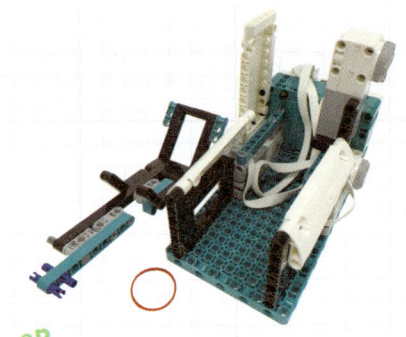

step 04 合併後如下

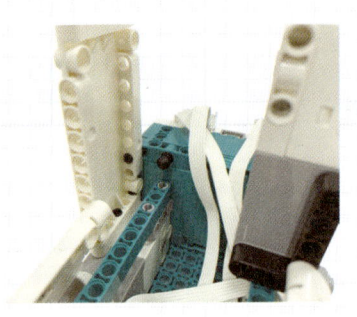

step 05 準備以下零件

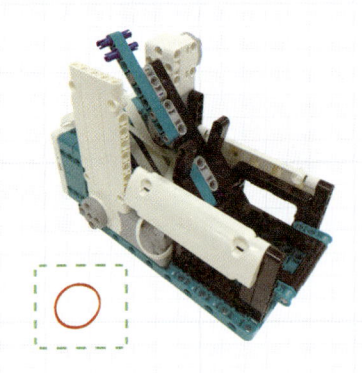

step 06 合併後如下

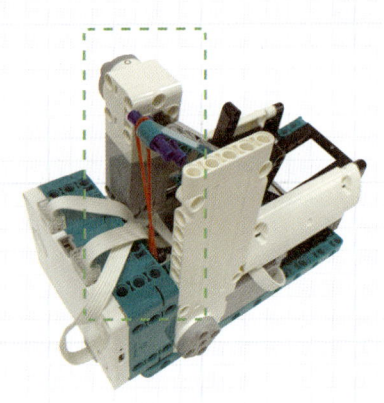

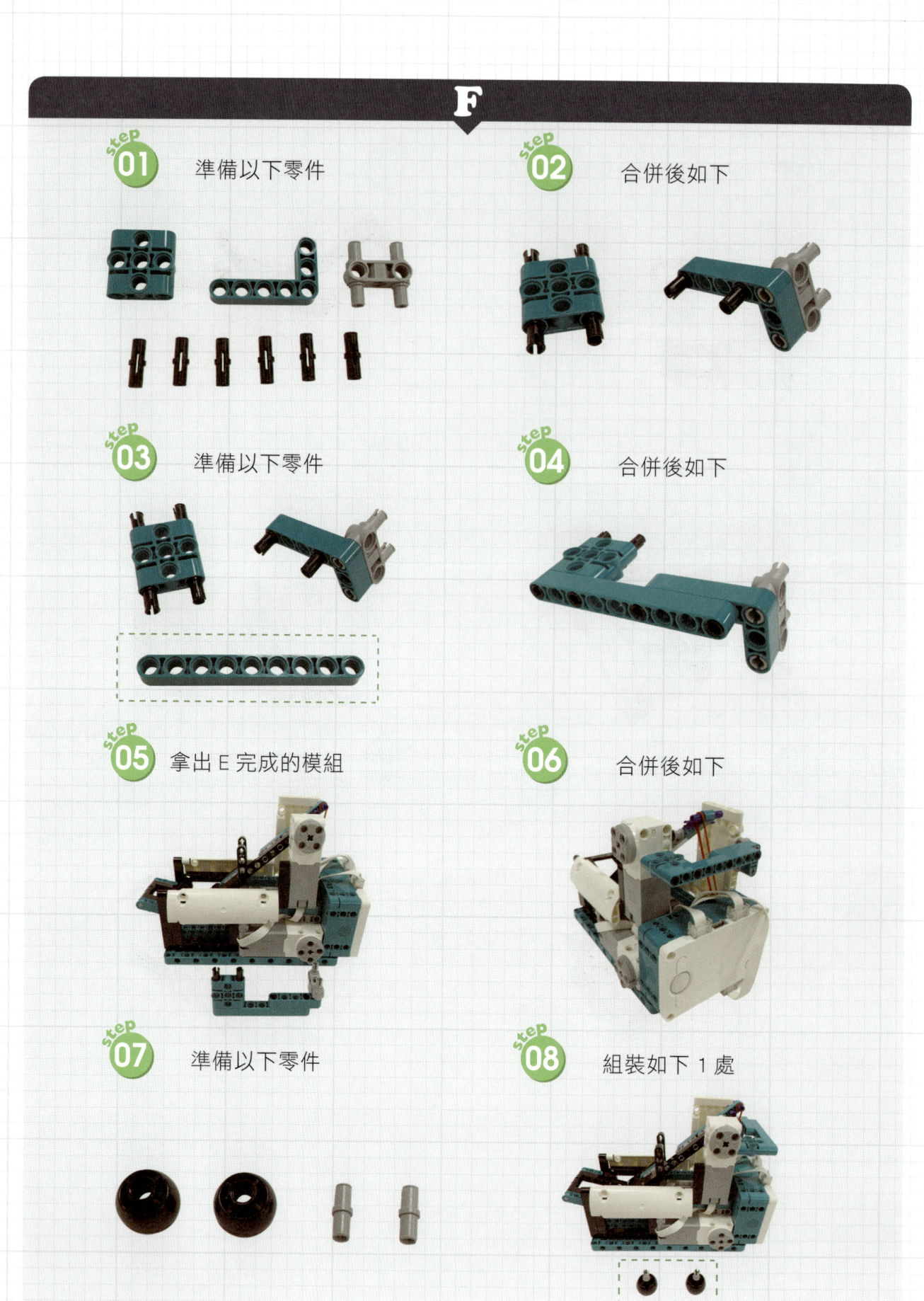

F

step 01 準備以下零件

step 02 合併後如下

step 03 準備以下零件

step 04 合併後如下

step 05 拿出 E 完成的模組

step 06 合併後如下

step 07 準備以下零件

step 08 組裝如下 1 處

Chapter 4　自動投籃機器人

F

step 09 合併後如下

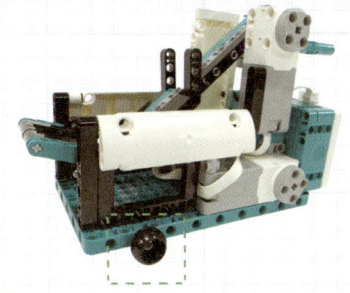

從不同角度觀看

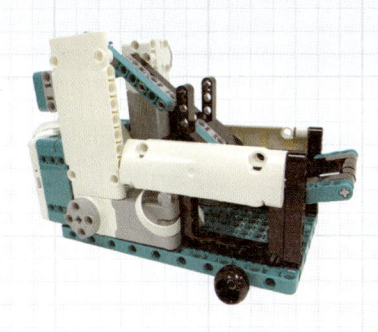

step 10 準備以下零件

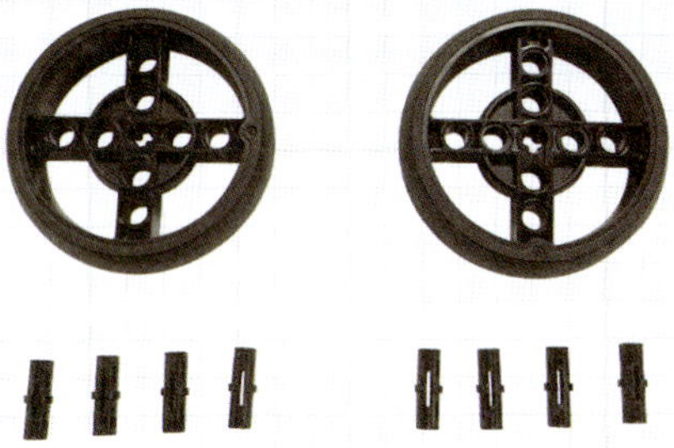

step 11 組裝如下 1 處

step 12 組裝完成

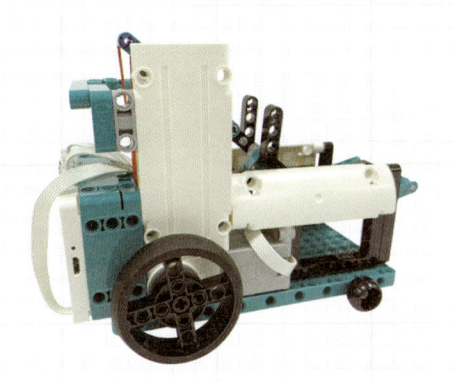

從不同角度觀看

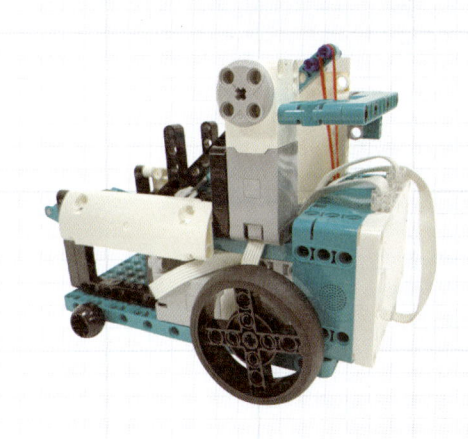

79

4-3 撰寫「自動投籃機器人」之指引程式

一 投籃動作＿舉起機器手臂

|流程圖|

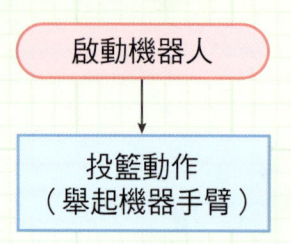

啟動機器人
↓
投籃動作
（舉起機器手臂）

|程式設計|

當程式開始
E ↻ 運轉馬達 0.3 圈

二 投籃動作一回合

|流程圖|

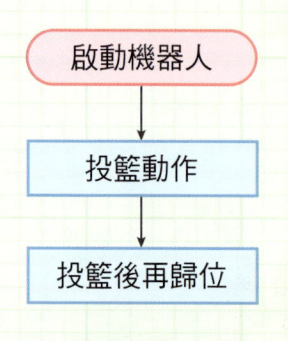

啟動機器人
↓
投籃動作
↓
投籃後再歸位

|程式設計|

當程式開始
E ↻ 運轉馬達 0.3 圈
E ↺ 運轉馬達 0.3 圈

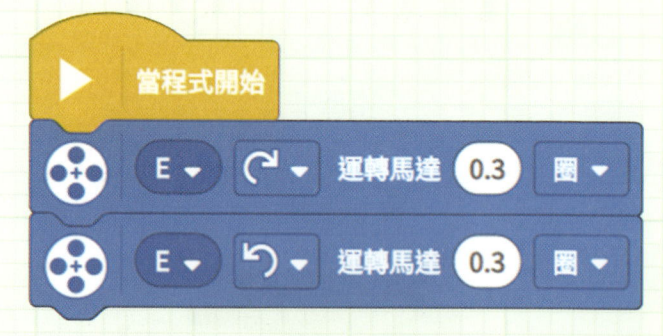

三 帶球投籃動作

|流程圖|

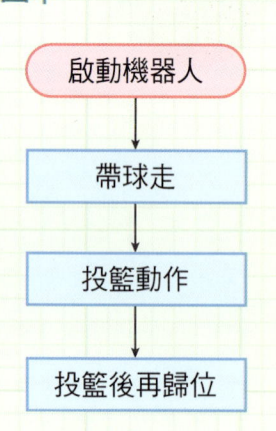

啟動機器人
↓
帶球走
↓
投籃動作
↓
投籃後再歸位

|程式設計|

當程式開始
↑ 移動 50 公分
E ↻ 運轉馬達 0.3 圈
E ↺ 運轉馬達 0.3 圈

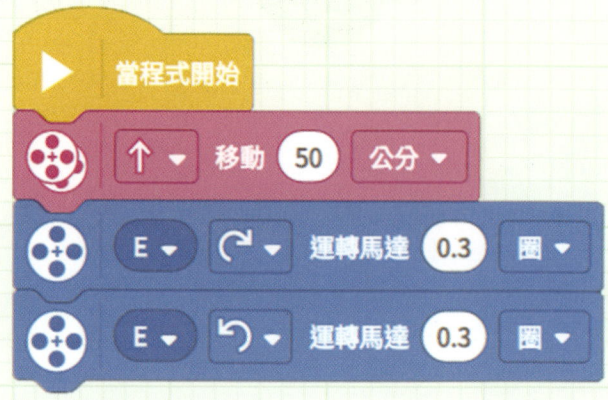

四 帶球投籃動作並回到原點

| 流程圖 |

啟動機器人
↓
帶球走
↓
投籃動作
↓
投籃後再歸位
↓
跑回原地

| 程式設計 |

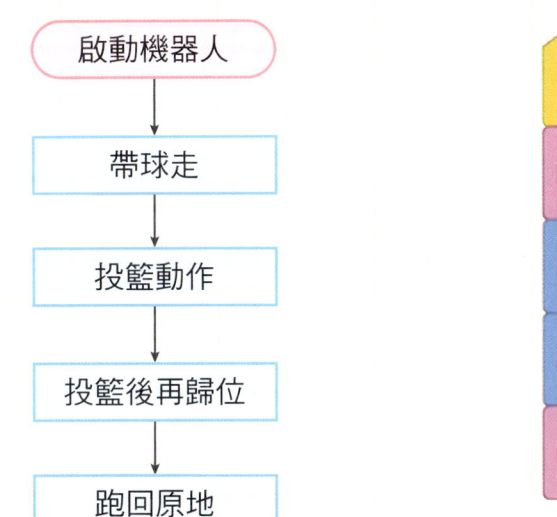

- ▶ 當程式開始
- ↑ 移動 50 公分
- E ↻ 運轉馬達 0.3 圈
- E ↺ 運轉馬達 0.3 圈
- ↓ 移動 50 公分

一起動手做好玩有趣的自動投籃機器人吧!!

#組裝 #程式 #創意

創意無限樂高 SPIKE 機器人

4-4　專題製作：自動投籃機器人

主題發想

許多人都非常熱愛籃球運動，常常會到外面的籃球機投籃，近期看到許多桌遊遊戲，像是砸派機、迷你投籃機…等等，都可以與投籃技巧有所關聯，但無論是真正的投籃，或是手指按壓的桌遊投籃遊戲，都會有手痠的問題，因此想透過 LEGO SPIKE 機器人教具，設計一套，運用齒輪轉向、機器人行走的迷你自動投籃機器人。

主題目的

1. 透過創意發想，自行設計互動遊戲。
2. 可以解決家長忙於工作，無法帶孩子到戶外打球的籃球機體驗。

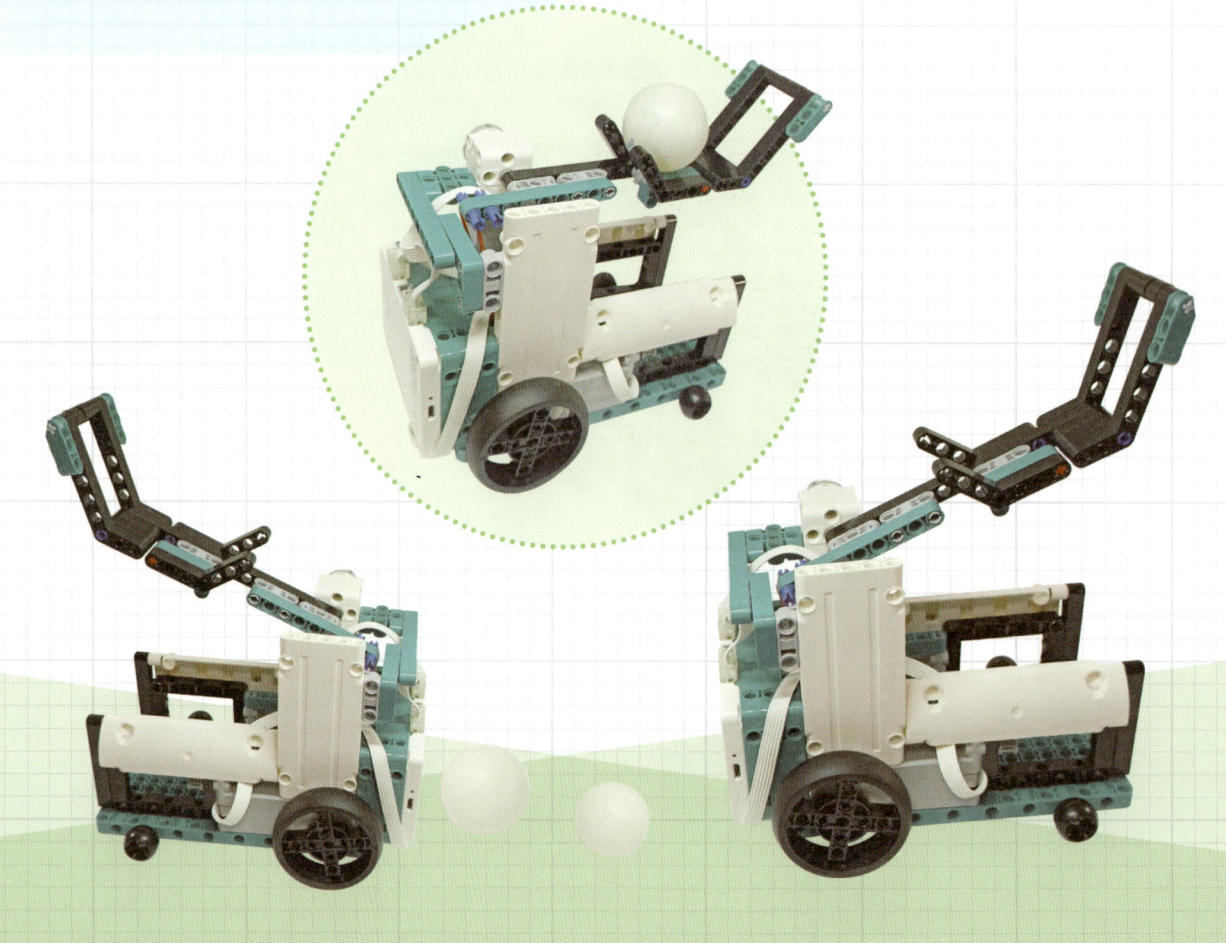

82

Chapter 4 自動投籃機器人

| 流程圖 |

啟動機器人
↓
投籃機器人
往前走一段距離
↓
機器手臂
投球動作
↓
投籃機器人
往回走到原點

來回2次

| 撰寫程式 |

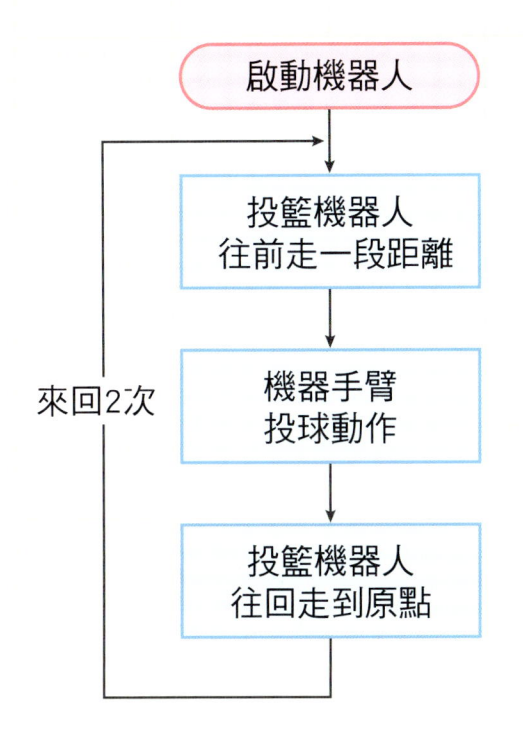

當程式開始
↑ 移動 52 公分
E ↻ 運轉馬達 0.3 圈
E ↺ 運轉馬達 0.3 圈
↓ 移動 52 公分
等待 5 秒
↑ 移動 52 公分
E ↻ 運轉馬達 0.3 圈
E ↺ 運轉馬達 0.3 圈
↓ 移動 52 公分

創新性

1. 透過樂高機器套件，來創意組裝自動投籃機器人。
2. 自動投籃機器人可以利用橡皮筋來帶動機構，以達投籃的彈力效果。

應用性

1. 室內互動遊戲。
2. 結合程式設計課程。

83

Chapter 4　實作題

題目名稱：自動投籃機器人

題目說明：請利用「遙控器」元件功能，來控制自動投籃機器人。

題目編號：A038002

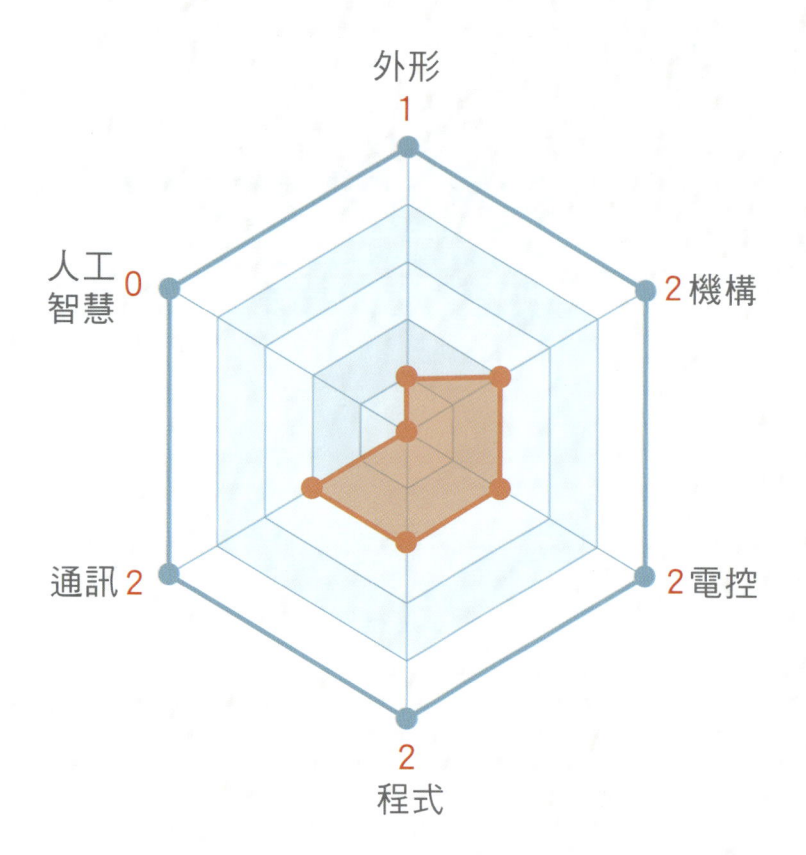

實作時間：120 min	
創客指標	指數
外形（專業）	1
機構	2
電控	2
程式	2
通訊	2
人工智慧	0
創客總數	9

Chapter 4　實作題

|遙控器之介面設計|

|程式設計|

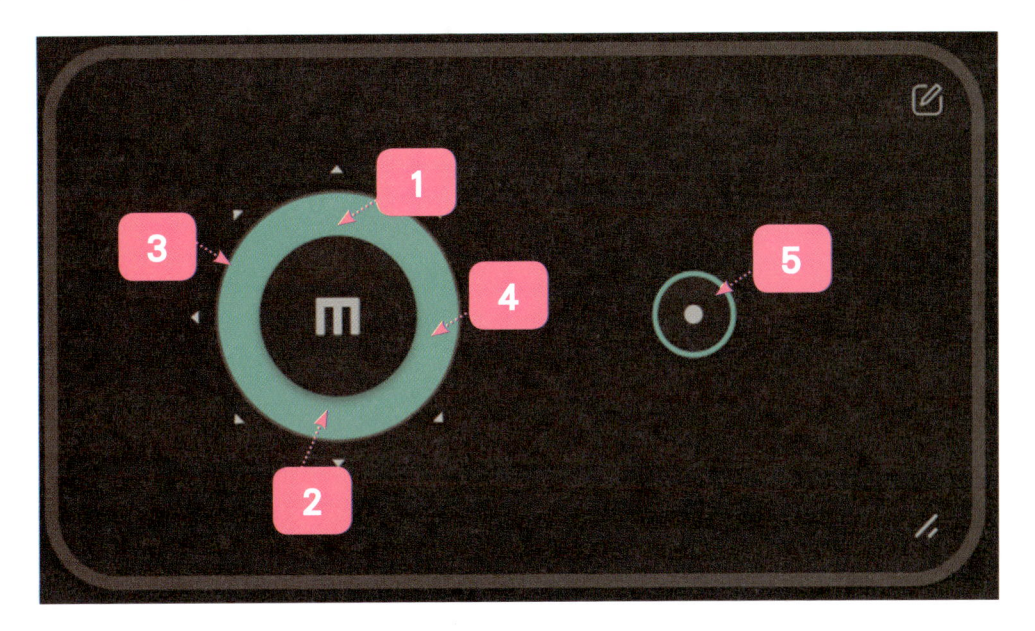

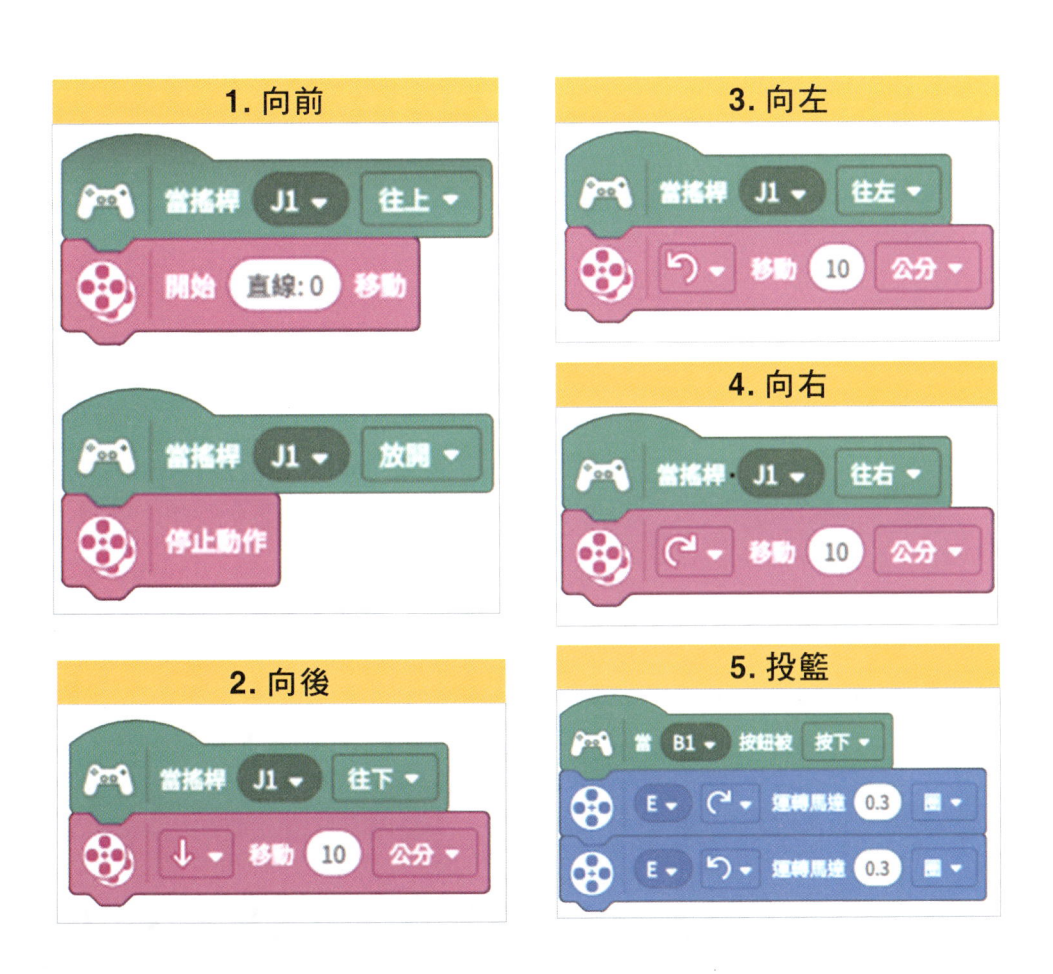

1. 向前

當搖桿 J1 往上
開始 直線:0 移動

當搖桿 J1 放開
停止動作

2. 向後

當搖桿 J1 往下
↓ 移動 10 公分

3. 向左

當搖桿 J1 往左
↺ 移動 10 公分

4. 向右

當搖桿 J1 往右
↻ 移動 10 公分

5. 投籃

當 B1 按鈕被 按下
E ↻ 運轉馬達 0.3 圈
E ↺ 運轉馬達 0.3 圈

MEMO

Chapter 5 會打鼓的機器人

- 5-1 會打鼓的機器人
- 5-2 SPIKE 會打鼓的機器人組裝
- 5-3 撰寫「會打鼓的機器人」之指引程式
- 5-4 專題製作:會打鼓的機器人

★ 學習目標

1. 瞭解組裝樂高會打鼓的機器人方法。
2. 瞭解如何利用 SPIKE 程式來撰寫會打鼓的機器人程式。

5-1　會打鼓的機器人

各位同學先學會創意組裝一台「會打鼓的機器人」之外，再撰寫機器人程式，來讓機器人可以玩比賽，增加學習程式的樂趣。

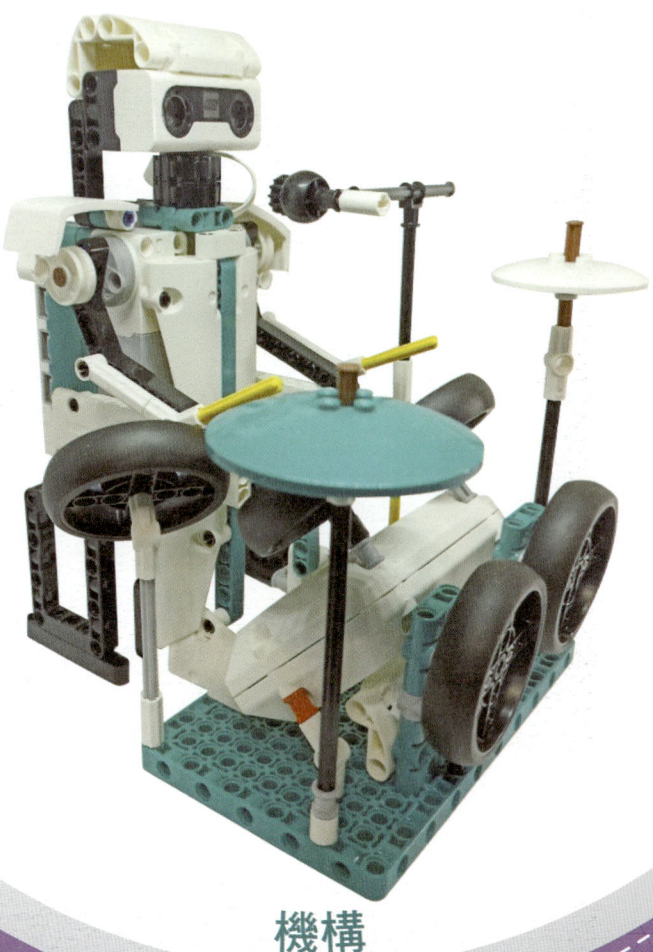

機構

在本章節中，介紹各位同學利用 SPIKE 套件來設計一台教學用的進階基本車，因此，它要有控制器（主機）、馬達、感測器及相關的樂高零件，來設計一個「會打鼓的機器人」。

|主題|

設計「會打鼓的機器人」。

|目的|

瞭解打鼓機器人的組裝及撰寫程式的方法。

|優點|

結構非常簡單，改造容易。

1 創意組裝　　2 寫程式　　3 測試

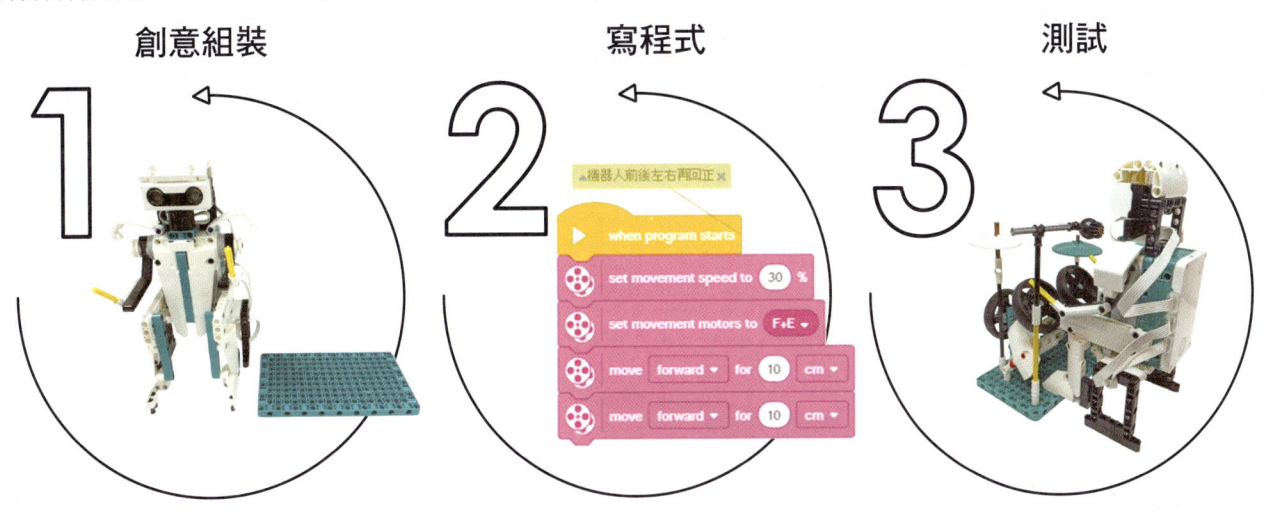

| 說明 |

1. 創意組裝：依照指定「功能及造型」來搭配「感應器及相關配件」結合「主機」。
2. 寫程式：依照指定任務來撰寫處理程序的動作與順序（程式）。
3. 測試：利用拼圖程式：將程式上傳到「主機」內，並依照指定功能先進行測試。

| 流程圖 |

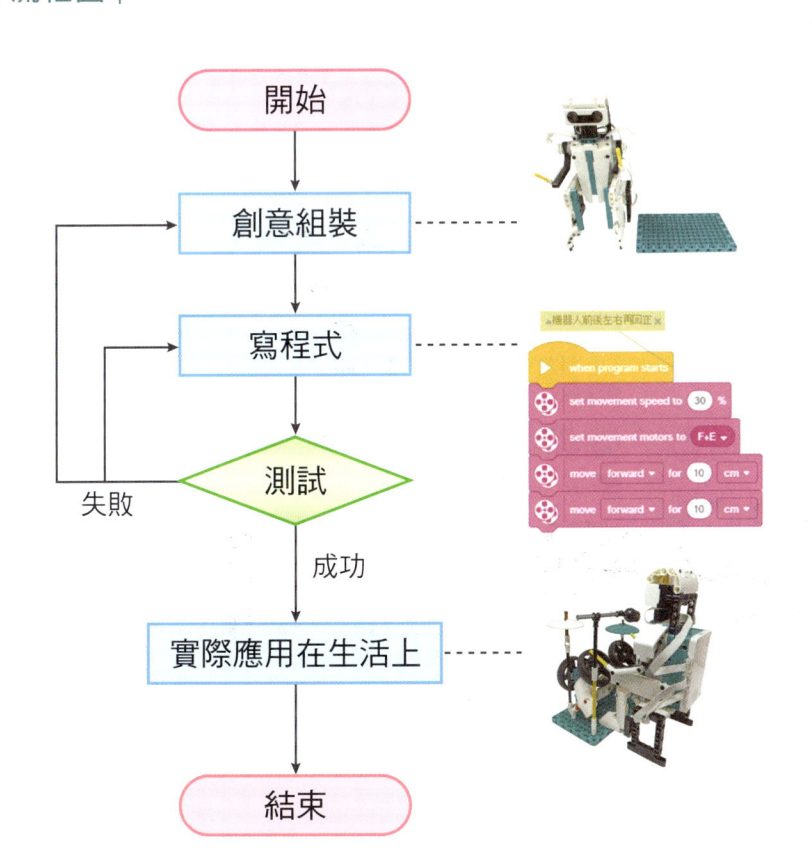

開始 → 創意組裝 → 寫程式 → 測試
- 失敗：回到創意組裝或寫程式
- 成功：實際應用在生活上 → 結束

說明

從流程圖中，我們可以清楚瞭解「設計機器人程式」必須要經過的三大步驟，並且在進行第三步驟時，如果無法測試成功，除了要修改程式之外，也要檢查組裝是否正確，並且要反覆地進行測試，直到完全成功為止。最後，就可以將創作的智能裝置，應用在我們日常生活中。

難度 ★★★★

5-2　SPIKE 會打鼓的機器人組裝

想要製作一台「SPIKE 會打鼓的機器人」時，必須要先準備相關的「主機、馬達、感測器及相關的零件材料」。

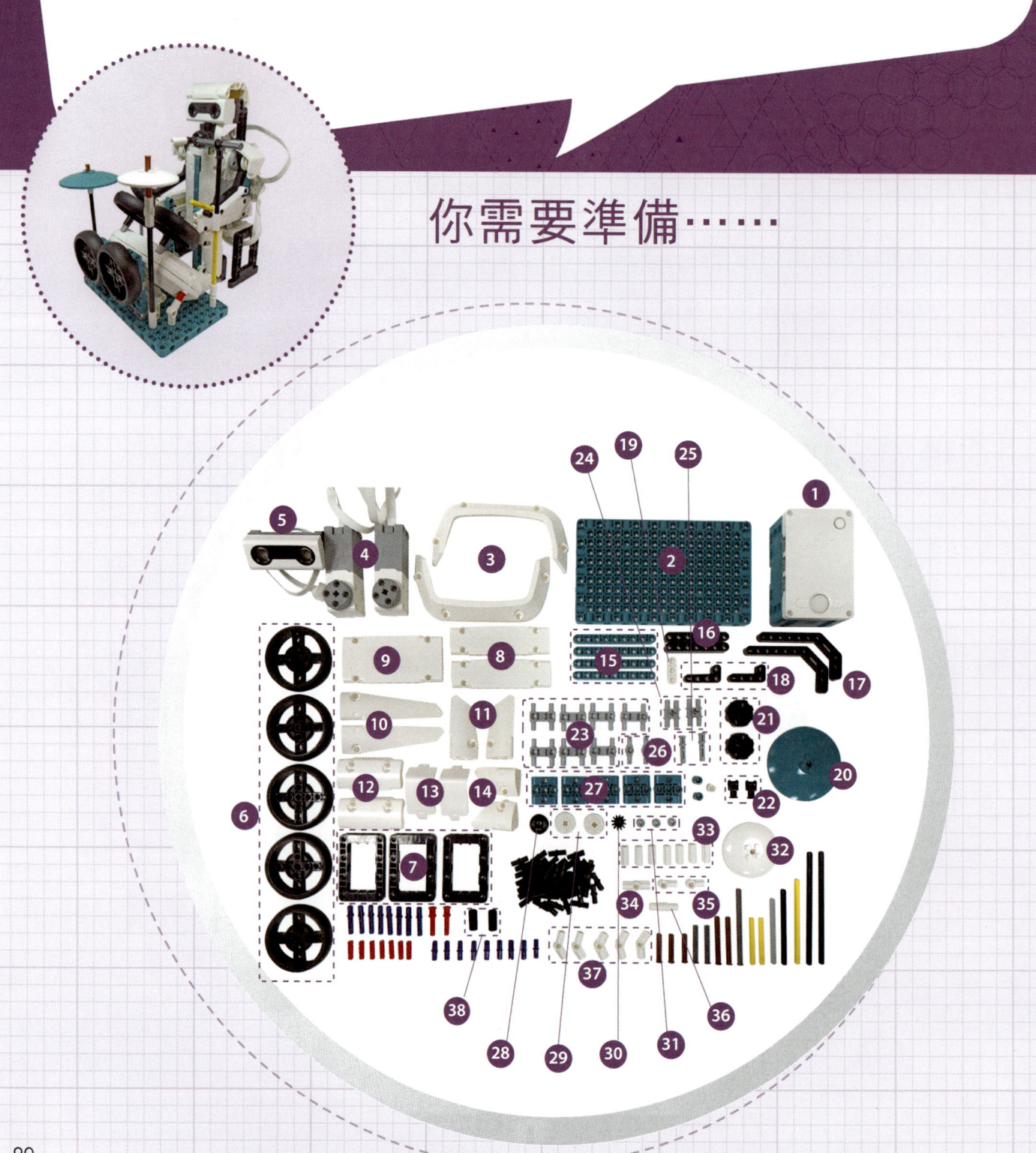

你需要準備……

Chapter 5　會打鼓的機器人

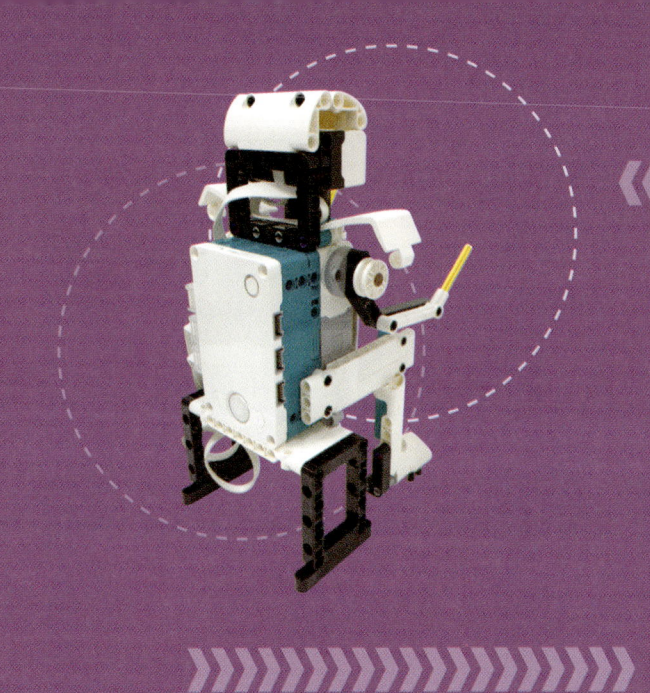

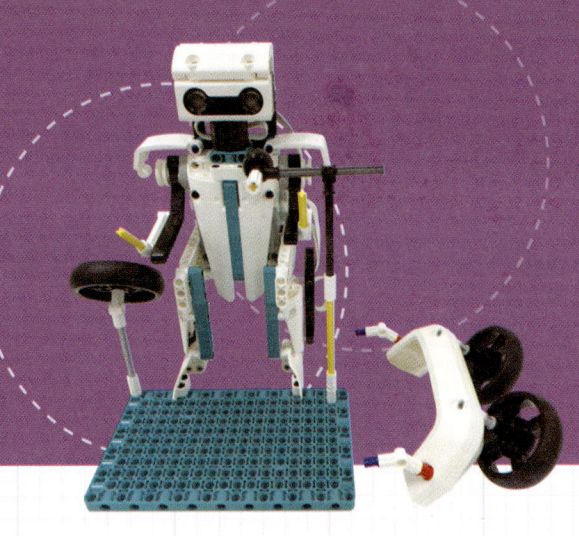

① 主機 ×1
② 底板 ×1
③ 安全板 ×2
④ 馬達 ×2
⑤ 超音波 ×1
⑥ 輪子 ×5
⑦ 方型框 ×3
⑧ 小厚板 ×2
⑨ 大厚板 ×1
⑩ 左右長側板 ×10
⑪ 左右中型側板 ×2
⑫ 側板 ×2
⑬ L 型側板 ×2
⑭ 左右小型側板 ×2
⑮ 9m 橫桿 ×4
⑯ 7m 橫桿 ×1
⑰ J 型橫桿 ×2
⑱ 2*4 橫桿 ×2
⑲ 3m 橫桿 ×1
⑳ 大鼓片 ×1
㉑ 圓型連接器 ×2
㉒ 雙向連接器 ×2
㉓ H 型連接器 ×7
㉔ 小 H 型連接器 ×2
㉕ 連接式插銷 ×2
㉖ I 型連接器 ×2
㉗ 十字型連接器 ×5
㉘ 小輪子 ×1
㉙ 輪框 ×2
㉚ 12 齒雙向子斜齒輪 ×1
㉛ 套筒 ×3
㉜ 小鼓片 ×1
㉝ 垂直連接器 ×7
㉞ 2 號連接器 ×1
㉟ 1 號連接器 ×2
㊱ 連接器 ×1
㊲ 4 號連接器 ×5
㊳ 活動式連接器 ×2

開始動手組裝！

在準備好「會打鼓的機器人」所需要的「主機、感測器、構件及相關的材料」之後，接下來，請各位讀者依照以下的步驟就可以完成（註：▢ 代表步驟組裝的部分）：

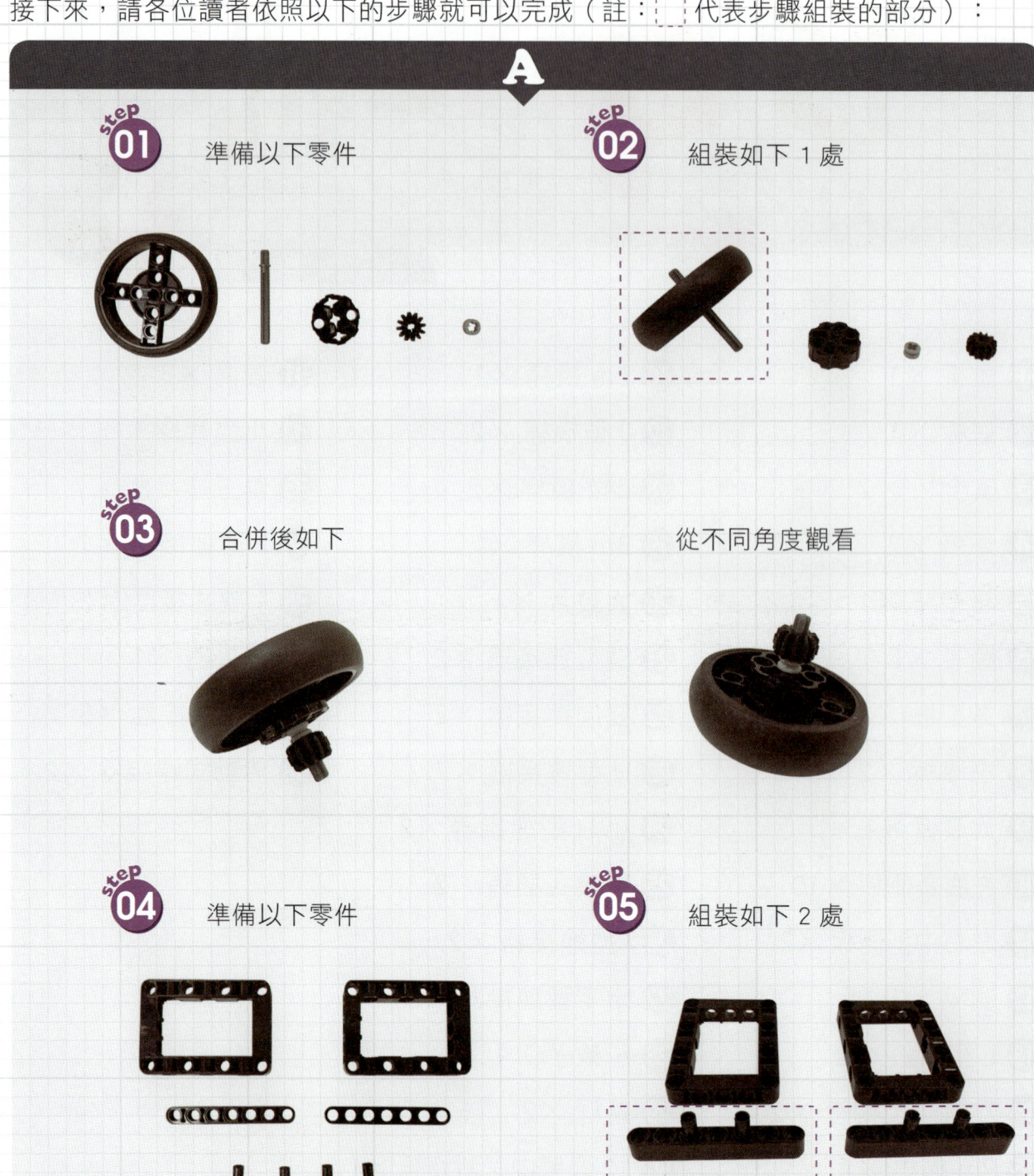

A

step 01 準備以下零件

step 02 組裝如下 1 處

step 03 合併後如下

從不同角度觀看

step 04 準備以下零件

step 05 組裝如下 2 處

Chapter 5　會打鼓的機器人

A

step 06 合併後如下

step 07 準備以下零件

step 08 組裝如下 2 處

step 09 合併後如下

B

step 01 準備以下零件

step 02 組裝如下 2 處

step 03 組裝如下 1 處

step 04 合併後如下

93

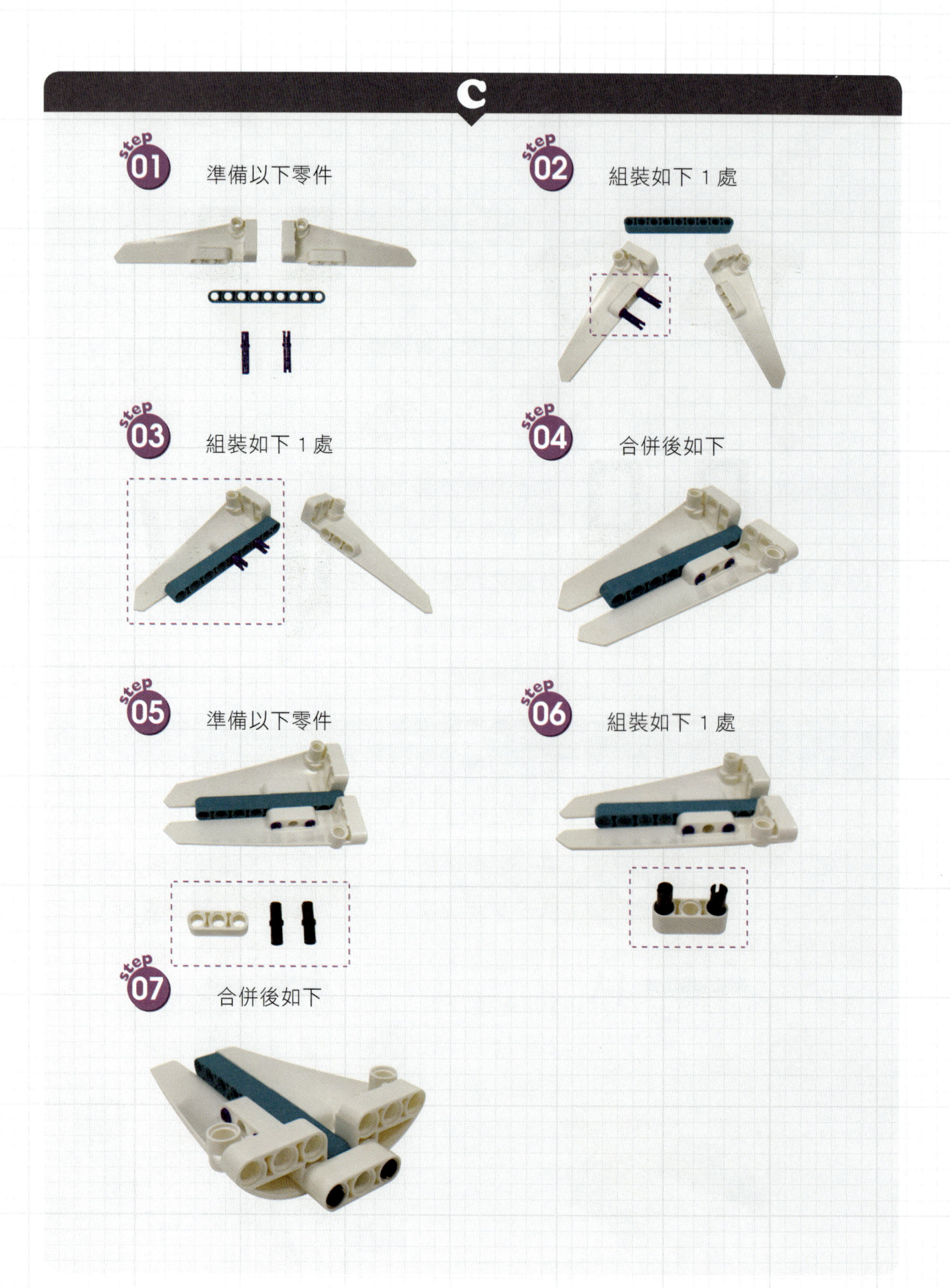

C

step 01 準備以下零件

step 02 組裝如下 1 處

step 03 組裝如下 1 處

step 04 合併後如下

step 05 準備以下零件

step 06 組裝如下 1 處

step 07 合併後如下

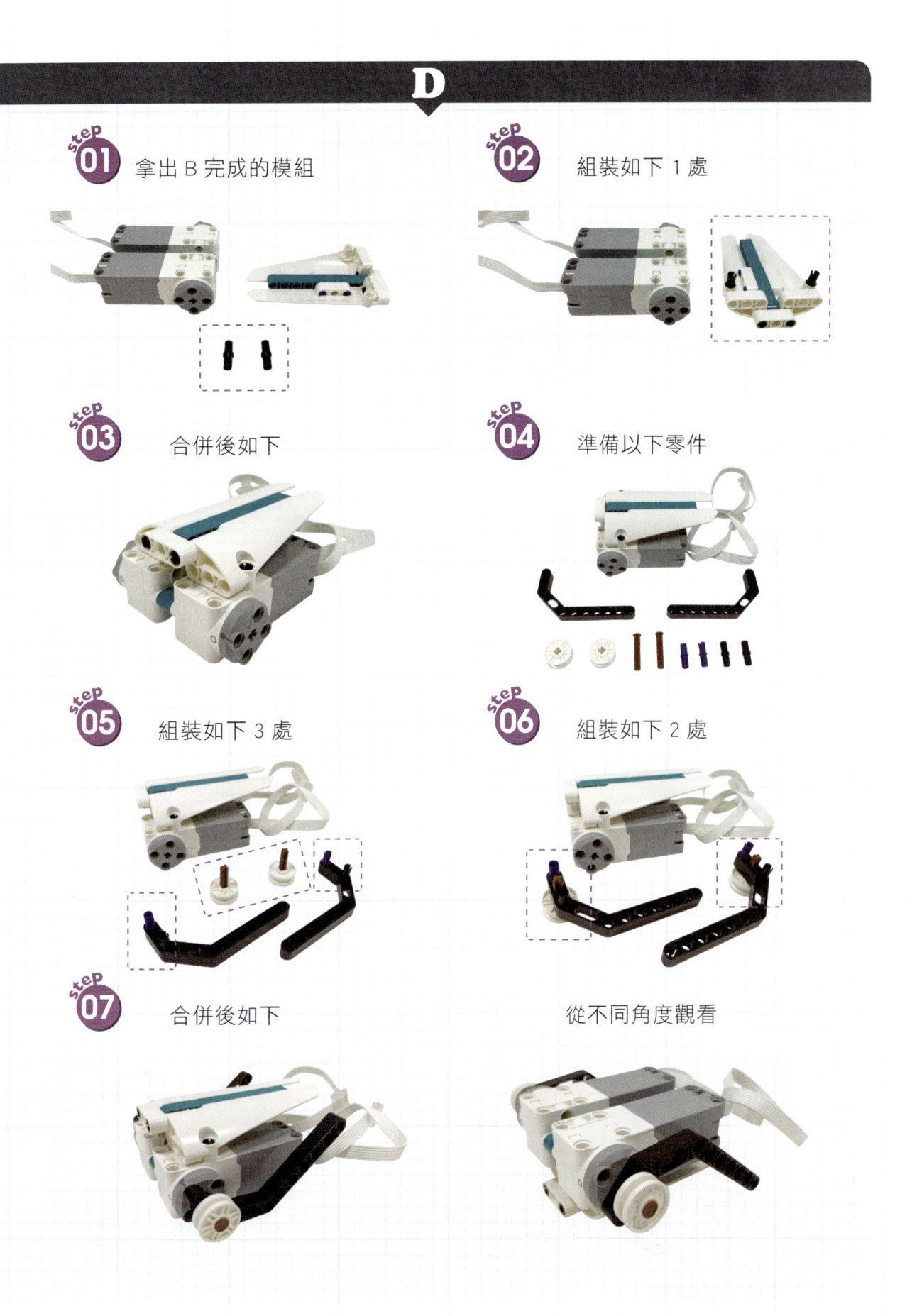

D

step 01 拿出 B 完成的模組

step 02 組裝如下 1 處

step 03 合併後如下

step 04 準備以下零件

step 05 組裝如下 3 處

step 06 組裝如下 2 處

step 07 合併後如下

從不同角度觀看

創意無限樂高 SPIKE 機器人

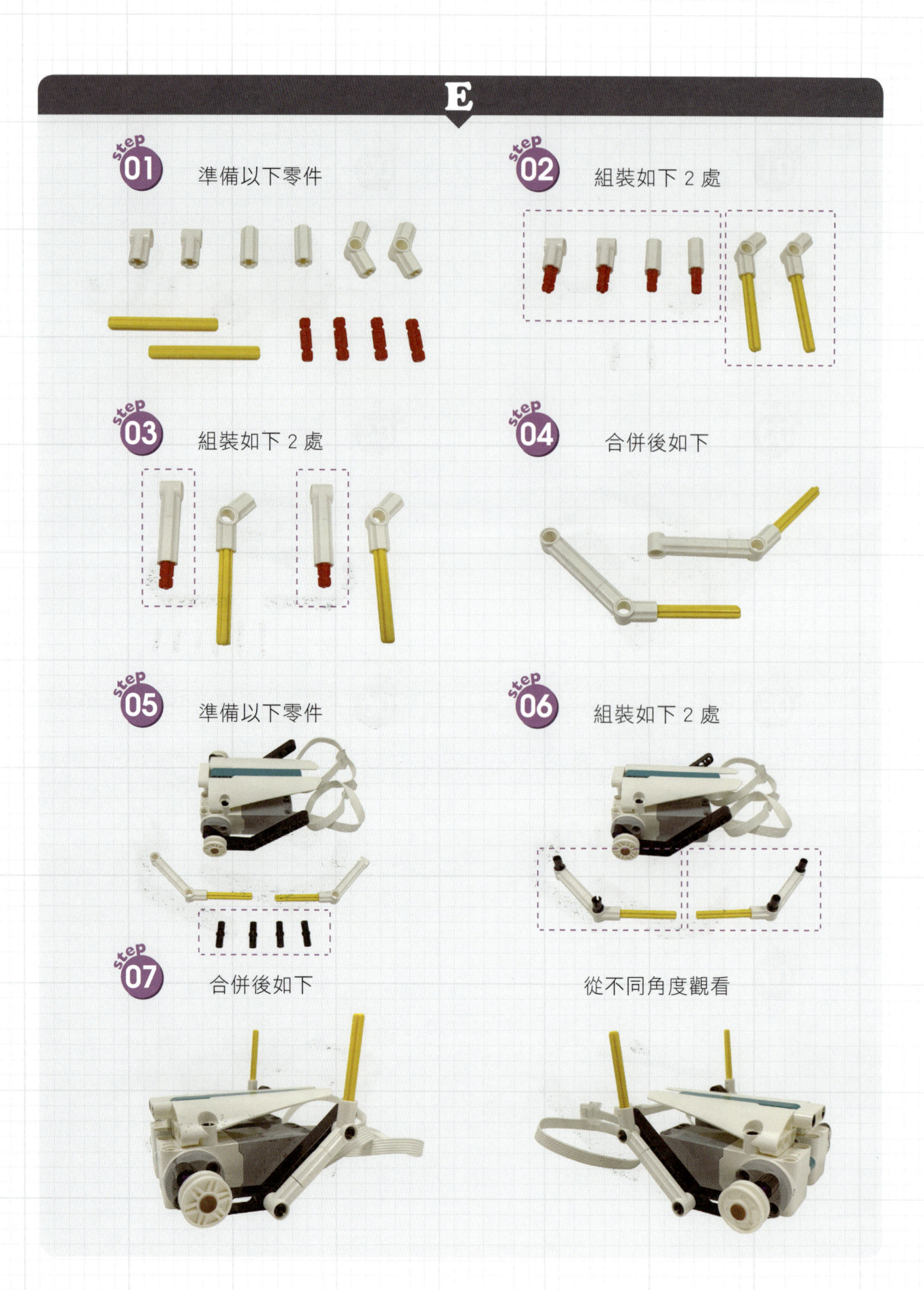

E

step 01 準備以下零件

step 02 組裝如下 2 處

step 03 組裝如下 2 處

step 04 合併後如下

step 05 準備以下零件

step 06 組裝如下 2 處

step 07 合併後如下

從不同角度觀看

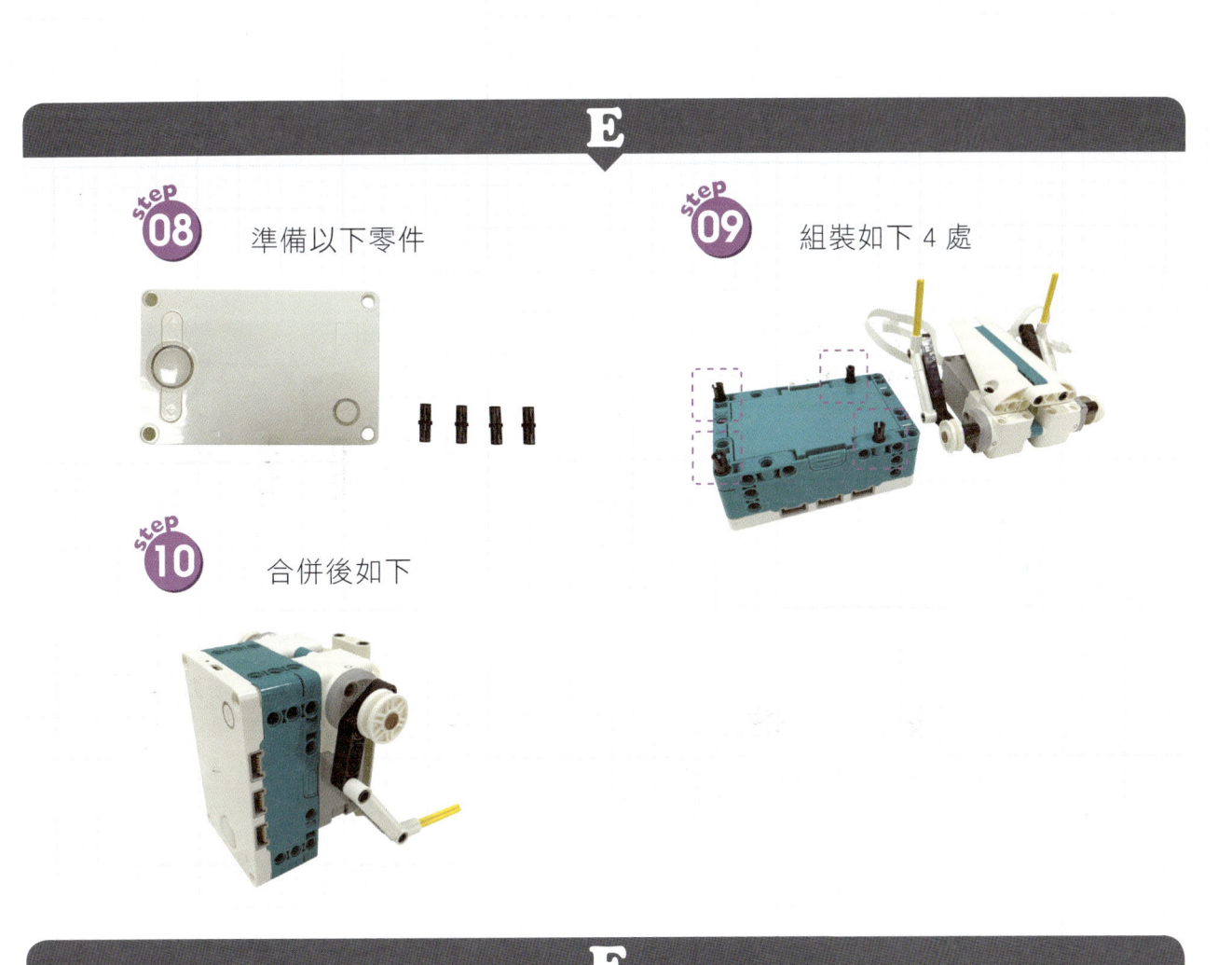

Chapter 5　會打鼓的機器人

E

step 08　準備以下零件

step 09　組裝如下 4 處

step 10　合併後如下

F

step 01　準備以下零件

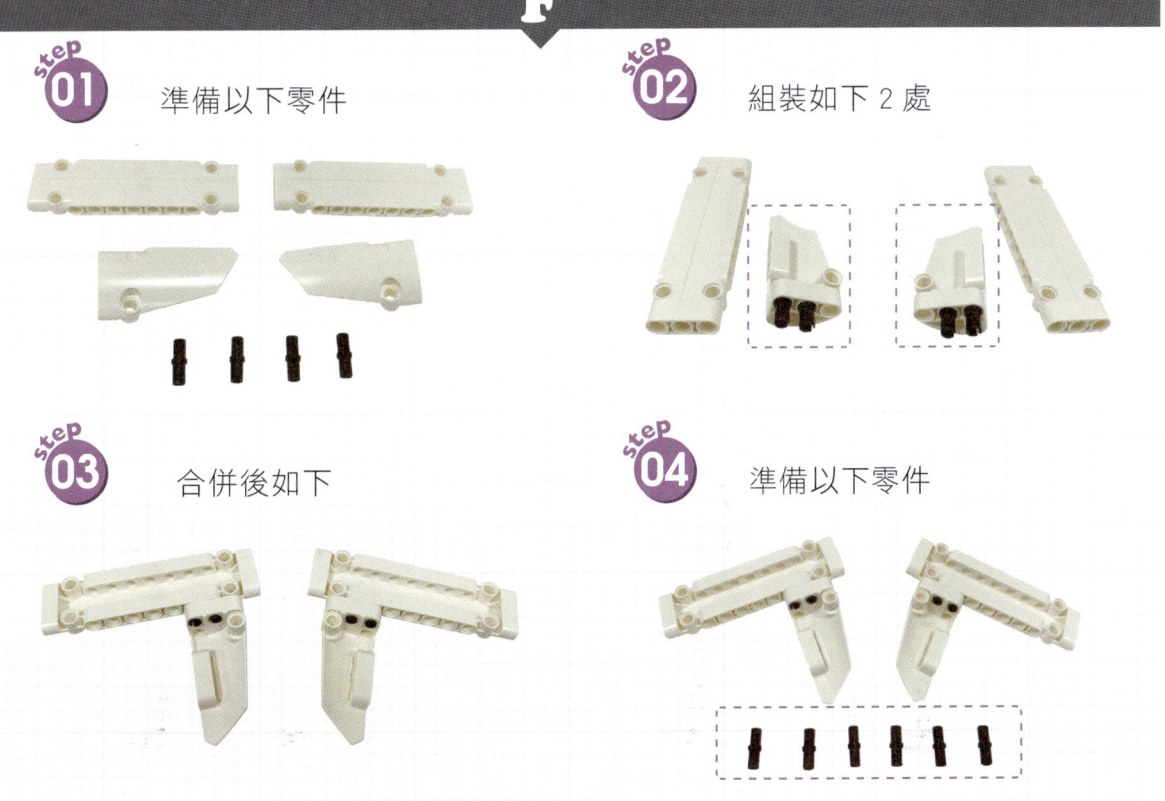

step 02　組裝如下 2 處

step 03　合併後如下

step 04　準備以下零件

97

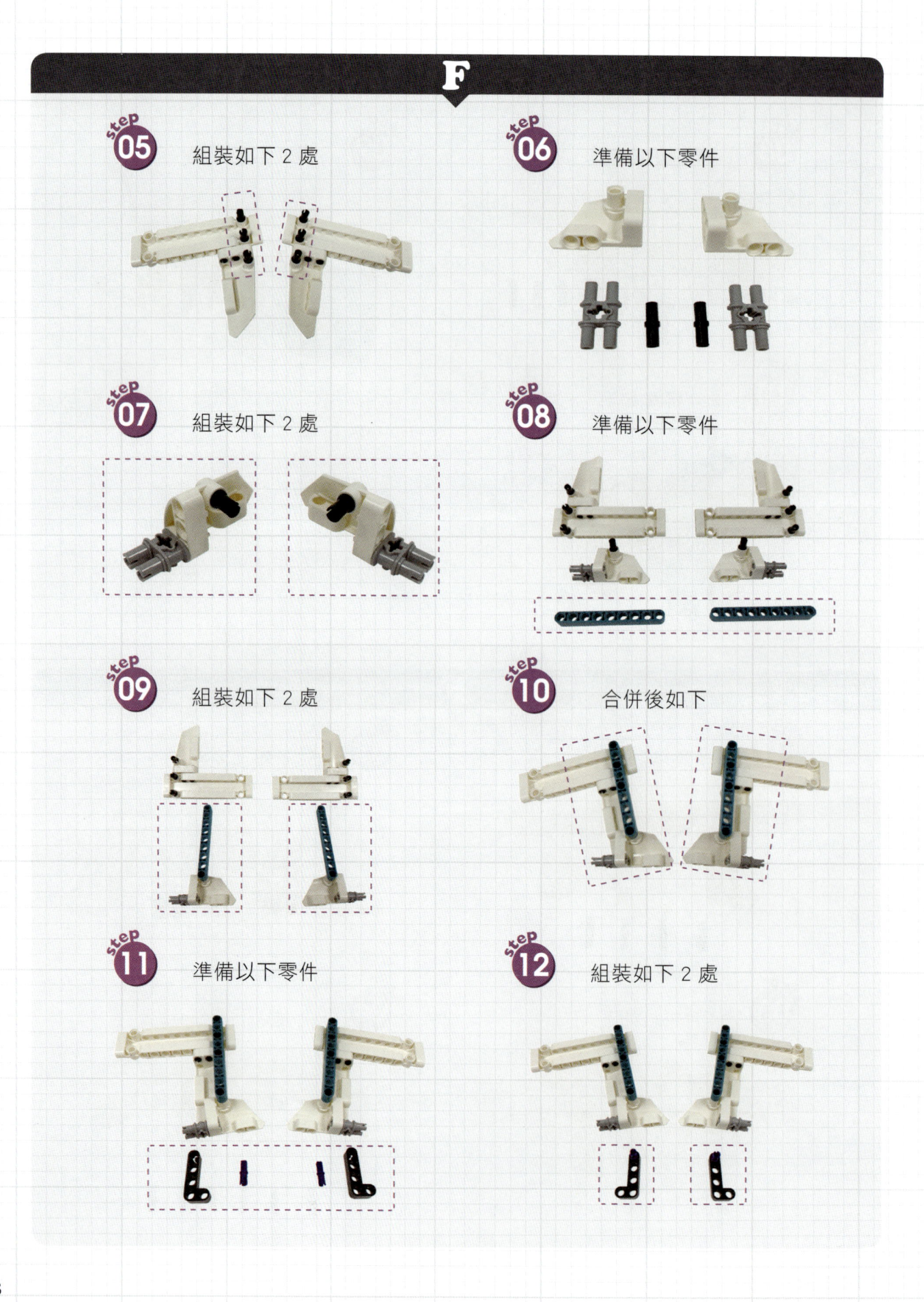

F

step 05 組裝如下 2 處

step 06 準備以下零件

step 07 組裝如下 2 處

step 08 準備以下零件

step 09 組裝如下 2 處

step 10 合併後如下

step 11 準備以下零件

step 12 組裝如下 2 處

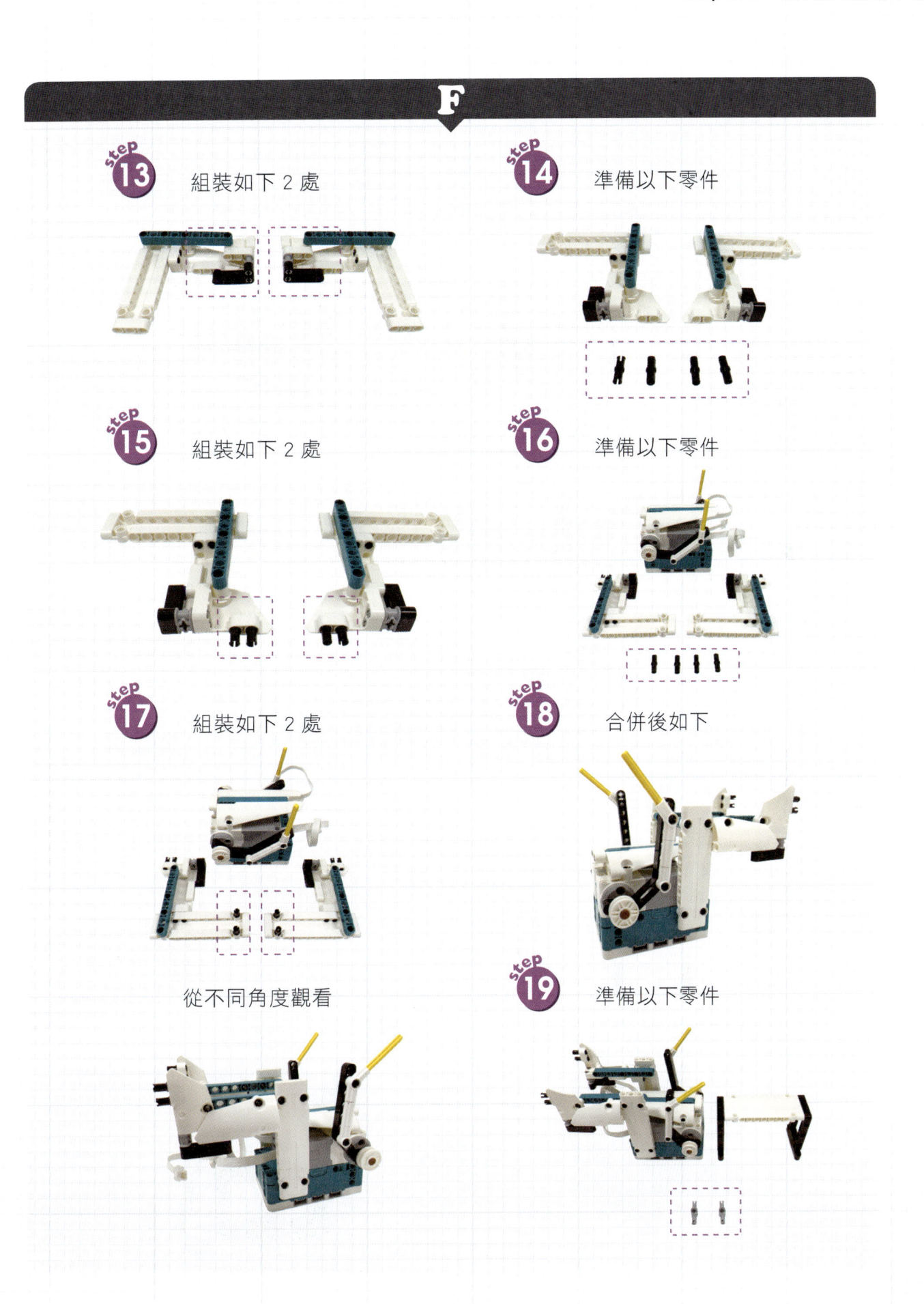

Chapter 5　會打鼓的機器人

F

step 13　組裝如下 2 處

step 14　準備以下零件

step 15　組裝如下 2 處

step 16　準備以下零件

step 17　組裝如下 2 處

step 18　合併後如下

從不同角度觀看

step 19　準備以下零件

99

創意無限樂高 SPIKE 機器人

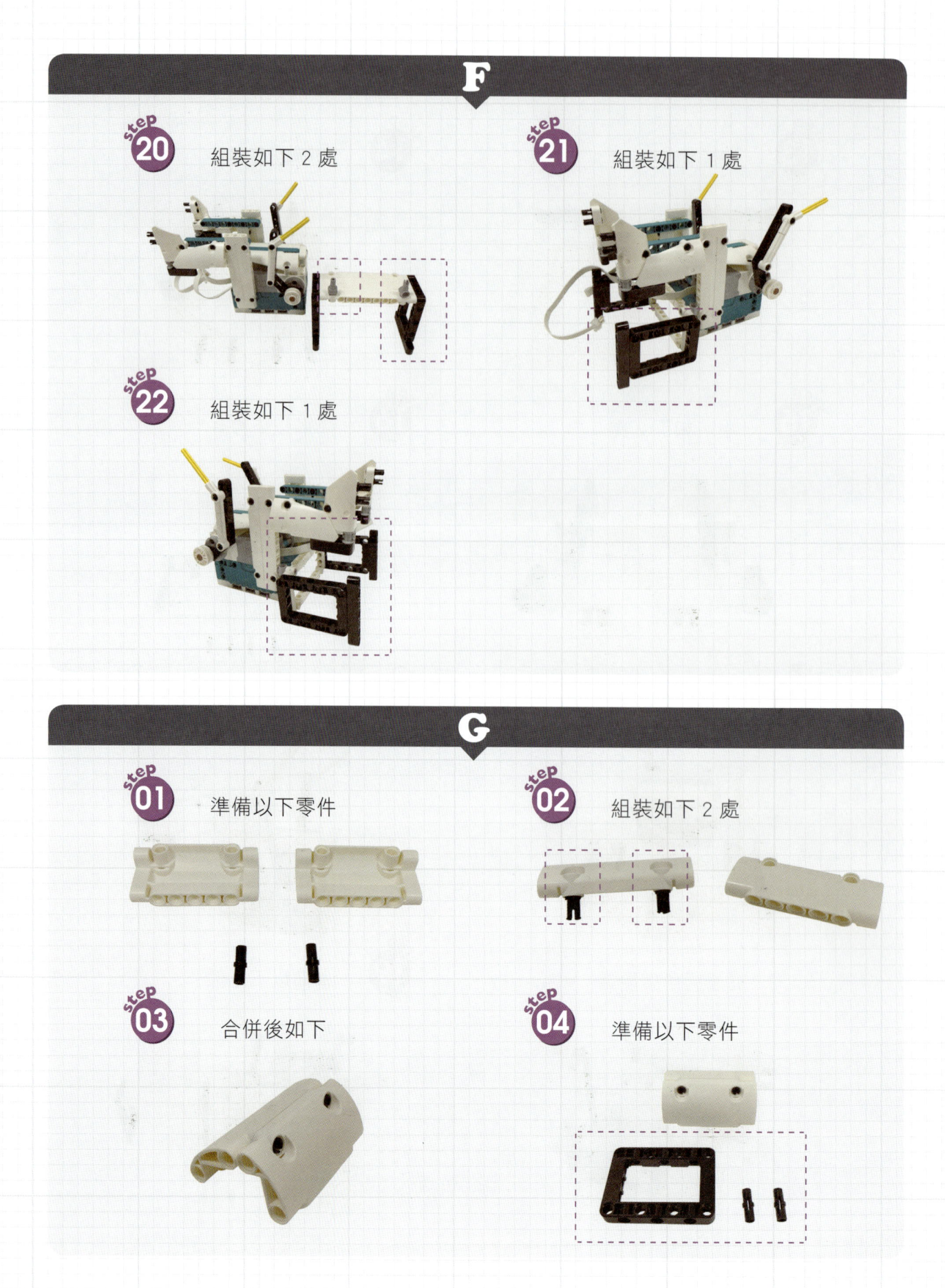

F

step 20 組裝如下 2 處

step 21 組裝如下 1 處

step 22 組裝如下 1 處

G

step 01 準備以下零件

step 02 組裝如下 2 處

step 03 合併後如下

step 04 準備以下零件

100

Chapter 5　會打鼓的機器人

G

step 05 組裝如下 1 處

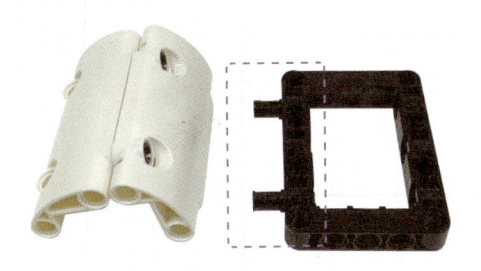

step 06 合併後如下

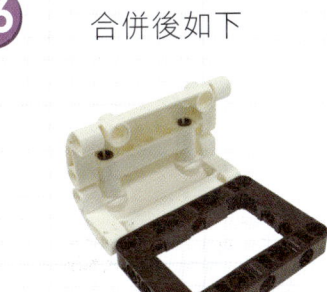

step 07 準備以下零件

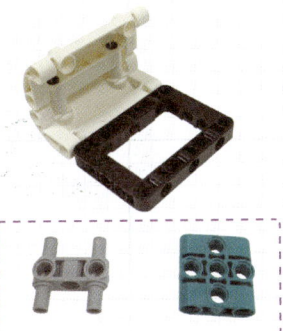

step 08 組裝如下 1 處

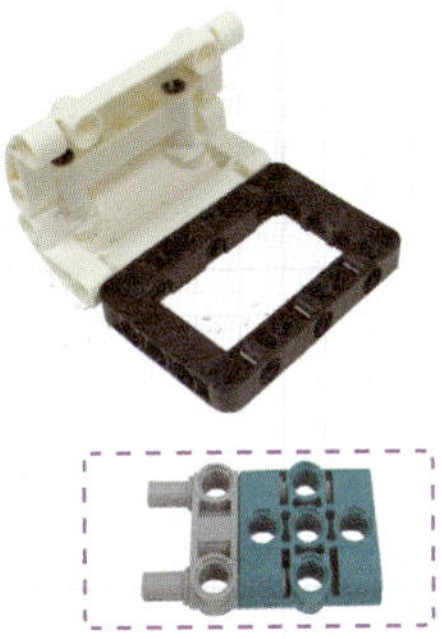

step 09 合併後如下

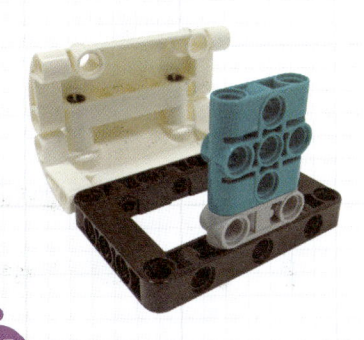

step 10 準備以下零件

step 11 組裝如下 1 處

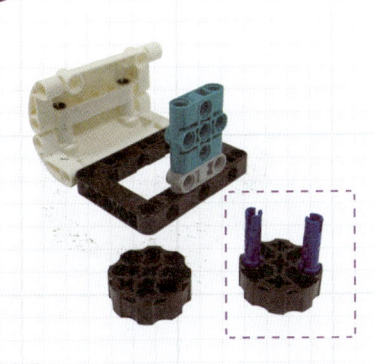

step 12 組裝如下 1 處

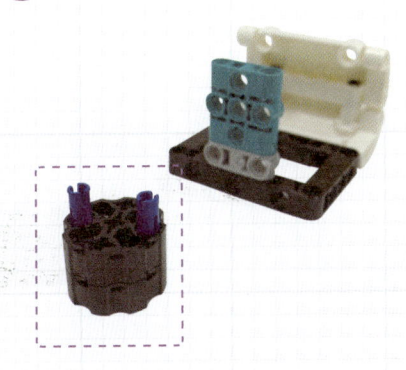

101

創意無限樂高 SPIKE 機器人

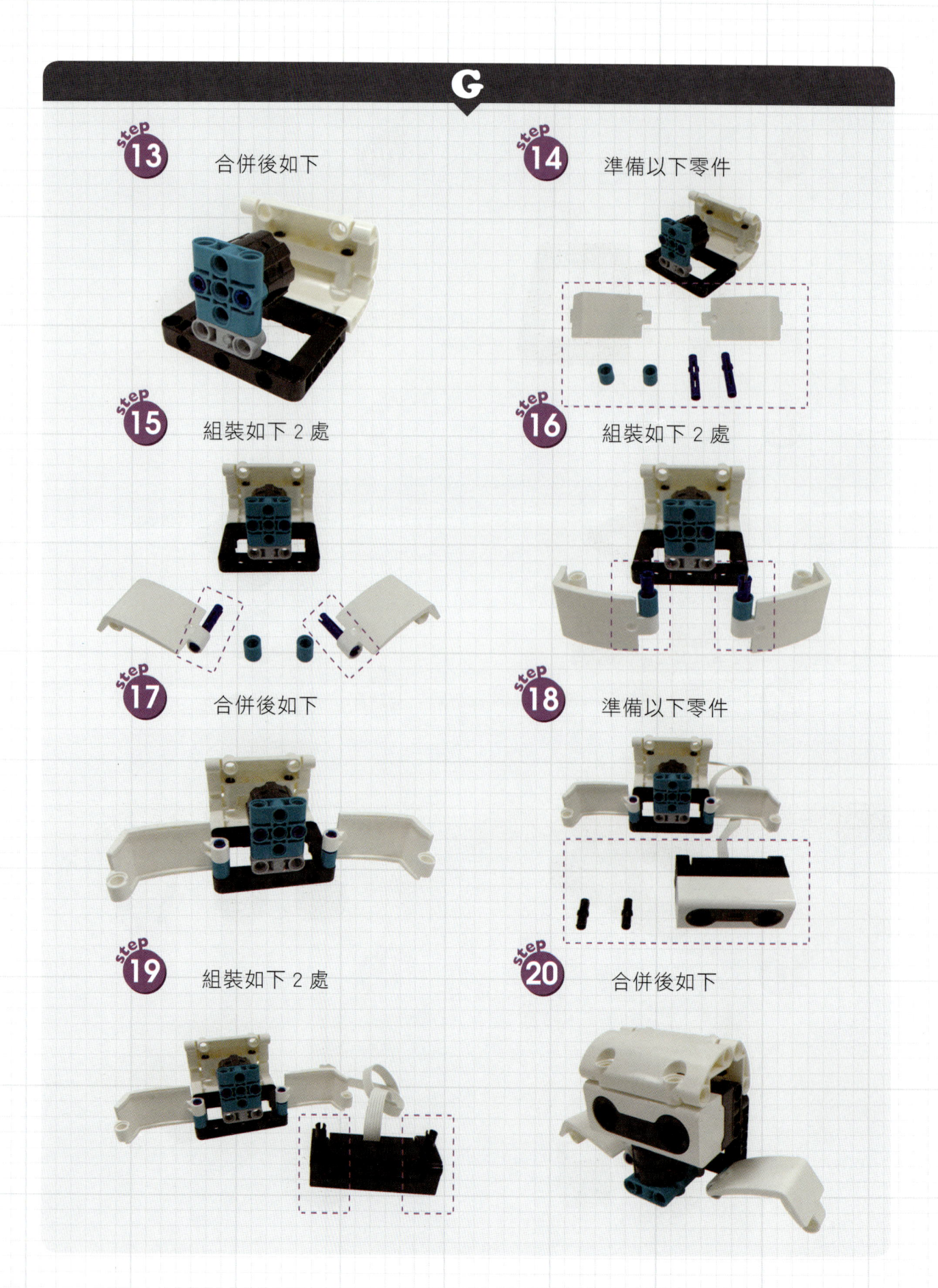

G

step 13 合併後如下

step 14 準備以下零件

step 15 組裝如下 2 處

step 16 組裝如下 2 處

step 17 合併後如下

step 18 準備以下零件

step 19 組裝如下 2 處

step 20 合併後如下

102

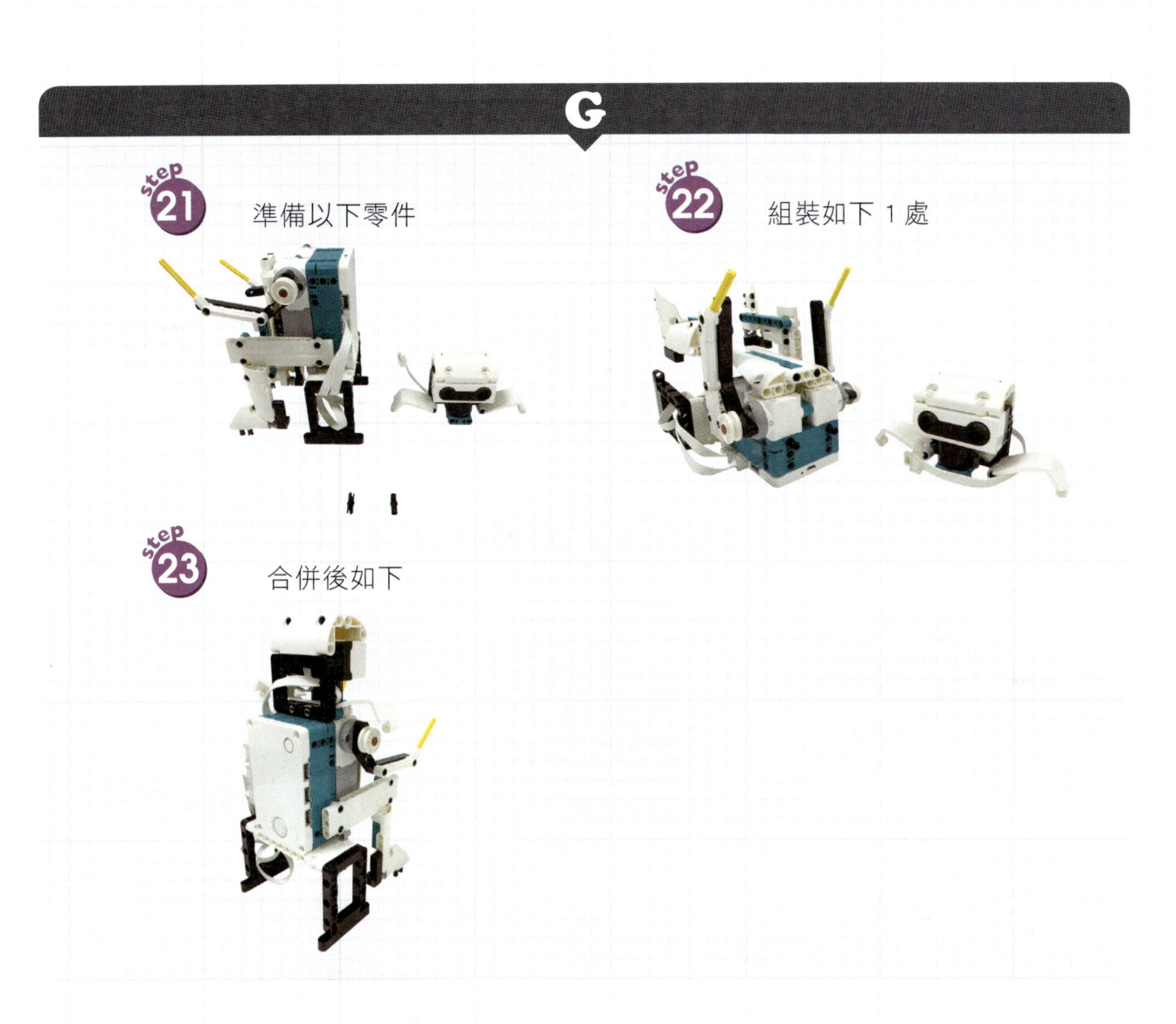

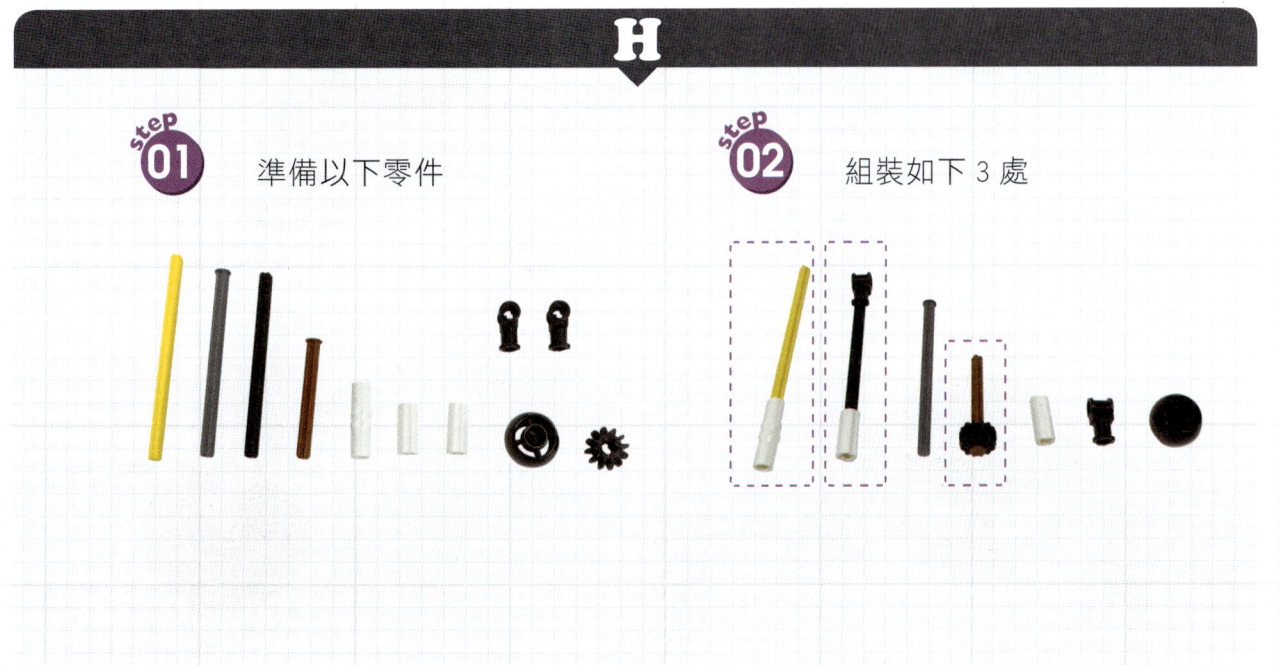

Chapter 5 會打鼓的機器人

G

step 21 準備以下零件

step 22 組裝如下 1 處

step 23 合併後如下

H

step 01 準備以下零件

step 02 組裝如下 3 處

103

創意無限樂高 SPIKE 機器人

H

step 03 合併後如下

step 04 組裝如下 2 處

step 05 組裝如下 1 處

step 06 合併後如下

step 07 準備以下零件

step 08 組裝如下 2 處

step 09 組裝如下 1 處

step 10 合併後如下

104

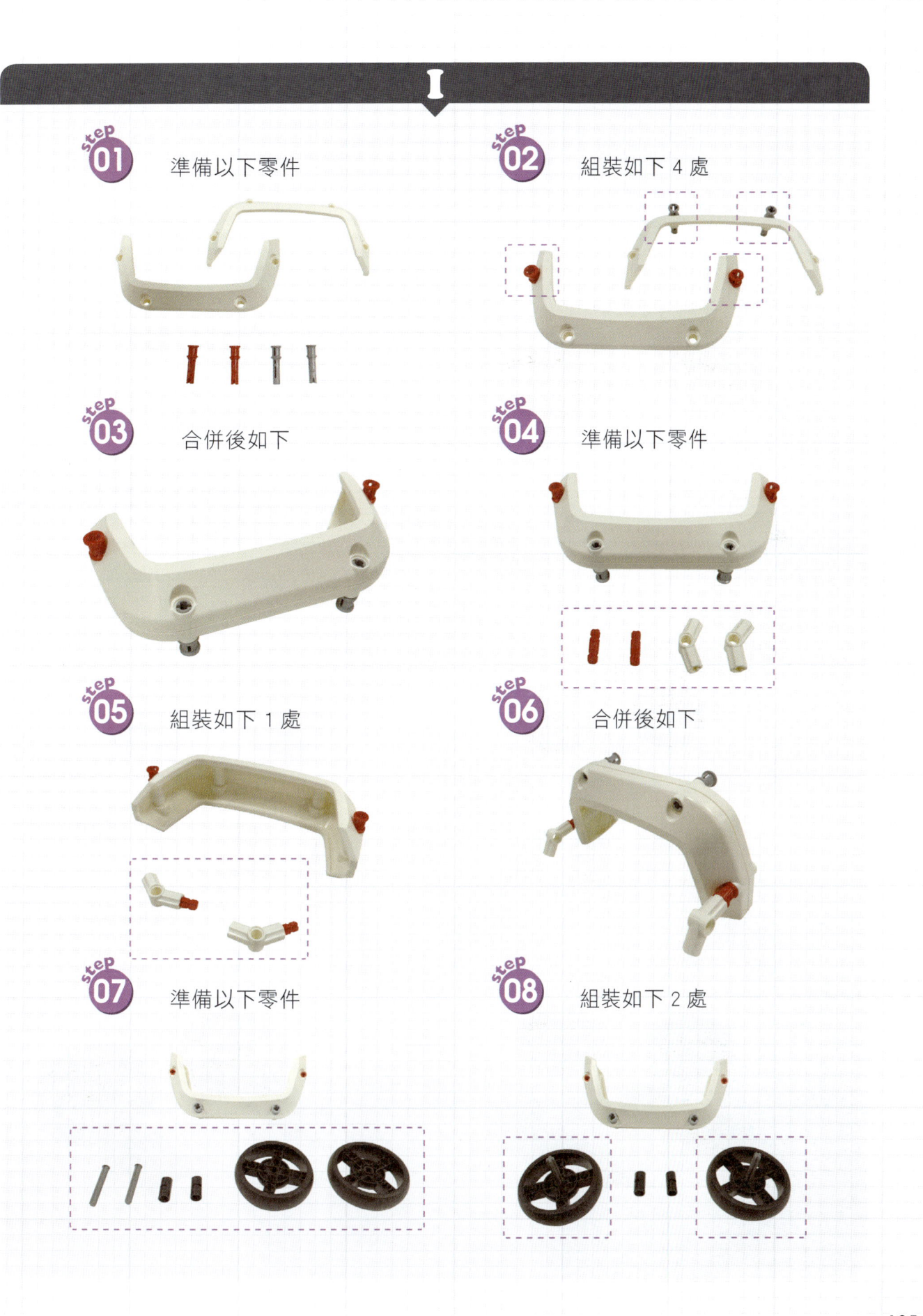

Chapter 5　會打鼓的機器人

I

step 01 準備以下零件

step 02 組裝如下 4 處

step 03 合併後如下

step 04 準備以下零件

step 05 組裝如下 1 處

step 06 合併後如下

step 07 準備以下零件

step 08 組裝如下 2 處

創意無限樂高 SPIKE 機器人

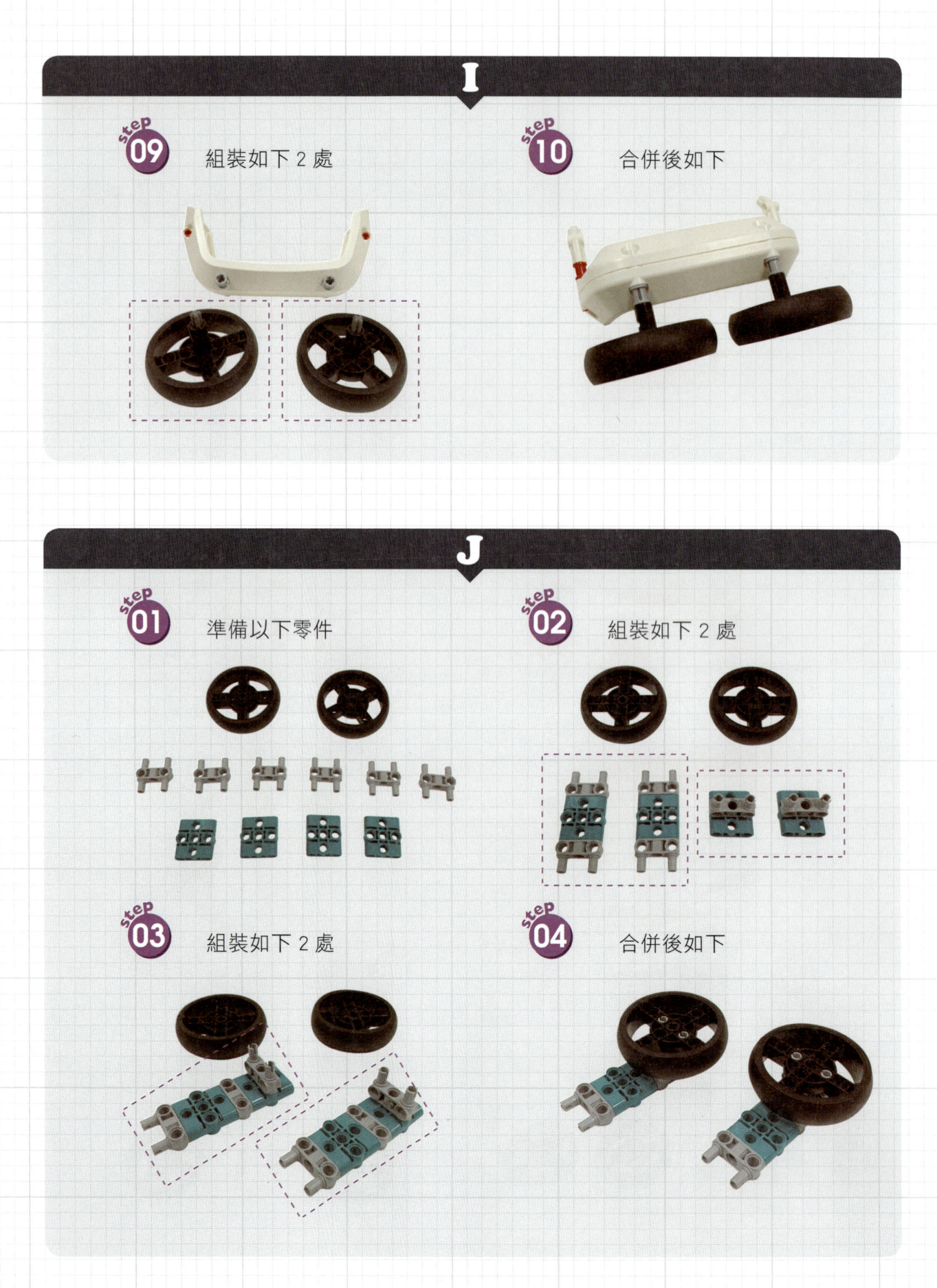

I

step 09 組裝如下 2 處

step 10 合併後如下

J

step 01 準備以下零件

step 02 組裝如下 2 處

step 03 組裝如下 2 處

step 04 合併後如下

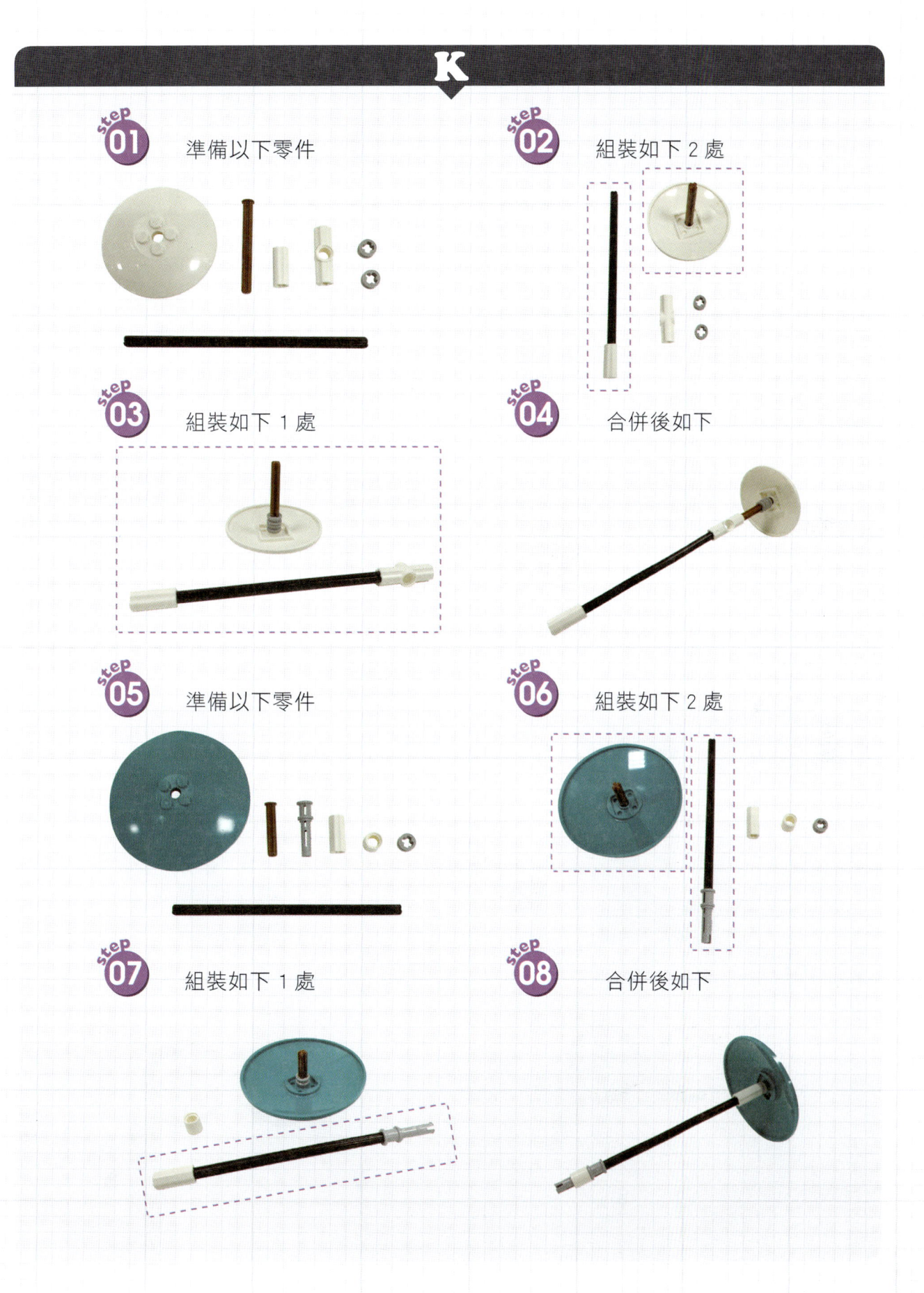

Chapter 5　會打鼓的機器人

K

step 01 準備以下零件

step 02 組裝如下 2 處

step 03 組裝如下 1 處

step 04 合併後如下

step 05 準備以下零件

step 06 組裝如下 2 處

step 07 組裝如下 1 處

step 08 合併後如下

107

● 創意無限樂高 SPIKE 機器人

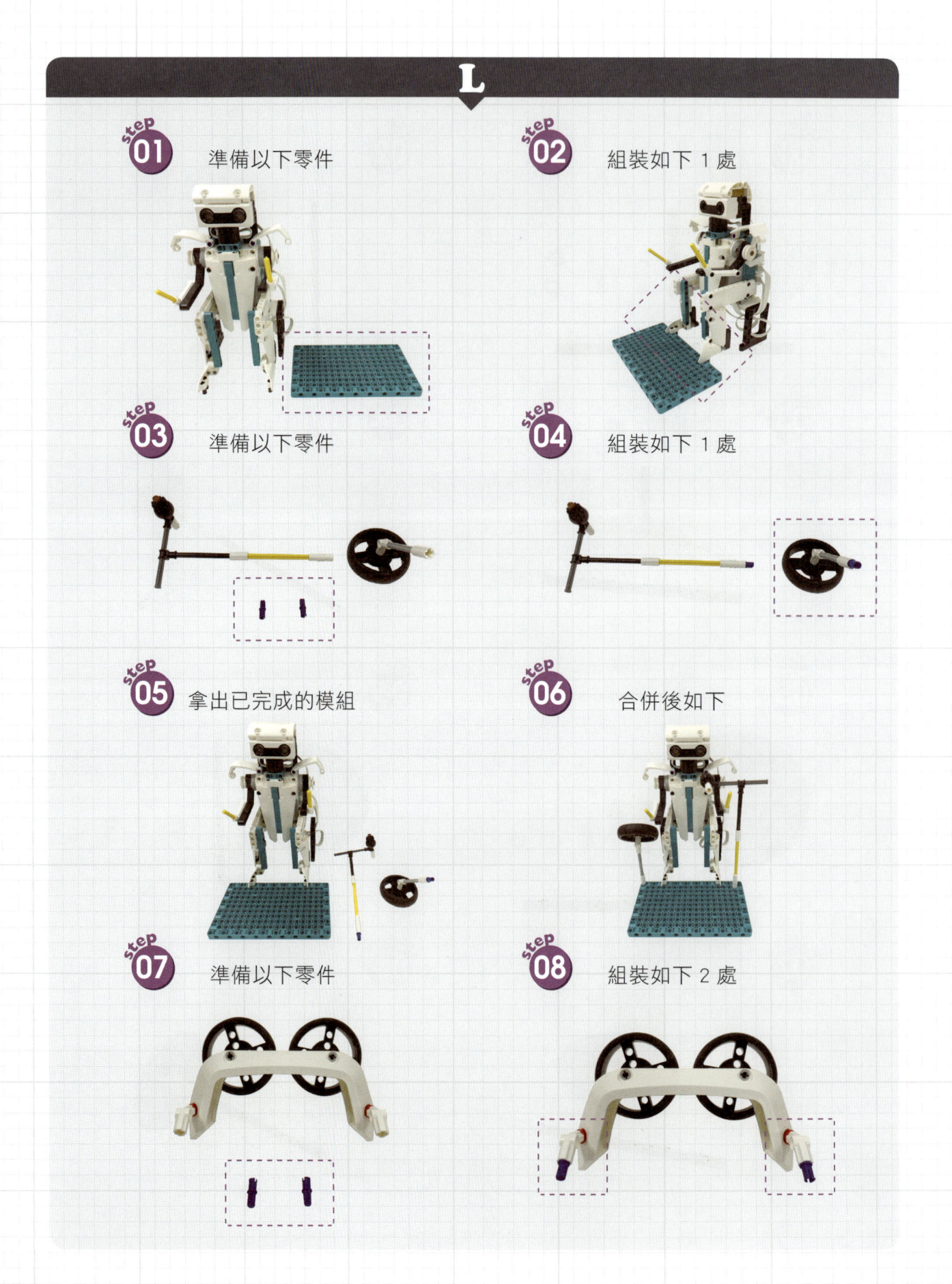

L

step 01 準備以下零件

step 02 組裝如下 1 處

step 03 準備以下零件

step 04 組裝如下 1 處

step 05 拿出已完成的模組

step 06 合併後如下

step 07 準備以下零件

step 08 組裝如下 2 處

Chapter 5　會打鼓的機器人

L

step 09 拿出已完成的模組

step 10 合併後如下

step 11 準備以下零件

step 12 組裝如下 1 處

step 13 拿出已完成的模組

step 14 合併後如下

step 15 拿出已完成的模組

step 16 組裝完成

109

5-3 撰寫「會打鼓的機器人」之指引程式

一 雙手臂舉高

| 流程圖 |

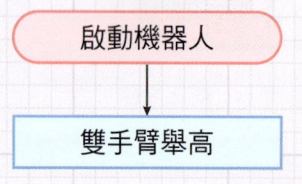

啟動機器人
↓
雙手臂舉高

| 程式設計 |

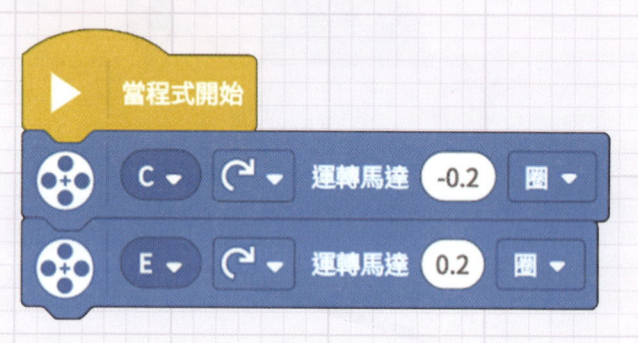

當程式開始
C ↻ 運轉馬達 -0.2 圈
E ↻ 運轉馬達 0.2 圈

二 打鼓雙手準備動作

| 流程圖 |

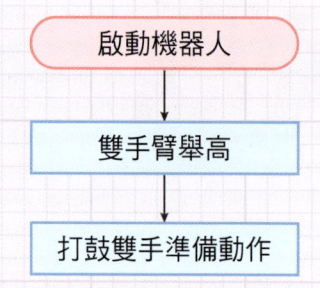

啟動機器人
↓
雙手臂舉高
↓
打鼓雙手準備動作

| 程式設計 |

當程式開始
C 最短路徑 前往位置 20
E 最短路徑 前往位置 340
C ↻ 運轉馬達 -0.2 圈
E ↻ 運轉馬達 0.2 圈
C 最短路徑 前往位置 20
E 最短路徑 前往位置 340

三 打鼓雙手左右擺動 1

| 流程圖 |

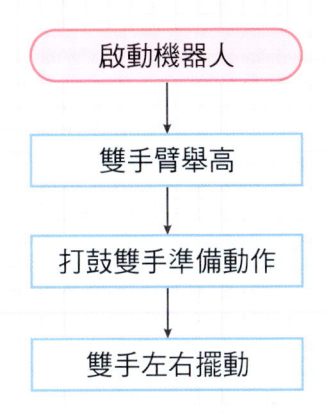

啟動機器人
↓
雙手臂舉高
↓
打鼓雙手準備動作
↓
雙手左右擺動

| 程式設計 |

當程式開始
- C ▼ 最短路徑 ▼ 前往位置 20
- E ▼ 最短路徑 ▼ 前往位置 340
- C ▼ ↻ ▼ 運轉馬達 -0.2 圈 ▼
- E ▼ ↻ ▼ 運轉馬達 0.2 圈 ▼
- C ▼ 最短路徑 ▼ 前往位置 20
- E ▼ 最短路徑 ▼ 前往位置 340
- 重複無限次
  - C+E ▼ ↻ ▼ 運轉馬達 -0.1 圈 ▼
  - E+C ▼ ↻ ▼ 運轉馬達 0.1 圈 ▼

四 打鼓加入前奏聲音

| 流程圖 |

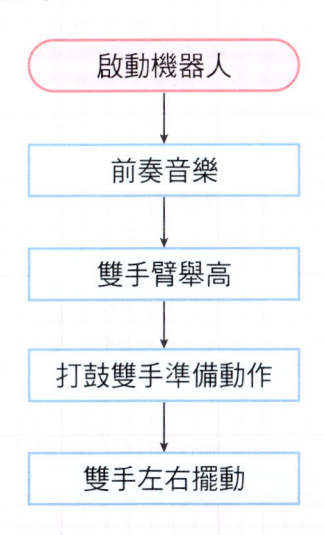

啟動機器人
↓
前奏音樂
↓
雙手臂舉高
↓
打鼓雙手準備動作
↓
雙手左右擺動

| 程式設計 |

當程式開始
- 開始 Tada ▼ 聲音
- C ▼ 最短路徑 ▼ 前往位置 20
- E ▼ 最短路徑 ▼ 前往位置 340
- C ▼ ↻ ▼ 運轉馬達 -0.2 圈 ▼
- E ▼ ↻ ▼ 運轉馬達 0.2 圈 ▼
- C ▼ 最短路徑 ▼ 前往位置 20
- E ▼ 最短路徑 ▼ 前往位置 340
- 重複無限次
  - C+E ▼ ↻ ▼ 運轉馬達 -0.1 圈 ▼
  - E+C ▼ ↻ ▼ 運轉馬達 0.1 圈 ▼

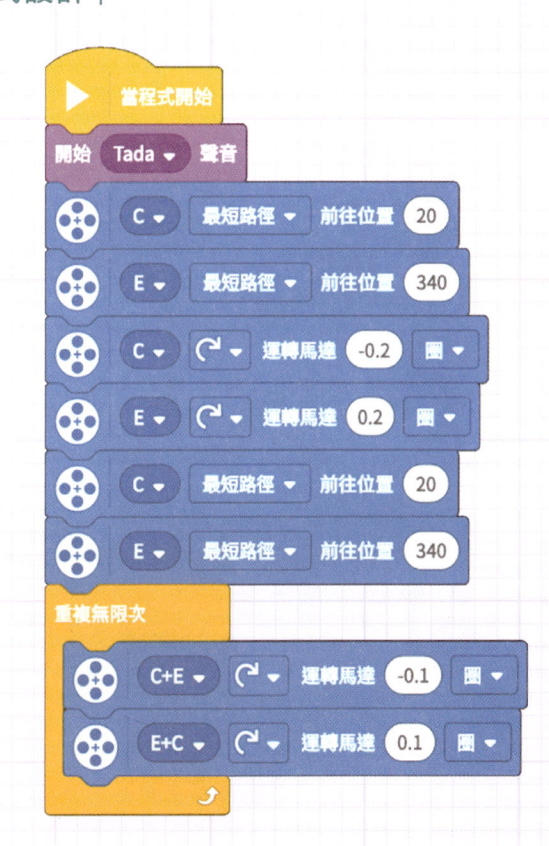

5-4　專題製作：會打鼓的機器人

主題發想

熱愛音樂，時常想著早起的爵士鼓，也漸漸改為電子鼓，創作過程中，更少不了音樂的設計，透過程式設計，可以發揮音樂的設計，更能運用創作零件，模擬未來打鼓的機器人。

主題目的

1. 讓學生在程式編輯中，能發揮不同的領域（EX: 音樂節拍）
2. 透過機器人創作，與生活中的事物作連結，可以在當中創作曲子。

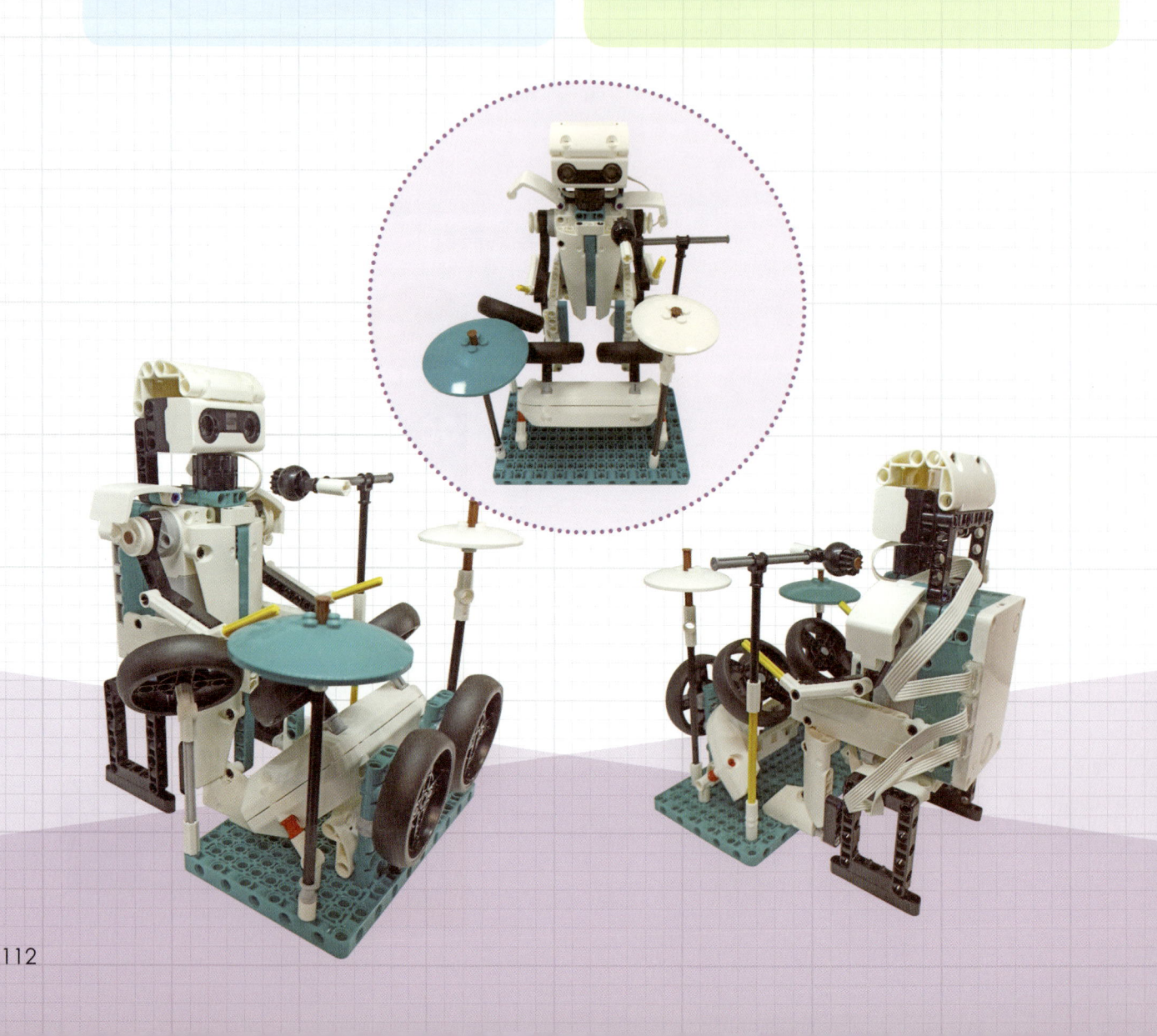

Chapter 5　會打鼓的機器人

| 流程圖 |

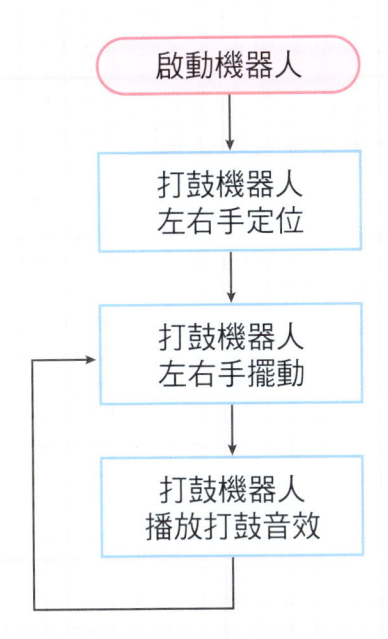

啟動機器人
↓
打鼓機器人
左右手定位
↓
打鼓機器人
左右手擺動
↓
打鼓機器人
播放打鼓音效

| 撰寫程式 |

當程式開始
開始 Tada 聲音
E　↻　運轉馬達　0.2　圈
C　↻　運轉馬達　-0.2　圈
C　最短路徑　前往位置　20
E　最短路徑　前往位置　340
重複無限次
　C+E　↻　運轉馬達　-0.1　圈
　E+C　↻　運轉馬達　0.1　圈

創意無限樂高 SPIKE 機器人

當程式開始
- 等待 1 秒
- 開始 Hammer 聲音
- 等待 0.5 秒
- 開始 Hammer 聲音
- 等待 0.5 秒
- 開始 Hammer 聲音
- 等待 0.5 秒
- 開始 Hammer 聲音
- 等待 0.5 秒
- 開始 Hammer 聲音
- 等待 0.5 秒
- 開始 Hammer 聲音
- 等待 0.5 秒
- 開始 Hammer 聲音
- 等待 0.5 秒
- 開始 Damage 聲音
- 等待 0.5 秒

重複無限次
- 開始 Hammer 聲音
- 等待 0.5 秒
- 開始 Damage 聲音
- 等待 0.5 秒
- 開始 Hammer 聲音
- 等待 0.5 秒
- 開始 Damage 聲音
- 等待 0.5 秒
- 開始 Hammer 聲音
- 等待 0.5 秒
- 開始 Hammer 聲音
- 等待 0.5 秒
- 開始 Hammer 聲音
- 等待 0.5 秒
- 開始 Hammer 聲音
- 等待 0.5 秒
- 開始 Damage 聲音
- 等待 0.5 秒

Chapter 5　會打鼓的機器人

創新性
1. 透過樂高機器套件,來創意組裝打鼓的機器人。
2. 自動打鼓機器人可以讓玩家自行手鼓的節奏,以增加趣味。

應用性
1. 模擬機器人樂團。
2. 機器人打鼓鬧鐘。

#組裝

#程式

#創意

一起來欣賞不同角度的會打鼓的機器人成品吧!!

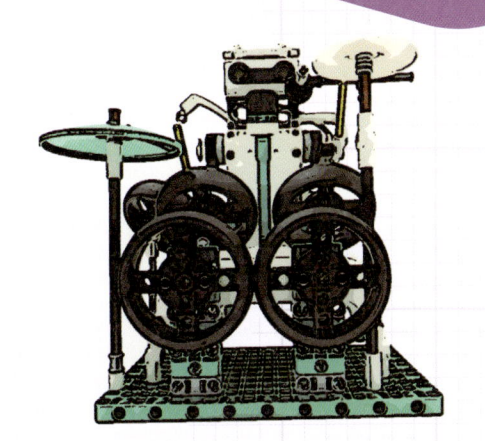

Chapter 5　實作題

題目名稱：會打鼓的機器人

題目說明：請利用「遙控器」元件功能，來控制打鼓機器人。

題目編號：A038003

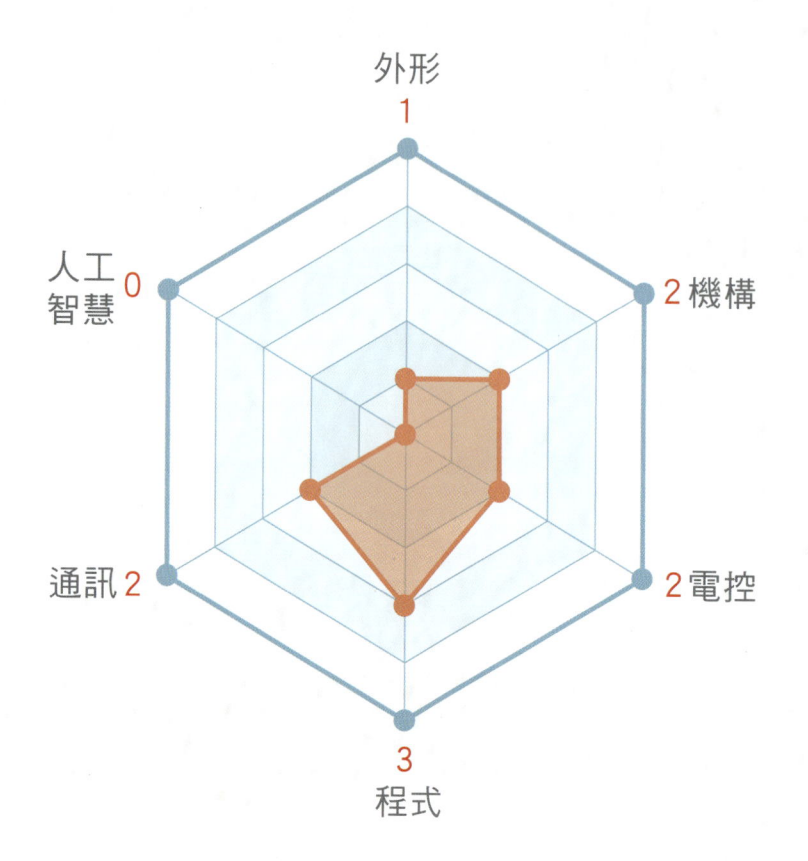

創客指標	指數
外形（專業）	1
機構	2
電控	2
程式	3
通訊	2
人工智慧	0
創客總數	10

實作時間：180 min

外形 1
機構 2
電控 2
程式 3
通訊 2
人工智慧 0

116

Chapter 5　實作題

| 遙控器之介面設計 |

| 程式設計 |

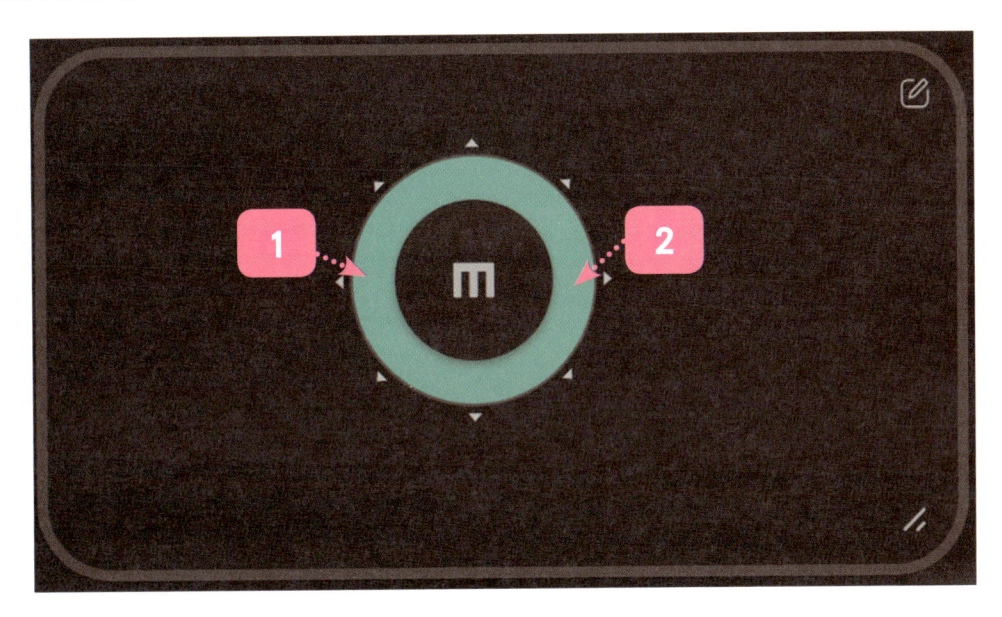

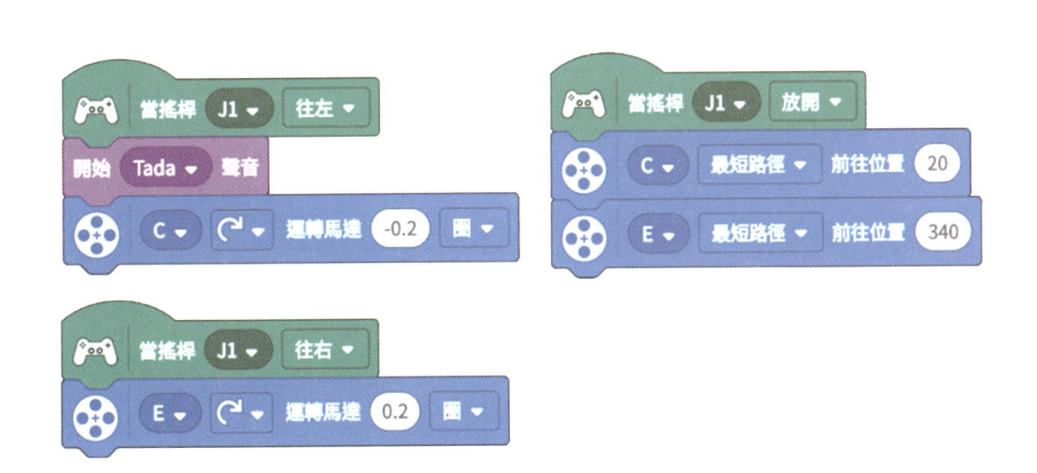

MEMO

Chapter 6 自動手搖杯機器人

6-1　自動手搖杯機器人
6-2　SPIKE 自動手搖杯機器人組裝
6-3　撰寫「自動手搖杯機器人」之指引程式
6-4　專題製作：自動手搖杯機器人

★ 學習目標

1. 瞭解組裝樂高自動手搖杯機器人方法。
2. 瞭解如何利用 SPIKE 程式來撰寫自動手搖杯機器人程式。

6-1 自動手搖杯機器人

各位同學先學會創意組裝一台「自動手搖杯機器人」之外,再撰寫機器人程式,來讓機器人可以玩比賽,增加學習程式的樂趣。

機構

在本章節中,介紹各位同學利用 SPIKE 套件來設計一台教學用的進階基本車,因此,它要有控制器(主機)、馬達、感測器及相關的樂高零件,來設計一個「自動手搖杯機器人」。

| 主題 |
設計「自動手搖杯機器人」。

| 目的 |
瞭解手搖杯機器人的組裝及撰寫程式的方法。

| 優點 |
結構非常簡單,改造容易。

120

Chapter 6　自動手搖杯機器人

1　創意組裝　　2　寫程式　　3　測試

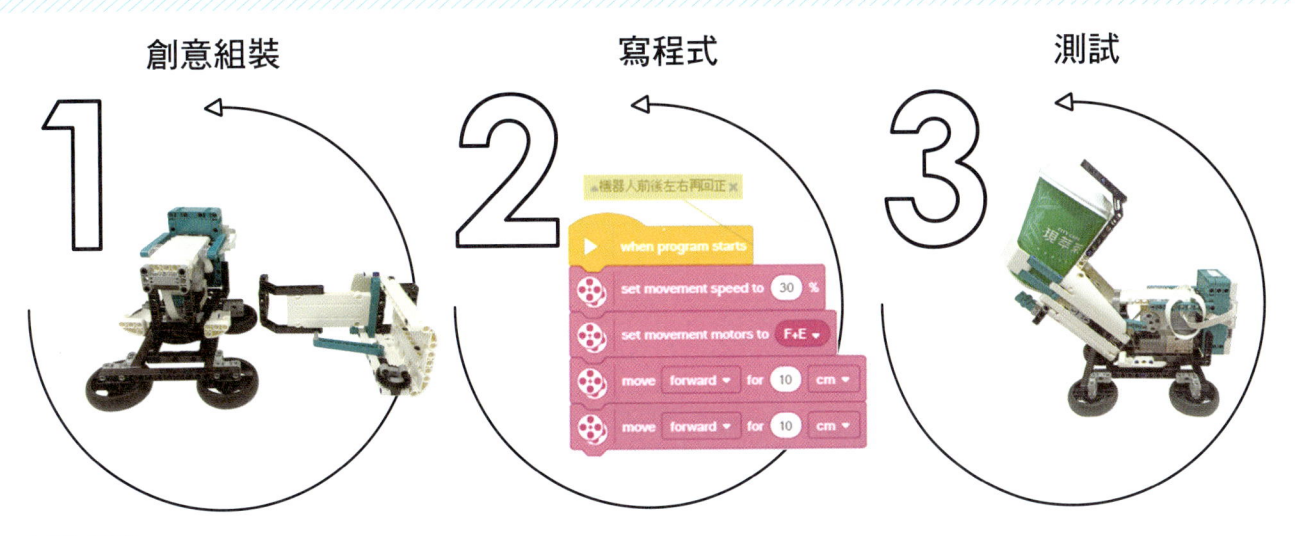

| 說明 |

1. 創意組裝：依照指定「功能及造型」來搭配「感應器及相關配件」結合「主機」。

2. 寫程式：依照指定任務來撰寫處理程序的動作與順序（程式）。

3. 測試：利用拼圖程式：將程式上傳到「主機」內，並依照指定功能先進行測試。

| 流程圖 |

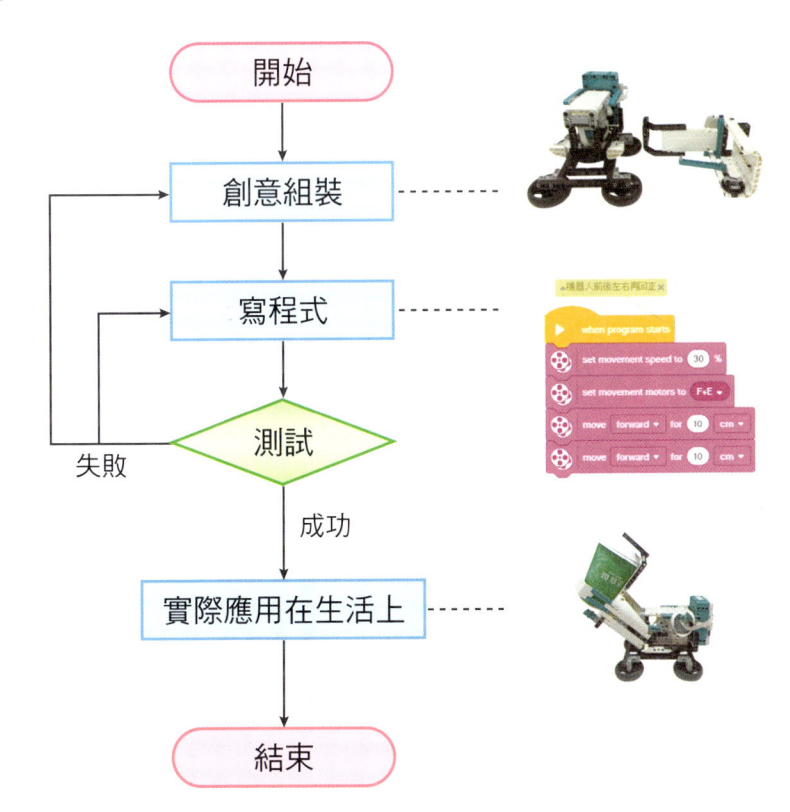

開始 → 創意組裝 → 寫程式 → 測試 →（成功）→ 實際應用在生活上 → 結束

測試失敗時回到創意組裝或寫程式重新進行。

說明

從流程圖中，我們可以清楚瞭解「設計機器人程式」必須要經過的三大步驟，並且在進行第三步驟時，如果無法測試成功，除了要修改程式之外，也要檢查組裝是否正確，並且要反覆地進行測試，直到完全成功為止。最後，就可以將創作的智能裝置，應用在我們日常生活中。

121

難度 ★★★★

6-2　SPIKE 自動手搖杯機器人組裝

想要製作一台「SPIKE 自動手搖杯機器人」時，必須要先準備相關的「主機、馬達、感測器及相關的零件材料」。

你需要準備……

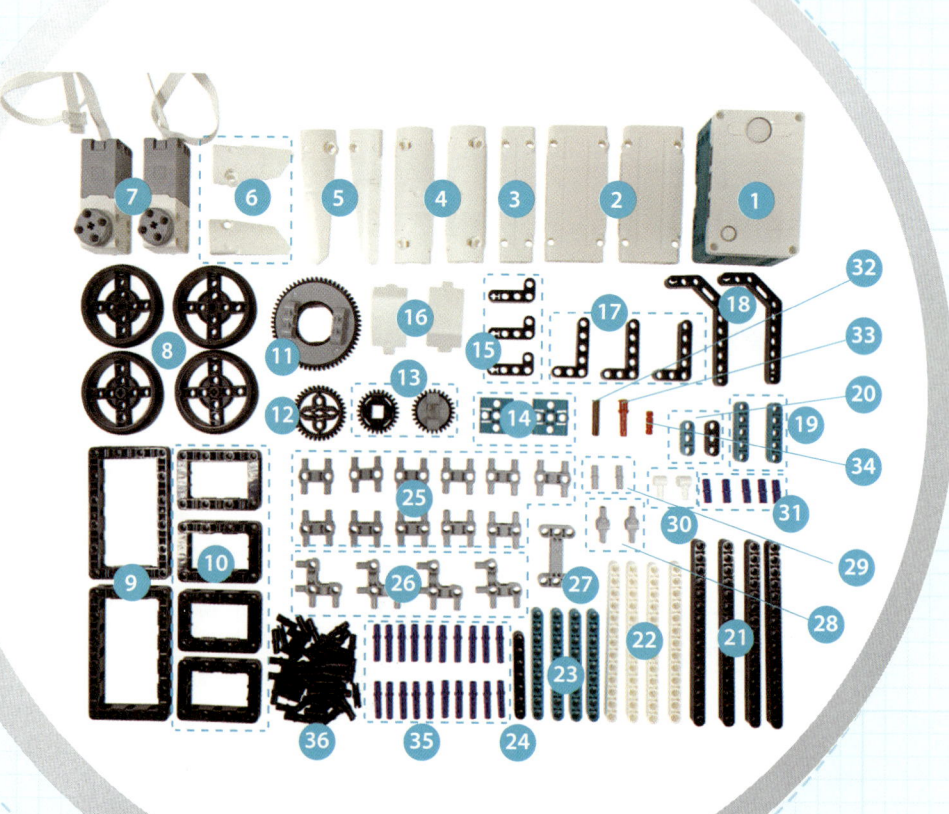

Chapter 6　自動手搖杯機器人

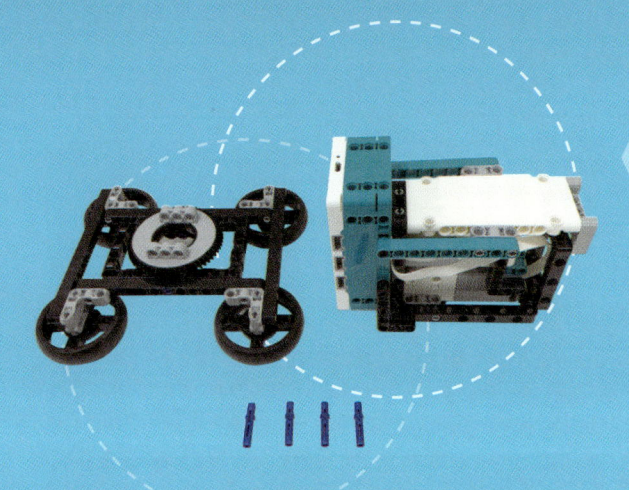

① 主機 ×1
② 大厚板 ×2
③ 小厚板 ×1
④ 側板 ×2
⑤ 左右長側板 ×2
⑥ 左右中型側板 ×2
⑦ 馬達 ×2
⑧ 輪子 ×4
⑨ 大型方框 ×2
⑩ 方型框 ×4
⑪ 旋轉盤 (大型)×1
⑫ 36 齒雙面子斜齒輪 ×1
⑬ 旋轉盤 (小型)×2
⑭ 十字型連接器 ×2
⑮ 2*4 橫桿 ×3

⑯ L 型側板 ×2
⑰ 3*5 橫桿 ×3
⑱ J 字型橫桿 ×2
⑲ 5m 橫桿 ×2
⑳ 3m 橫桿 ×2
㉑ 15m 橫桿 ×4
㉒ 13m 橫桿 ×4
㉓ 9m 橫桿 ×3
㉔ 7m 橫桿 ×1
㉕ H 型連接器 ×11
㉖ L 型連接器 ×4
㉗ 大 I 型連接器 ×1
㉘ I 型連接器 ×2
㉙ 活動式插銷 ×2
㉚ 轉向連接器 ×2

㉛ 十字插銷 ×5
㉜ 3m 十字軸 ×1
㉝ 連接式插銷 ×1
㉞ 2m 十字軸 ×1
㉟ 長插銷 ×20
㊱ 短插銷 ×35

開始動手組裝！

在準備好「自動手搖杯機器人」所需要的「主機、感測器、構件及相關的材料」之後，接下來，請各位讀者依照以下的步驟就可以完成（註：▭代表步驟組裝的部分）：

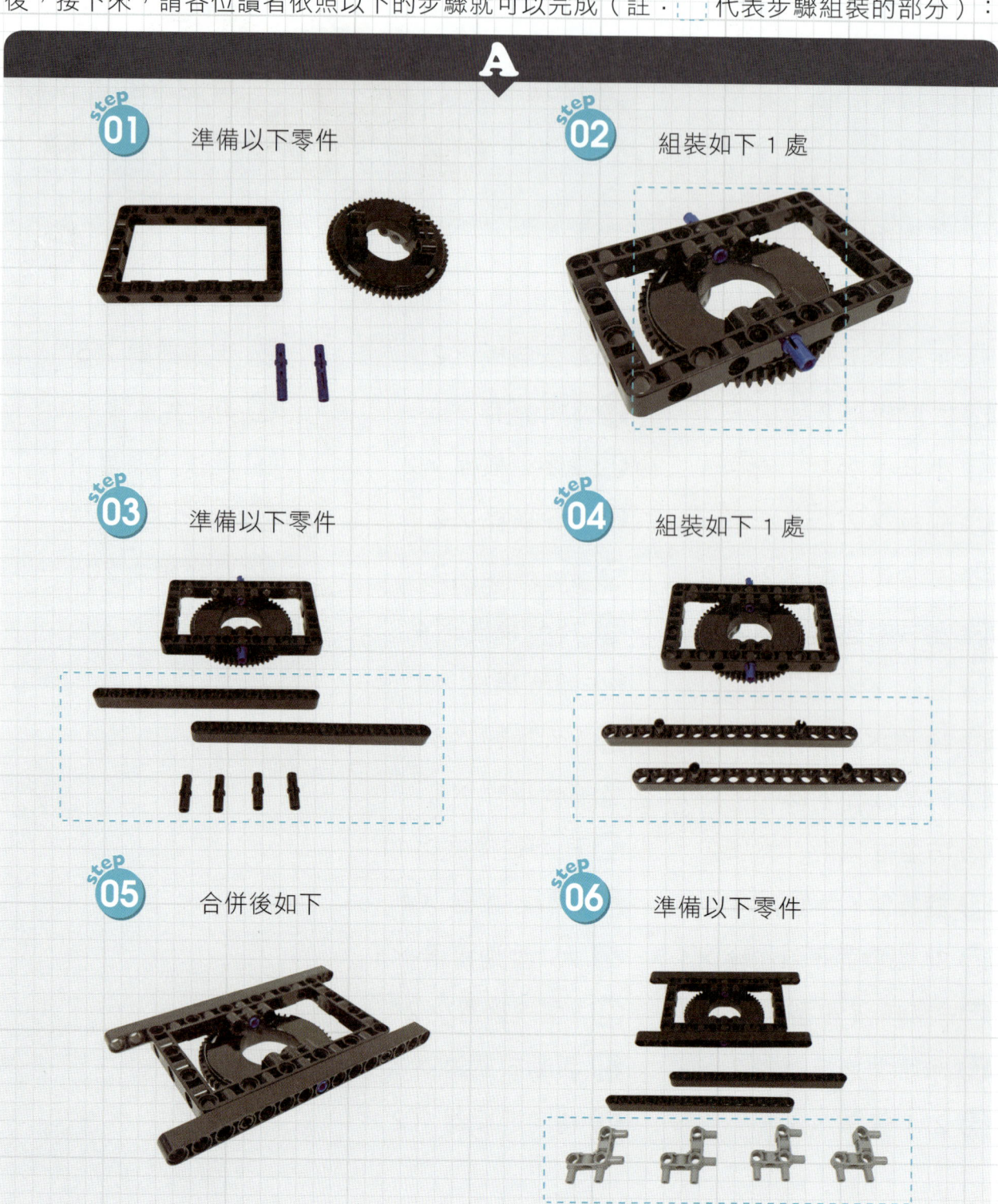

A

step 01 準備以下零件

step 02 組裝如下 1 處

step 03 準備以下零件

step 04 組裝如下 1 處

step 05 合併後如下

step 06 準備以下零件

124

Chapter 6　自動手搖杯機器人

A

step 07　組裝如下 4 處

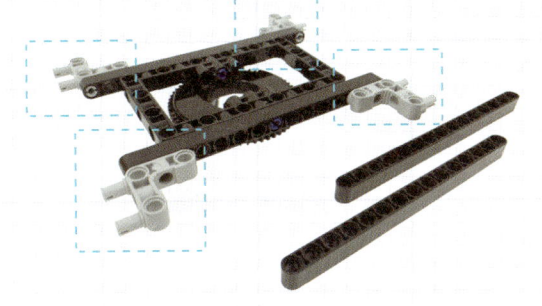

step 08　合併後如下

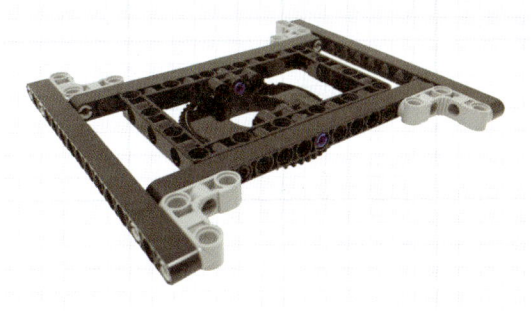

step 09　準備以下零件

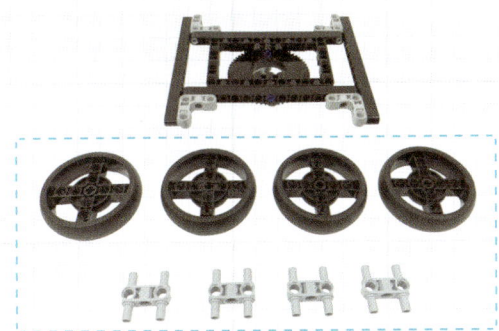

step 10　組裝如下 1 處

step 11　合併後如下

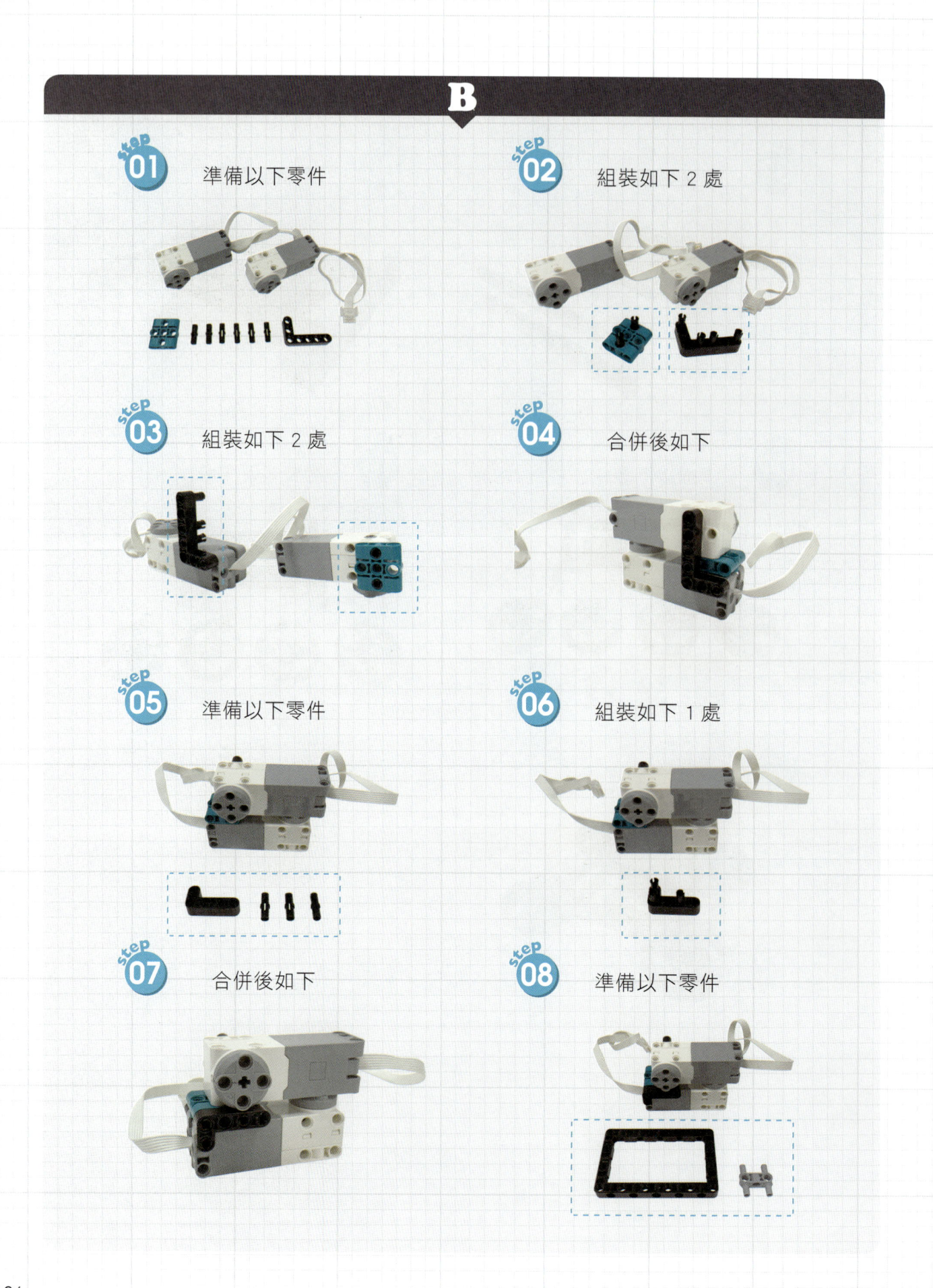

B

step 01　準備以下零件

step 02　組裝如下 2 處

step 03　組裝如下 2 處

step 04　合併後如下

step 05　準備以下零件

step 06　組裝如下 1 處

step 07　合併後如下

step 08　準備以下零件

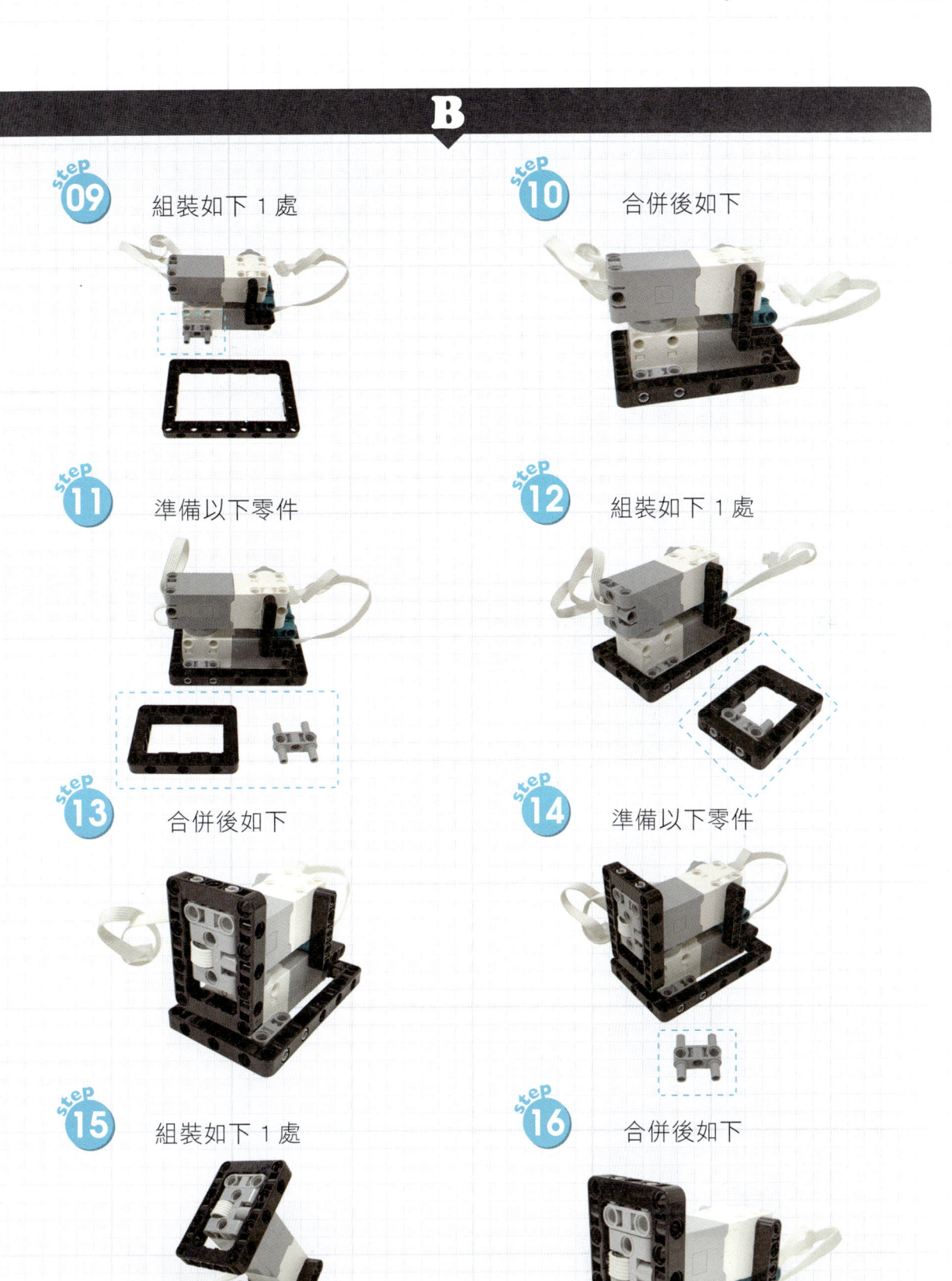

Chapter 6　自動手搖杯機器人

B

step 09 組裝如下 1 處

step 10 合併後如下

step 11 準備以下零件

step 12 組裝如下 1 處

step 13 合併後如下

step 14 準備以下零件

step 15 組裝如下 1 處

step 16 合併後如下

127

創意無限樂高 SPIKE 機器人

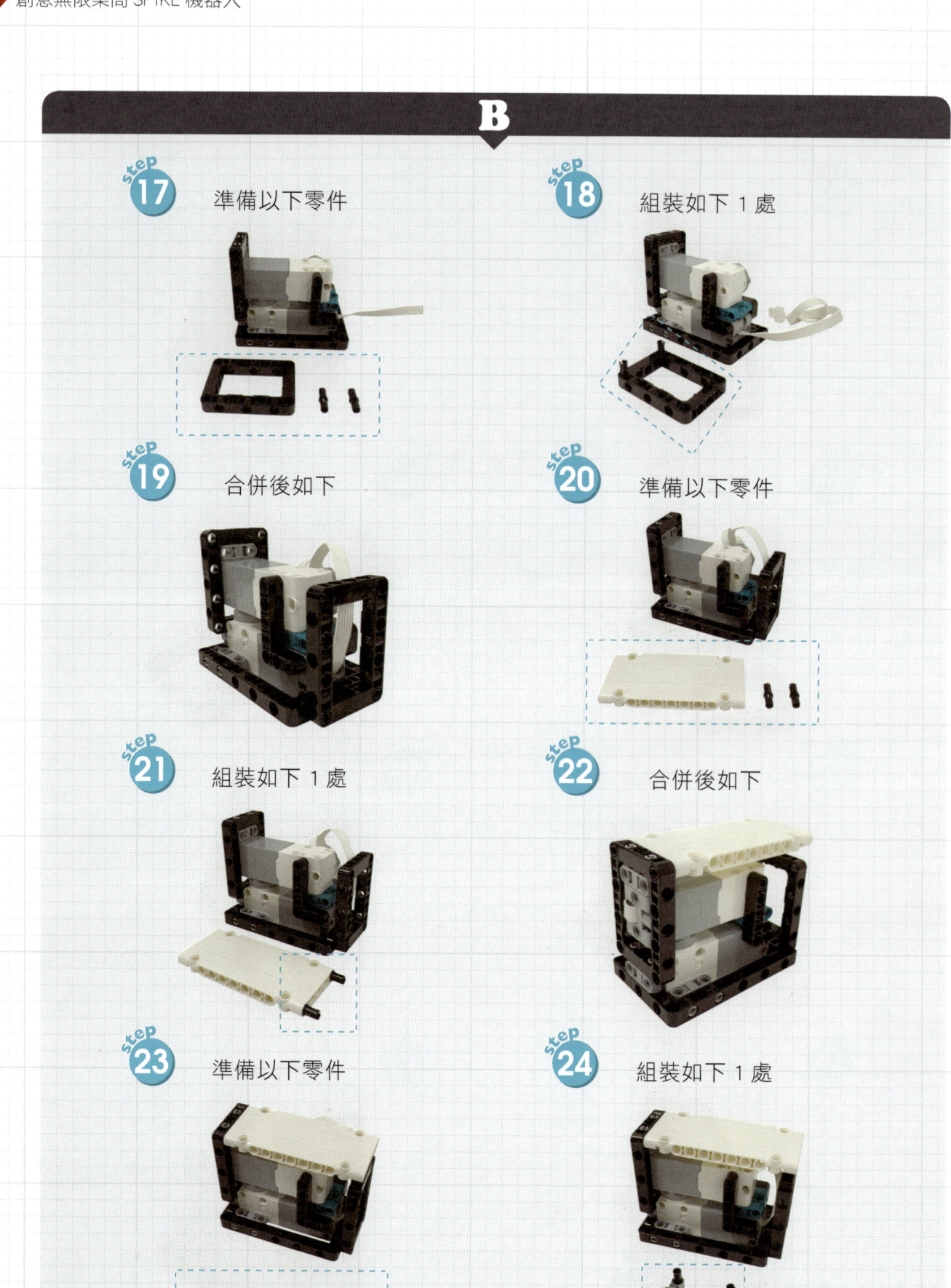

B

step 17 準備以下零件

step 18 組裝如下 1 處

step 19 合併後如下

step 20 準備以下零件

step 21 組裝如下 1 處

step 22 合併後如下

step 23 準備以下零件

step 24 組裝如下 1 處

Chapter 6　自動手搖杯機器人

B

step 25 合併後如下

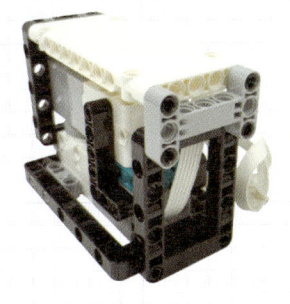

step 26 準備以下零件

step 27 組裝如下 1 處

step 28 合併後如下

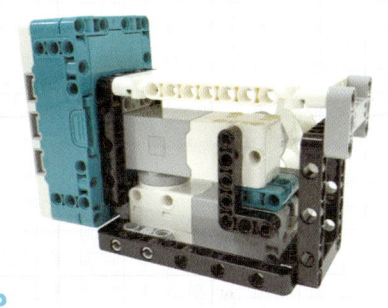

step 29 準備以下零件

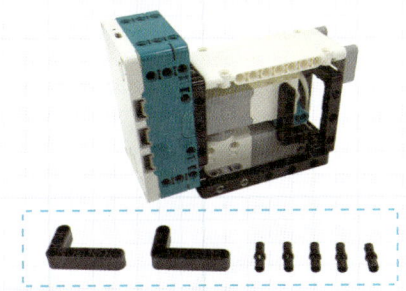

step 30 組裝如下 2 處

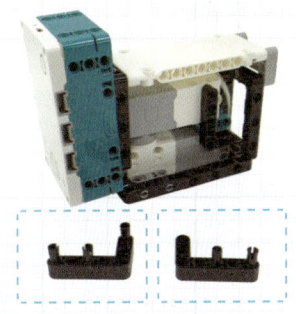

step 31 組裝如下 1 處

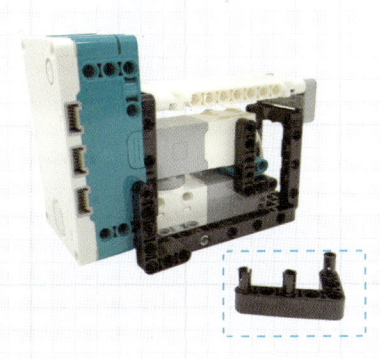

step 32 合併後如下

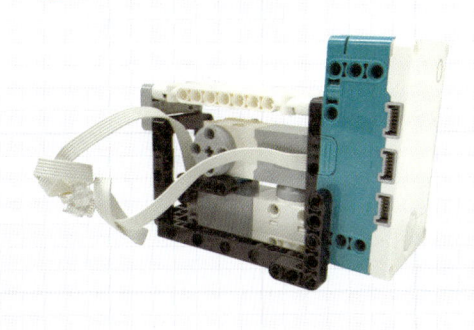

創意無限樂高 SPIKE 機器人

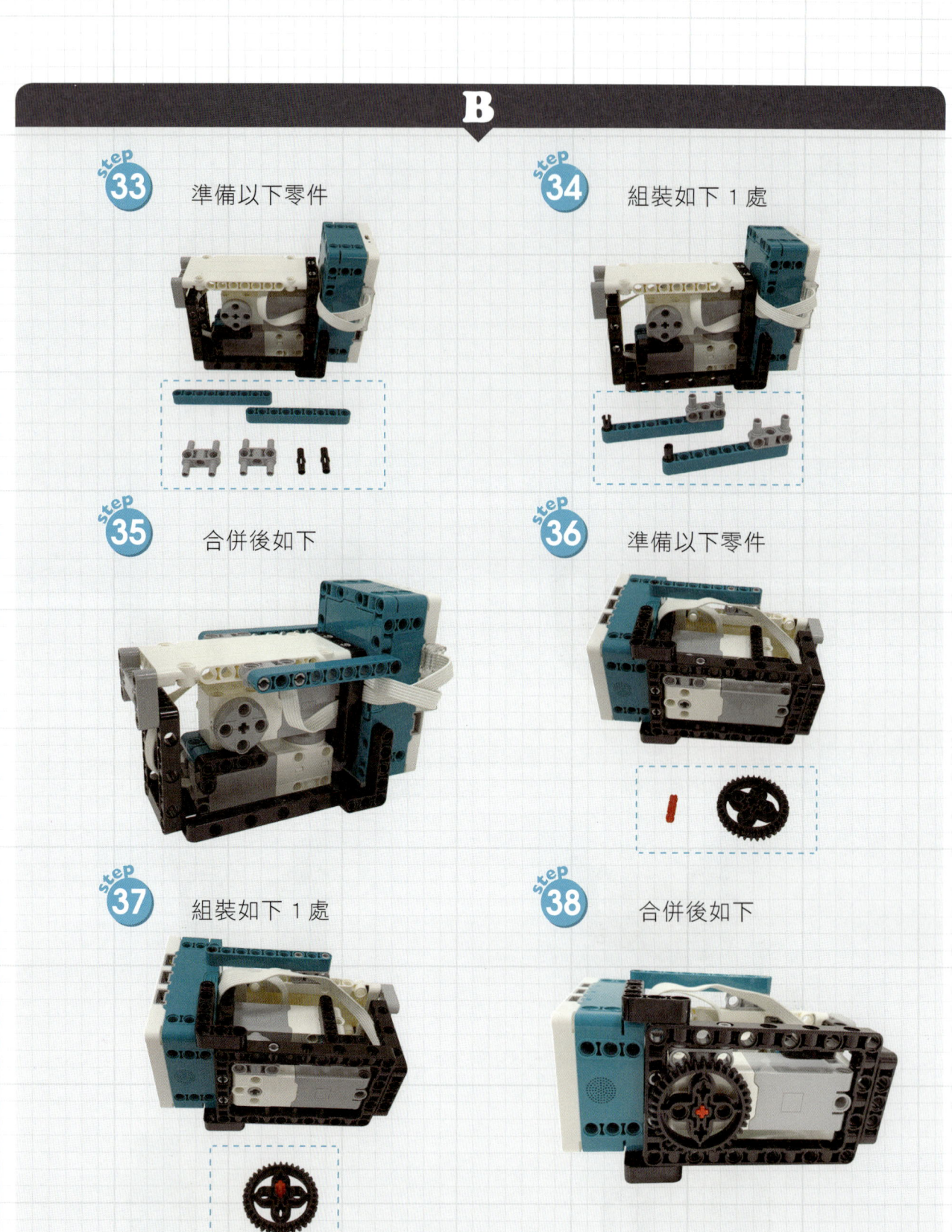

B

step 33
準備以下零件

step 34
組裝如下 1 處

step 35
合併後如下

step 36
準備以下零件

step 37
組裝如下 1 處

step 38
合併後如下

130

Chapter 6　自動手搖杯機器人

C

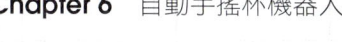

step 01 拿出 A 完成的模組及以下的零件

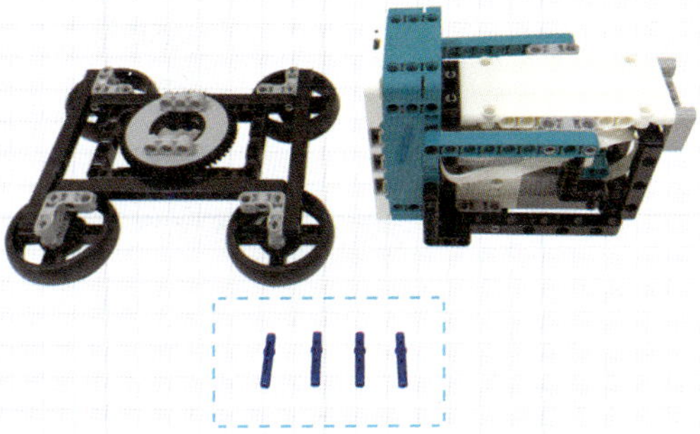

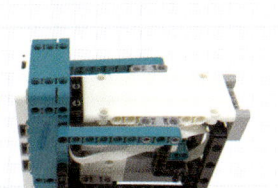

step 02 組裝如下 1 處

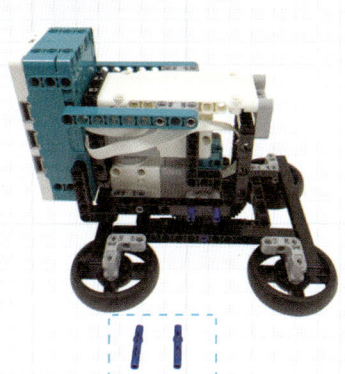

step 03 合併後如下

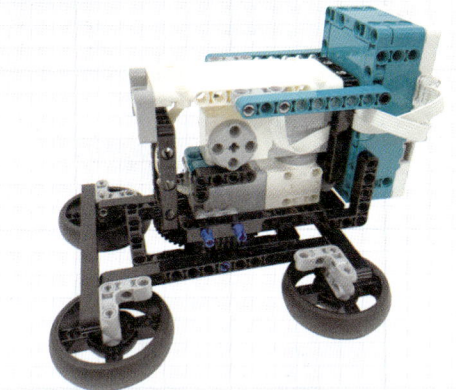

step 04 準備以下零件

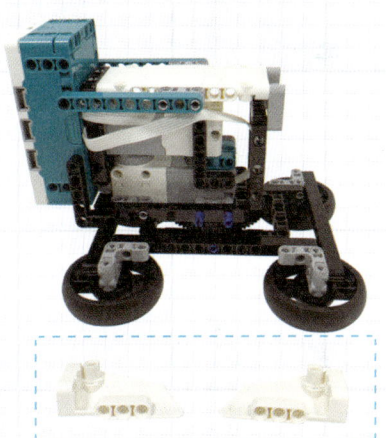

step 05 組裝如下 1 處

step 06 合併後如下

131

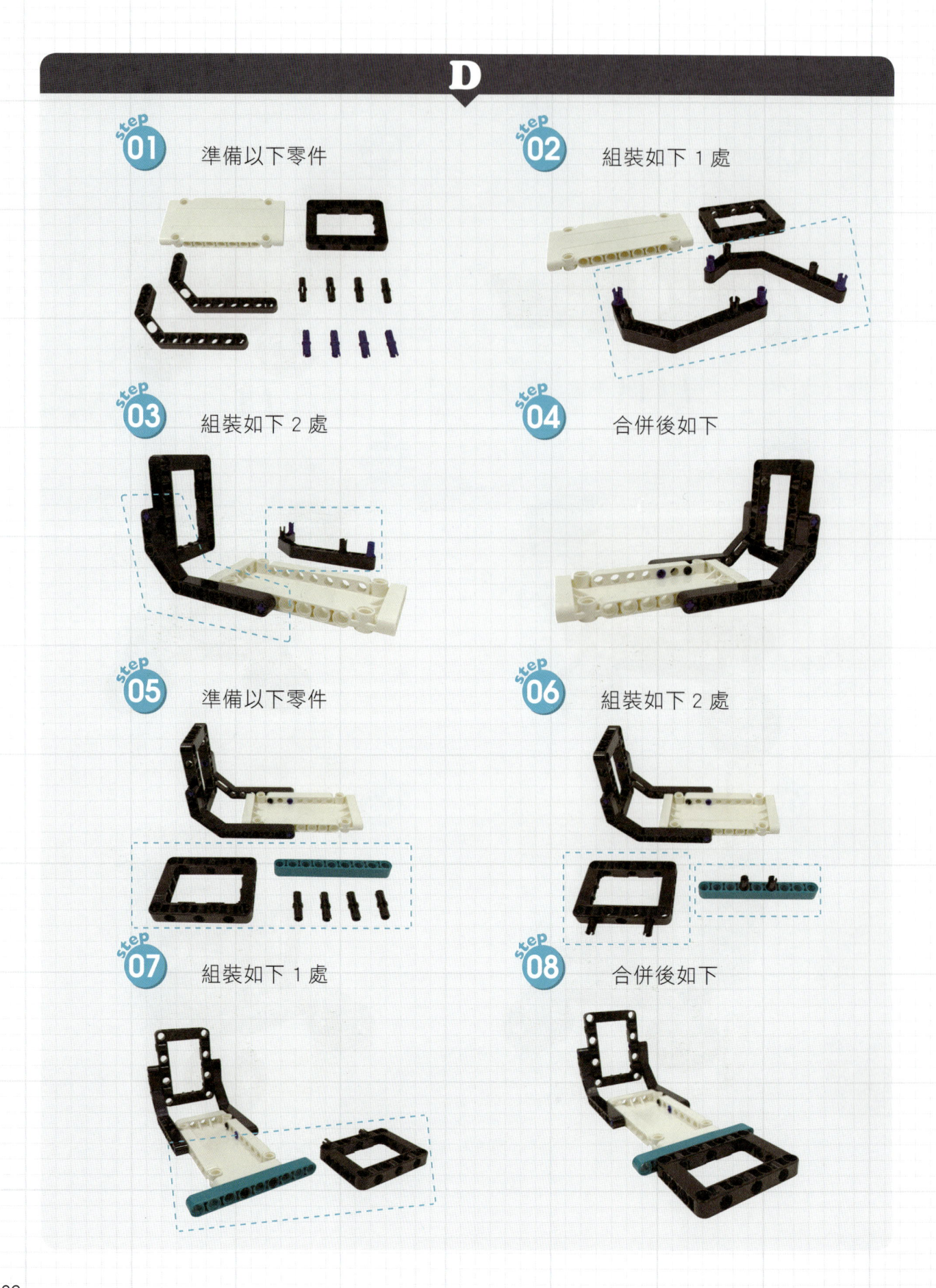

D

step 01 準備以下零件

step 02 組裝如下 1 處

step 03 組裝如下 2 處

step 04 合併後如下

step 05 準備以下零件

step 06 組裝如下 2 處

step 07 組裝如下 1 處

step 08 合併後如下

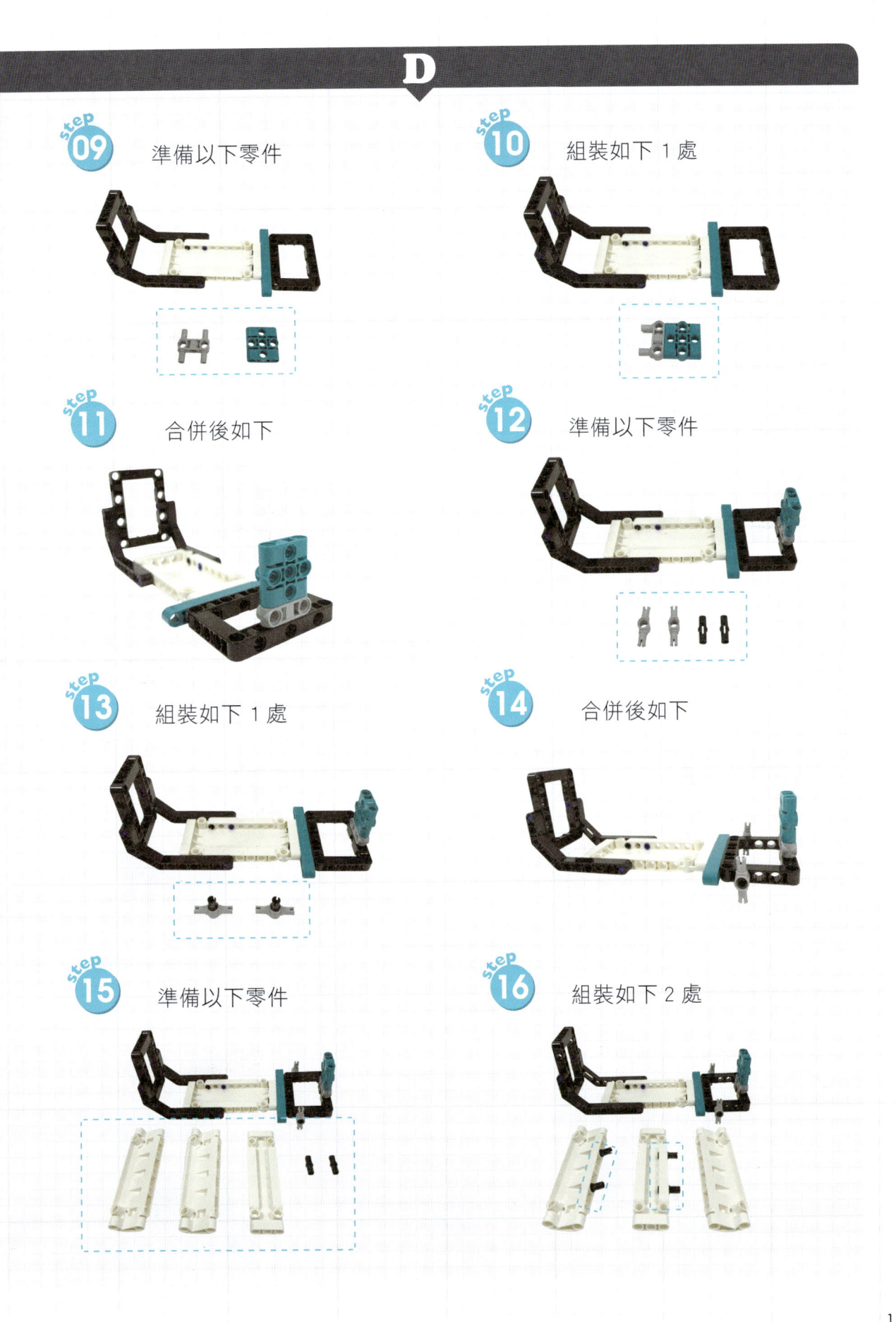

Chapter 6　自動手搖杯機器人

D

step 09 準備以下零件

step 10 組裝如下 1 處

step 11 合併後如下

step 12 準備以下零件

step 13 組裝如下 1 處

step 14 合併後如下

step 15 準備以下零件

step 16 組裝如下 2 處

創意無限樂高 SPIKE 機器人

D

step 17 組裝如下 1 處

step 18 合併後如下

step 19 準備以下零件

step 20 合併後如下

step 21 準備以下零件

step 22 組裝如下 1 處

step 23 組裝如下 1 處

step 24 合併後如下

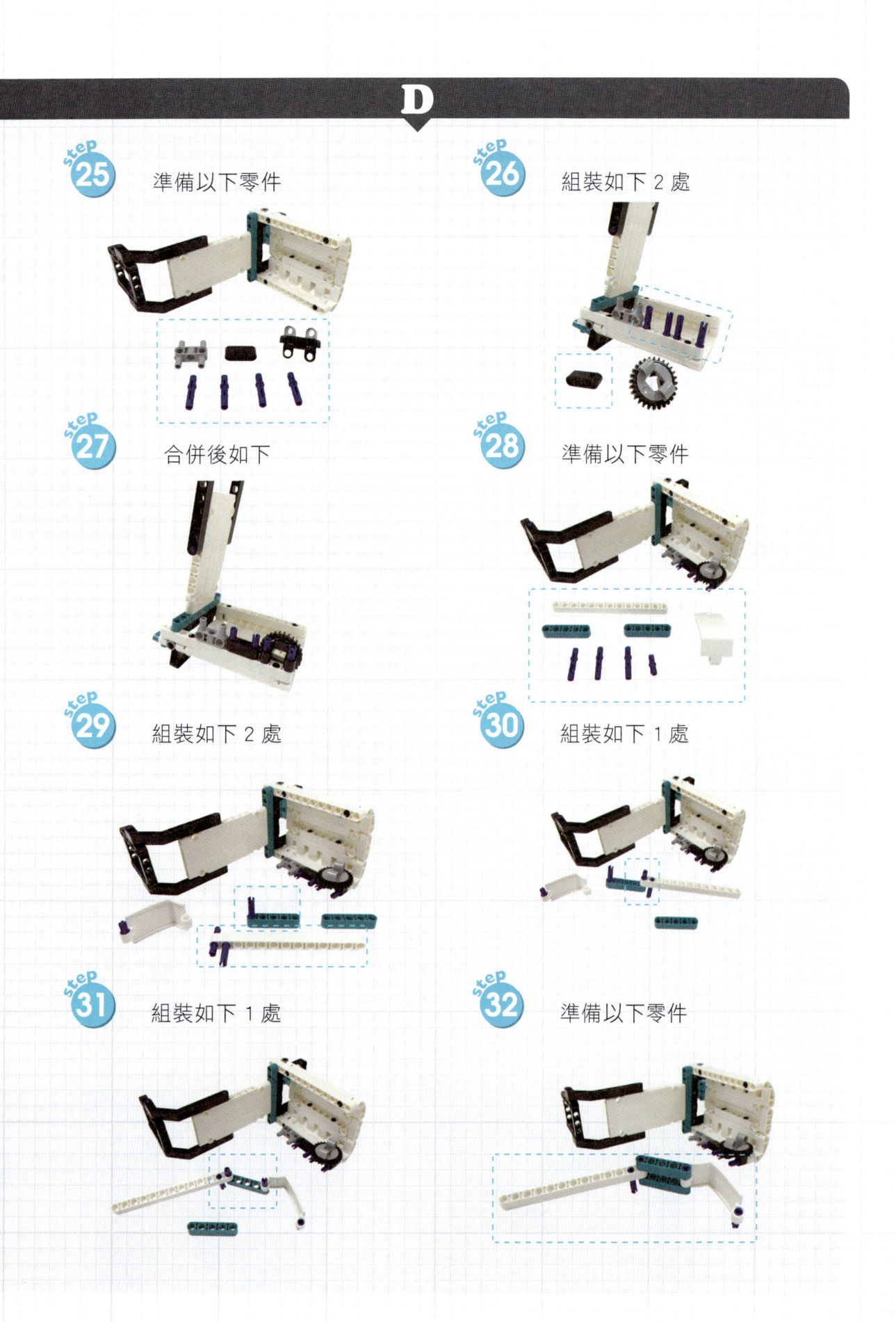

Chapter 6　自動手搖杯機器人

D

step 25　準備以下零件

step 26　組裝如下 2 處

step 27　合併後如下

step 28　準備以下零件

step 29　組裝如下 2 處

step 30　組裝如下 1 處

step 31　組裝如下 1 處

step 32　準備以下零件

135

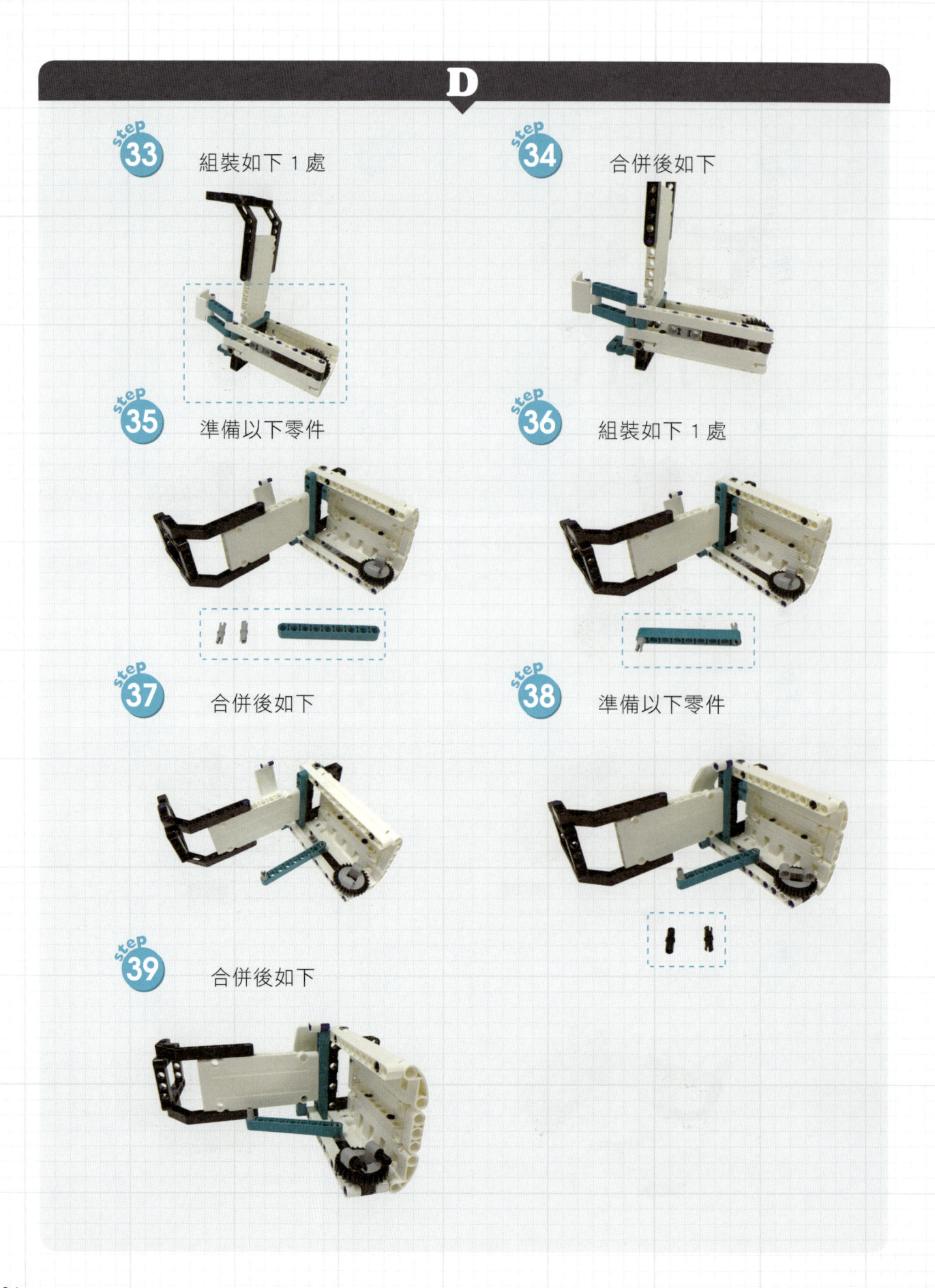

D

step 33 組裝如下 1 處

step 34 合併後如下

step 35 準備以下零件

step 36 組裝如下 1 處

step 37 合併後如下

step 38 準備以下零件

step 39 合併後如下

Chapter 6　自動手搖杯機器人

E

step 01　拿出 C、D 完成的模組

step 02　組裝如下 1 處

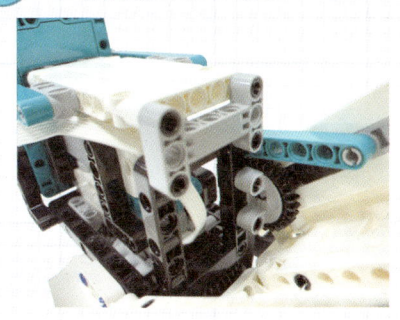

step 03　合併後如下

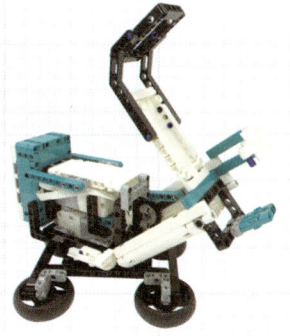

從不同角度觀看 1

從不同角度觀看 2

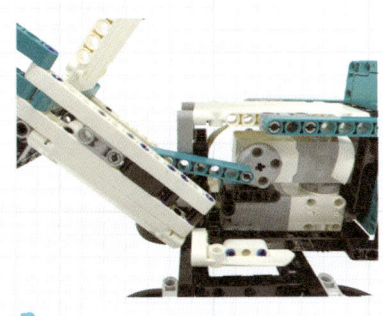

step 04　準備以下零件

step 05　組裝如下 2 處

step 06　組裝如下 1 處

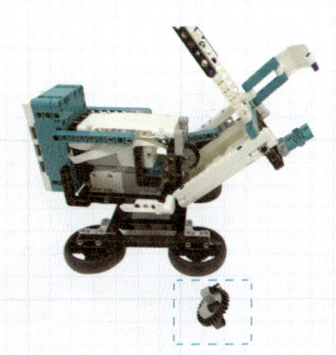

137

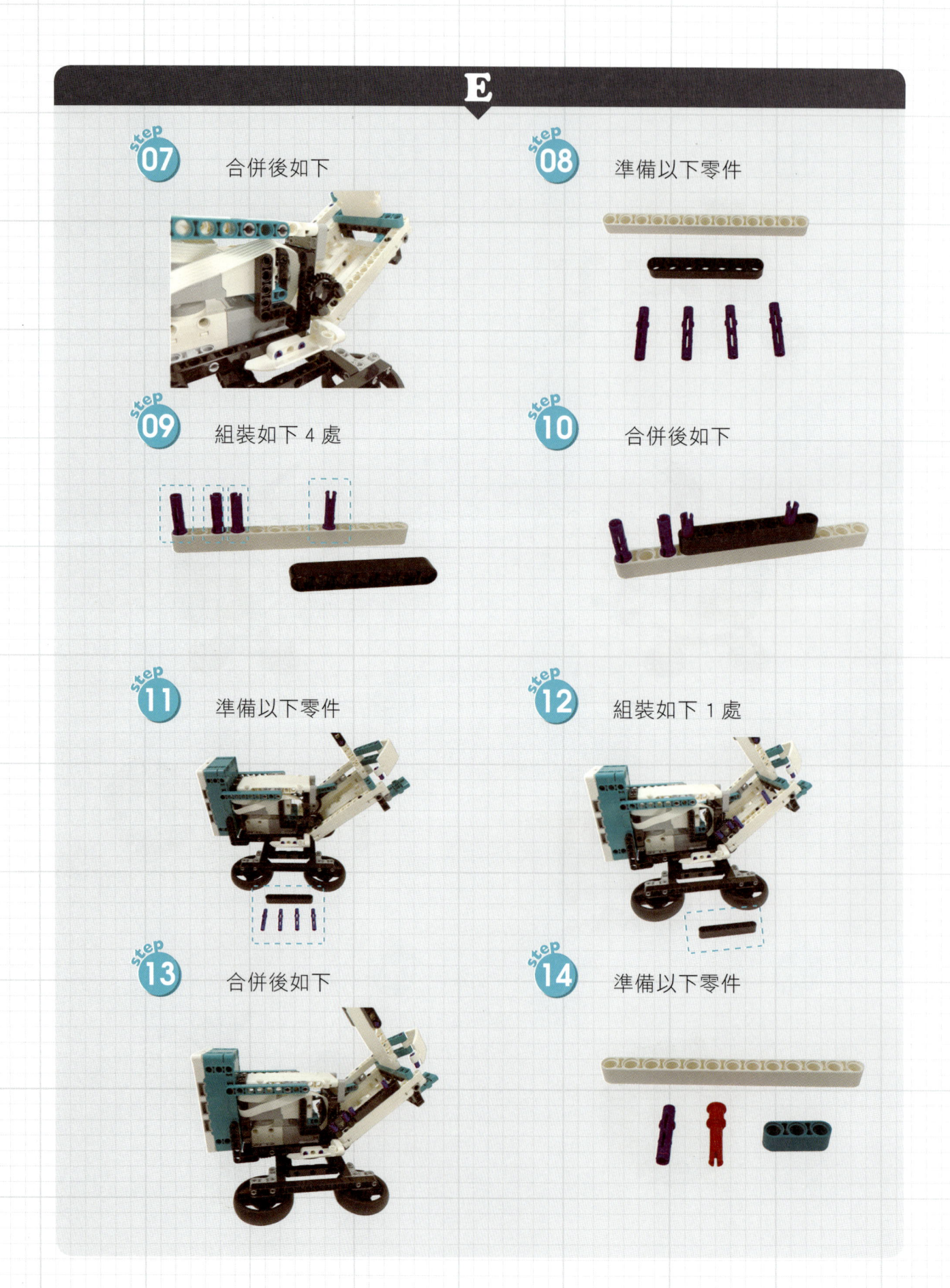

E

step 07 合併後如下

step 08 準備以下零件

step 09 組裝如下 4 處

step 10 合併後如下

step 11 準備以下零件

step 12 組裝如下 1 處

step 13 合併後如下

step 14 準備以下零件

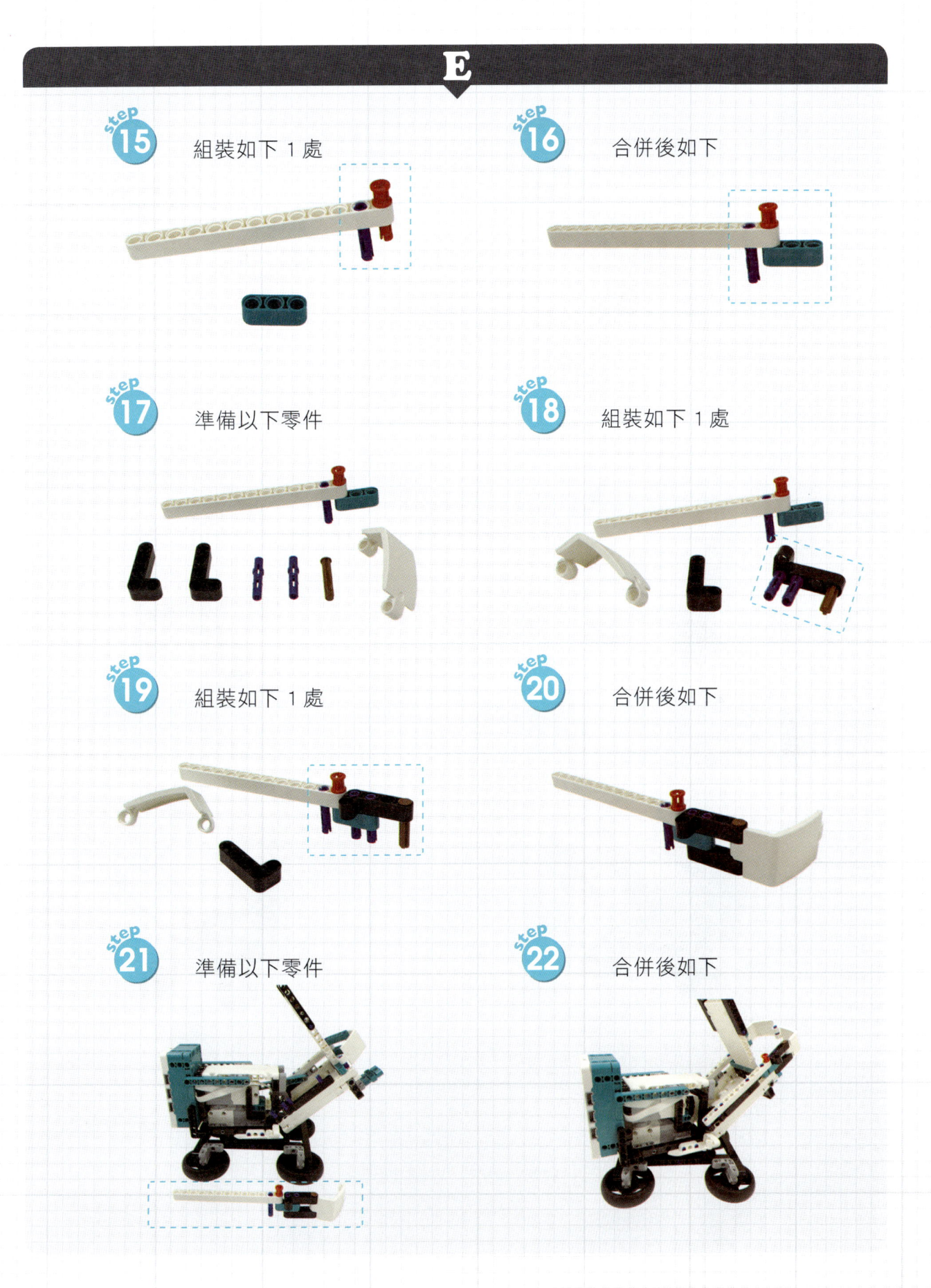

Chapter 6　自動手搖杯機器人

E

step 15　組裝如下 1 處

step 16　合併後如下

step 17　準備以下零件

step 18　組裝如下 1 處

step 19　組裝如下 1 處

step 20　合併後如下

step 21　準備以下零件

step 22　合併後如下

139

創意無限樂高 SPIKE 機器人

E

step 23 準備以下零件

step 24 組裝如下 2 處

step 25 組裝如下 1 處

step 26 組裝完成

從不同角度觀看 1

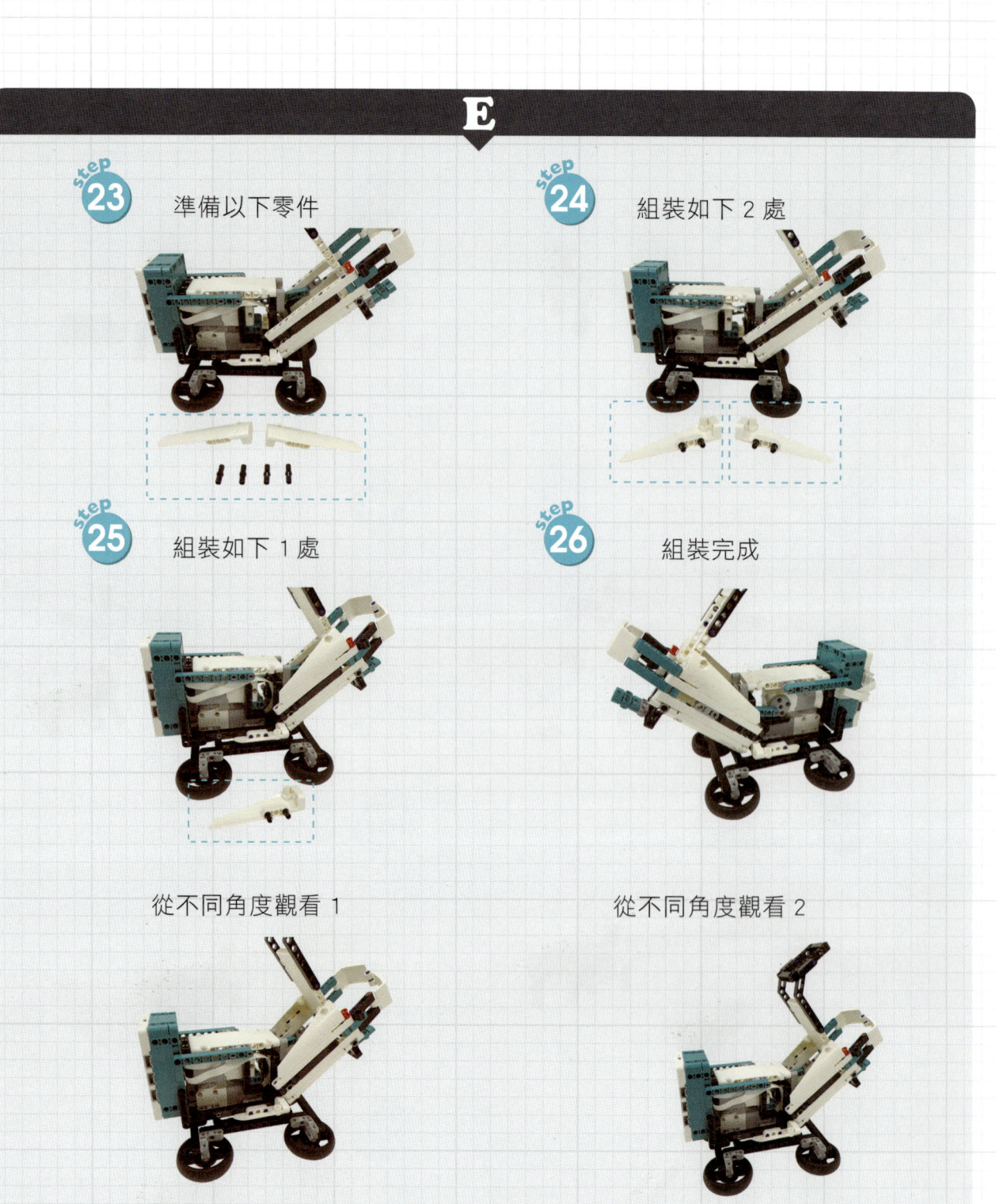

從不同角度觀看 2

140

6-3 撰寫「自動手搖杯機器人」之指引程式

一 手搖杯機器人左右各轉動 180 度

| 流程圖 |

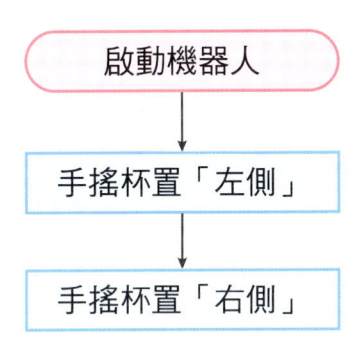

啟動機器人
↓
手搖杯置「左側」
↓
手搖杯置「右側」

| 程式設計 |

當程式開始
A ↻ 運轉馬達 0.8 圈
等待 1 秒
A ↺ 運轉馬達 0.8 圈

二 手搖杯機器人倒數 1-2-3

| 流程圖 |

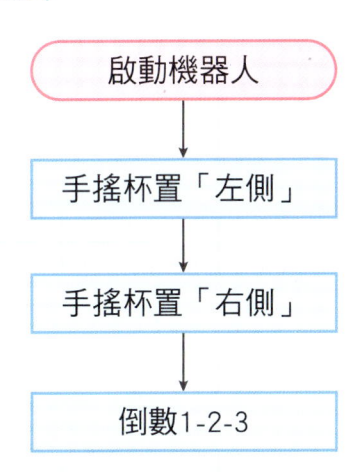

啟動機器人
↓
手搖杯置「左側」
↓
手搖杯置「右側」
↓
倒數 1-2-3

| 程式設計 |

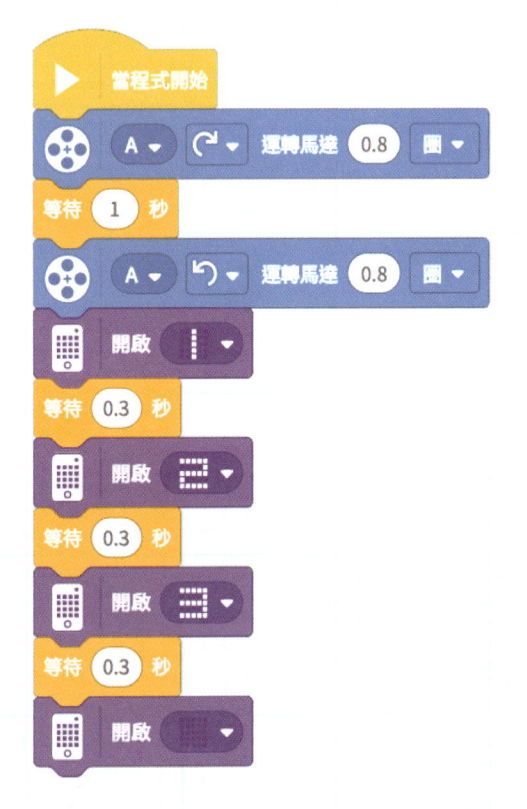

當程式開始
A ↻ 運轉馬達 0.8 圈
等待 1 秒
A ↺ 運轉馬達 0.8 圈
開啟 1
等待 0.3 秒
開啟 2
等待 0.3 秒
開啟 3
等待 0.3 秒
開啟

三 手搖杯 3 次

| 流程圖 |

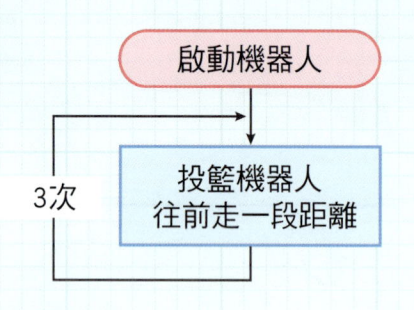

啟動機器人
↓
投籃機器人往前走一段距離
（3次）

| 程式設計 |

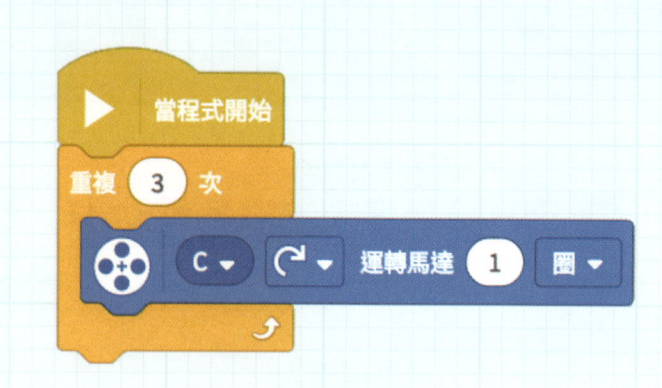

當程式開始
重複 3 次
　運轉馬達 C 順時針 1 圈

四 手搖杯 3 次並顯示於 LED 上

| 流程圖 |

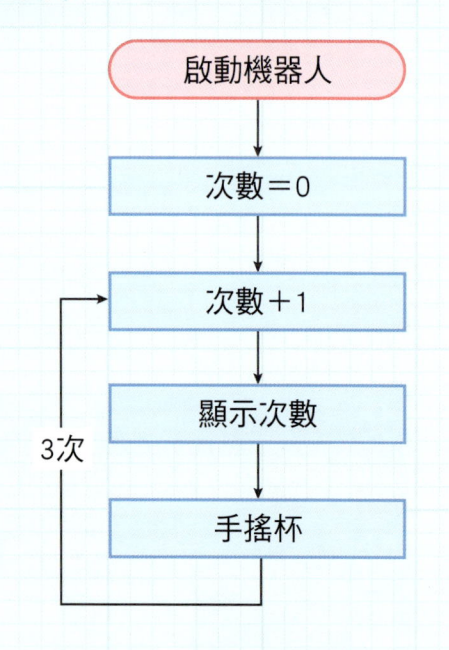

啟動機器人
↓
次數＝0
↓
次數＋1
↓
顯示次數
↓
手搖杯
（3次）

| 程式設計 |

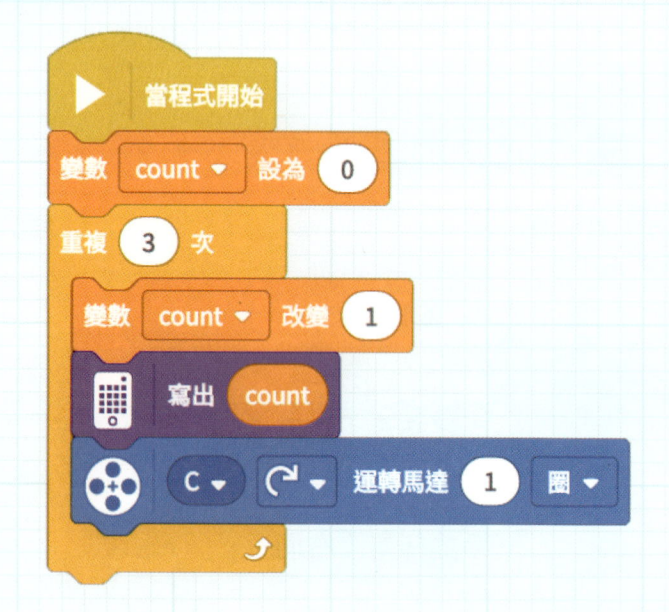

當程式開始
變數 count 設為 0
重複 3 次
　變數 count 改變 1
　寫出 count
　運轉馬達 C 順時針 1 圈

6-4　專題製作：自動手搖杯機器人

主題發想

在現今的生活中，有許多的工作都漸漸被機器取代，走在街上最少不了的手搖飲料店，許多同學也都會到飲料店打工，因此設計一台，會自動搖杯子的機器人，這樣一來不僅能加快做飲料的速度，更能在節省力氣的狀況下，依然均勻的搖出好的比例。

主題目的

1. 與現在生活中的手搖飲料店，做結合，實際應用於生活當中。
2. 可以依照不同的飲料，需搖晃的力道、次數，做程式設計的調整。

利用手搖杯機器人搖出飲料的好比例吧！！

創意無限樂高 SPIKE 機器人

| 流程圖 |

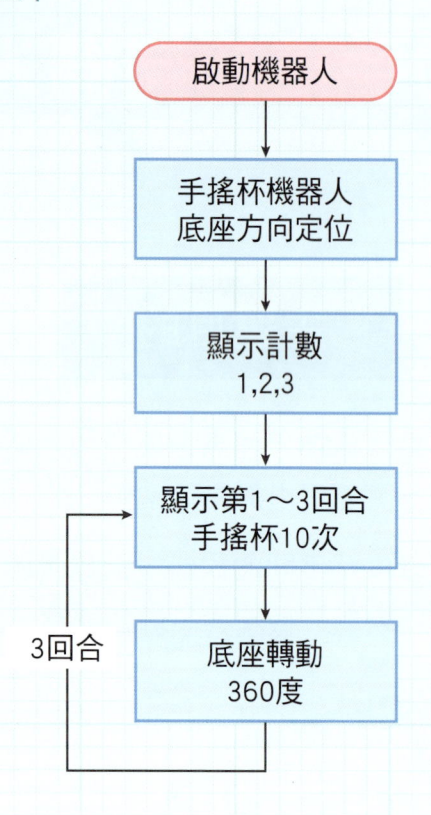

```
啟動機器人
    ↓
手搖杯機器人
底座方向定位
    ↓
顯示計數
1,2,3
    ↓
顯示第1～3回合  ←┐
手搖杯10次      │ 3回合
    ↓           │
底座轉動   ─────┘
360度
```

| 撰寫程式 |

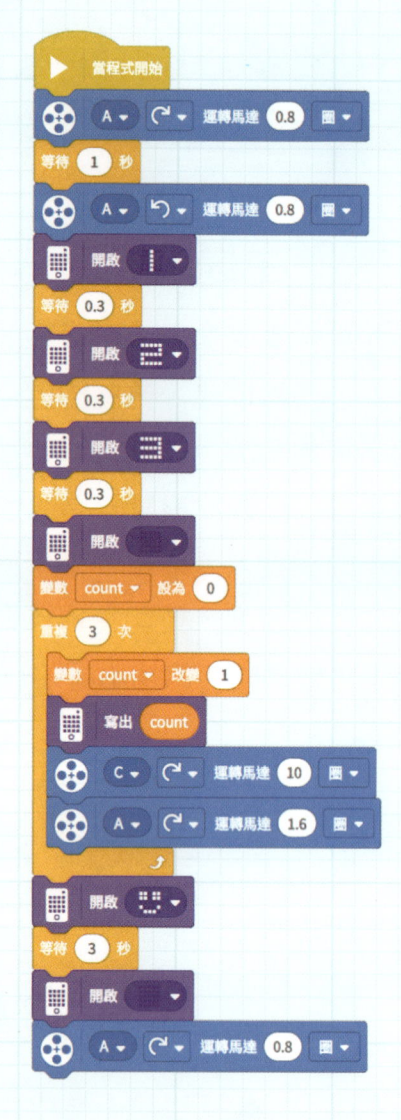

當程式開始
運轉馬達 A 順 0.8 圈
等待 1 秒
運轉馬達 A 逆 0.8 圈
開啟 1
等待 0.3 秒
開啟 2
等待 0.3 秒
開啟 3
等待 0.3 秒
開啟
變數 count 設為 0
重複 3 次
　變數 count 改變 1
　寫出 count
　運轉馬達 C 順 10 圈
　運轉馬達 A 順 1.6 圈
開啟
等待 3 秒
開啟
運轉馬達 A 順 0.8 圈

創新性

1. 透過樂高機器套件，來創意組裝自動手搖杯機器人。
2. 自動手搖杯機器人可以瞭解槓桿原理的機構設計，以達自動手搖杯效果。

應用性

1. 輔助手搖飲料店人力。
2. 結合程式設計課程，如何控制手搖力道及次數。

Chapter 6　實作題

題目名稱： 自動手搖杯機器人

題目說明： 請利用「遙控器」元件功能，來控制手搖杯機器人。

題目編號： A038004

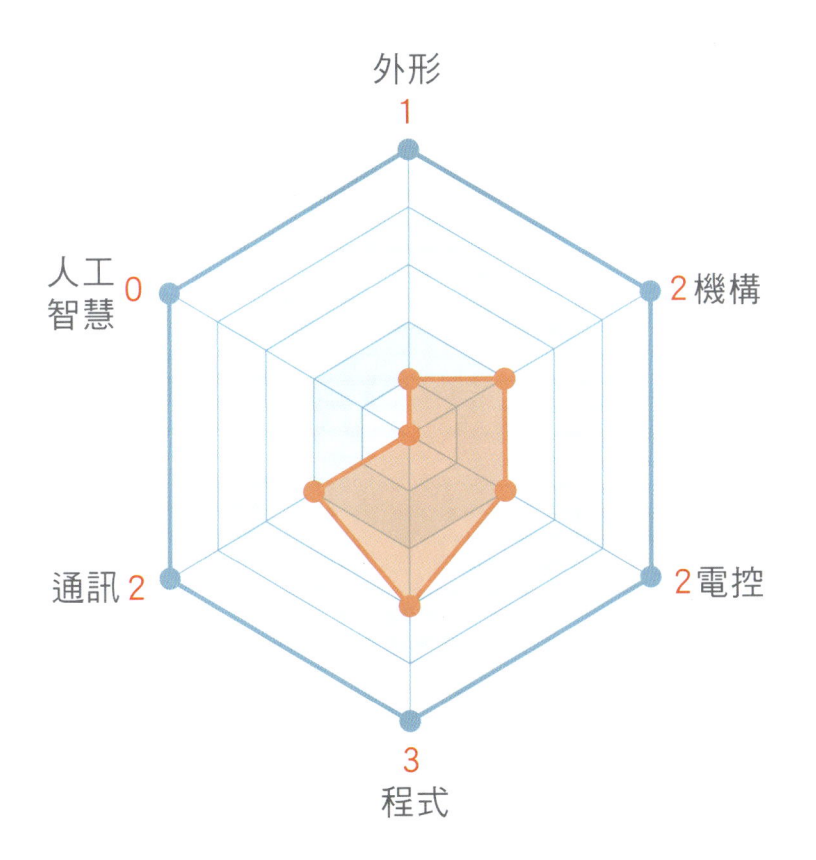

實作時間：180 min	
創客指標	指數
外形（專業）	1
機構	2
電控	2
程式	3
通訊	2
人工智慧	0
創客總數	10

Chapter 6　實作題

|遙控器之介面設計|

|程式設計|

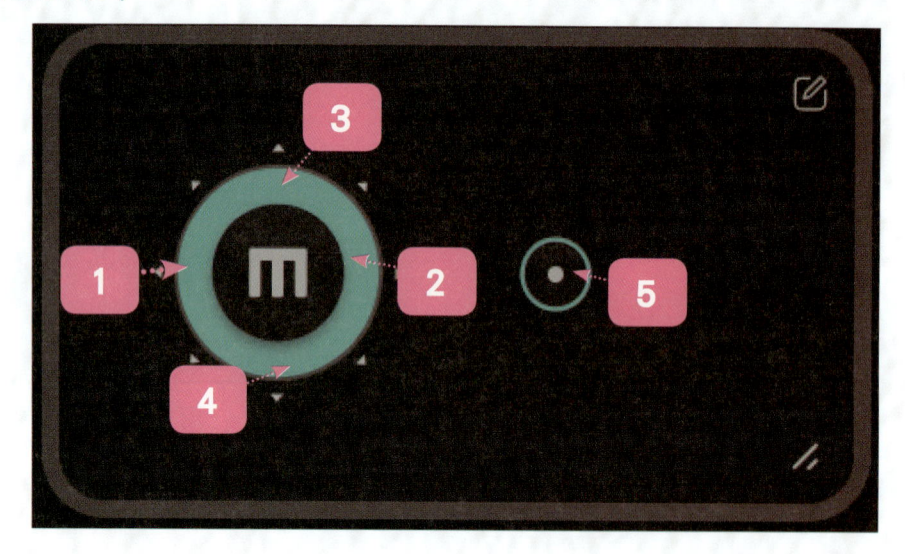

1. 手搖杯置「左側」

當搖桿 J1 往左
A ↻ 運轉馬達 0.8 圈

2. 手搖杯置「右側」

當搖桿 J1 往右
A ↺ 運轉馬達 0.8 圈

Chapter 6　實作題

3. 手搖杯置「向上」
當搖桿 J1 往上
C ↶ 運轉馬達 0.5 圈

4. 手搖杯置「向下」
當搖桿 J1 往下
C ↷ 運轉馬達 0.5 圈

5. 手搖杯上下五次
當 B1 按鈕被 按下
C 用 100 % 速度運轉 5 圈

MEMO

Chapter 7 智慧型垃圾桶

7-1　智慧型垃圾桶

7-2　SPIKE 智慧型垃圾桶組裝

7-3　撰寫「智慧型垃圾桶」之指引程式

7-4　專題製作：智慧型垃圾桶

★ 學習目標

1. 瞭解組裝樂高智慧型垃圾桶的創意點子及應用時機。
2. 瞭解如何利用 SPIKE 程式來撰寫智慧型垃圾桶程式。

7-1 智慧型垃圾桶

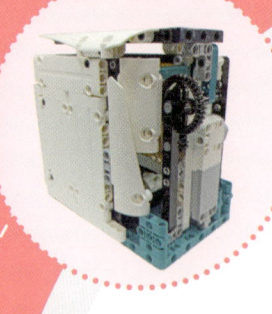

各位同學先學會創意組裝一台「智慧型垃圾桶」之外,再撰寫機器人程式,來讓機器人可以玩比賽,增加學習程式的樂趣。

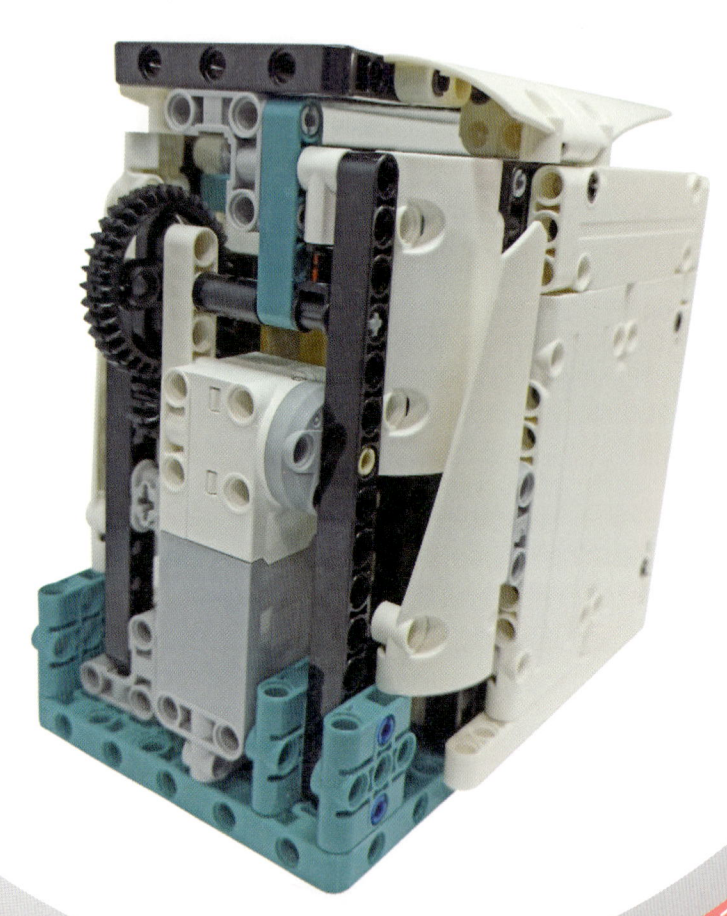

機構

在本章節中,介紹各位同學利用 SPIKE 套件來設計一台教學用的進階基本車,因此,它要有控制器(主機)、馬達、感測器及相關的樂高零件,來設計一個「SPIKE 智慧型垃圾桶」。

| 主題 |
設計「智慧型垃圾桶」。

| 目的 |
瞭解智慧型垃圾桶的組裝及撰寫程式的方法。

| 優點 |
結構非常簡單,改造容易。

Chapter 7　智慧型垃圾桶

創意組裝　　**寫程式**　　**測試**

1　　**2**　　**3**

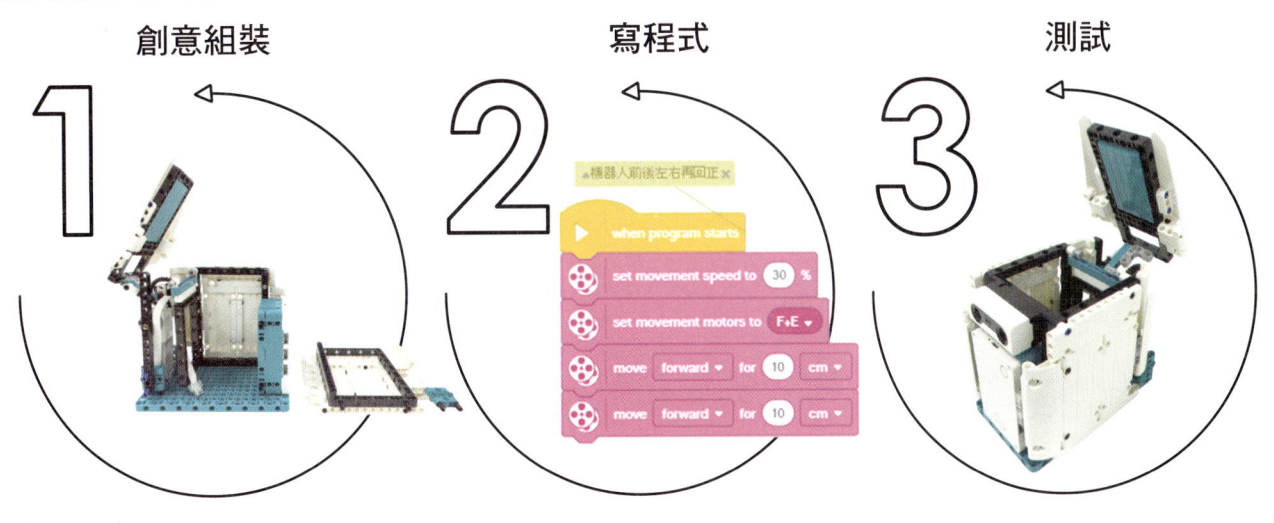

| 說明 |

1. 創意組裝：依照指定「功能及造型」來搭配「感應器及相關配件」結合「主機」。
2. 寫程式：依照指定任務來撰寫處理程序的動作與順序（程式）。
3. 測試：利用拼圖程式：將程式上傳到「主機」內，並依照指定功能先進行測試。

| 流程圖 |

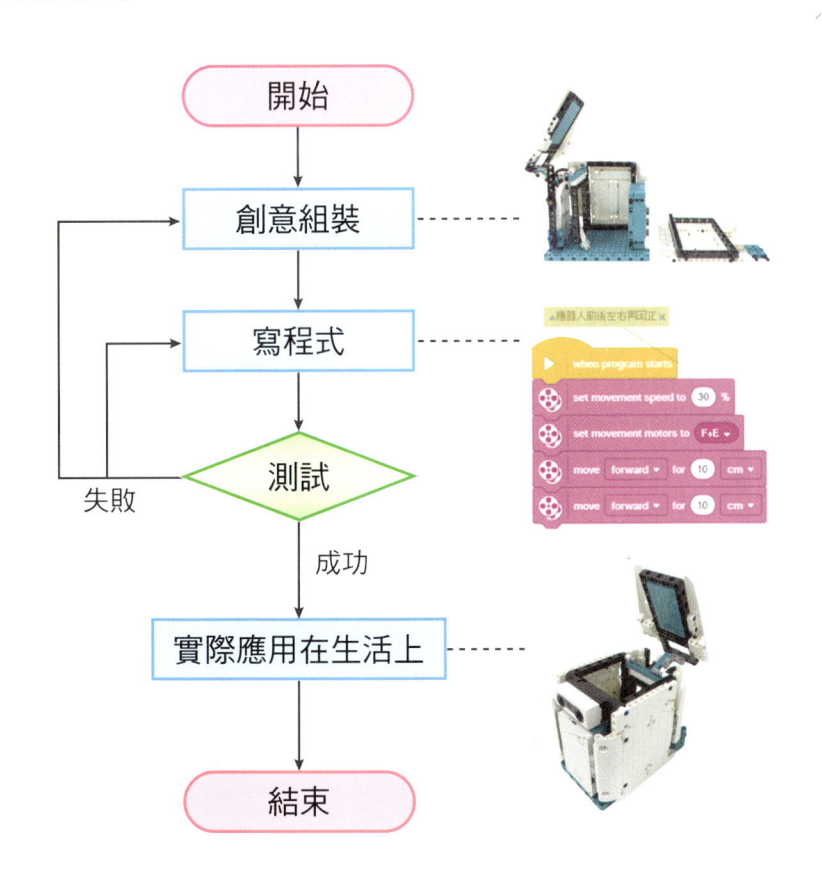

開始 → 創意組裝 → 寫程式 → 測試 →（失敗：回到創意組裝）／（成功）→ 實際應用在生活上 → 結束

說明

　　從流程圖中，我們可以清楚瞭解「設計機器人程式」必須要經過的三大步驟，並且在進行第三步驟時，如果無法測試成功，除了要修改程式之外，也要檢查組裝是否正確，並且要反覆地進行測試，直到完全成功為止。最後，就可以將創作的智能裝置，應用在我們日常生活中。

151

難度 ★★★

7-2　SPIKE 智慧型垃圾桶組裝

想要製作一台「SPIKE 智慧型垃圾桶」時，必須要先準備相關的「主機、馬達、感測器及相關的零件材料」。

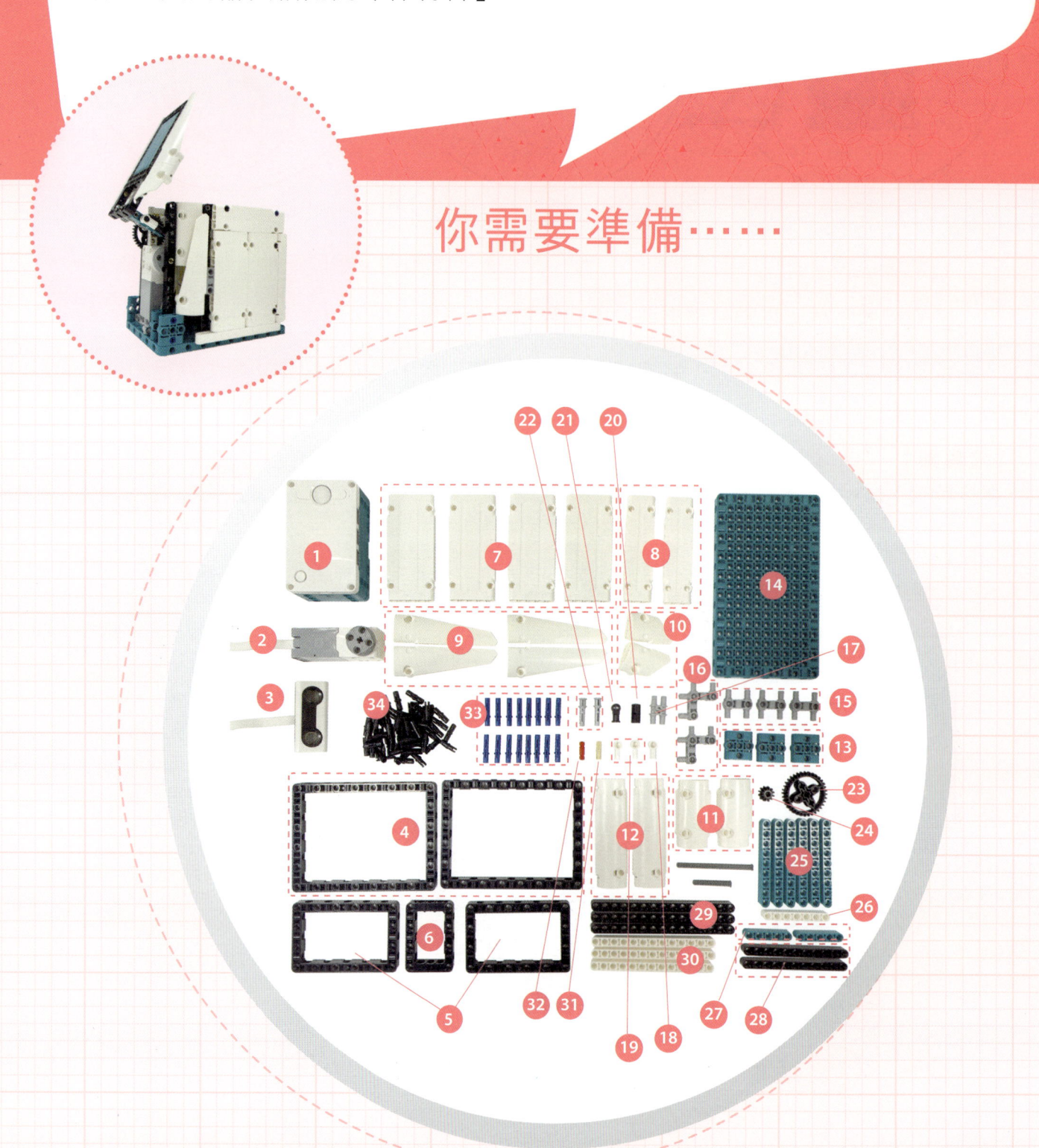

你需要準備……

152

Chapter 7　智慧型垃圾桶

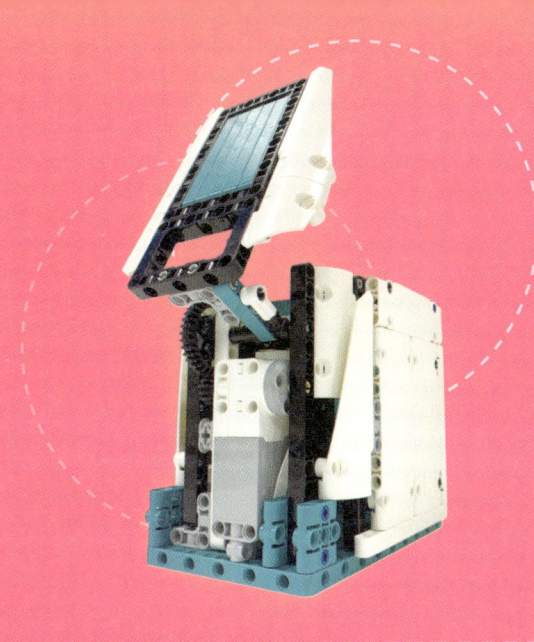

① 主機 ×1
② 馬達 ×1
③ 超音波 ×1
④ 大型方框 ×2
⑤ 中型方框 ×2
⑥ 小型方框 ×1
⑦ 大厚板 ×4
⑧ 小厚板 ×2
⑨ 大側板 ×4
⑩ 小側板 ×2
⑪ 小弧型側板 ×2
⑫ 大弧型側板 ×2
⑬ 十字型連接器 ×3
⑭ 底座 ×1
⑮ H 型連接器 ×3
⑯ L 型連接器 ×2
⑰ 小 H 型連接器 ×1
⑱ 1 號連接器 ×1
⑲ 圓孔連接器 ×2
⑳ 活動式連接器 ×1
㉑ 水平垂直連接器 ×1
㉒ 十字軸插銷 ×2
㉓ 36 齒雙面斜齒輪 ×1
㉔ 12 齒雙面斜齒輪 ×1
㉕ 9m 橫桿 ×6
㉖ 7m 橫桿 ×1
㉗ 5m 橫桿 ×2
㉘ 11m 橫桿 ×2
㉙ 15m 橫桿 ×3
㉚ 13m 橫桿 ×3
㉛ 活動式插銷 ×1
㉜ 2m 十字軸 ×1
㉝ 長插銷 ×12
㉞ 短插銷 ×50

153

開始動手組裝！

在準備好「智慧型垃圾桶」所需要的「主機、感測器、構件及相關的材料」之後，接下來，請各位讀者依照以下的步驟就可以完成（註：▢ 代表步驟組裝的部分）：

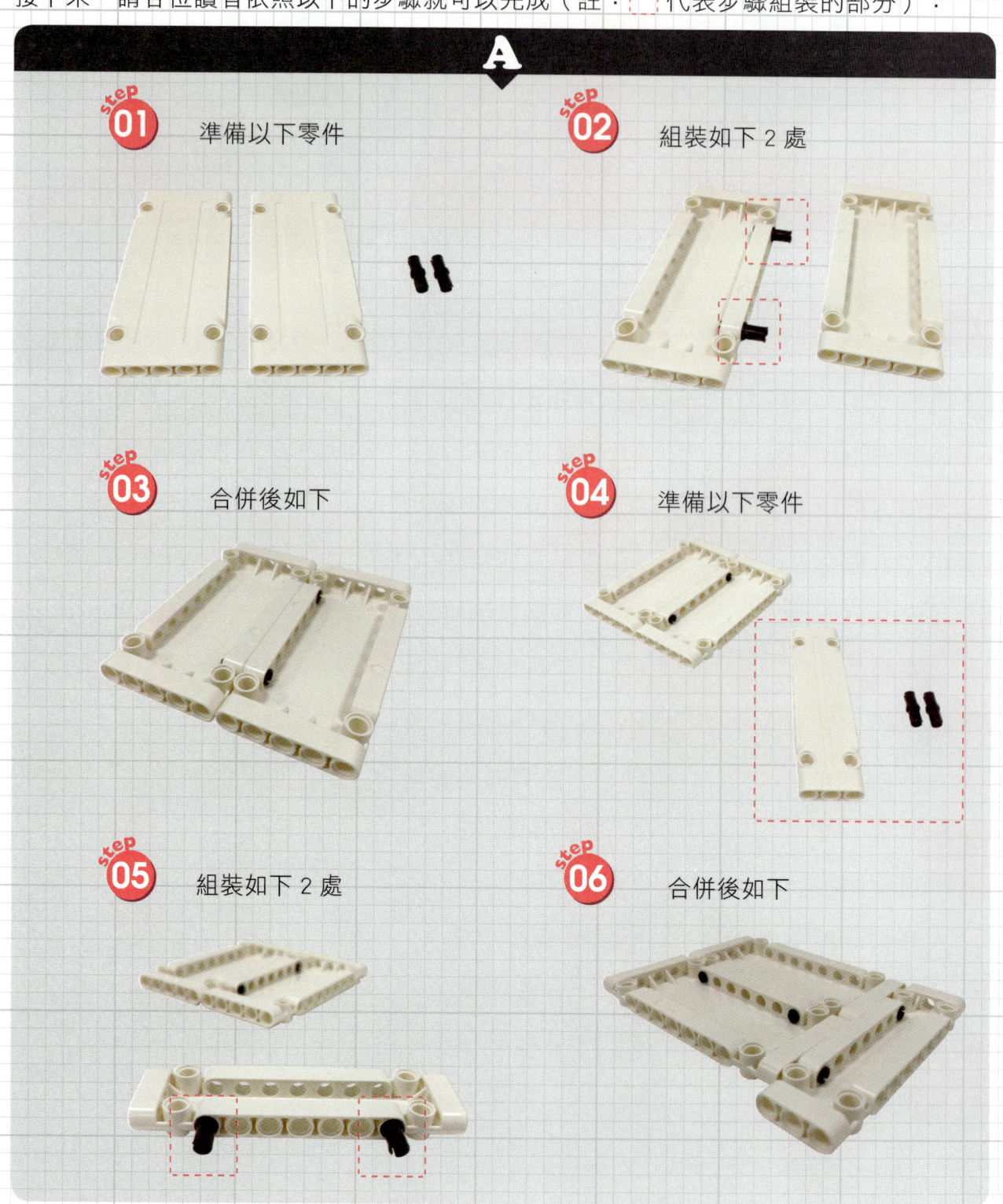

A

step 01 準備以下零件

step 02 組裝如下 2 處

step 03 合併後如下

step 04 準備以下零件

step 05 組裝如下 2 處

step 06 合併後如下

Chapter 7　智慧型垃圾桶

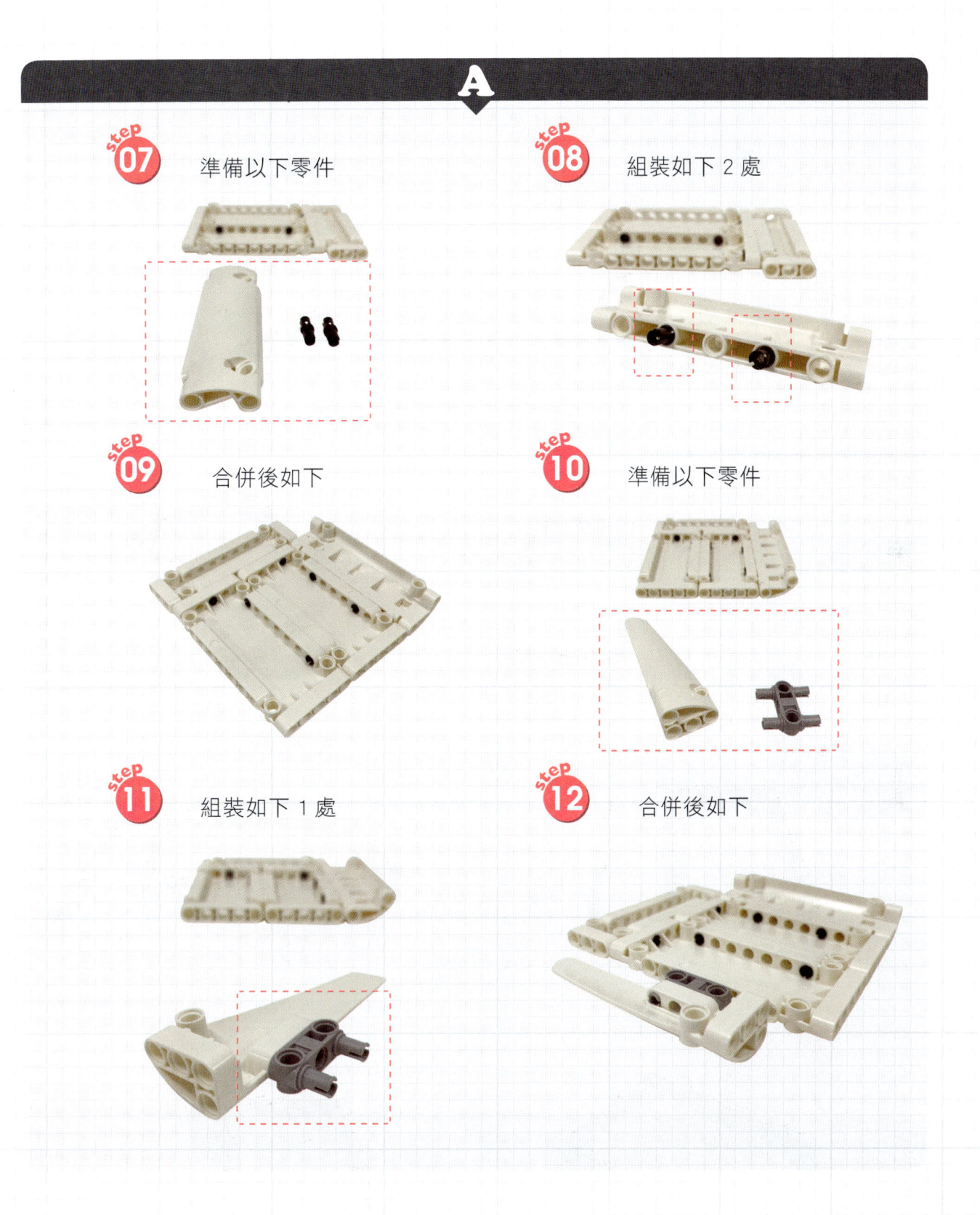

A

step 07 準備以下零件

step 08 組裝如下 2 處

step 09 合併後如下

step 10 準備以下零件

step 11 組裝如下 1 處

step 12 合併後如下

155

創意無限樂高 SPIKE 機器人

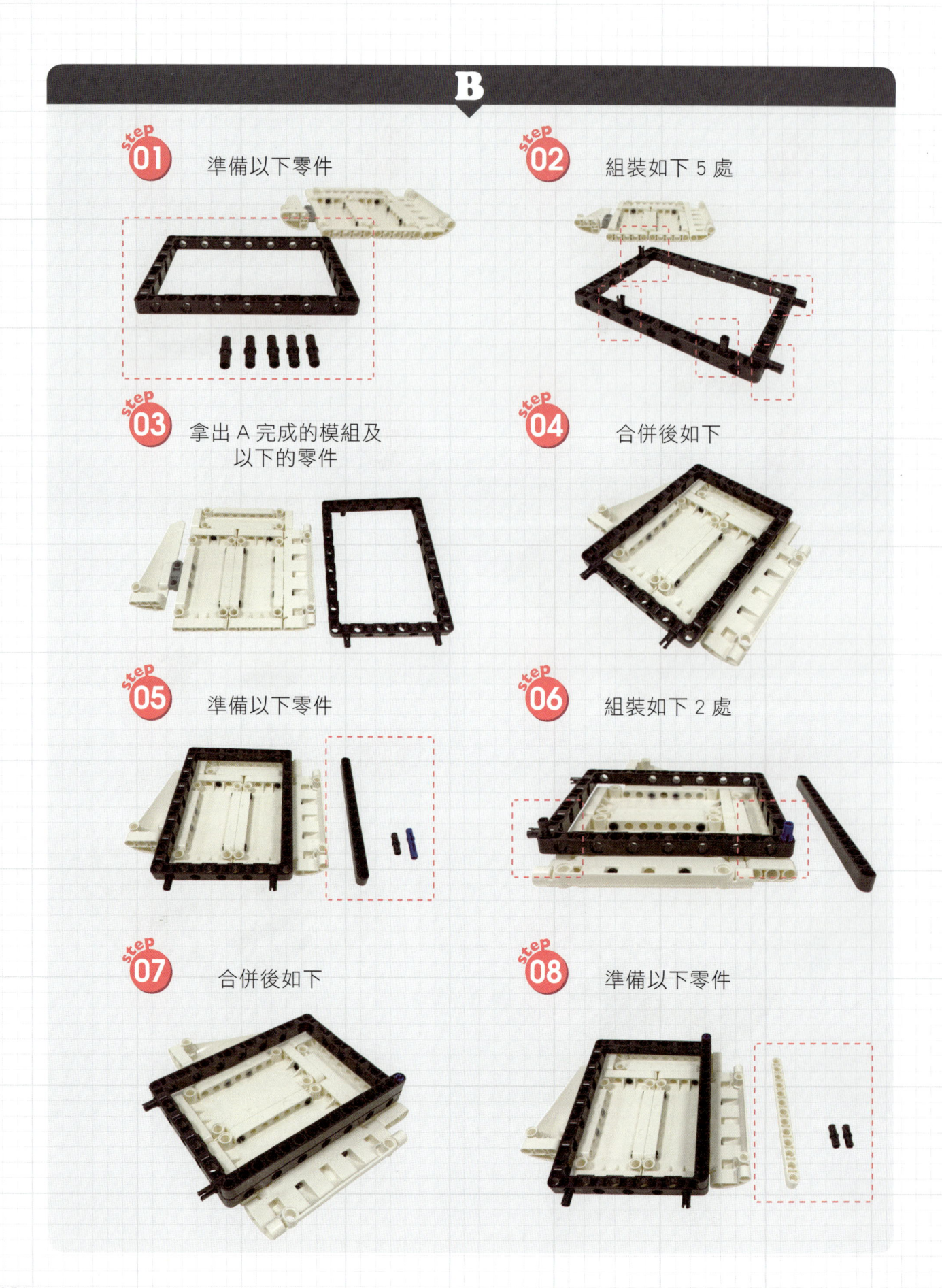

B

step 01 準備以下零件

step 02 組裝如下 5 處

step 03 拿出 A 完成的模組及以下的零件

step 04 合併後如下

step 05 準備以下零件

step 06 組裝如下 2 處

step 07 合併後如下

step 08 準備以下零件

B

step 09 組裝如下 2 處

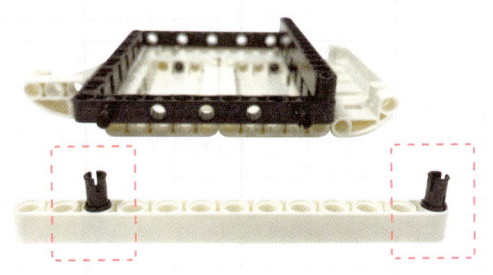

step 10 合併後如下

step 11 準備以下零件

step 12 組裝如下 2 處

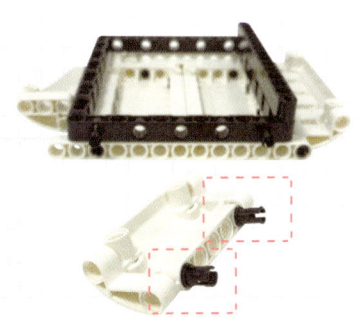

step 13 合併後如下

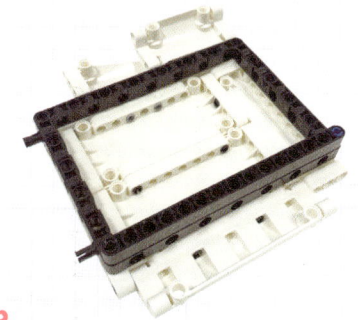

從不同角度觀看

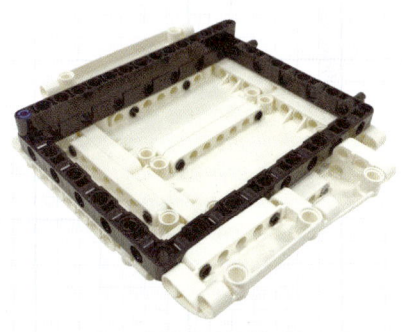

step 14 準備以下零件

step 15 組裝如下 3 處

B

step 16 合併後如下

從不同角度觀看 1

從不同角度觀看 2

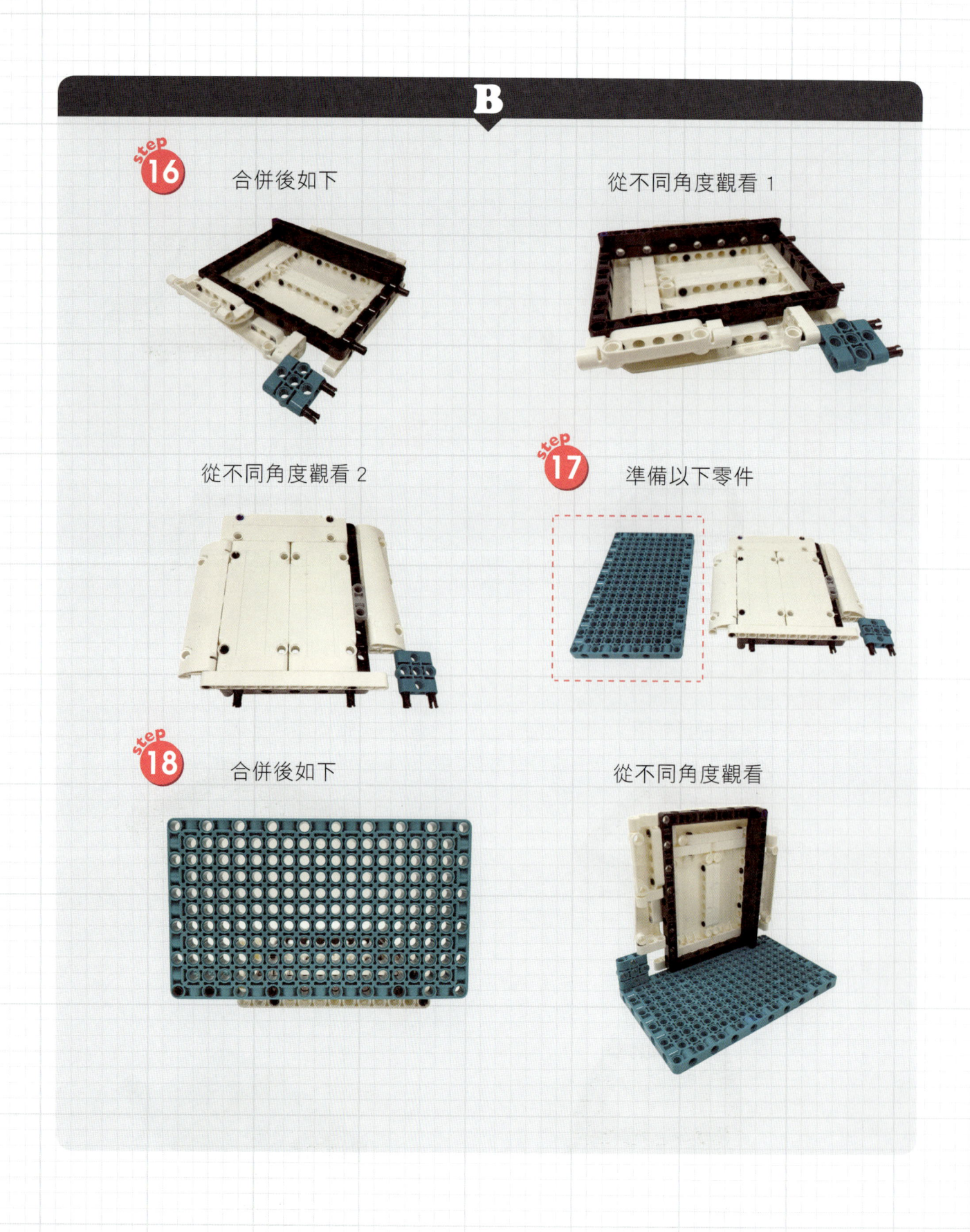

step 17 準備以下零件

step 18 合併後如下

從不同角度觀看

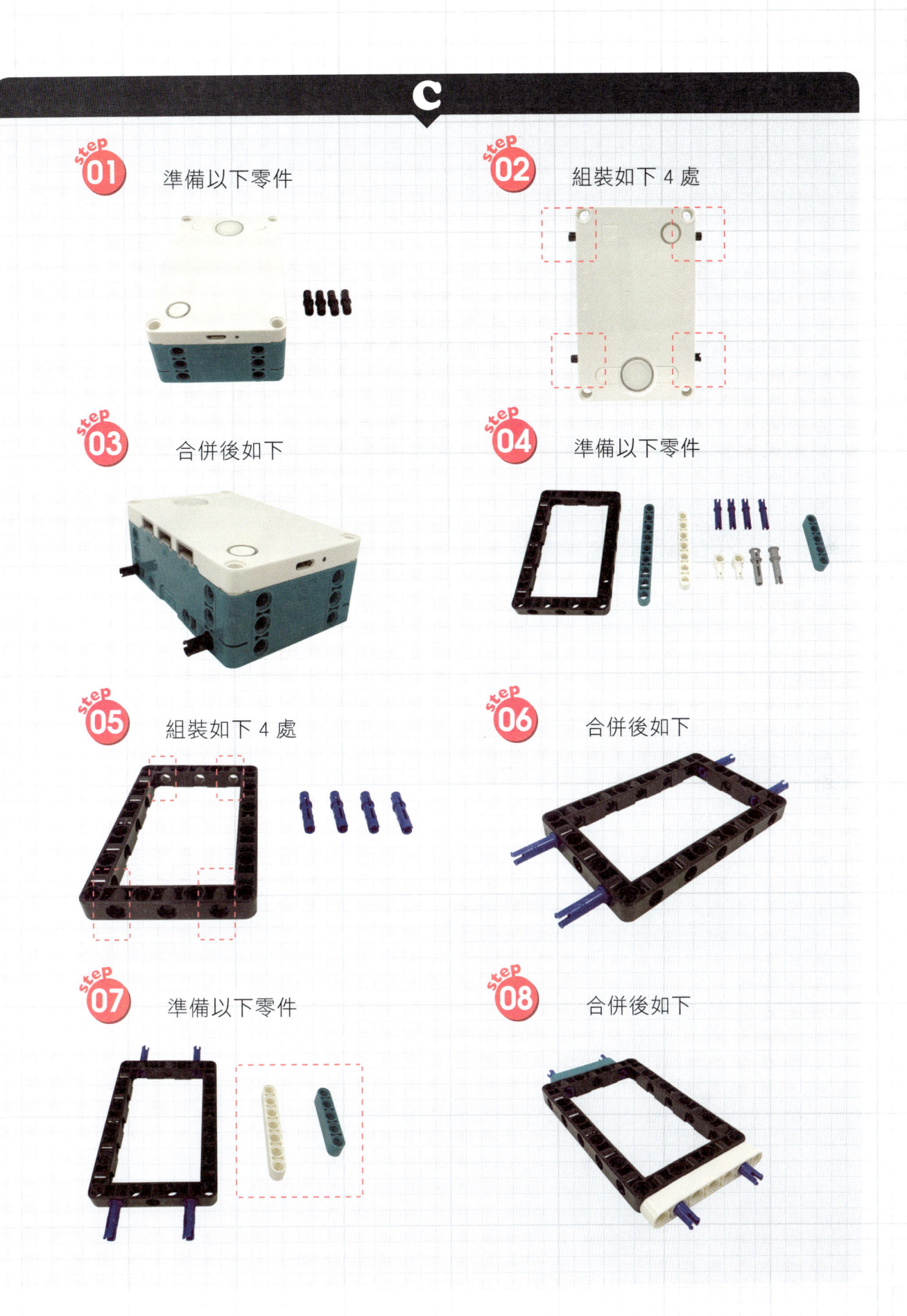

Chapter 7　智慧型垃圾桶

step 01
準備以下零件

step 02
組裝如下 4 處

step 03
合併後如下

step 04
準備以下零件

step 05
組裝如下 4 處

step 06
合併後如下

step 07
準備以下零件

step 08
合併後如下

創意無限樂高 SPIKE 機器人

C

step 09 準備以下零件

step 10 組裝如下 2 處

step 11 組裝如下 2 處

step 12 合併後如下

step 13 拿出 B、C 完成的模組

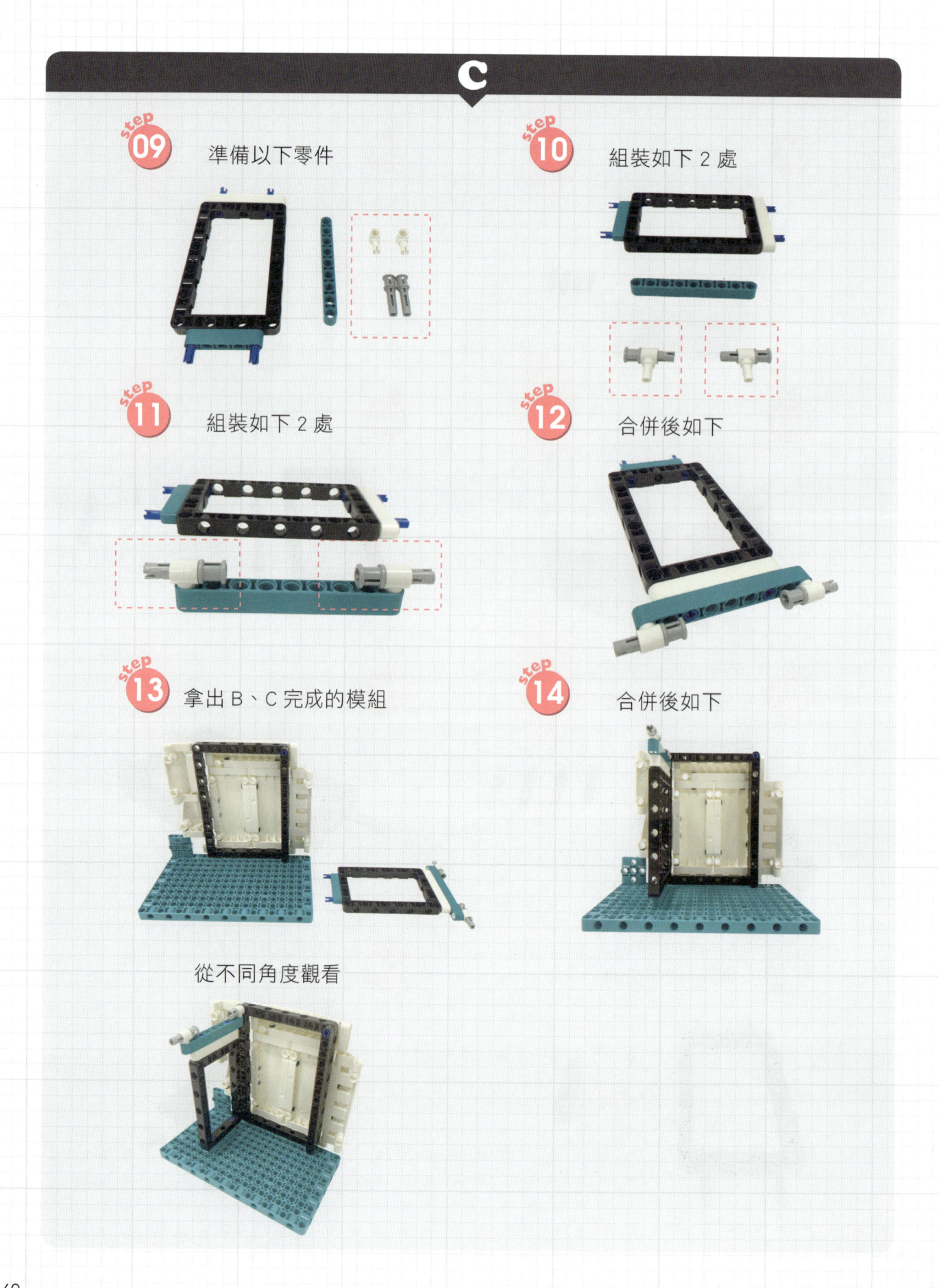

step 14 合併後如下

從不同角度觀看

160

D

step 01 準備以下零件

step 02 組裝如下 4 處

step 03 合併後如下

step 04 準備以下零件

step 05 組裝如下 1 處

step 06 合併後如下

從不同角度觀看

step 07 組裝如下 1 處

創意無限樂高 SPIKE 機器人

D

step 08 合併後如下

step 從不同角度觀看

step 09 準備以下零件

step 10 組裝如下 1 處

step 11 合併後如下

step 12 組裝如下 1 處

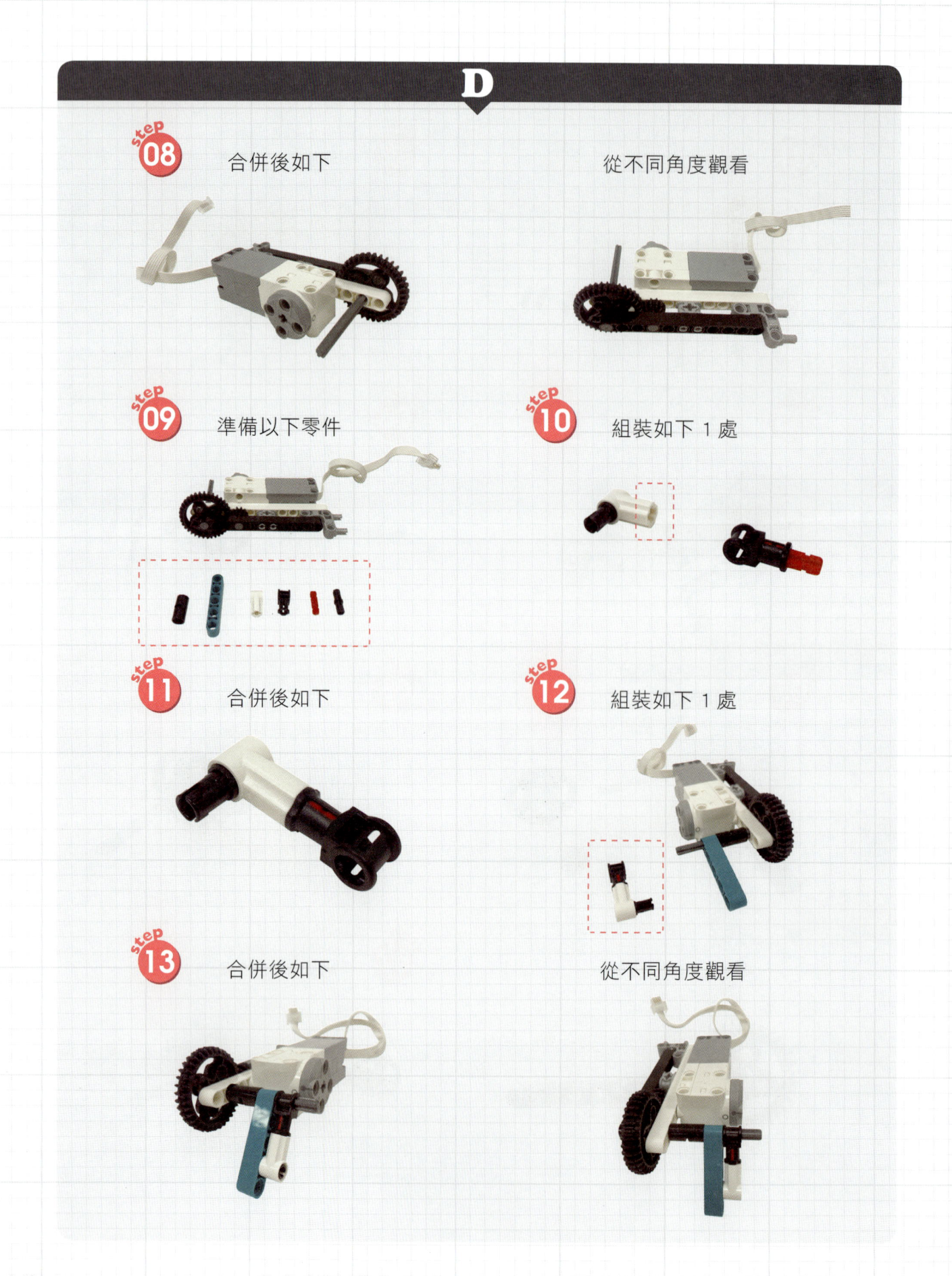

step 13 合併後如下

從不同角度觀看

162

D

從不同角度觀看

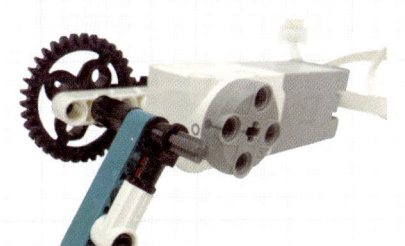

step 14 準備以下零件

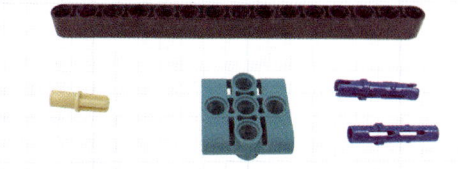

step 15 組裝如下 2 處

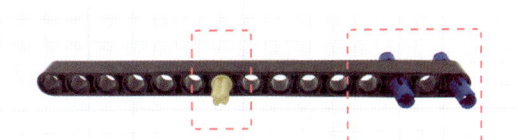

step 16 合併後如下

step 17 將以上的模組組裝如下 2 處

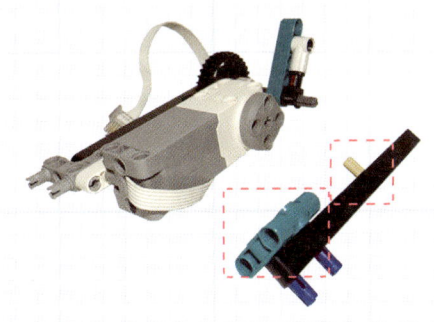

從不同角度觀看 1

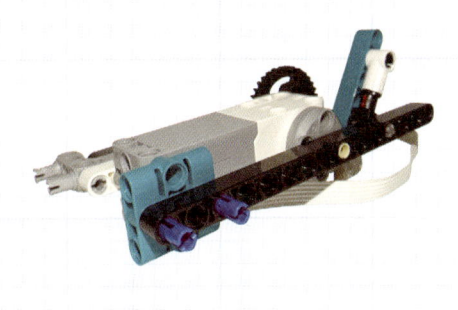

從不同角度觀看 2

step 18 組裝如下 1 處

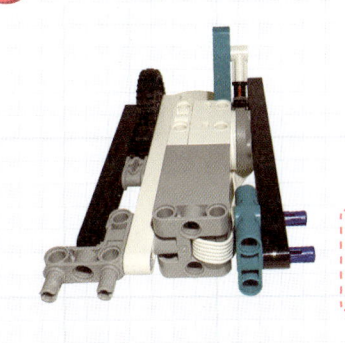

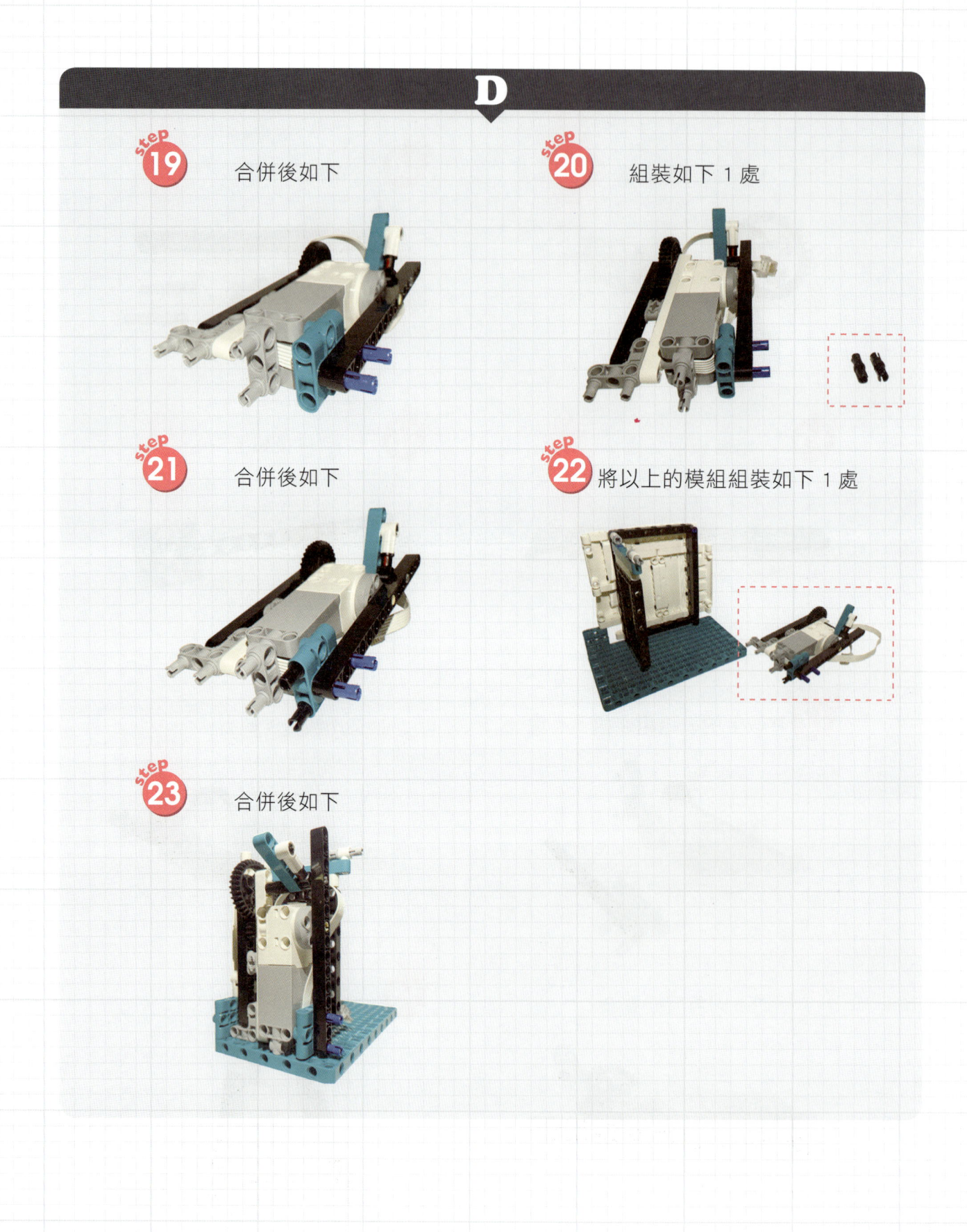

D

step 19 合併後如下

step 20 組裝如下 1 處

step 21 合併後如下

step 22 將以上的模組組裝如下 1 處

step 23 合併後如下

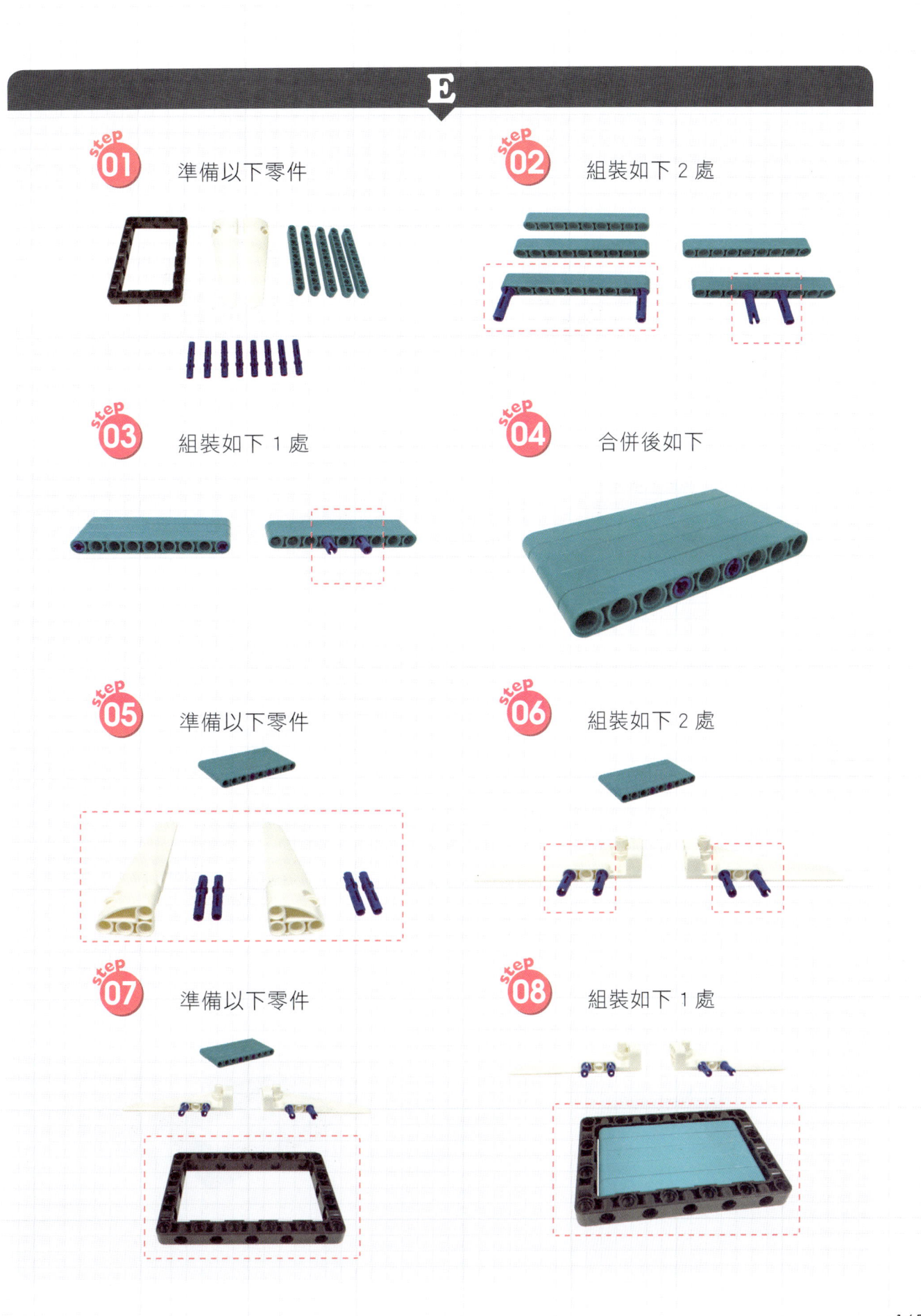

Chapter 7　智慧型垃圾桶

E

step 01　準備以下零件

step 02　組裝如下 2 處

step 03　組裝如下 1 處

step 04　合併後如下

step 05　準備以下零件

step 06　組裝如下 2 處

step 07　準備以下零件

step 08　組裝如下 1 處

165

E

step 09 組裝如下 2 處

step 10 合併後如下

從不同角度觀看

step 11 準備以下零件

step 12 組裝如下 4 處

step 13 合併後如下

step 14 準備以下零件

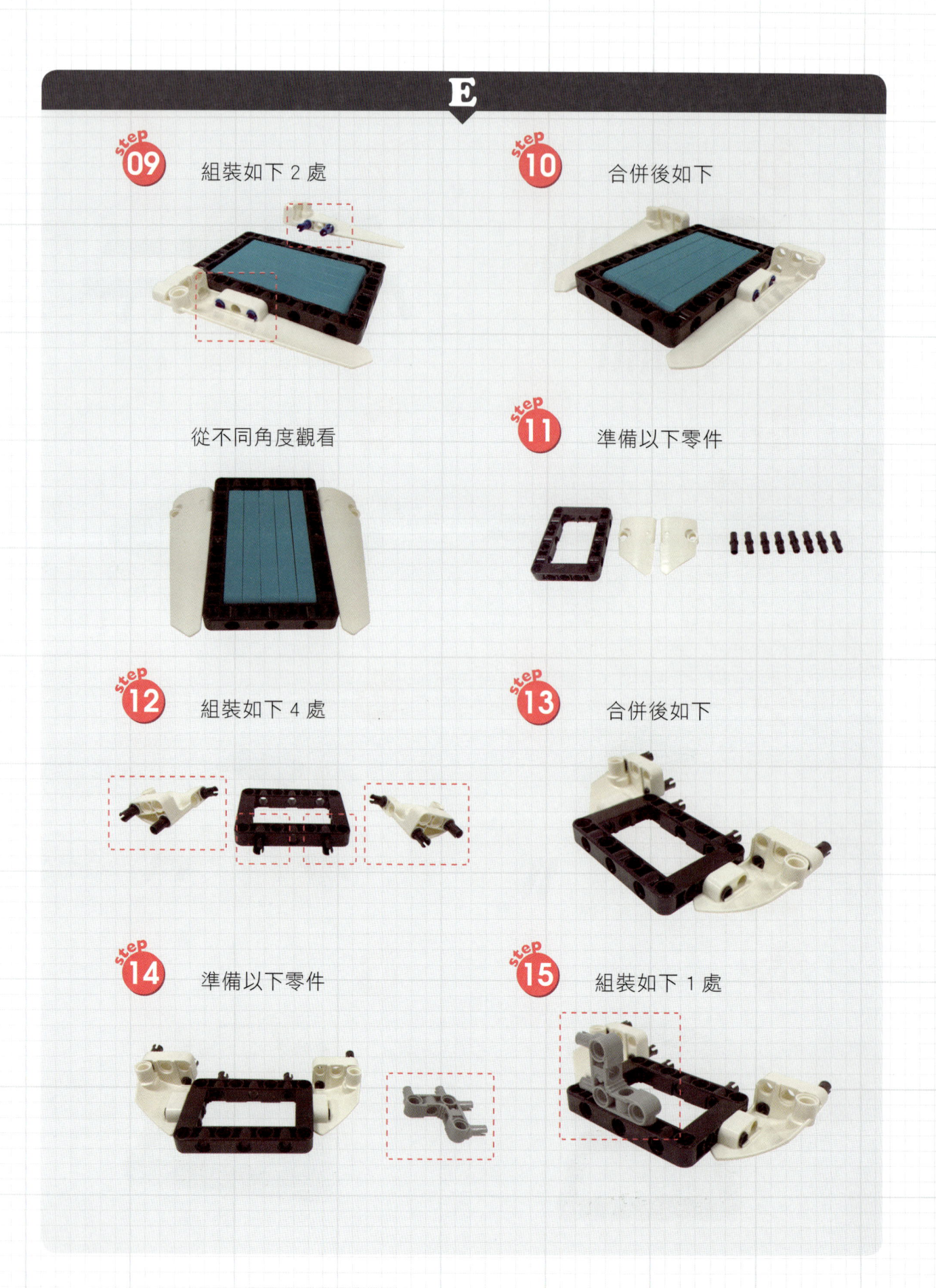

step 15 組裝如下 1 處

Chapter 7　智慧型垃圾桶

E

step 16　組裝如下 2 處

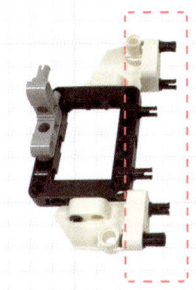

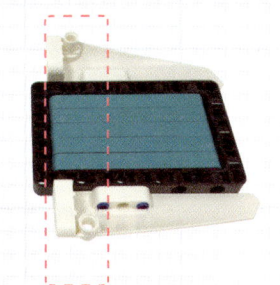

step 17　合併後如下

step 18　將已完成的模組組裝如下 1 處

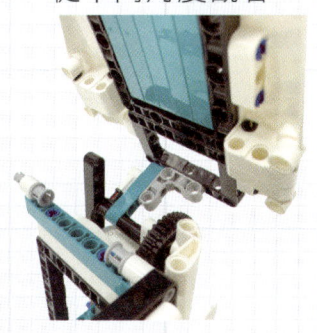

step 19　合併後如下

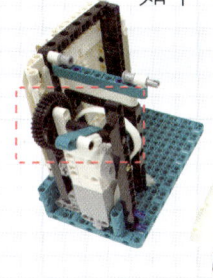

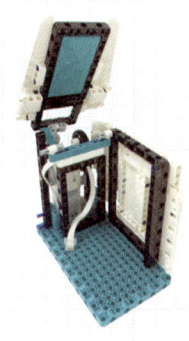

從不同角度觀看

step 20　將已完成的模組組裝如下 1 處

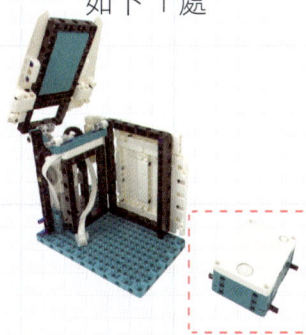

step 21　合併後如下

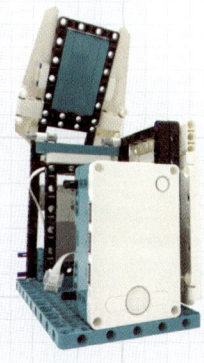

從不同角度觀看 1

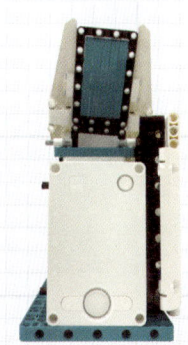

167

● 創意無限樂高 SPIKE 機器人

E

從不同角度觀看 2

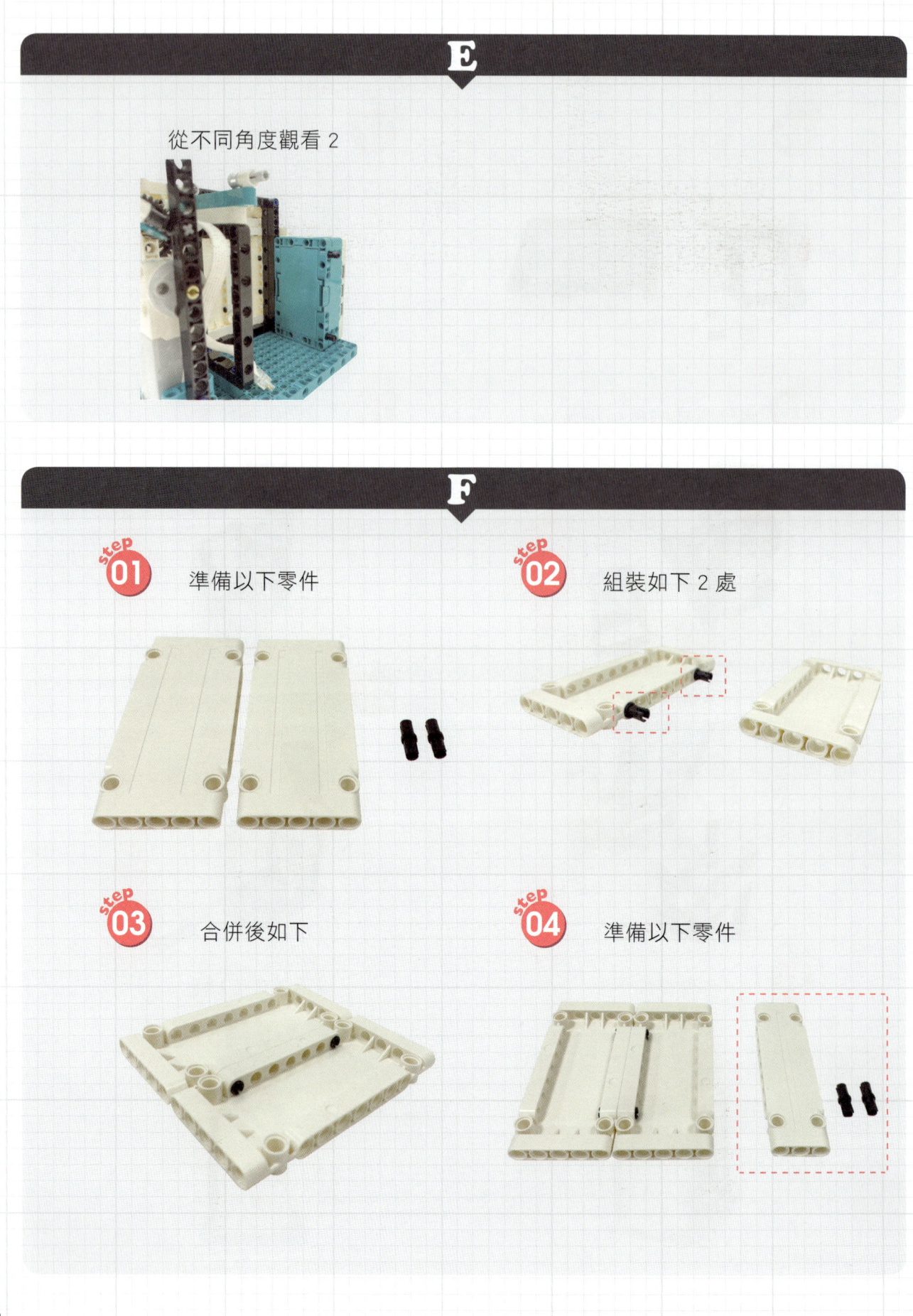

F

step 01 準備以下零件

step 02 組裝如下 2 處

step 03 合併後如下

step 04 準備以下零件

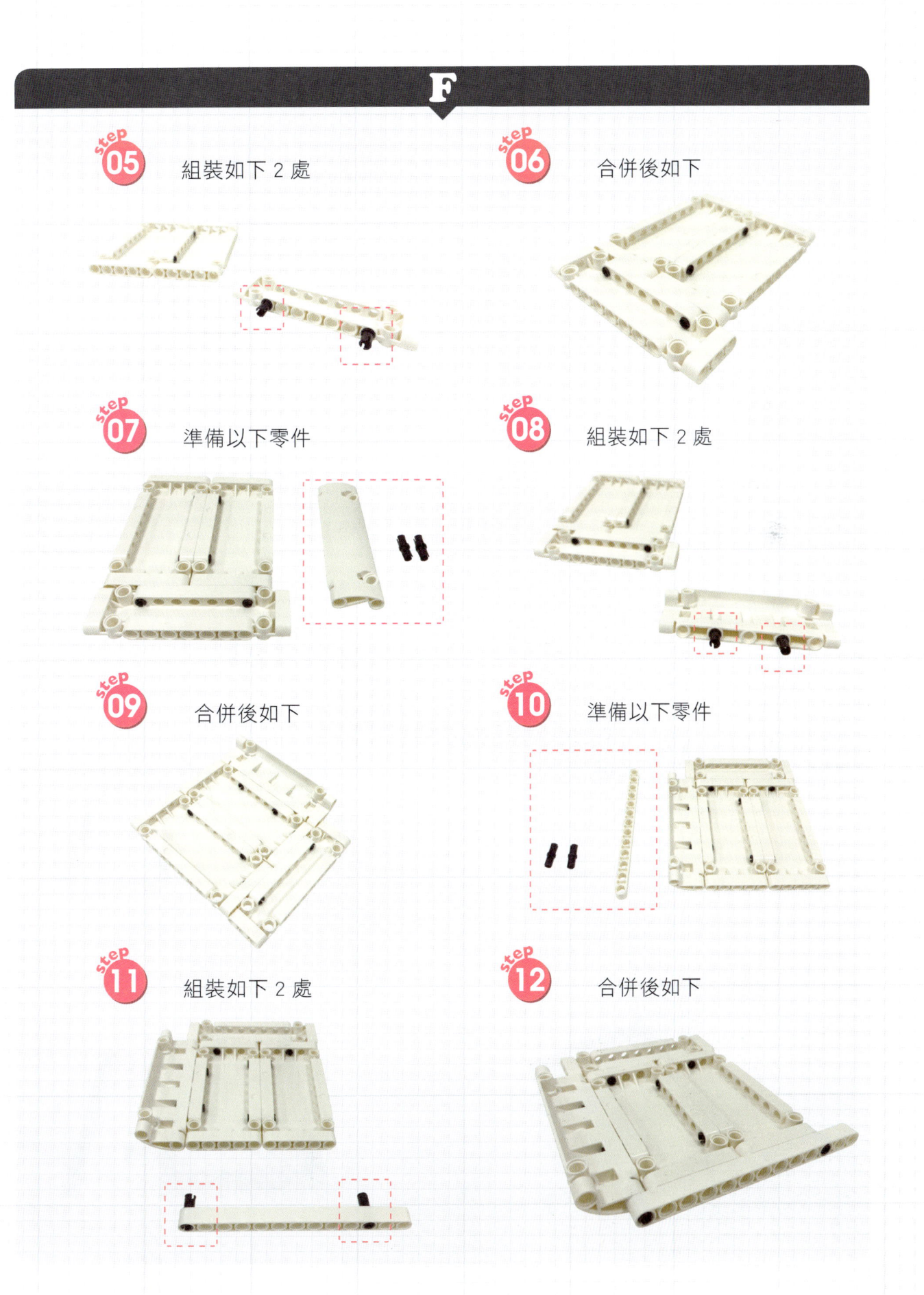

Chapter 7 智慧型垃圾桶

F

step 05 組裝如下 2 處

step 06 合併後如下

step 07 準備以下零件

step 08 組裝如下 2 處

step 09 合併後如下

step 10 準備以下零件

step 11 組裝如下 2 處

step 12 合併後如下

創意無限樂高 SPIKE 機器人

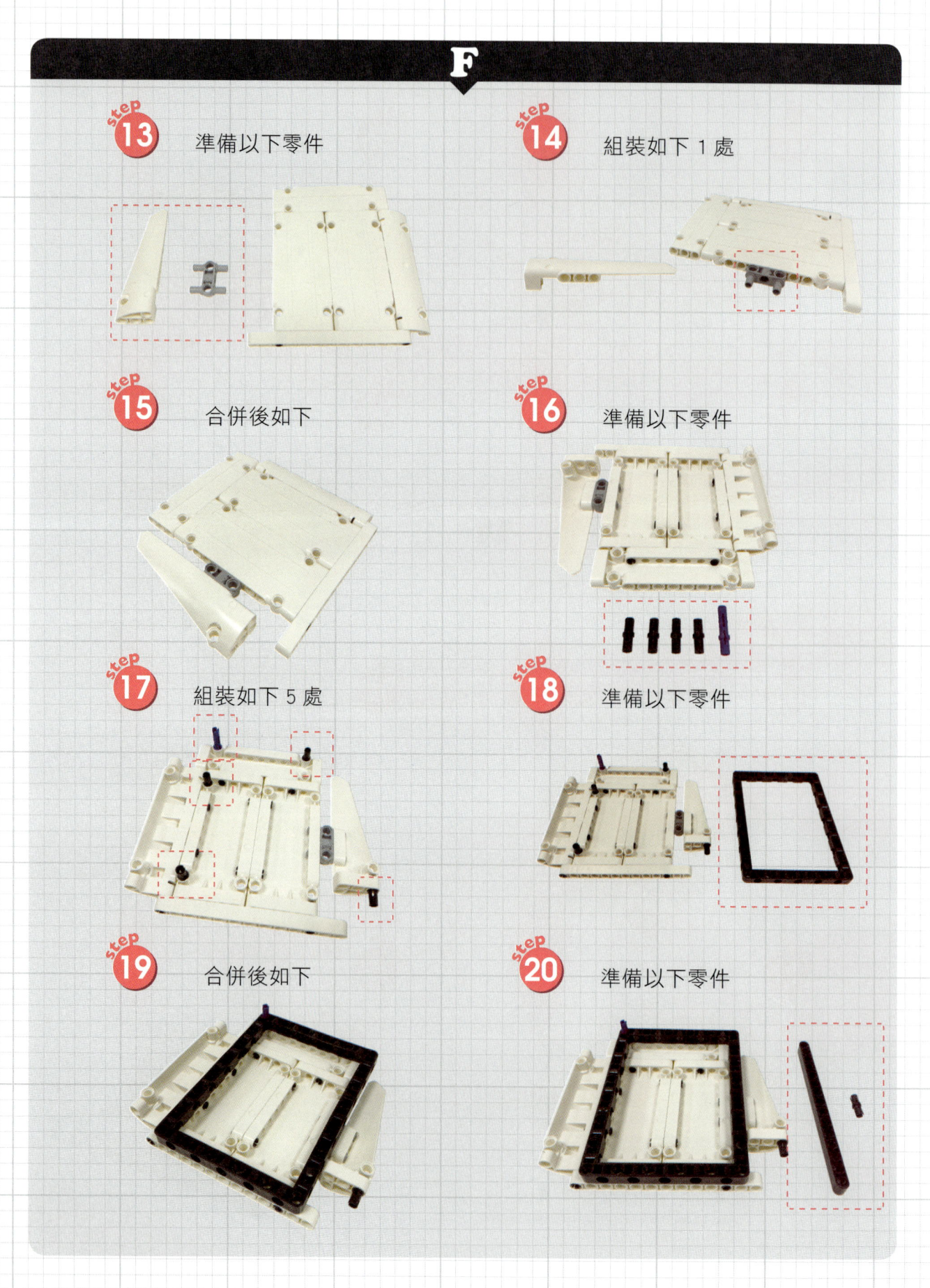

F

step 13 準備以下零件

step 14 組裝如下 1 處

step 15 合併後如下

step 16 準備以下零件

step 17 組裝如下 5 處

step 18 準備以下零件

step 19 合併後如下

step 20 準備以下零件

170

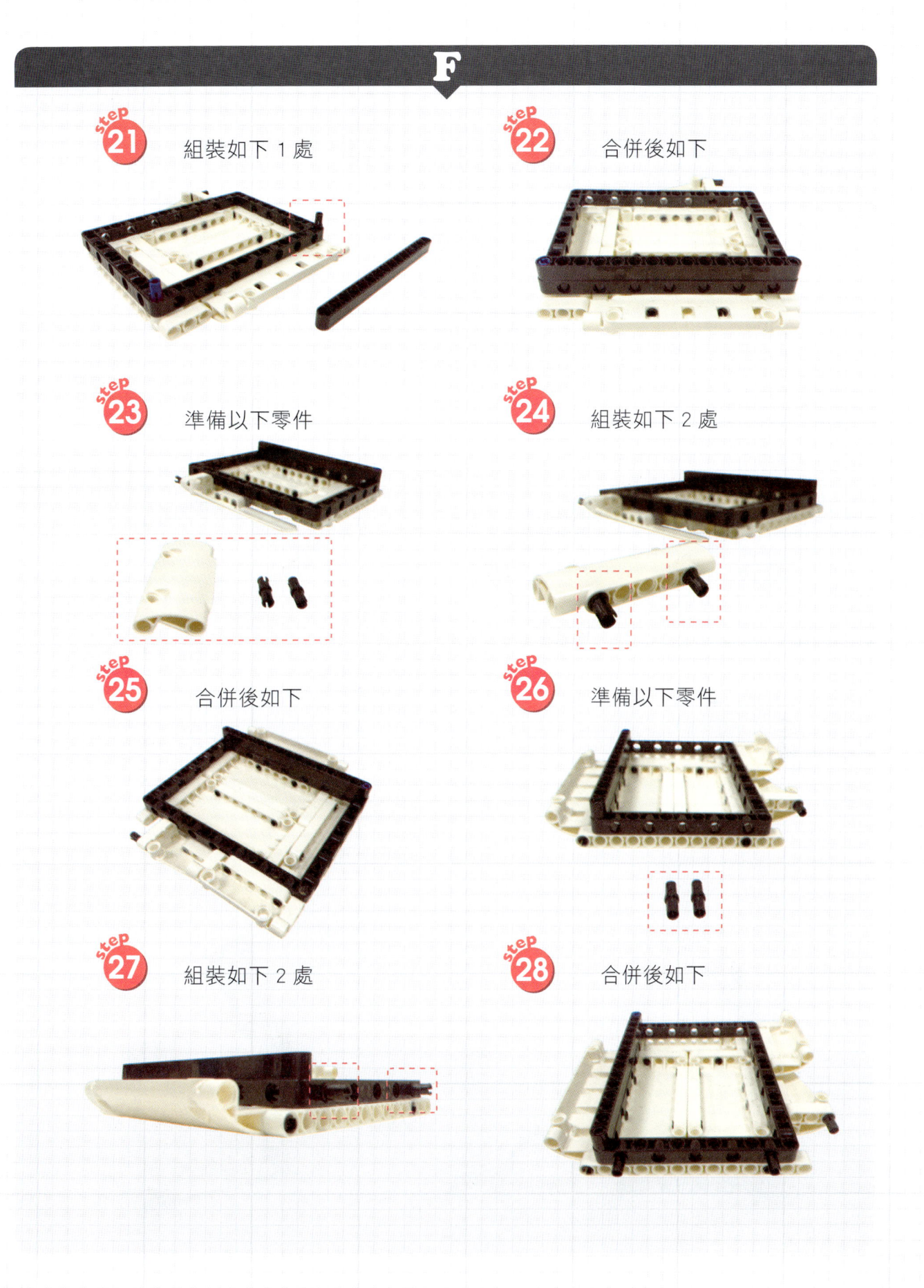

F

step 21 組裝如下 1 處

step 22 合併後如下

step 23 準備以下零件

step 24 組裝如下 2 處

step 25 合併後如下

step 26 準備以下零件

step 27 組裝如下 2 處

step 28 合併後如下

創意無限樂高 SPIKE 機器人

F

step 29 準備以下零件

step 30 組裝如下 1 處

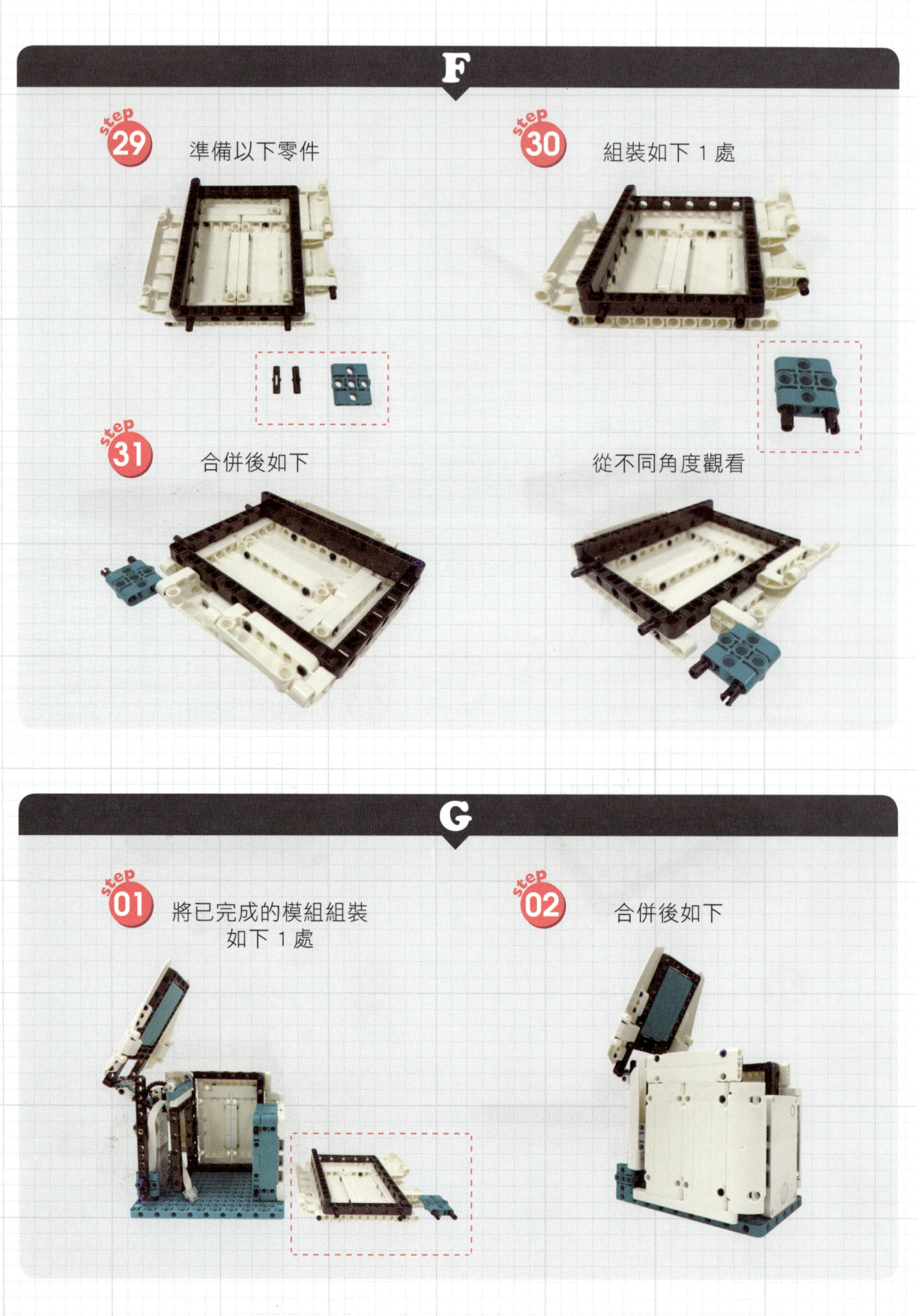

step 31 合併後如下

從不同角度觀看

G

step 01 將已完成的模組組裝如下 1 處

step 02 合併後如下

172

Chapter 7　智慧型垃圾桶

G

從不同角度觀看 1　　　　　從不同角度觀看 2

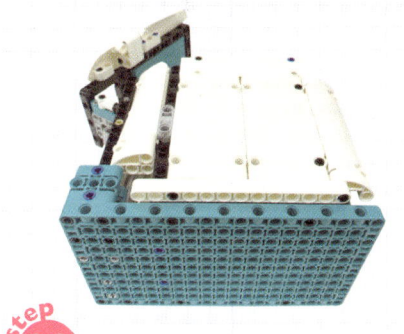

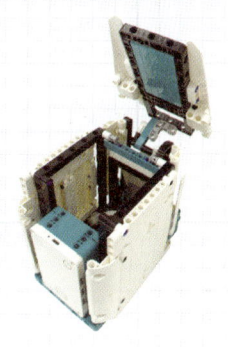

step 03 準備以下零件 　　　**step 04** 組裝如下 1 處

step 05 合併後如下 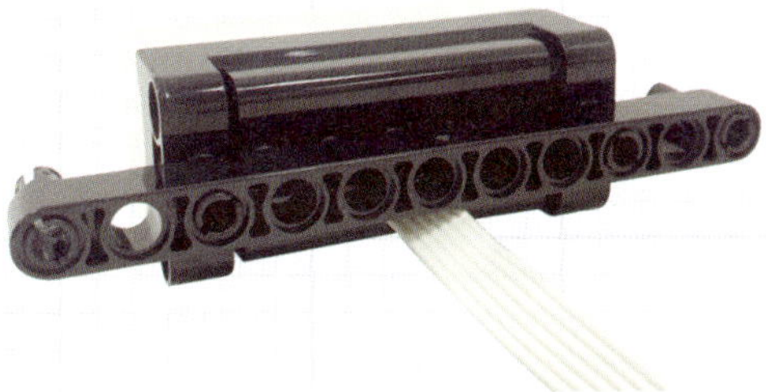　　　　**step 06** 組裝如下 1 處

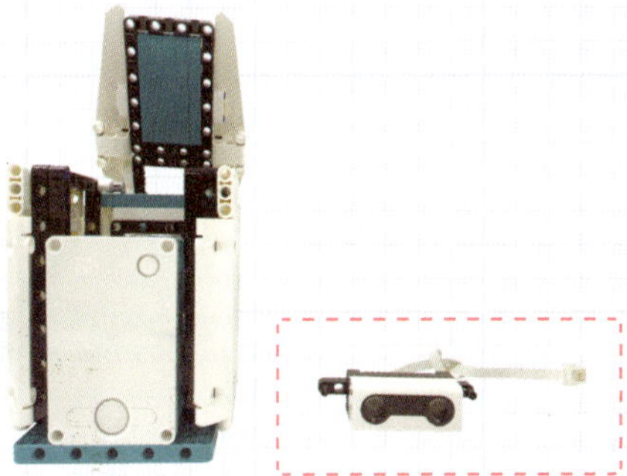

step 07 合併後如下 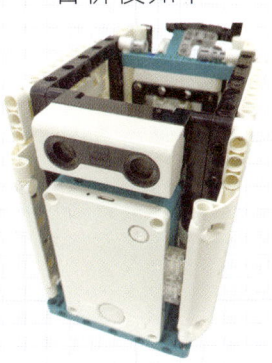　　　　從不同角度觀看 1

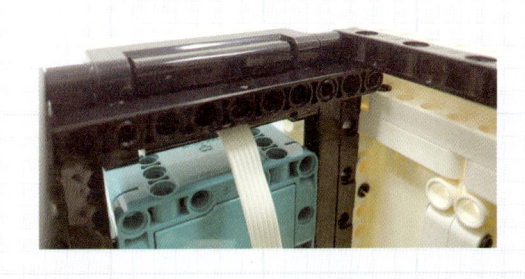

173

G

從不同角度觀看 2

組裝完成

從不同角度觀看 1

從不同角度觀看 2

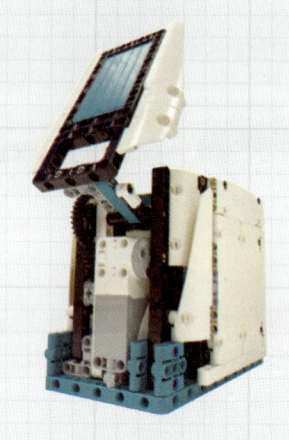

從不同角度觀看 3

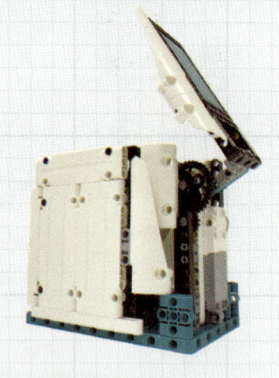

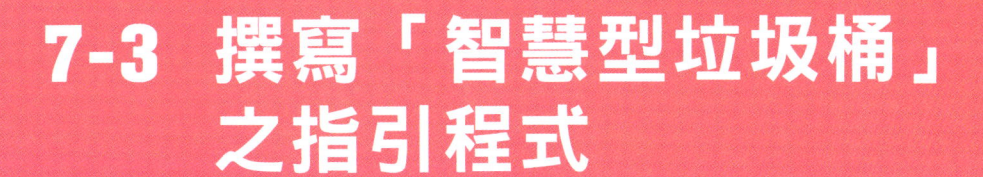

7-3 撰寫「智慧型垃圾桶」之指引程式

一 開啟垃圾桶蓋子

| 流程圖 |

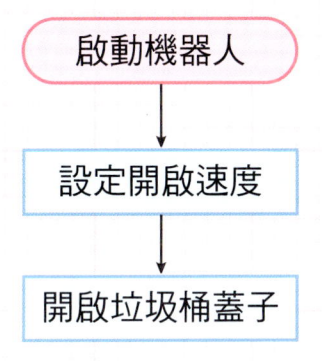

啟動機器人
↓
設定開啟速度
↓
開啟垃圾桶蓋子

| 程式設計 |

當程式開始
B 將速度設為 15 %
B ↻ 運轉馬達 0.8 圈

二 關閉垃圾桶蓋子

| 流程圖 |

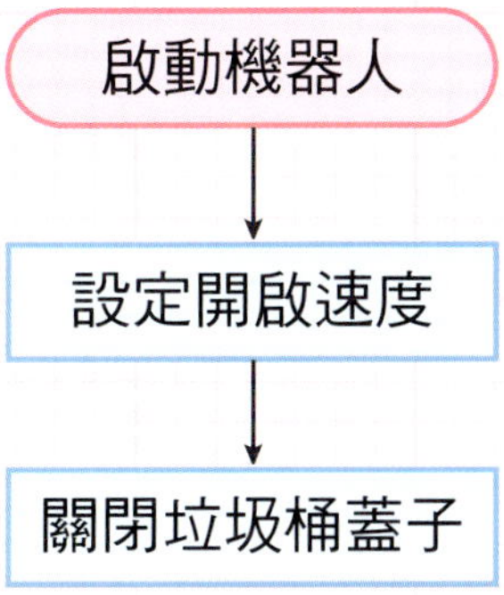

啟動機器人
↓
設定開啟速度
↓
關閉垃圾桶蓋子

| 程式設計 |

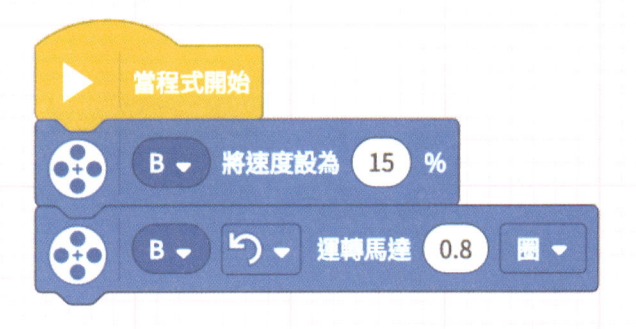

當程式開始
B 將速度設為 15 %
B ↺ 運轉馬達 0.8 圈

三 偵測到人靠近時自動開啟垃圾桶蓋子

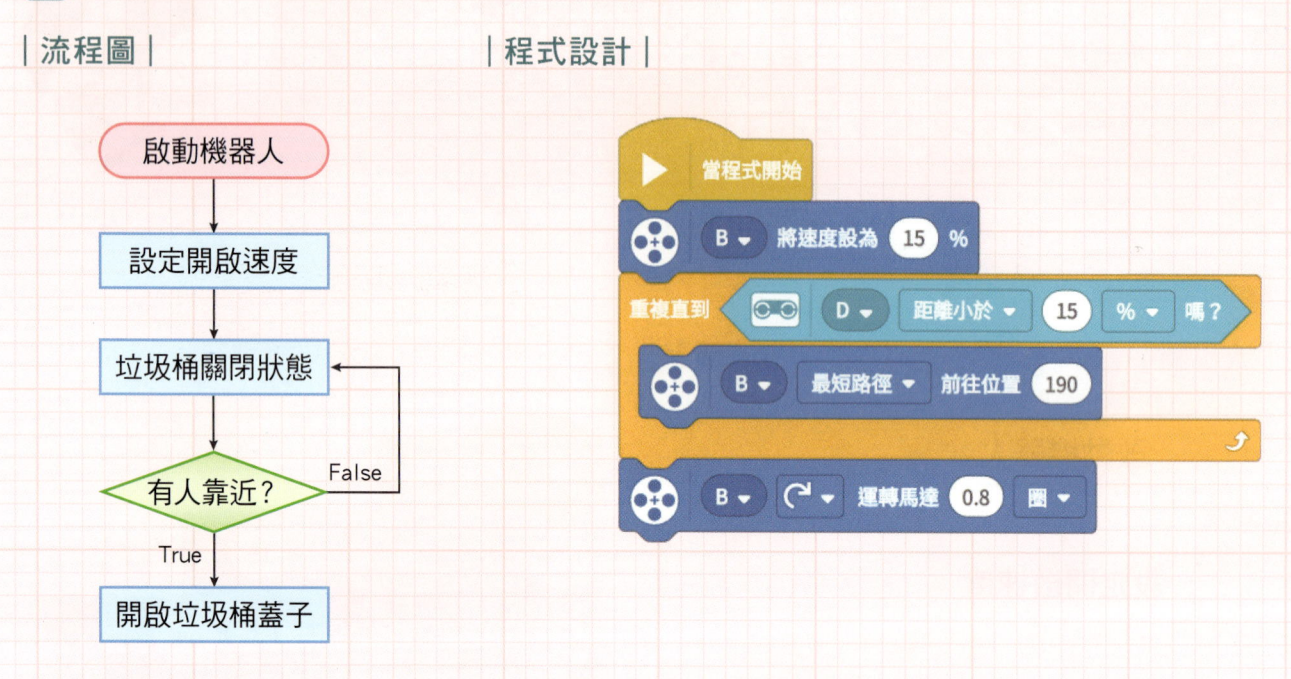

| 流程圖 |

啟動機器人
↓
設定開啟速度
↓
垃圾桶關閉狀態 ←─┐
↓   │
有人靠近？── False ┘
↓ True
開啟垃圾桶蓋子

| 程式設計 |

- 當程式開始
- B ▼ 將速度設為 15 %
- 重複直到 D ▼ 距離小於 ▼ 15 % ▼ 嗎？
  - B ▼ 最短路徑 ▼ 前往位置 190
- B ▼ ↻▼ 運轉馬達 0.8 圈 ▼

四 偵測到人靠近時自動開啟－3 秒後自動關閉

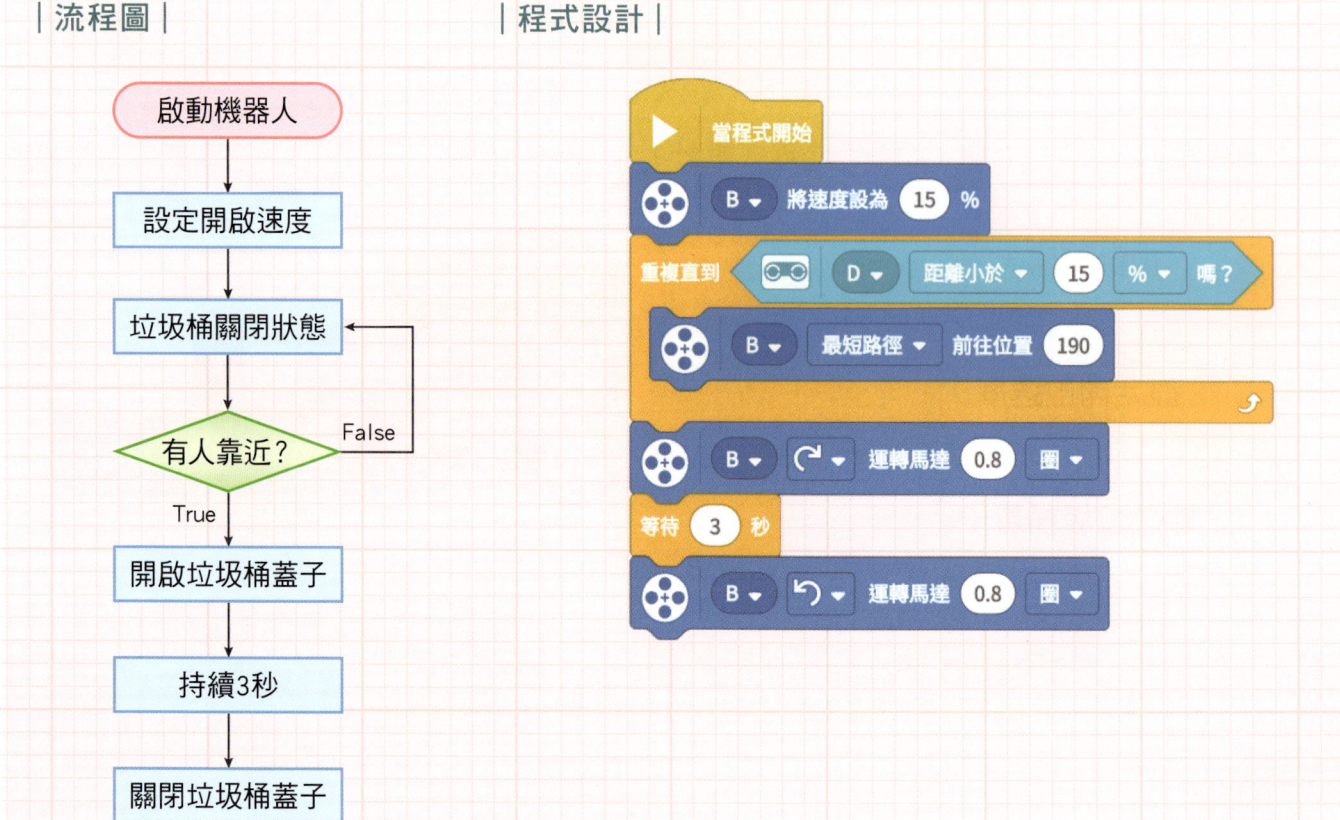

| 流程圖 |

啟動機器人
↓
設定開啟速度
↓
垃圾桶關閉狀態 ←─┐
↓   │
有人靠近？── False ┘
↓ True
開啟垃圾桶蓋子
↓
持續3秒
↓
關閉垃圾桶蓋子

| 程式設計 |

- 當程式開始
- B ▼ 將速度設為 15 %
- 重複直到 D ▼ 距離小於 ▼ 15 % ▼ 嗎？
  - B ▼ 最短路徑 ▼ 前往位置 190
- B ▼ ↻▼ 運轉馬達 0.8 圈 ▼
- 等待 3 秒
- B ▼ ↺▼ 運轉馬達 0.8 圈 ▼

7-4　專題製作：智慧型垃圾桶

主題發想

逛著夜市，看見那些要自己開蓋子投入垃圾桶，總會讓我不想動手去打開，或是與時間賽跑，用袋子將蓋子打蓋，快速丟入，但也常常垃圾又向外彈出，因此，我們決定運用我們所學的 LEGO SPIKE，組裝出垃圾桶的雛形，並運用超音波感測器，感測前方是否有垃圾，當感應到前方有物品時，便會自動將蓋子掀起，達到智慧型垃圾桶的功用。

主題目的

1. 除了創作自動掀蓋的垃圾桶之外，在外觀也露過面板的方式作顯示，不需要再貼標籤，可達到環保的應用。

2. 透過此創作，不僅可以達到政府所推動的垃圾不落地的政策，也對我們的生活帶來便利。

智慧型垃圾桶
生活帶來便利

創意無限樂高 SPIKE 機器人

| 流程圖 |

啟動機器人
↓
垃圾桶蓋子關上 ←──────┐
↓   │
超音波偵測<15 ──False──┤
↓ True   │
發出音效聲   │
↓   │
垃圾桶蓋子開啟   │
↓   │
顯示動畫開啟圖示   │
↓   │
等待3秒   │
↓   │
發出音效聲   │
↓   │
垃圾桶蓋子關上   │
↓   │
顯示動畫關閉圖示 ───────┘

| 撰寫程式 |

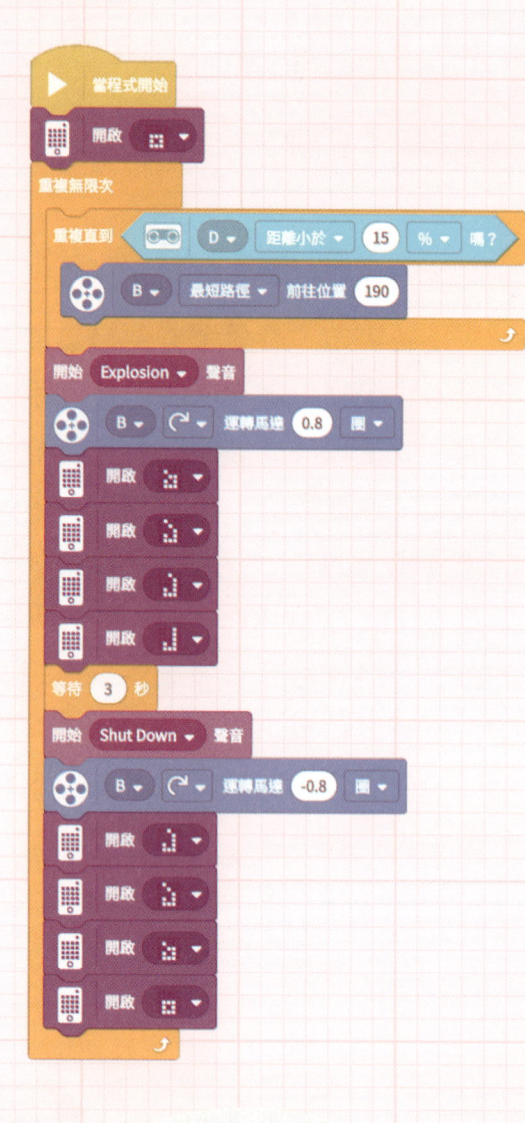

當程式開始
開啟 [圖示]
重複無限次
　重複直到 D 距離小於 15 % 嗎?
　　B 最短路徑 前往位置 190
　開始 Explosion 聲音
　B ↻ 運轉馬達 0.8 圈
　開啟 [圖示]
　開啟 [圖示]
　開啟 [圖示]
　開啟 [圖示]
　等待 3 秒
　開始 Shut Down 聲音
　B ↻ 運轉馬達 -0.8 圈
　開啟 [圖示]
　開啟 [圖示]
　開啟 [圖示]
　開啟 [圖示]

創新性
1. 透過樂高機器套件，來創意組裝智慧型垃圾桶。
2. 智慧型垃圾桶可以瞭解超音波感測器的運用。

應用性
1. 個人書房或辦公室的小垃圾桶。
2. 具有療癒效果的最佳文創商品。

Chapter 7　實作題

題目名稱： 智慧型垃圾桶

題目說明： 請利用「遙控器」元件功能，來控制垃圾桶機器人。

題目編號： A038005

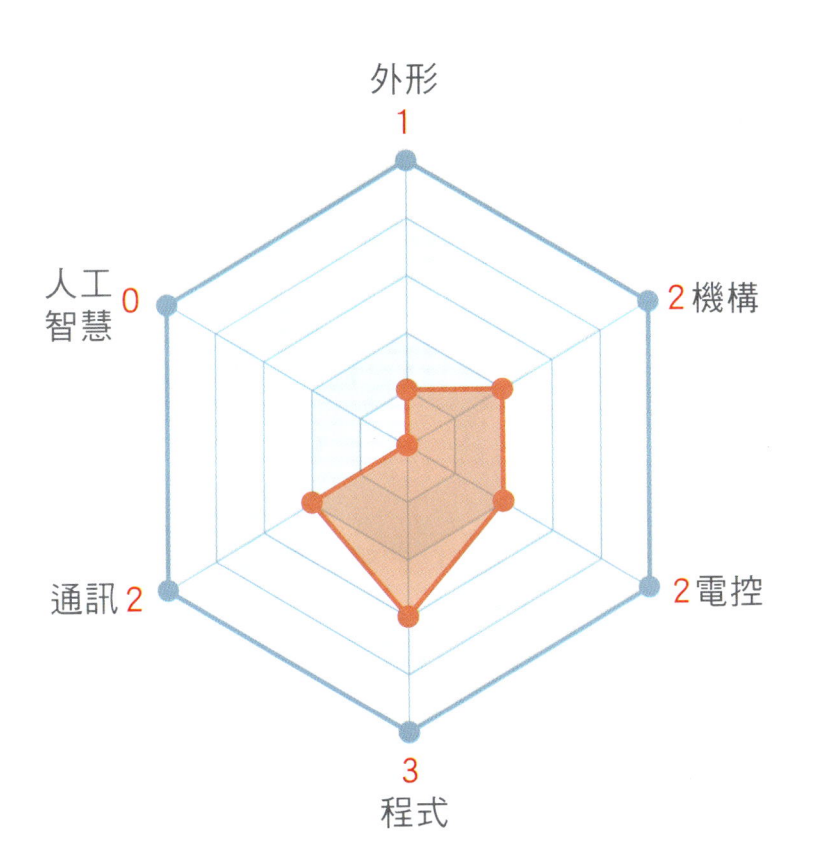

創客指標	指數
外形（專業）	1
機構	2
電控	2
程式	3
通訊	2
人工智慧	0
創客總數	10

實作時間：180 min

- 外形 1
- 機構 2
- 電控 2
- 程式 3
- 通訊 2
- 人工智慧 0

Chapter 7　實作題

| 遙控器之介面設計 |

| 程式設計 |

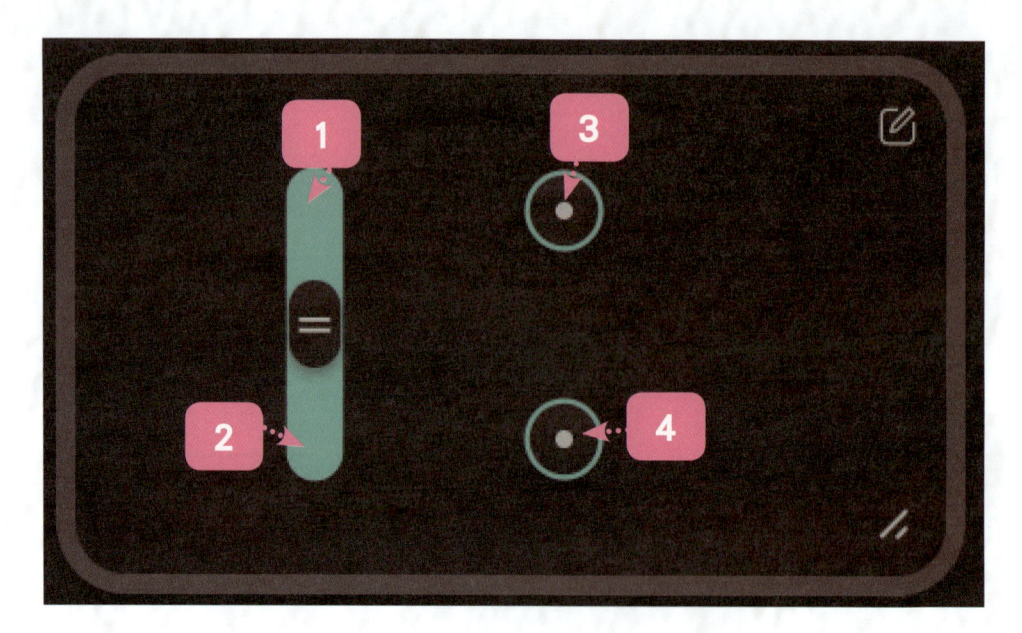

1. 開啟垃圾桶

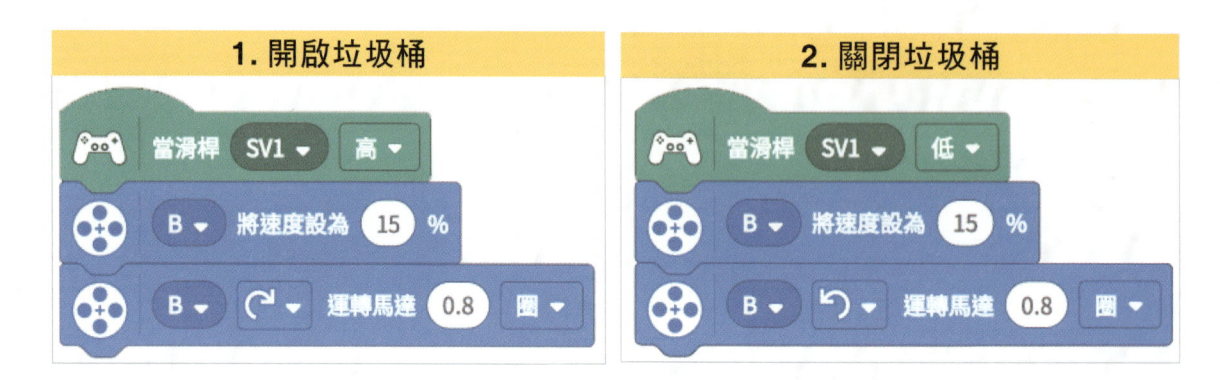

當滑桿 SV1 高
B 將速度設為 15 %
B ↻ 運轉馬達 0.8 圈

2. 關閉垃圾桶

當滑桿 SV1 低
B 將速度設為 15 %
B ↺ 運轉馬達 0.8 圈

Chapter 7　實作題

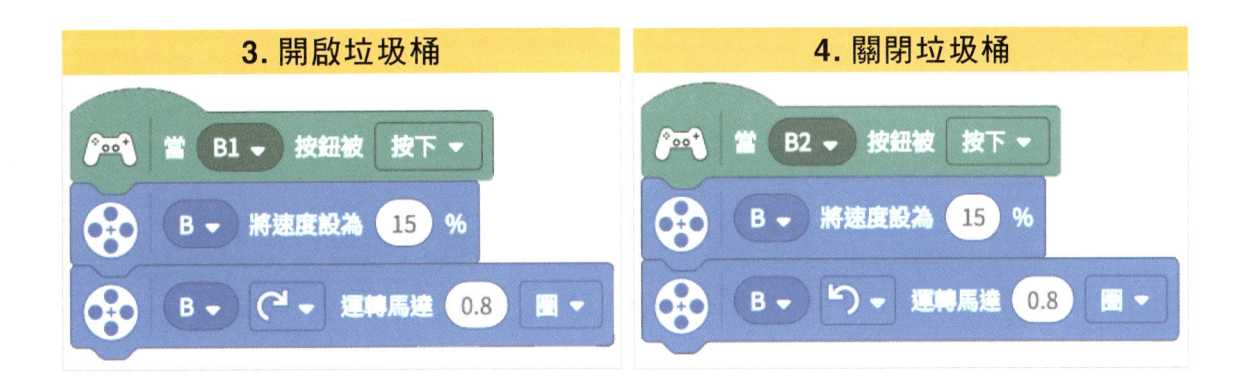

3. 開啟垃圾桶

當 B1 按鈕被 按下
B 將速度設為 15 %
B ↻ 運轉馬達 0.8 圈

4. 關閉垃圾桶

當 B2 按鈕被 按下
B 將速度設為 15 %
B ↺ 運轉馬達 0.8 圈

MEMO

Chapter 8 移動式翻轉病床

8-1　移動式翻轉病床
8-2　SPIKE 移動式翻轉病床組裝
8-3　撰寫「移動式翻轉病床」之指引程式
8-4　專題製作：移動式翻轉病床

★ 學習目標

1. 瞭解組裝樂高移動式翻轉病床的創意點子及應用時機。
2. 瞭解如何利用 SPIKE 程式來撰寫移動式翻轉病床程式。

8-1 移動式翻轉病床

各位同學先學會創意組裝一台「移動式翻轉病床」之外,再撰寫機器人程式,來讓機器人可以玩比賽,增加學習程式的樂趣。

機構

在本章節中,介紹各位同學利用 SPIKE 套件來設計一台教學用的進階基本車,因此,它要有控制器(主機)、馬達、感測器及相關的樂高零件,來設計一個「移動式翻轉病床」。

| 主題 |

設計「移動式翻轉病床」。

| 目的 |

瞭解醫療設備也可以使用樂高零件的實作。

| 優點 |

結構非常簡單,改造容易。

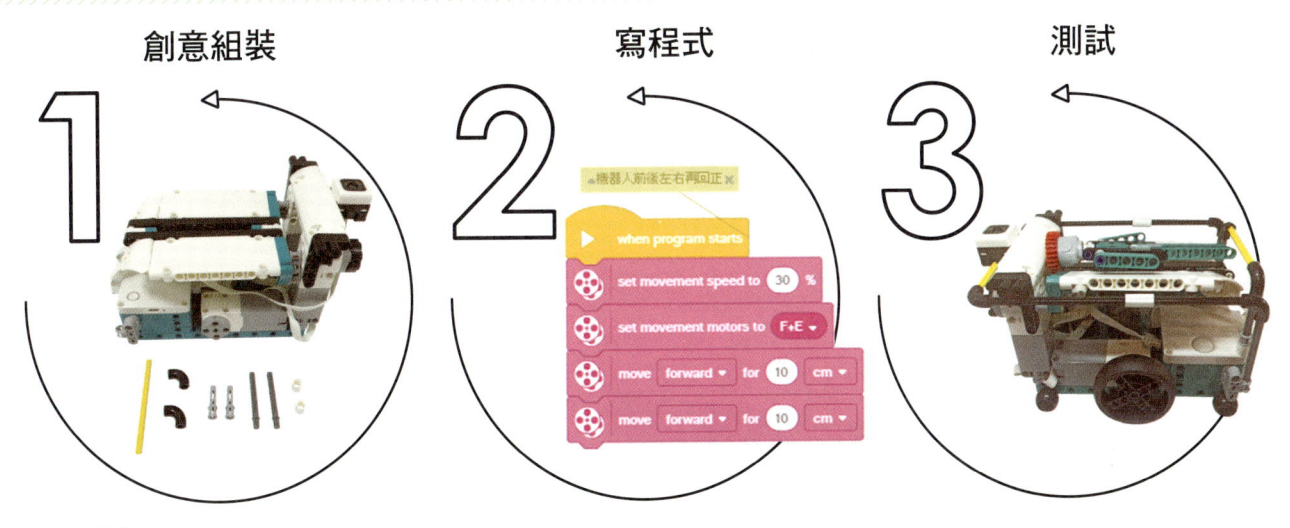

Chapter 8 移動式翻轉病床

1. 創意組裝
2. 寫程式
3. 測試

| 說明 |

1. 創意組裝：依照指定「功能及造型」來搭配「感應器及相關配件」結合「主機」。
2. 寫程式：依照指定任務來撰寫處理程序的動作與順序（程式）。
3. 測試：利用拼圖程式：將程式上傳到「主機」內，並依照指定功能先進行測試。

| 流程圖 |

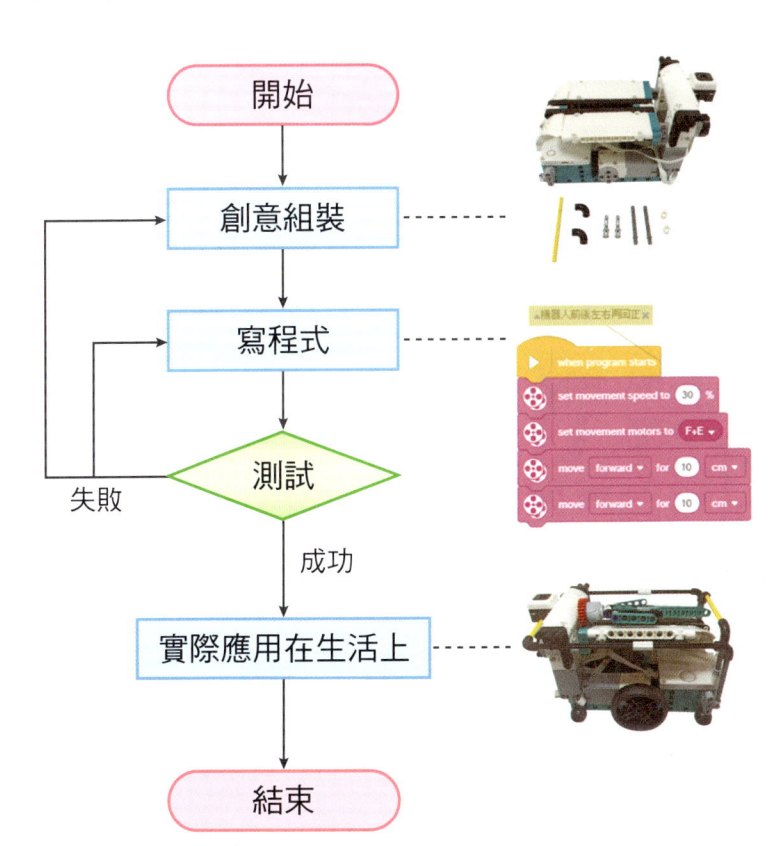

開始 → 創意組裝 → 寫程式 → 測試（失敗則返回）→ 成功 → 實際應用在生活上 → 結束

說明

從流程圖中，我們可以清楚瞭解「設計機器人程式」必須要經過的三大步驟，並且在進行第三步驟時，如果無法測試成功，除了要修改程式之外，也要檢查組裝是否正確，並且要反覆地進行測試，直到完全成功為止。最後，就可以將創作的智能裝置，應用在我們日常生活中。

難度 ★★★★

8-2　SPIKE 移動式翻轉病床組裝

想要製作一台「SPIKE 移動式翻轉病床」時，必須要先準備相關的「主機、馬達、感測器及相關的零件材料」。

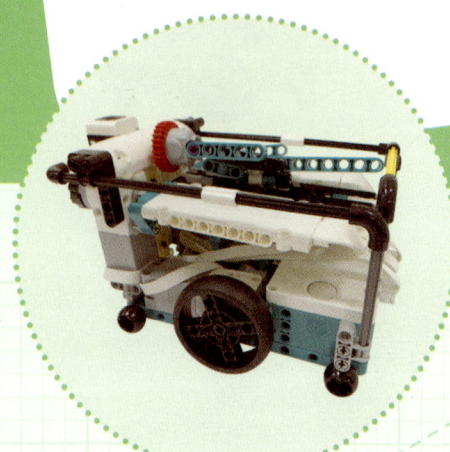

你需要準備……

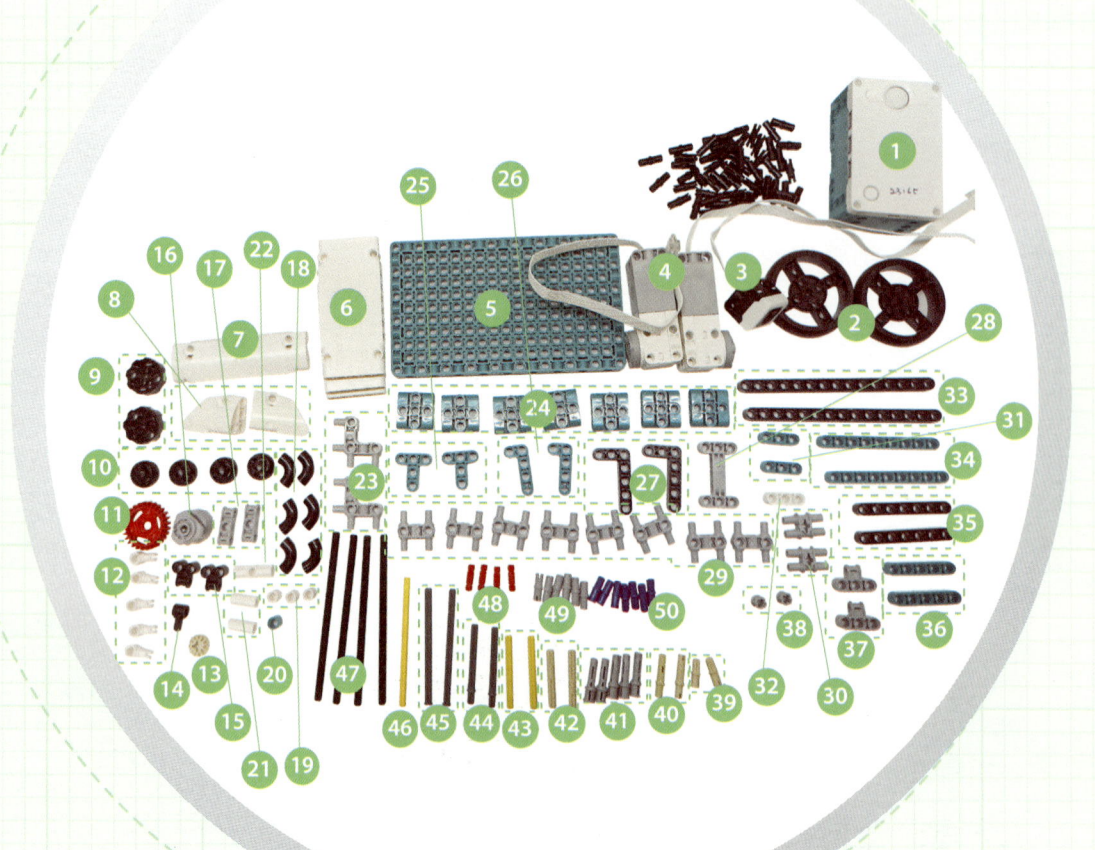

186

Chapter 8　移動式翻轉病床

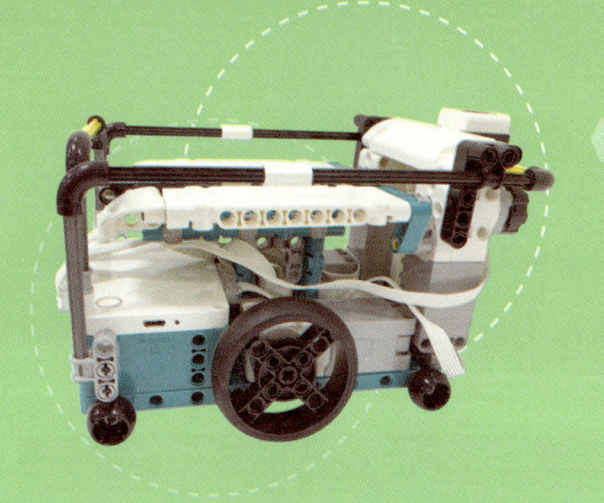

① 主機 ×1
② 輪子 ×2
③ 顏色感測器 ×1
④ 馬達 ×2
⑤ 底座 ×1
⑥ 大厚板 ×3
⑦ 大弧型側板 ×1
⑧ 小側板 ×2
⑨ 圓型連接器 ×2
⑩ 小輪子 ×4
⑪ 差速器大齒輪 ×1
⑫ 圓孔連接器 ×5
⑬ 差速器內部小齒輪 ×1
⑭ 十字軸圓孔連接器 ×1
⑮ 直立雙孔插銷 ×2
⑯ 差速器外部結構 ×1
⑰ 3L 垂直連接器 ×2

⑱ 弧型連接器 ×6
⑲ 白色連接器 ×3
⑳ 綠色連接器 ×1
㉑ 垂直連接器 ×2
㉒ 雙軸連接器 ×2
㉓ L 型連接器 ×2
㉔ 十字型連接器 ×7
㉕ T 字型橫桿 ×2
㉖ 2*4 橫桿 ×2
㉗ 3*5 橫桿 ×2
㉘ I 型連接器 ×1
㉙ H 型連接器 ×8
㉚ 小 H 型連接器 ×2
㉛ 3m 綠色橫桿 ×2
㉜ 3m 白色橫桿 ×1
㉝ 15m 橫桿 ×2
㉞ 9m 橫桿 ×2

㉟ 7m 橫桿 ×2
㊱ 5m 橫桿 ×2
㊲ T 型連接器 ×2
㊳ 套筒 ×2
㊴ 十字軸活動式插銷 ×1
㊵ 活動式長插銷 ×2
㊶ 十字軸插銷 ×5
㊷ 4m 十字軸 ×2
㊸ 5m 十字軸 ×2
㊹ 6m 十字軸 ×2
㊺ 8m 十字軸 ×2
㊻ 9m 十字軸 ×1
㊼ 12m 十字軸 ×4
（註：二條或四條皆可完成本作品）
㊽ 2m 十字軸 ×4
㊾ 活動式插銷 ×6
㊿ 十字軸固定式插銷 ×7

187

開始動手組裝！

在準備好「移動式翻轉病床」所需要的「主機、感測器、構件及相關的材料」之後，接下來，請各位讀者依照以下的步驟就可以完成（註：▢ 代表步驟組裝的部分）：

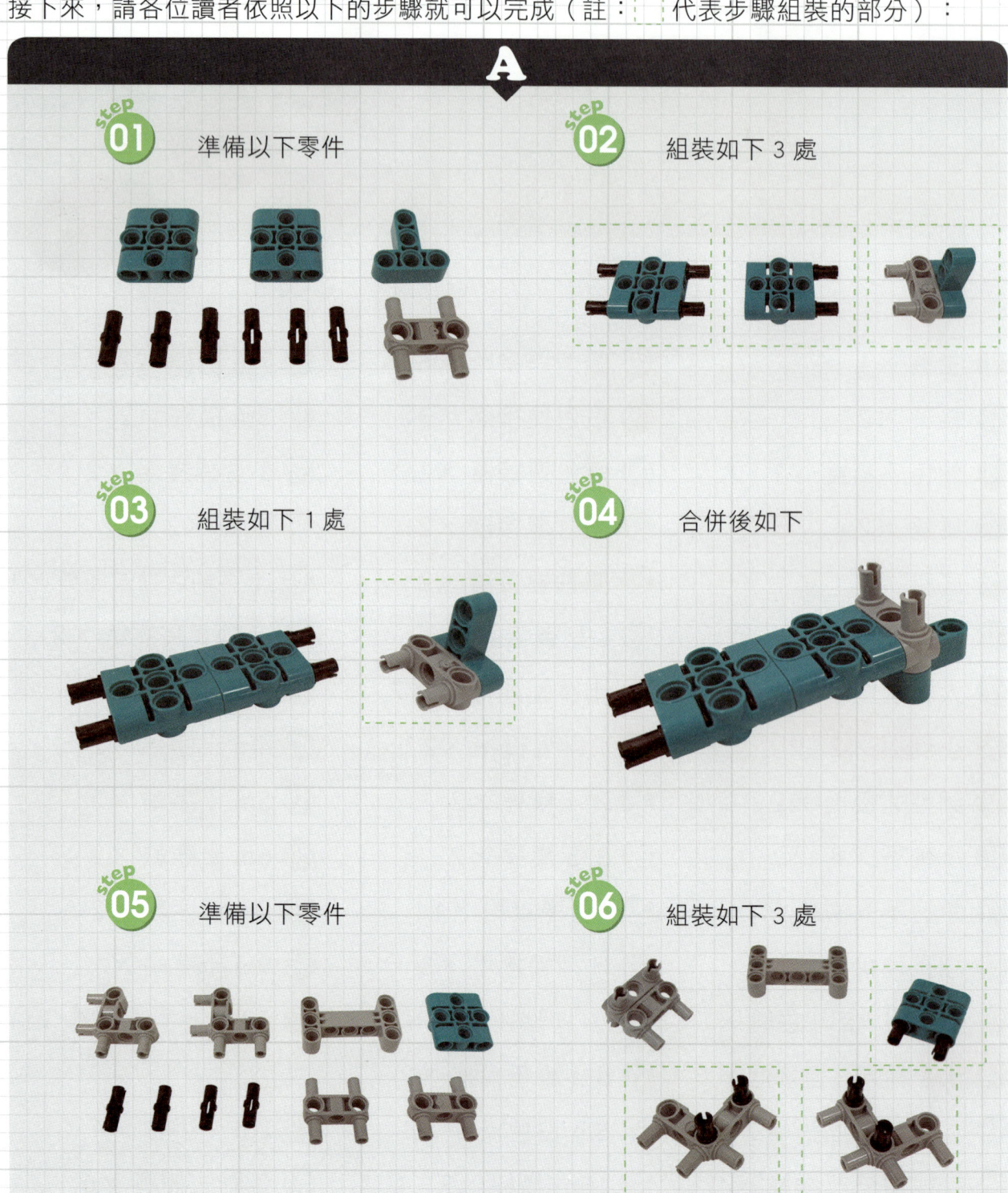

A

step 01 準備以下零件

step 02 組裝如下 3 處

step 03 組裝如下 1 處

step 04 合併後如下

step 05 準備以下零件

step 06 組裝如下 3 處

Chapter 8　移動式翻轉病床

A

step 07　組裝如下 1 處

step 08　組裝如下 1 處

step 09　合併後如下

step 10　準備以下零件

step 11　組裝如下 1 處

step 12　組裝如下 1 處

step 13　合併後如下

step 14　準備以下零件

創意無限樂高 SPIKE 機器人

A

step 15 組裝如下 1 處

step 16 組裝如下 1 處

step 17 合併後如下

step 18 準備以下零件

step 19 合併後如下

從不同角度觀看

step 20 準備以下零件

step 21 組裝如下 1 處

190

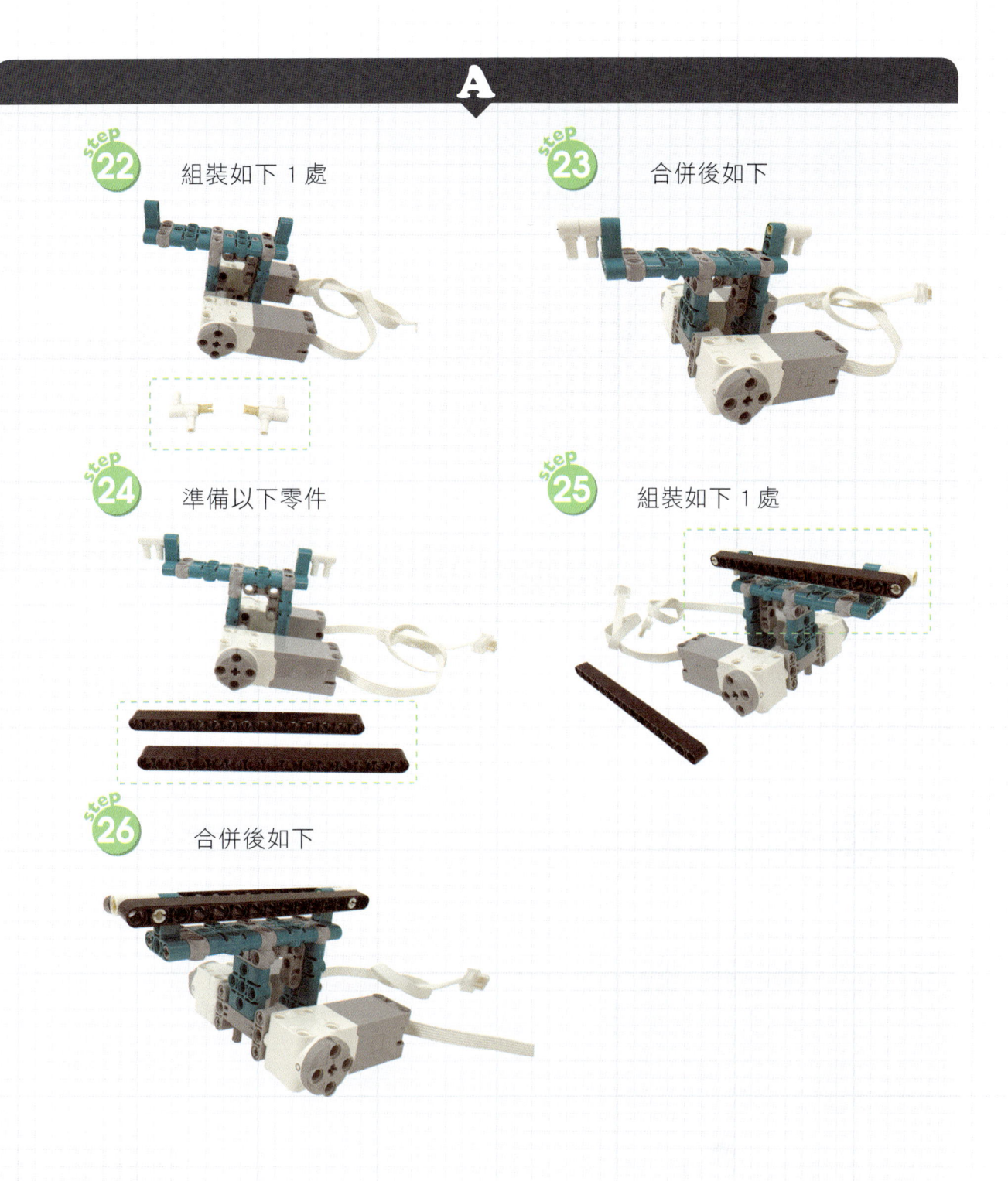

Chapter 8　移動式翻轉病床

A

step 22　組裝如下 1 處

step 23　合併後如下

step 24　準備以下零件

step 25　組裝如下 1 處

step 26　合併後如下

191

創意無限樂高 SPIKE 機器人

B

step 01 準備以下零件

step 02 組裝如下 1 處

step 03 組裝如下 3 處

step 04 合併後如下

step 05 準備以下零件

step 06 組裝如下 1 處

step 07 組裝如下 2 處

step 08 合併後如下

Chapter 8　移動式翻轉病床

B

step 09　準備以下零件

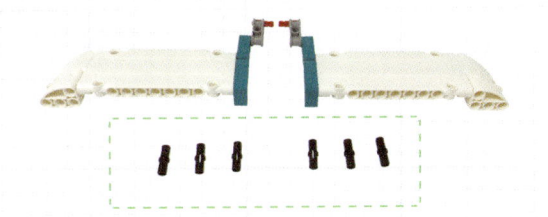

step 10　組裝如下 6 處

step 11　拿出已完成的 A 模組與以下零件

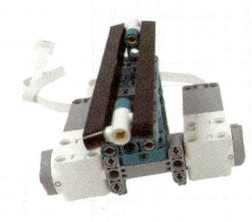

step 12　組裝如下 1 處

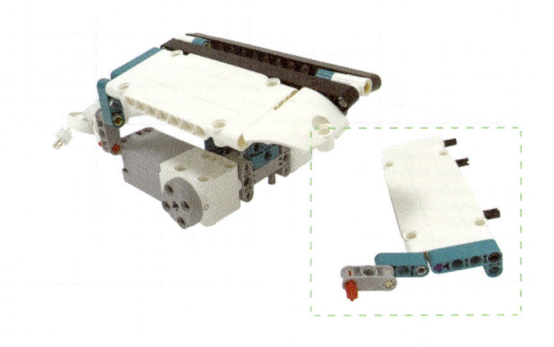

step 13　合併後如下

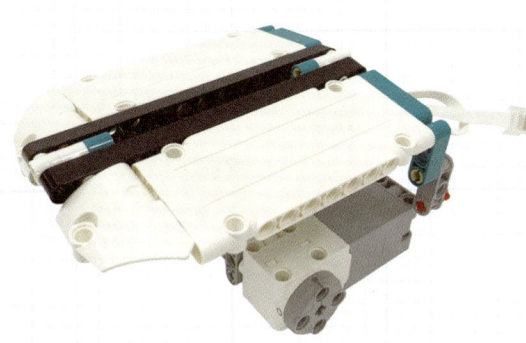

193

創意無限樂高 SPIKE 機器人

C

step 01 準備以下零件

step 02 組裝如下 2 處

step 03 合併後如下

step 04 準備以下零件

step 05 組裝如下 1 處

step 06 合併後如下

step 07 拿出已完成的 A、B 模組

step 08 準備以下零件

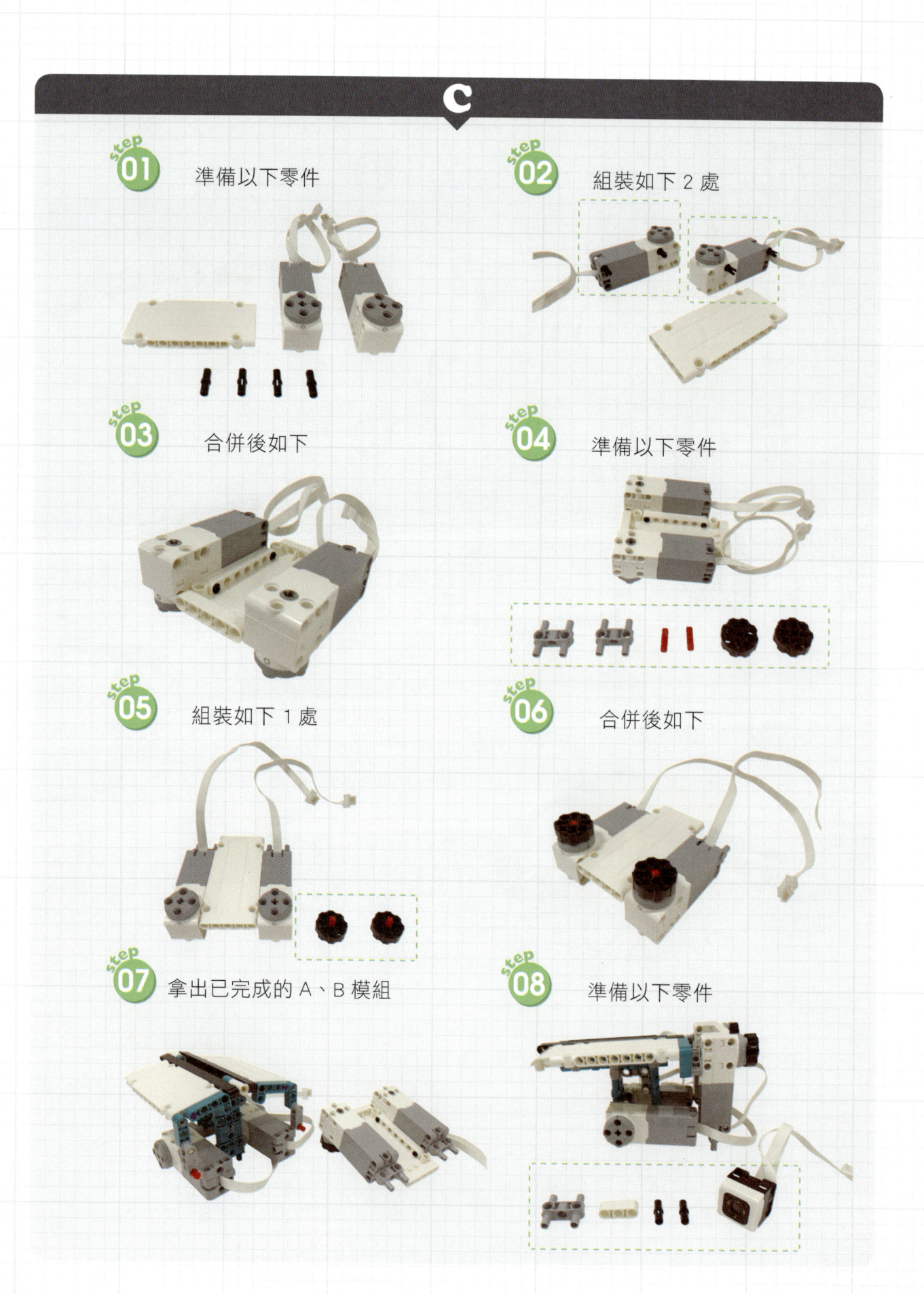

194

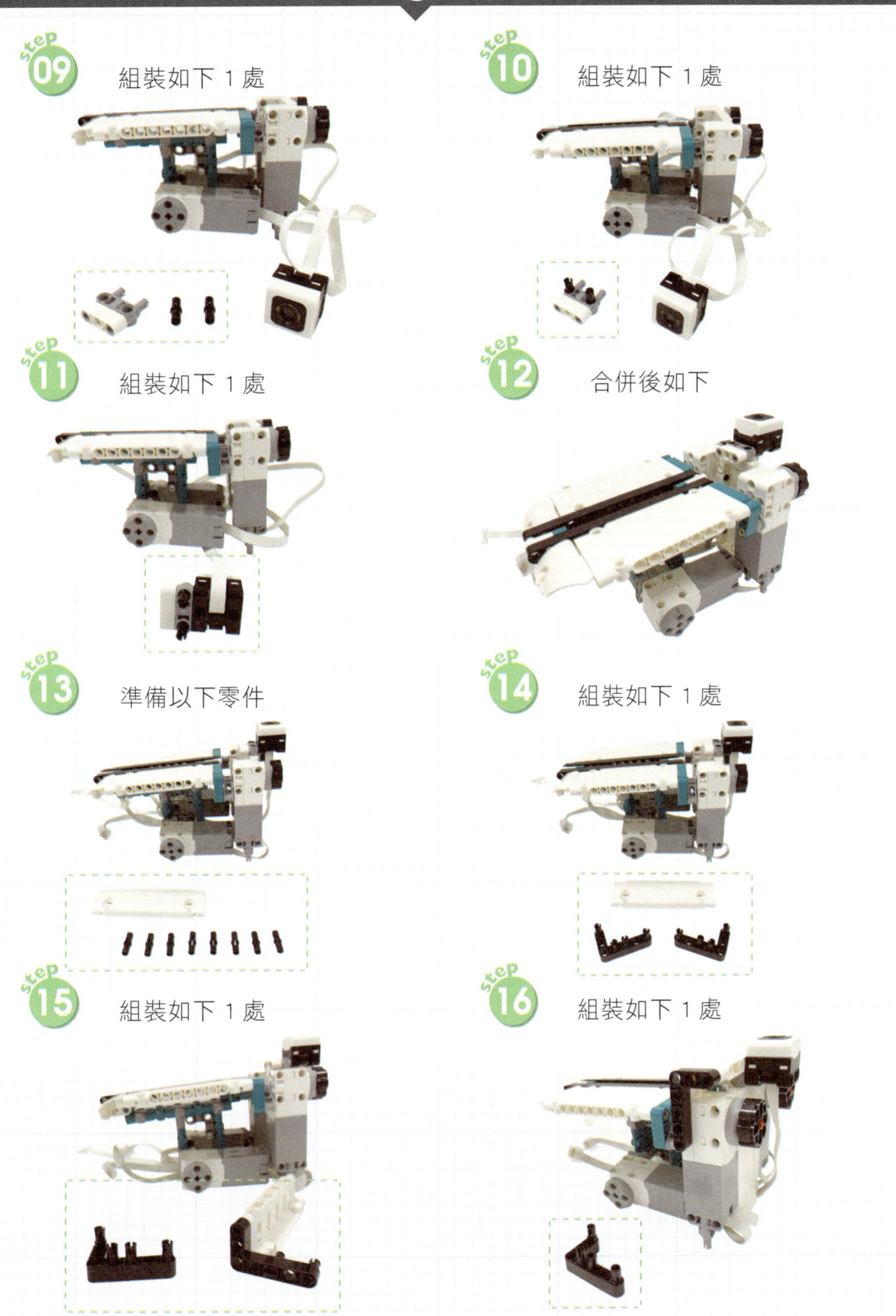

Chapter 8　移動式翻轉病床

C

step 09 組裝如下 1 處

step 10 組裝如下 1 處

step 11 組裝如下 1 處

step 12 合併後如下

step 13 準備以下零件

step 14 組裝如下 1 處

step 15 組裝如下 1 處

step 16 組裝如下 1 處

195

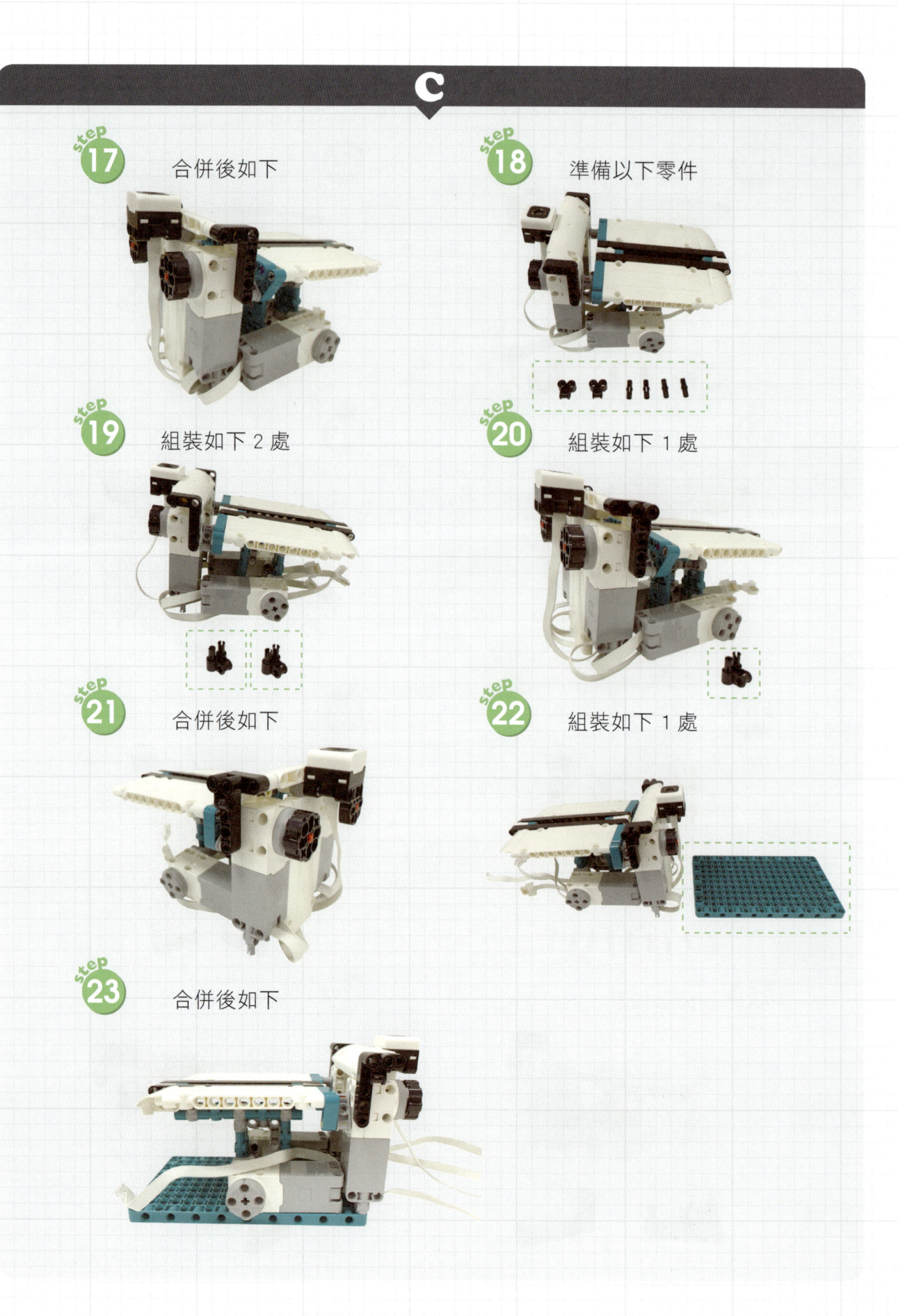

C

step 17 合併後如下

step 18 準備以下零件

step 19 組裝如下 2 處

step 20 組裝如下 1 處

step 21 合併後如下

step 22 組裝如下 1 處

step 23 合併後如下

Chapter 8　移動式翻轉病床

D

step 01　準備以下零件

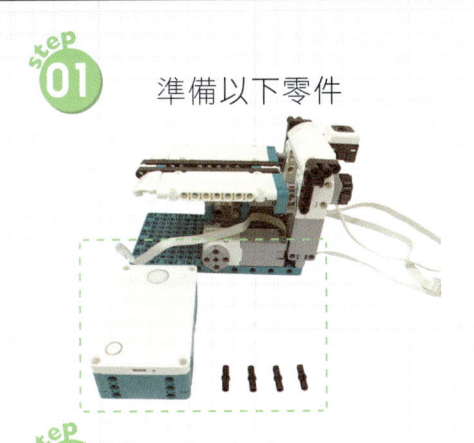

step 02　組裝如下 4 處

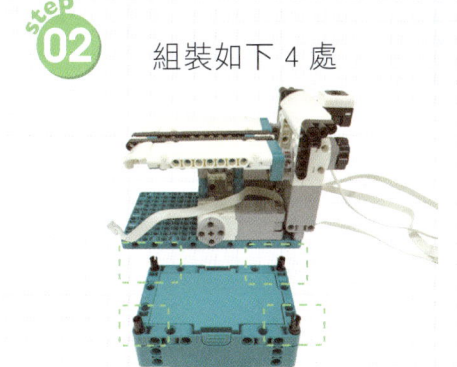

step 03　合併後如下

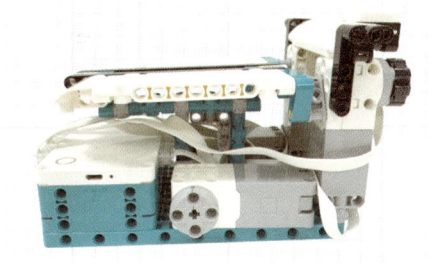

step 04　準備以下零件

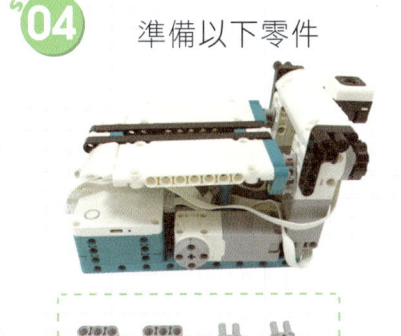

step 05　組裝如下 2 處

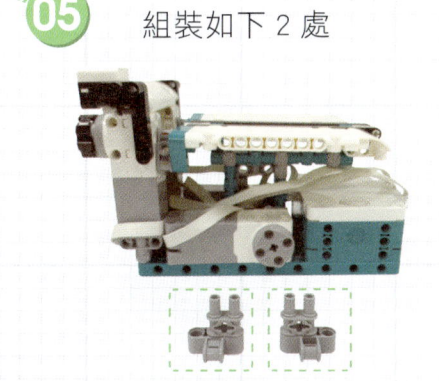

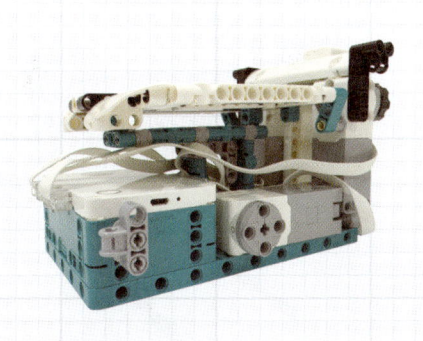

step 06　合併後如下

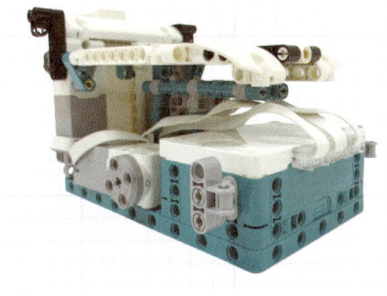

從不同角度觀看

step 07　準備以下零件

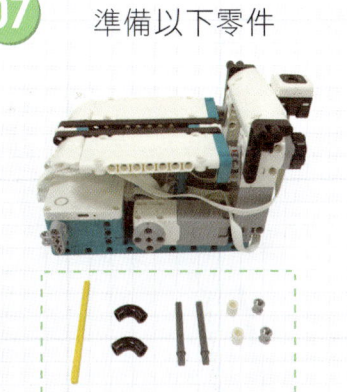

197

創意無限樂高 SPIKE 機器人

D

step 08
組裝如下 1 處

step 09
組裝如下 1 處

step 10
合併後如下

step 11
準備以下零件

step 12
合併後如下

從不同角度觀看

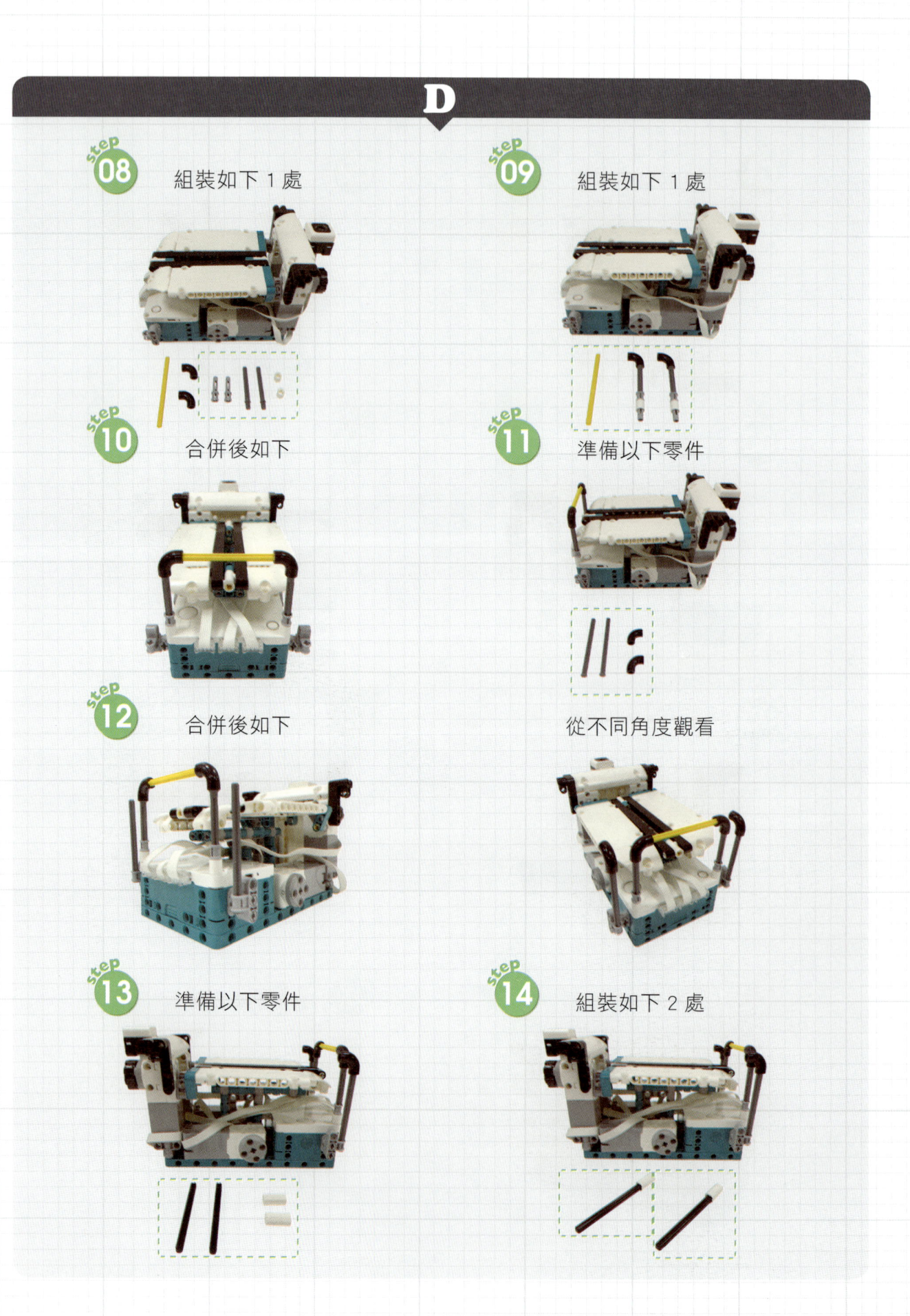

step 13
準備以下零件

step 14
組裝如下 2 處

198

D

step 15 合併後如下

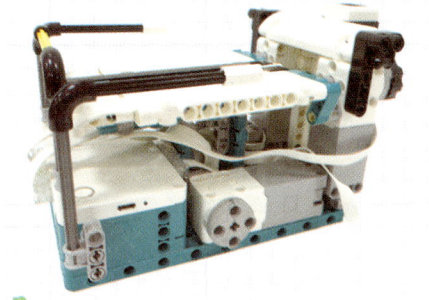

step 16 組裝如下 1 處

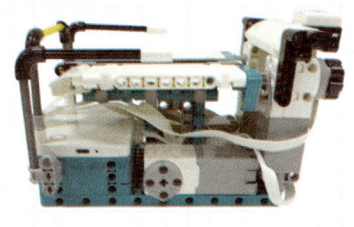

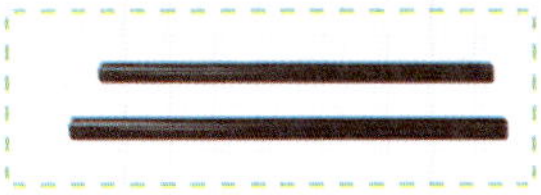

step 17 合併後如下

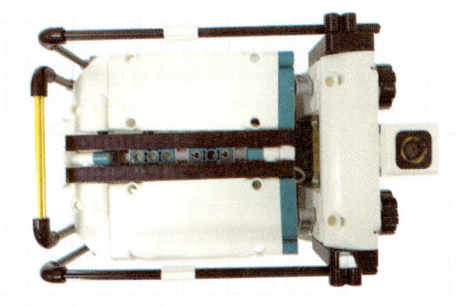

從不同角度觀看

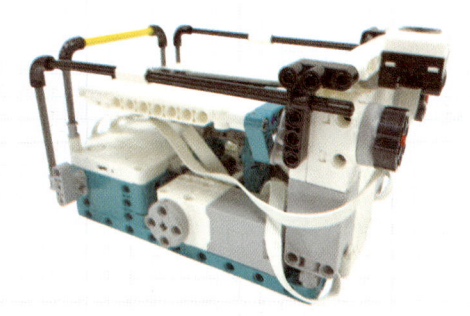

step 18 準備以下零件

step 19 組裝如下 1 處

step 20 合併後如下

從不同角度觀看

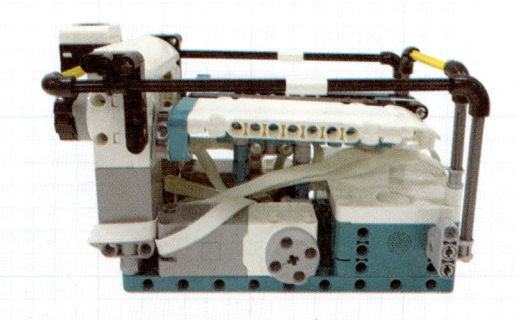

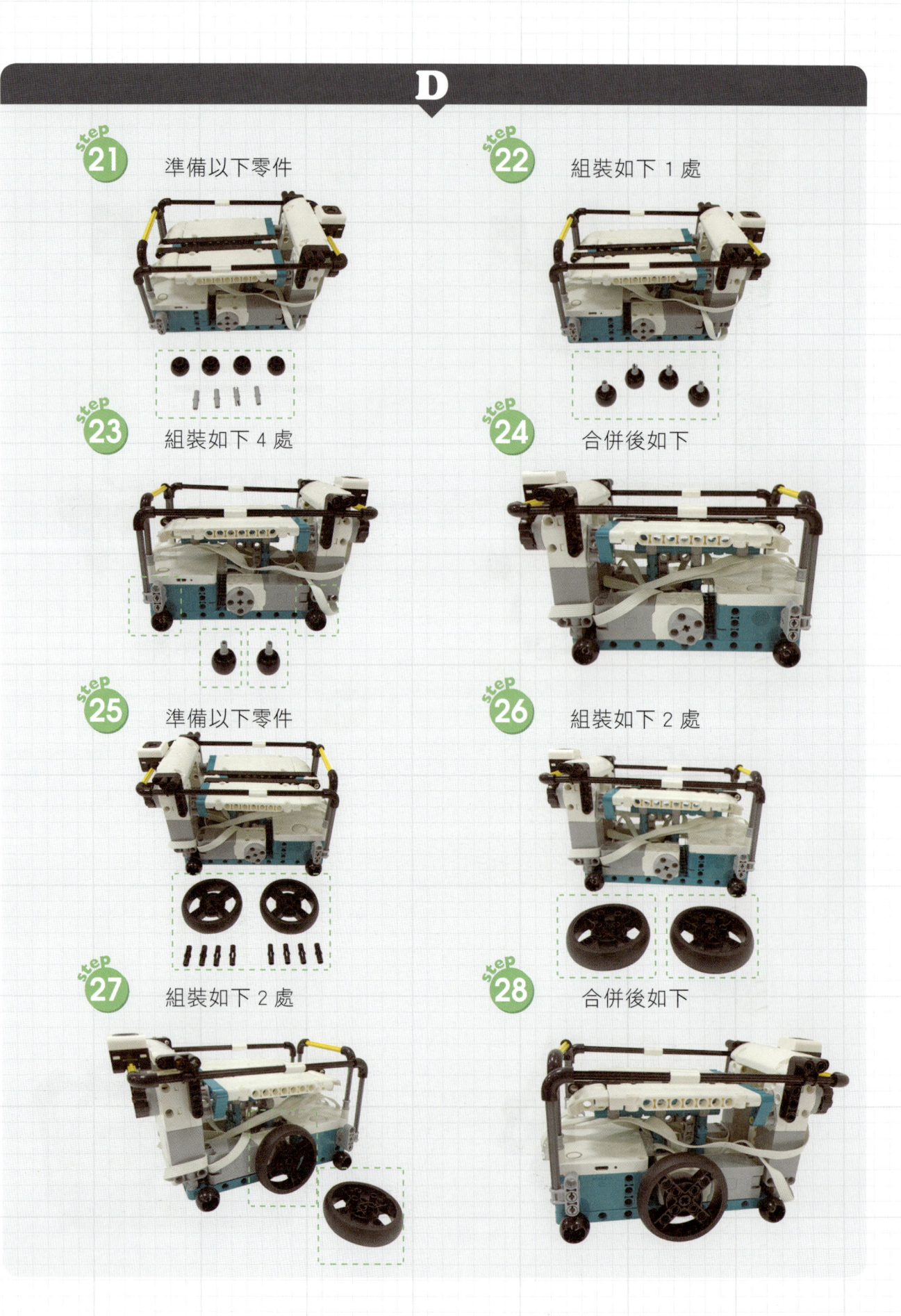

D

step 21 準備以下零件

step 22 組裝如下 1 處

step 23 組裝如下 4 處

step 24 合併後如下

step 25 準備以下零件

step 26 組裝如下 2 處

step 27 組裝如下 2 處

step 28 合併後如下

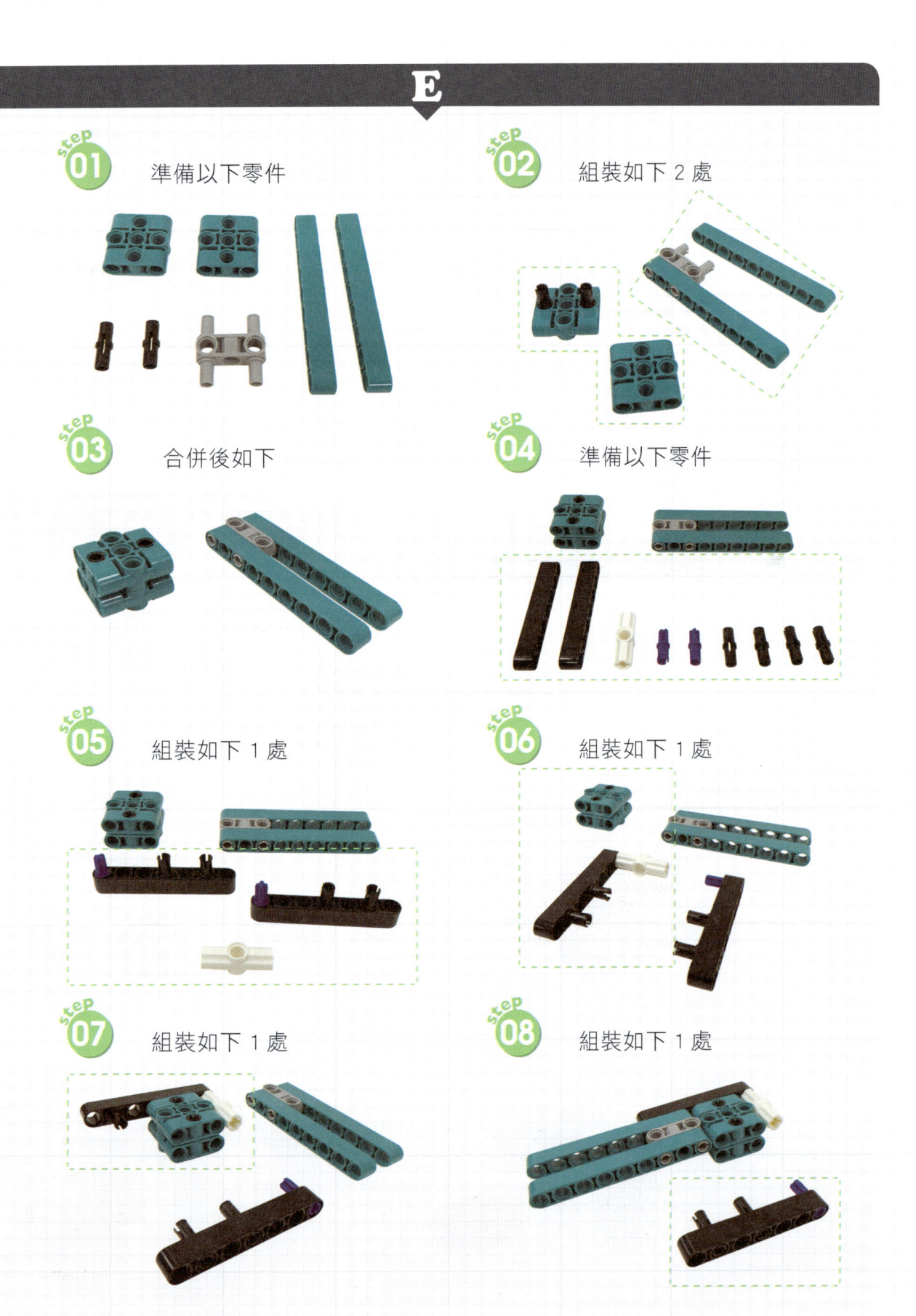

Chapter 8　移動式翻轉病床

E

step 01　準備以下零件

step 02　組裝如下 2 處

step 03　合併後如下

step 04　準備以下零件

step 05　組裝如下 1 處

step 06　組裝如下 1 處

step 07　組裝如下 1 處

step 08　組裝如下 1 處

201

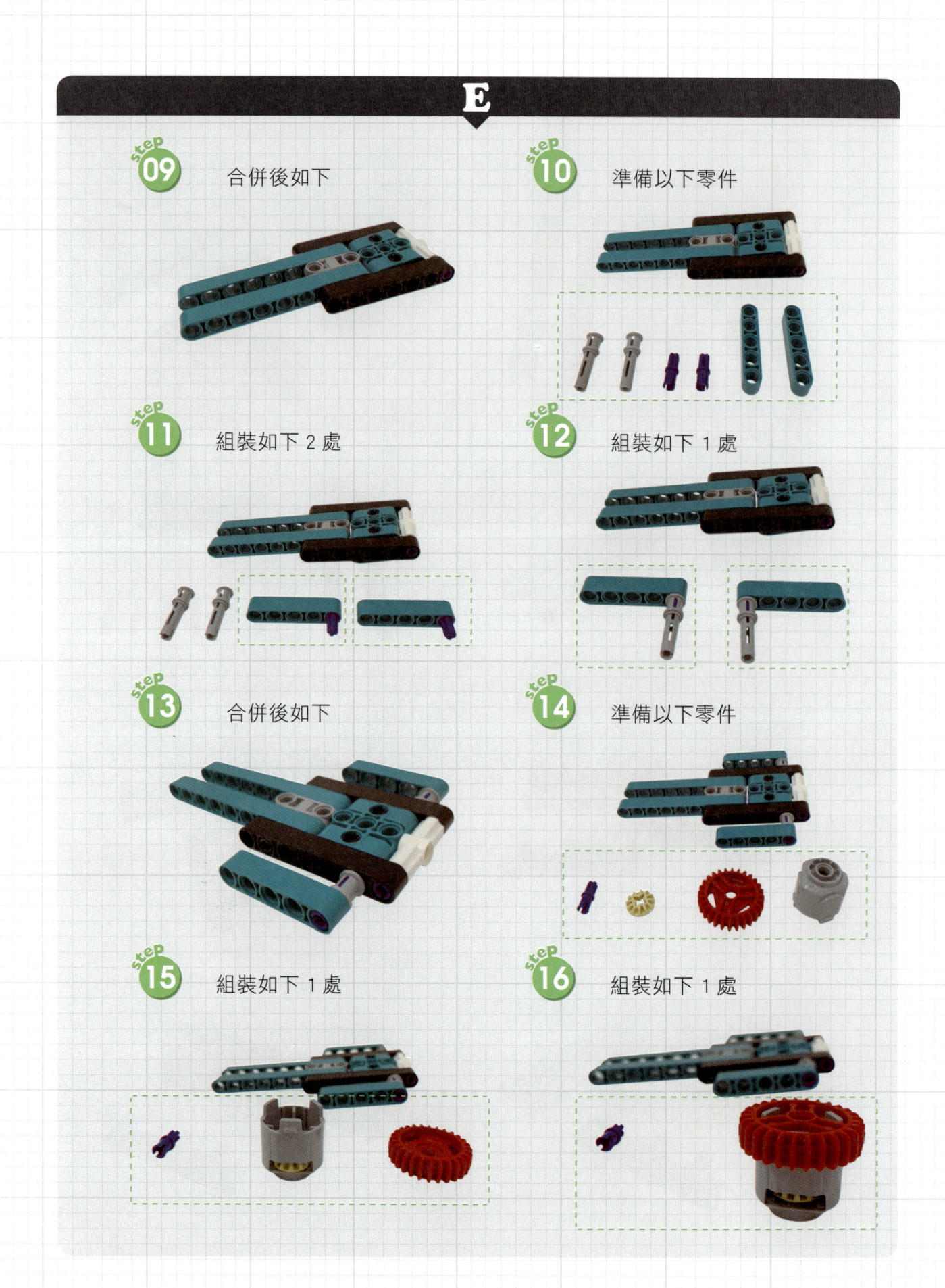

E

step 09
合併後如下

step 10
準備以下零件

step 11
組裝如下 2 處

step 12
組裝如下 1 處

step 13
合併後如下

step 14
準備以下零件

step 15
組裝如下 1 處

step 16
組裝如下 1 處

Chapter 8　移動式翻轉病床

E

step 17　組裝如下 1 處

step 18　合併後如下

step 19　組裝如下 1 處

step 20　組裝如下 1 處

step 21　組裝如下 1 處

step 22　組裝如下 1 處

step 23　合併後如下

step 24　準備以下零件

203

創意無限樂高 SPIKE 機器人

E

step 25
組裝如下 1 處

step 26
合併後如下

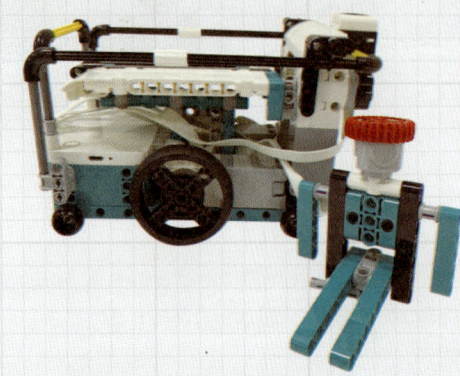

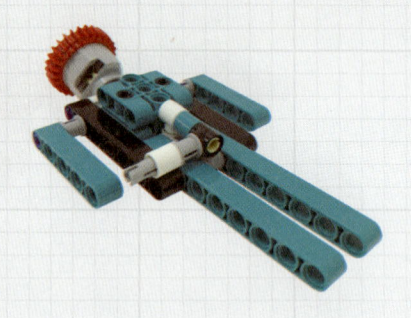

step 27
組裝完成

從不同角度觀看 1

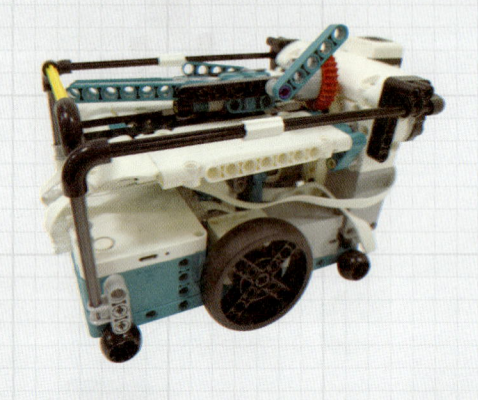

從不同角度觀看 2

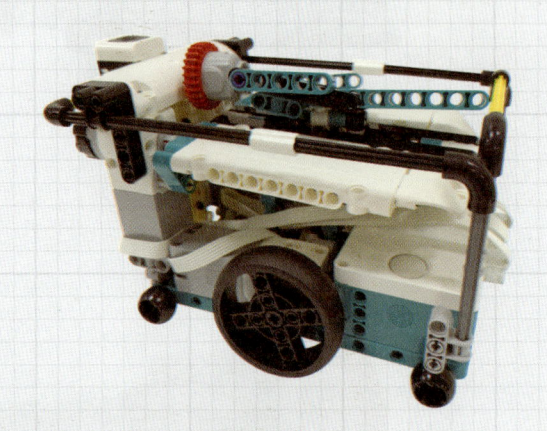

8-3 撰寫「移動式翻轉病床」之指引程式

一 病床平躺

|流程圖|

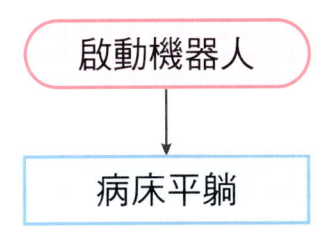

啟動機器人 → 病床平躺

|程式設計|

- 當程式開始
- A 最短路徑 前往位置 310
- B 最短路徑 前往位置 50

二 病床左翻

|流程圖|

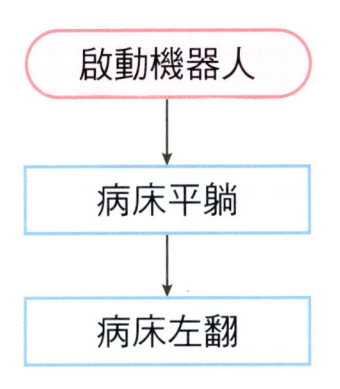

啟動機器人 → 病床平躺 → 病床左翻

|程式設計|

- 當程式開始
- A 最短路徑 前往位置 310
- B 最短路徑 前往位置 50
- 等待 1 秒
- A 順時針 前往位置 50
- 等待 4 秒
- A 逆時針 前往位置 310

三 病床右翻

| 流程圖 |

啟動機器人
↓
病床平躺
↓
病床右翻

| 程式設計 |

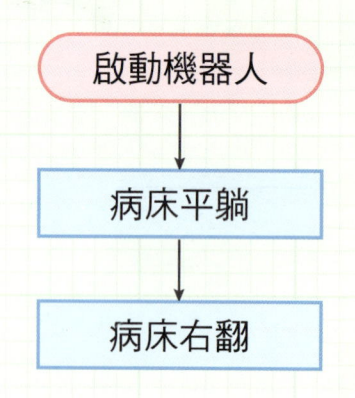

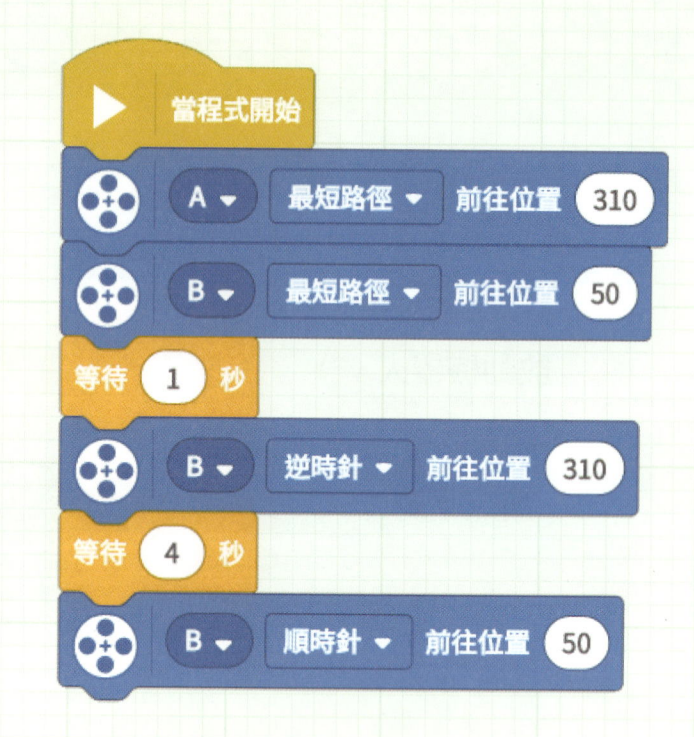

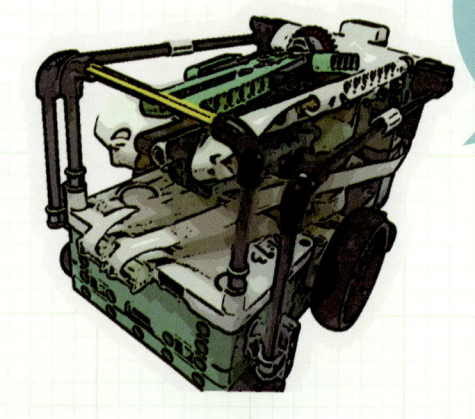

當程式開始
A ▼　最短路徑 ▼　前往位置 310
B ▼　最短路徑 ▼　前往位置 50
等待 1 秒
B ▼　逆時針 ▼　前往位置 310
等待 4 秒
B ▼　順時針 ▼　前往位置 50

> 樂高機器套件組裝結合長照2.0議題的翻轉病床

#組裝　　#程式　　#創意

8-4 專題製作：移動式翻轉病床

主題發想

　　病人或行動不便的老人，長期臥床，使皮膚發生潰瘍，需要別人經常翻身，給臥床者自己及護理人員帶來了許多不便，現有的護理病床，經手搖使病床的上方抬起，病人成坐式。這種病床不能左、右翻身，且仍需護理人員幫忙，病人才能實現坐起或躺下的願望。

主題目的

1. 以長照 2.0 議題為出發點，實際創意組裝及設計「護理床」亦即自動翻轉病床。
2. 自動翻轉病床，它提供長期臥病在床的病人，防止褥瘡或幫助病人左、右翻身的功能。

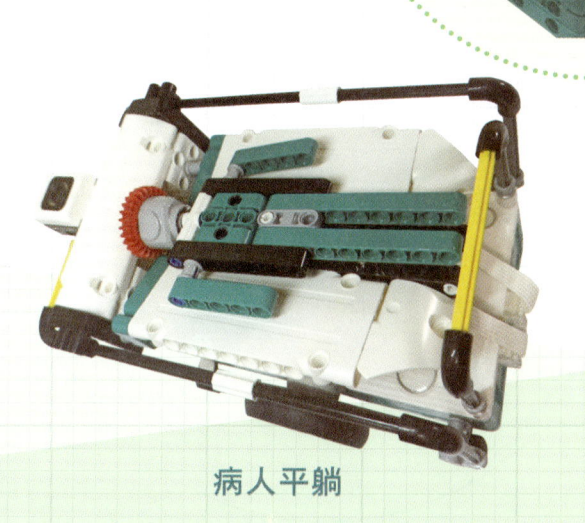

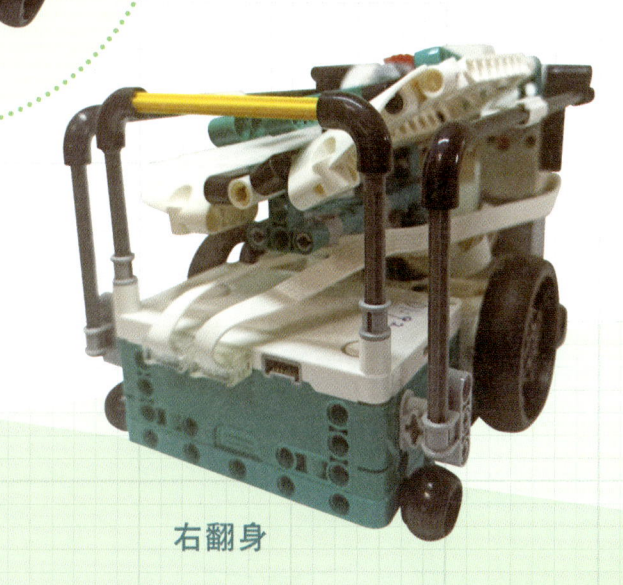

病人平躺

右翻身

創意無限樂高 SPIKE 機器人

| 流程圖 |

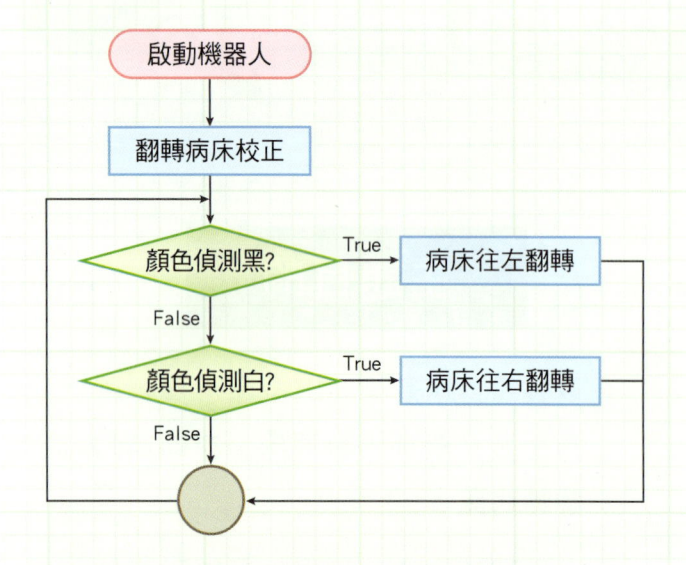

```
啟動機器人
    ↓
翻轉病床校正
    ↓
  ┌─→ 顏色偵測黑? ──True──→ 病床往左翻轉 ──┐
  │        │ False                      │
  │        ↓                            │
  │   顏色偵測白? ──True──→ 病床往右翻轉 ──┤
  │        │ False                      │
  │        ↓                            │
  └────────●←───────────────────────────┘
```

| 撰寫程式 |

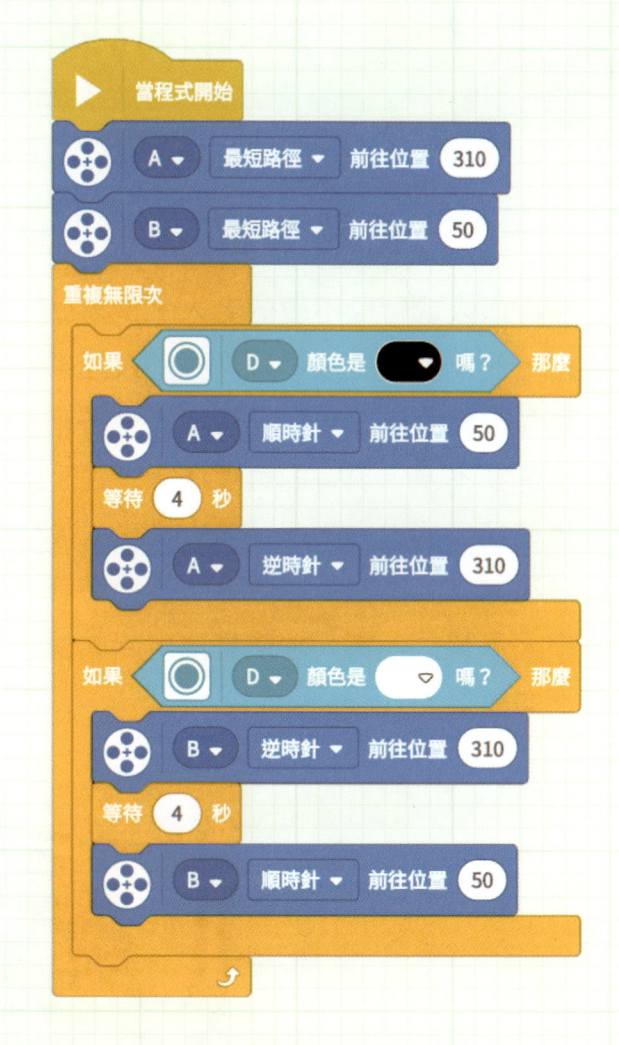

▶ 當程式開始
- A ▼ 最短路徑 ▼ 前往位置 310
- B ▼ 最短路徑 ▼ 前往位置 50
- 重複無限次
  - 如果 D ▼ 顏色是 ● 嗎? 那麼
    - A ▼ 順時針 ▼ 前往位置 50
    - 等待 4 秒
    - A ▼ 逆時針 ▼ 前往位置 310
  - 如果 D ▼ 顏色是 ○ 嗎? 那麼
    - B ▼ 逆時針 ▼ 前往位置 310
    - 等待 4 秒
    - B ▼ 順時針 ▼ 前往位置 50

創新性
1. 透過樂高機器套件，來創意組裝結合長照 2.0 議題的翻轉病床。
2. 翻轉病床讓照護者更容易照護長期臥床病人。

應用性
1. 可應用於家中或醫療院所，讓行動不便的人使用。
2. 可應用於長照機構，照護長期臥床病人。

Chapter 8　實作題

題目名稱：移動式翻轉病床

題目說明：請利用「遙控器」元件功能，來控制翻轉病床機器人。

題目編號：A038006

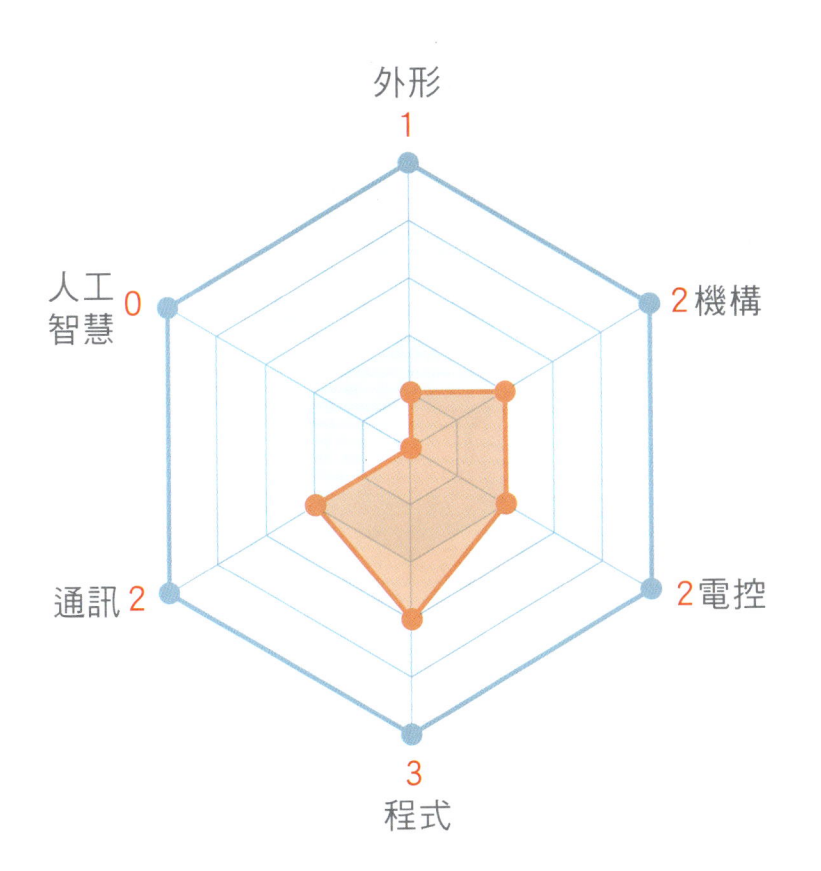

創客指標	指數
外形（專業）	1
機構	2
電控	2
程式	3
通訊	2
人工智慧	0
創客總數	10

實作時間：180 min

Chapter 8　實作題

| 遙控器之介面設計 |

| 程式設計 |

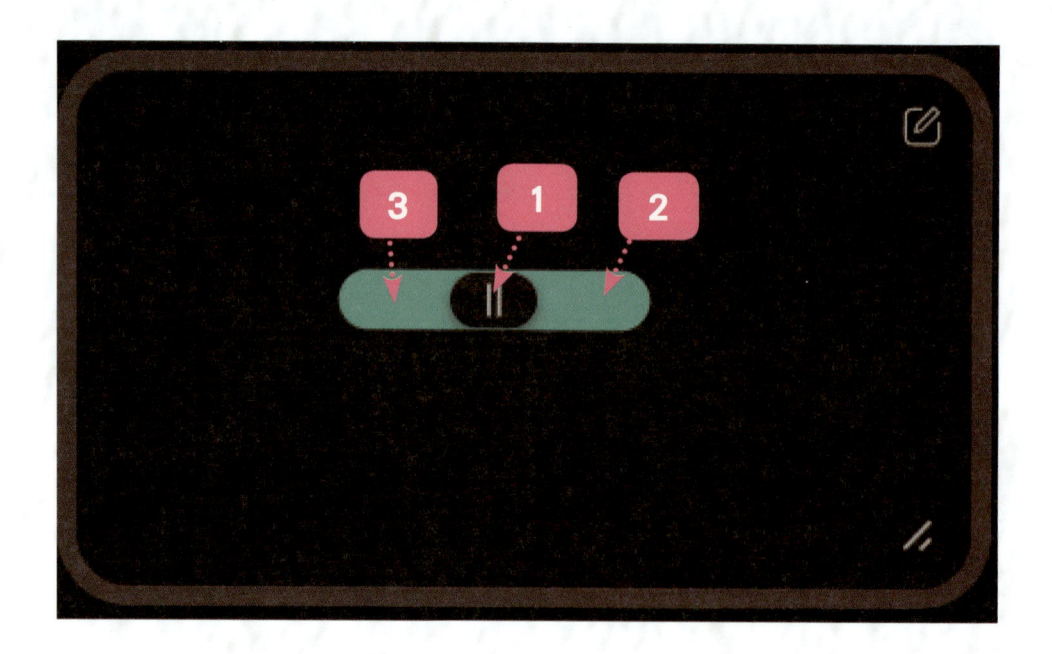

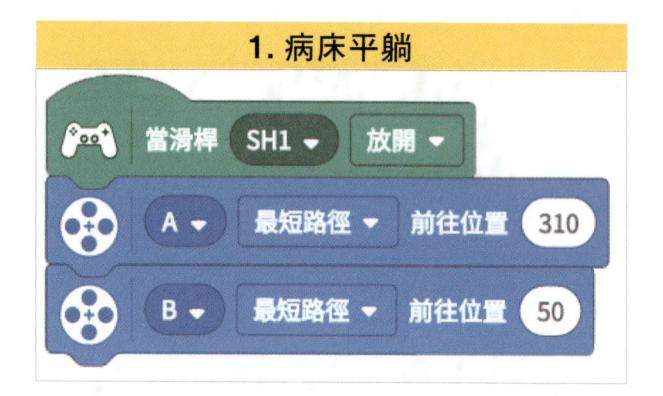

1. 病床平躺

當滑桿 SH1 放開
A 最短路徑 前往位置 310
B 最短路徑 前往位置 50

Chapter 8　實作題

2. 病床右翻

- 當滑桿 SH1 高
- A 最短路徑 前往位置 310
- B 最短路徑 前往位置 50
- 等待 1 秒
- B 最短路徑 前往位置 310
- 等待 4 秒
- B 最短路徑 前往位置 50

3. 病床左翻

- 當滑桿 SH1 低
- A 最短路徑 前往位置 310
- B 最短路徑 前往位置 50
- 等待 1 秒
- A 最短路徑 前往位置 50
- 等待 4 秒
- A 最短路徑 前往位置 310

MEMO

Chapter 9 二足人形機器人

9-1　二足人形機器人
9-2　SPIKE 二足人形機器人組裝
9-3　撰寫「二足人形機器人」之指引程式
9-4　專題製作：二足人形機器人

★ 學習目標

1. 瞭解組裝樂高二足人形機器人的創意點子及應用時機。
2. 瞭解如何利用 SPIKE 程式來撰寫二足人形機器人程式。

9-1 二足人形機器人

各位同學先學會創意組裝一台「二足人形機器人」之外,再撰寫機器人程式,來讓機器人可以玩比賽,增加學習程式的樂趣。

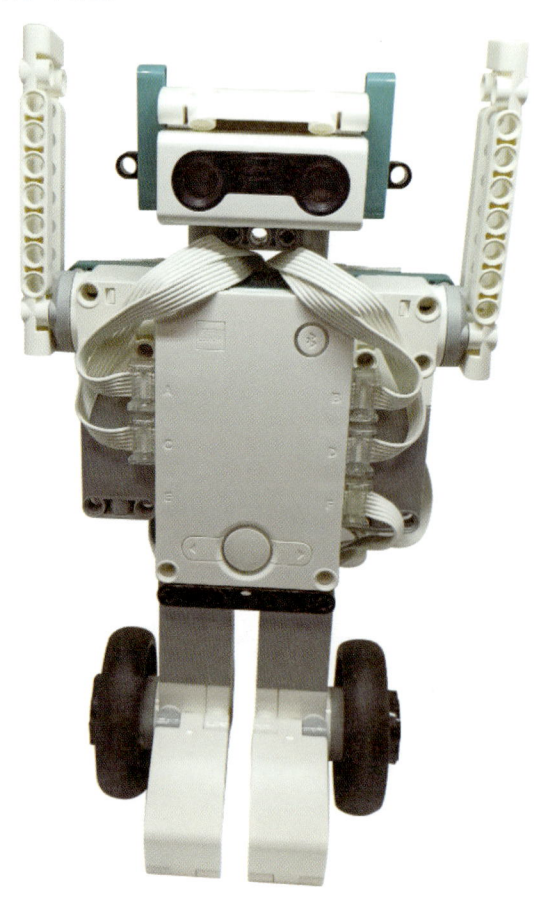

機構

在本章節中,介紹各位同學利用 SPIKE 套件來設計一台教學用的進階基本車,因此,它要有控制器(主機)、馬達、感測器及相關的樂高零件,來設計一個「SPIKE 二足人形機器人」。

| 主題 |

設計「二足人形機器人」。

| 目的 |

瞭解人形機器人也可以使用樂高零件的實作。

| 優點 |

結構非常簡單,改造容易。

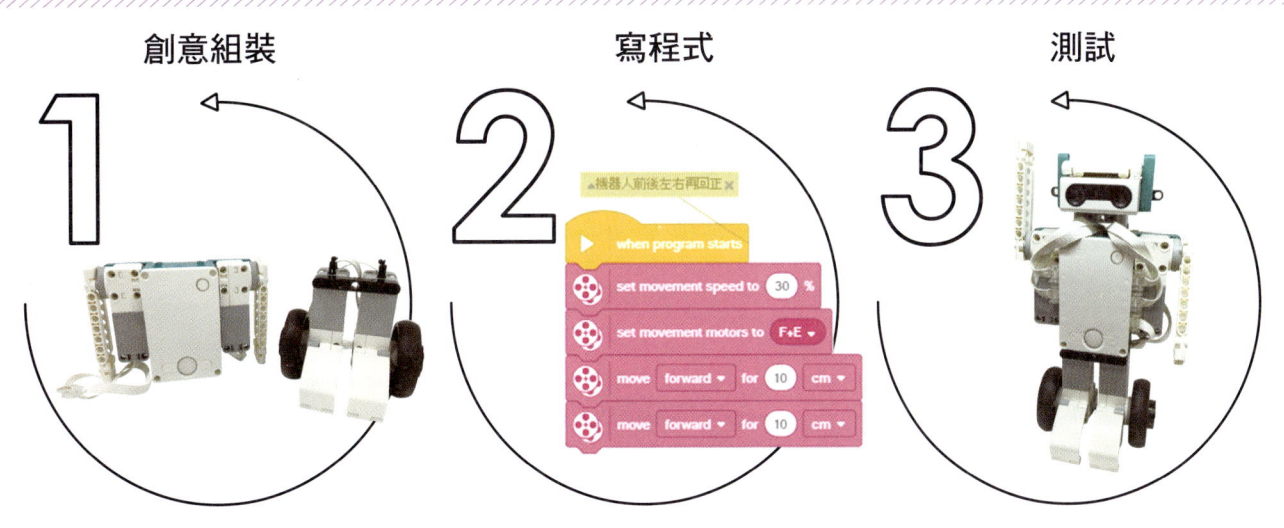

Chapter 9　二足人形機器人

1 創意組裝　　2 寫程式　　3 測試

| 說明 |

1. 創意組裝：依照指定「功能及造型」來搭配「感應器及相關配件」結合「主機」。

2. 寫程式：依照指定任務來撰寫處理程序的動作與順序（程式）。

3. 測試：利用拼圖程式：將程式上傳到「主機」內，並依照指定功能先進行測試。

| 流程圖 |

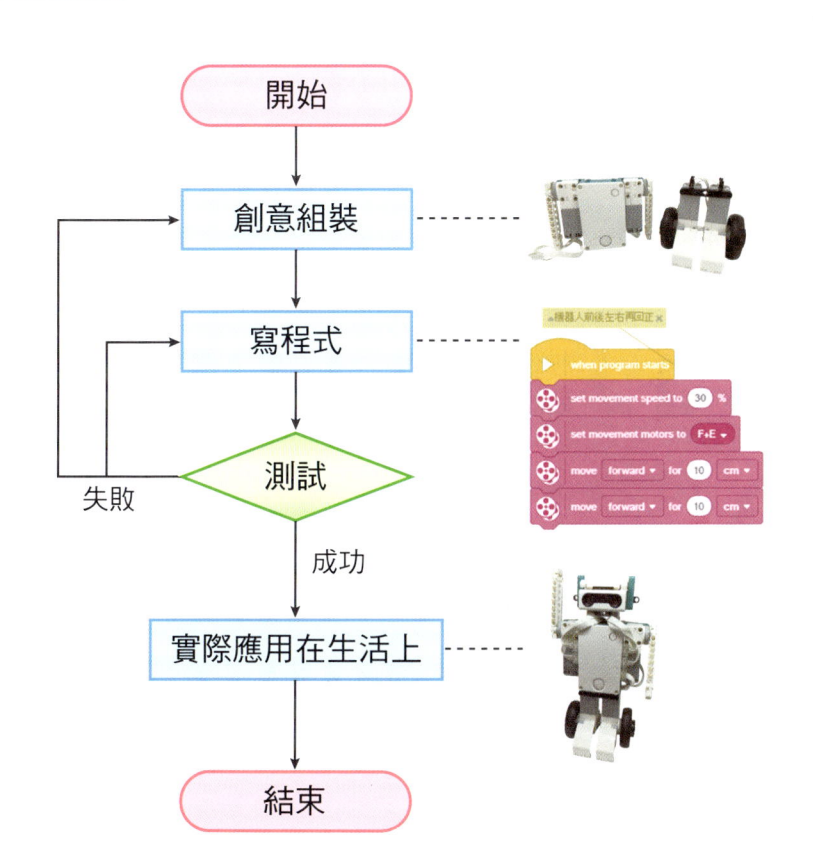

開始 → 創意組裝 → 寫程式 → 測試
　　　　　↑　　　　　↑　　　　↓
　　　　　└─失敗────┘　　成功
　　　　　　　　　　　　　　　↓
　　　　　　　　　　　實際應用在生活上
　　　　　　　　　　　　　　　↓
　　　　　　　　　　　　　　結束

說明

　　從流程圖中，我們可以清楚瞭解「設計機器人程式」必須要經過的三大步驟，並且在進行第三步驟時，如果無法測試成功，除了要修改程式之外，也要檢查組裝是否正確，並且要反覆地進行測試，直到完全成功為止。最後，就可以將創作的智能裝置，應用在我們日常生活中。

難度 ★★★★

9-2　SPIKE 二足人形機器人組裝

想要製作一台「SPIKE 二足人形機器人」時，必須要先準備相關的「主機、馬達、感測器及相關的零件材料」。

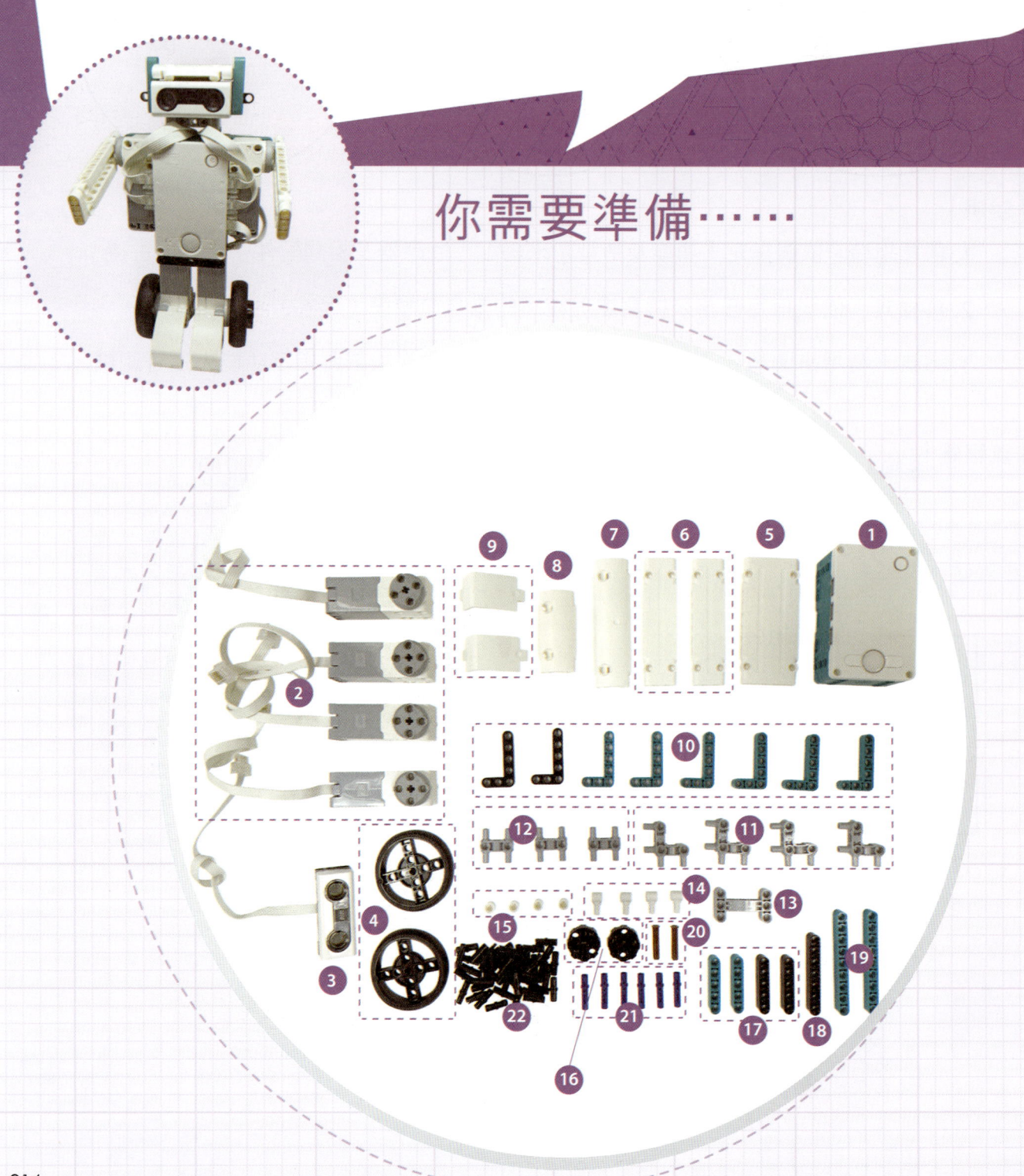

你需要準備……

Chapter 9　二足人形機器人

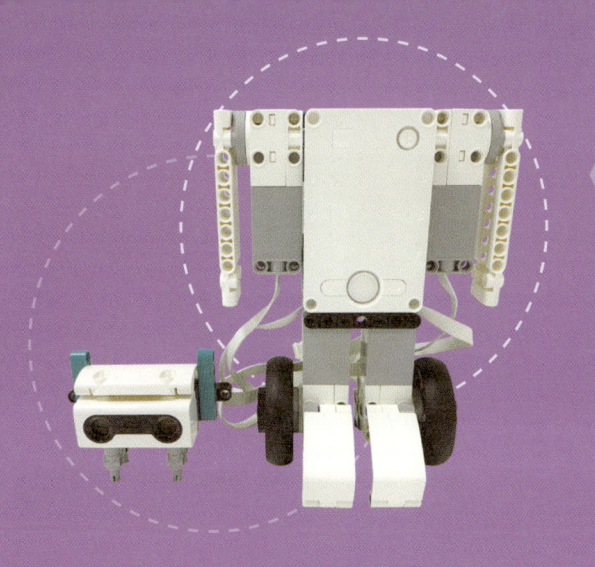

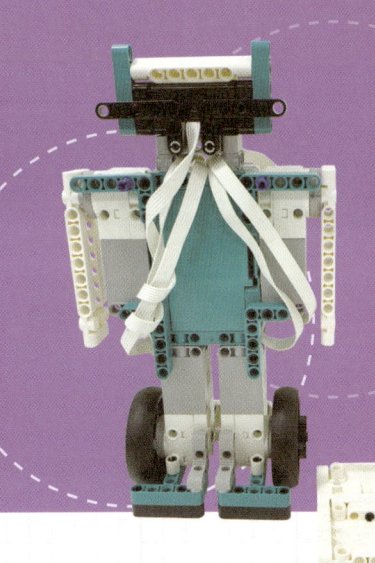

1. 主機 ×1
2. 馬達 ×4
3. 超音波 ×1
4. 輪子 ×2
5. 大厚板 ×1
6. 小厚板 ×2
7. 弧型側板 ×1
8. 小弧型側板 ×1
9. L型側板 ×2
10. 3*5 橫桿 ×8
11. L型連接器 ×4
12. H型連接器 ×3
13. I型連接器 ×1
14. 圓孔連接器 ×4
15. 連接器 ×4
16. 圓型連接器 ×2
17. 5m 橫桿 ×4
18. 7m 橫桿 ×1
19. 9m 橫桿 ×2
20. 3m 十字軸 ×2
21. 長插銷 ×6
22. 短插銷 ×50

開始動手組裝！

在準備好「二足人形機器人」所需要的「主機、感測器、構件及相關的材料」之後，接下來，請各位讀者依照以下的步驟就可以完成（註：▢ 代表步驟組裝的部分）：

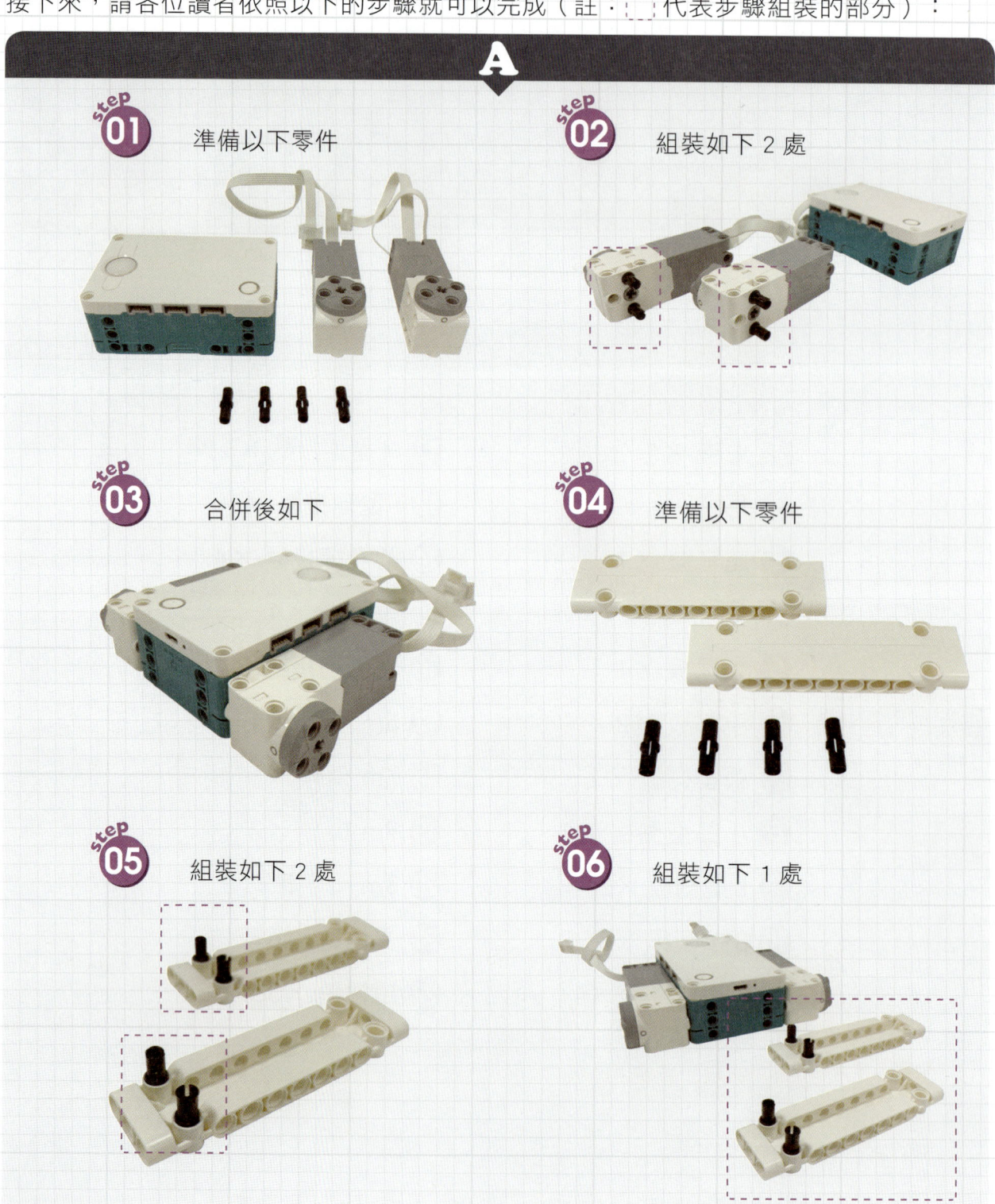

A

step 01 準備以下零件

step 02 組裝如下 2 處

step 03 合併後如下

step 04 準備以下零件

step 05 組裝如下 2 處

step 06 組裝如下 1 處

Chapter 9　二足人形機器人

A

step 07 合併後如下

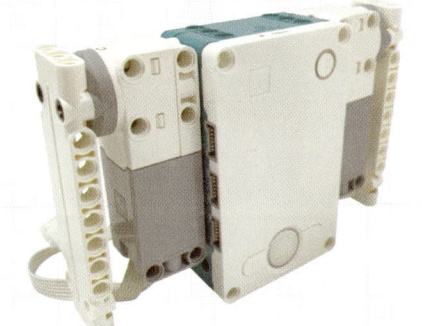

step 08 準備以下零件

step 09 組裝如下 2 處

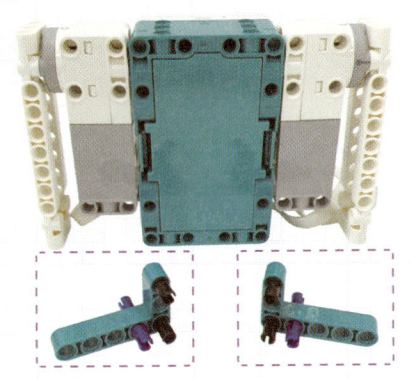

step 10 合併後如下

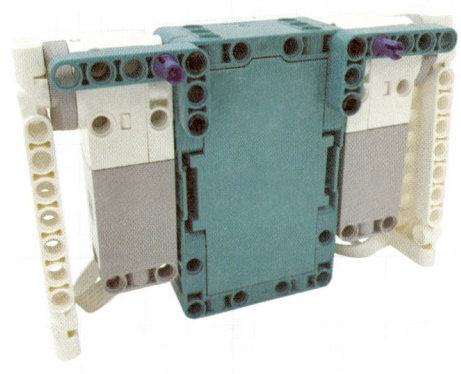

B

step 01 準備以下零件

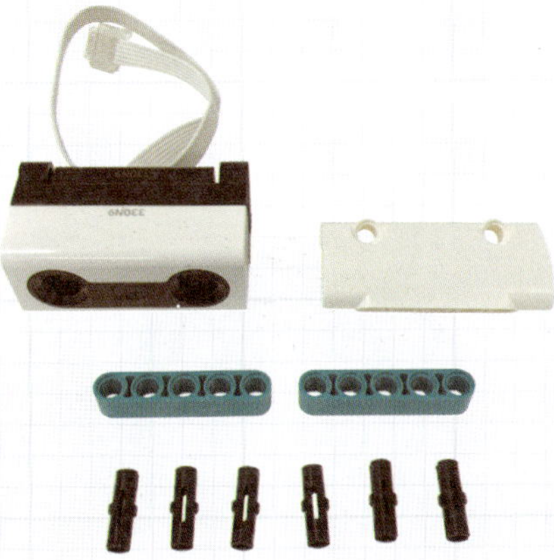

step 02 組裝如下 2 處

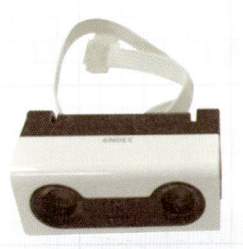

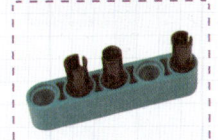

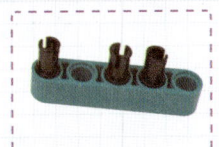

219

創意無限樂高 SPIKE 機器人

B

step 03
組裝如下 1 處

step 04
組裝如下 1 處

step 05
合併後如下

step 06
準備以下零件

step 07
組裝如下 2 處

step 08
合併後如下

step 09
準備以下零件

step 10
組裝如下 1 處

Chapter 9　二足人形機器人

B

step 11　合併後如下

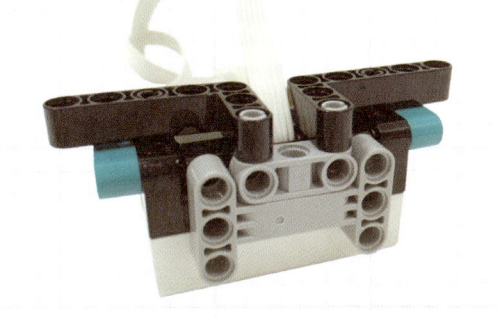

step 12　準備以下零件

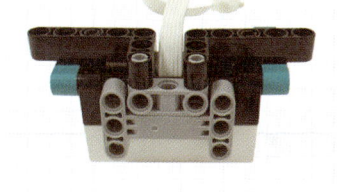

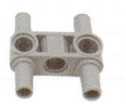

step 13　合併後如下

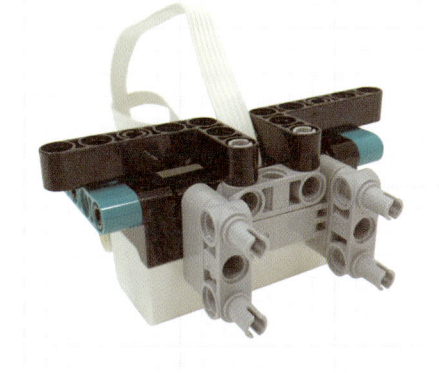

C

step 01　準備以下零件

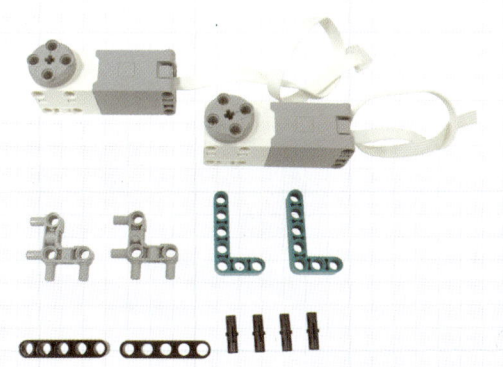

step 02　組裝如下 1 處

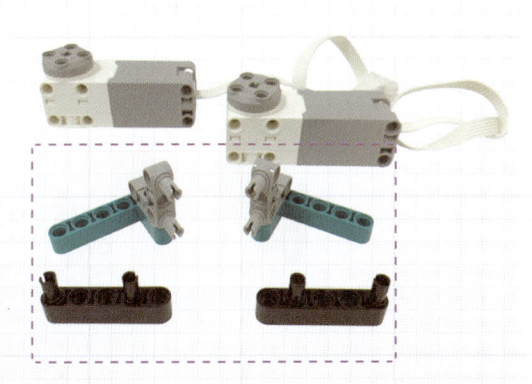

創意無限樂高 SPIKE 機器人

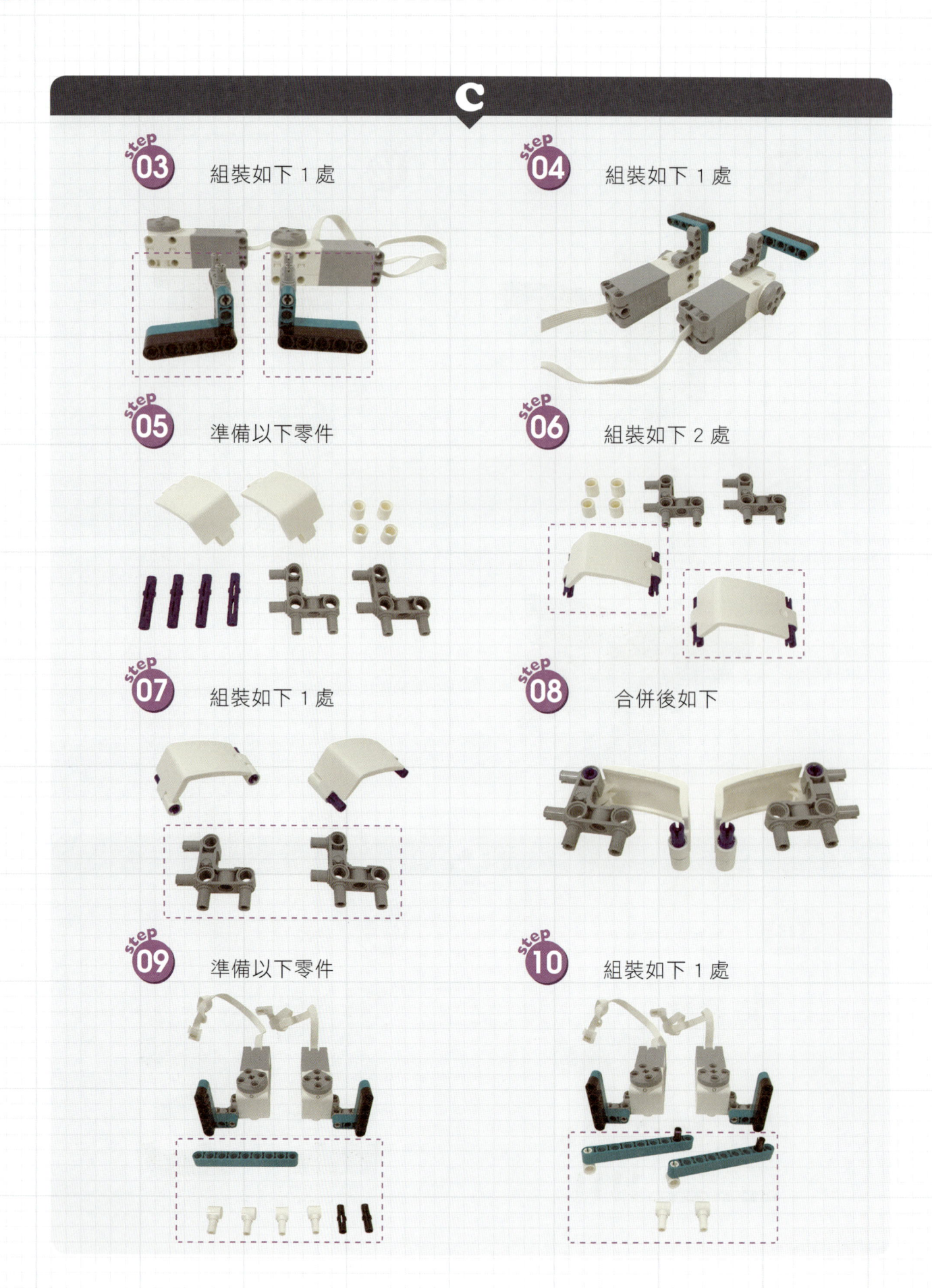

C

step 03 組裝如下 1 處

step 04 組裝如下 1 處

step 05 準備以下零件

step 06 組裝如下 2 處

step 07 組裝如下 1 處

step 08 合併後如下

step 09 準備以下零件

step 10 組裝如下 1 處

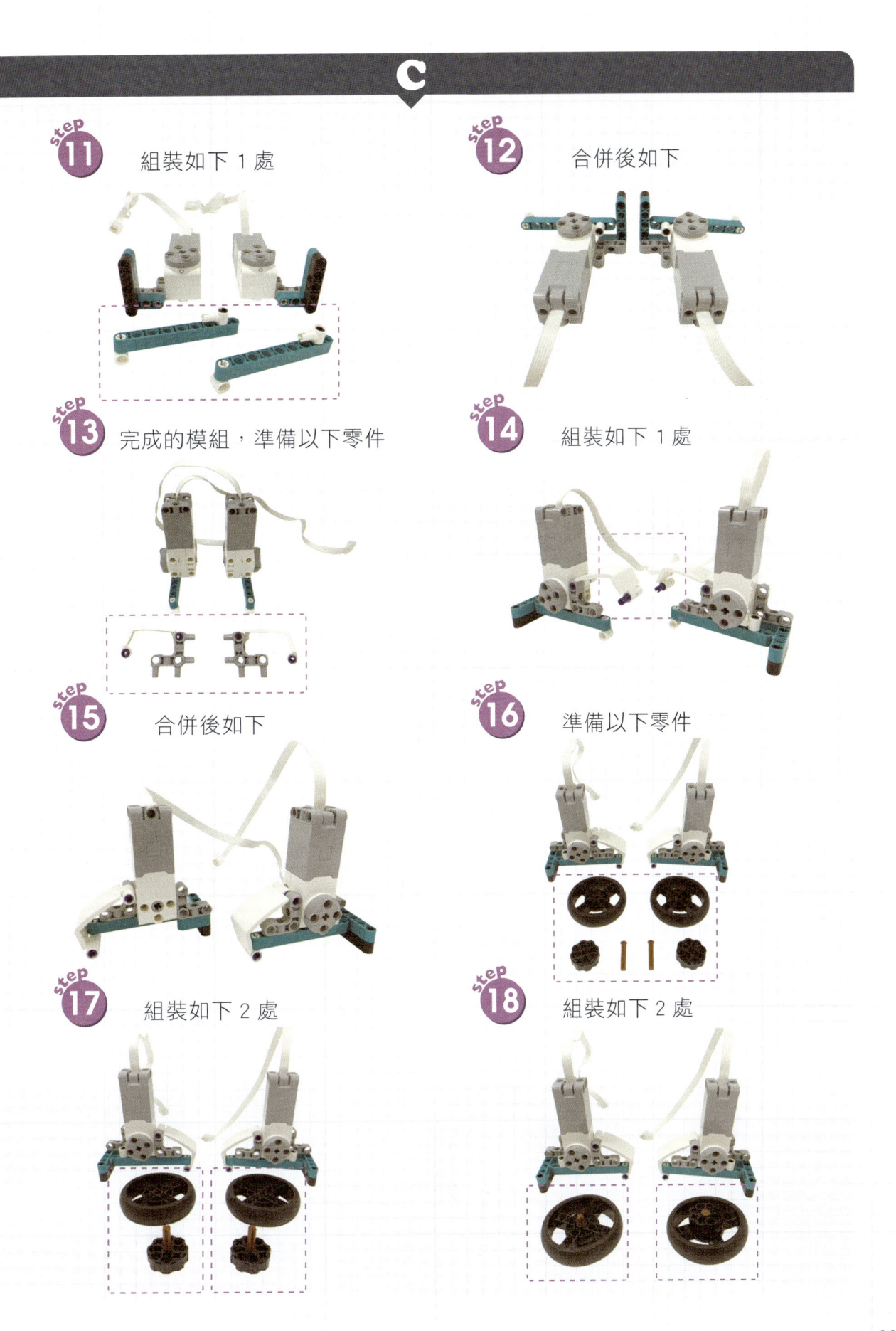

Chapter 9　二足人形機器人

C

step 11　組裝如下 1 處

step 12　合併後如下

step 13　完成的模組，準備以下零件

step 14　組裝如下 1 處

step 15　合併後如下

step 16　準備以下零件

step 17　組裝如下 2 處

step 18　組裝如下 2 處

223

創意無限樂高 SPIKE 機器人

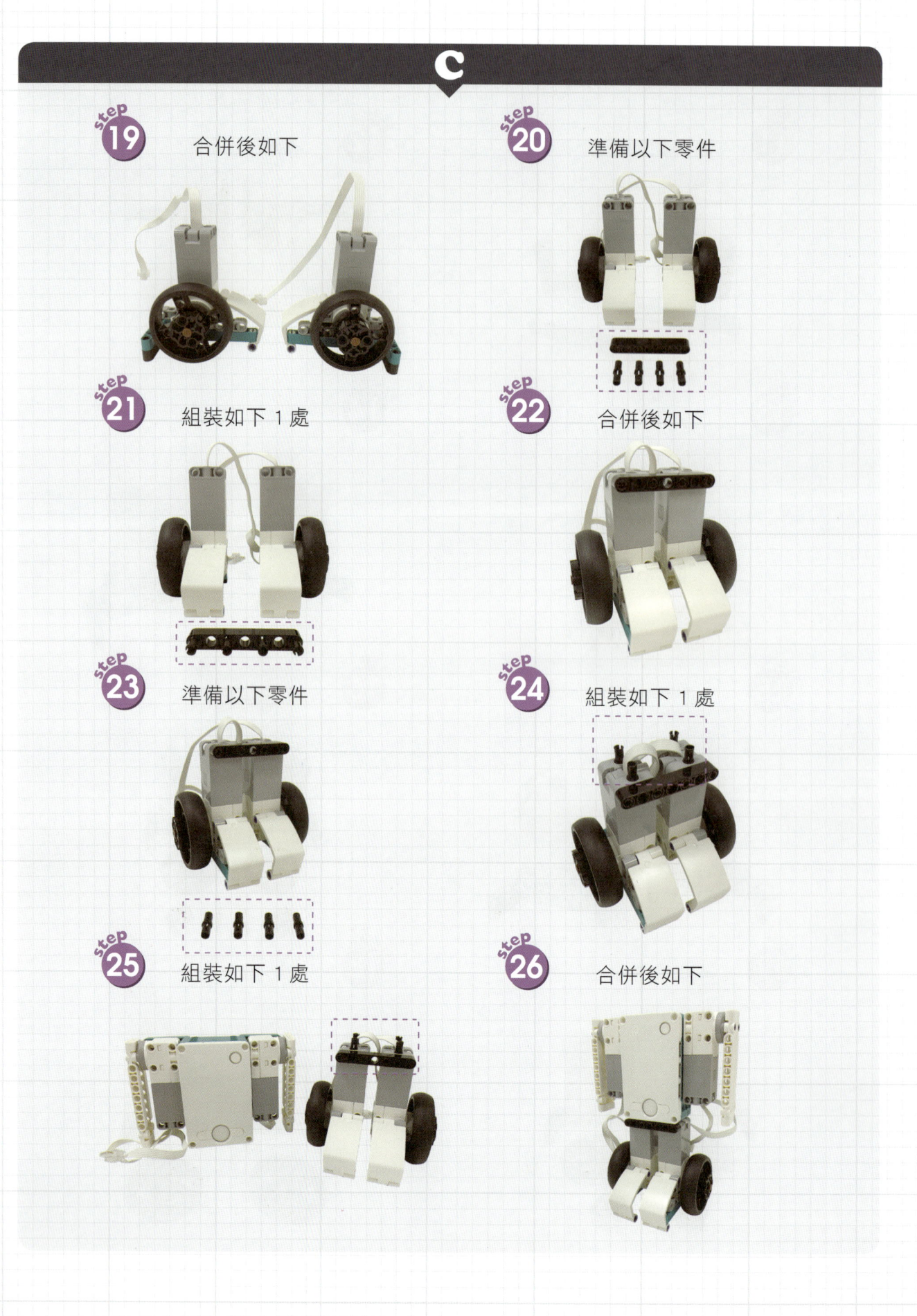

C

step 19　合併後如下

step 20　準備以下零件

step 21　組裝如下 1 處

step 22　合併後如下

step 23　準備以下零件

step 24　組裝如下 1 處

step 25　組裝如下 1 處

step 26　合併後如下

224

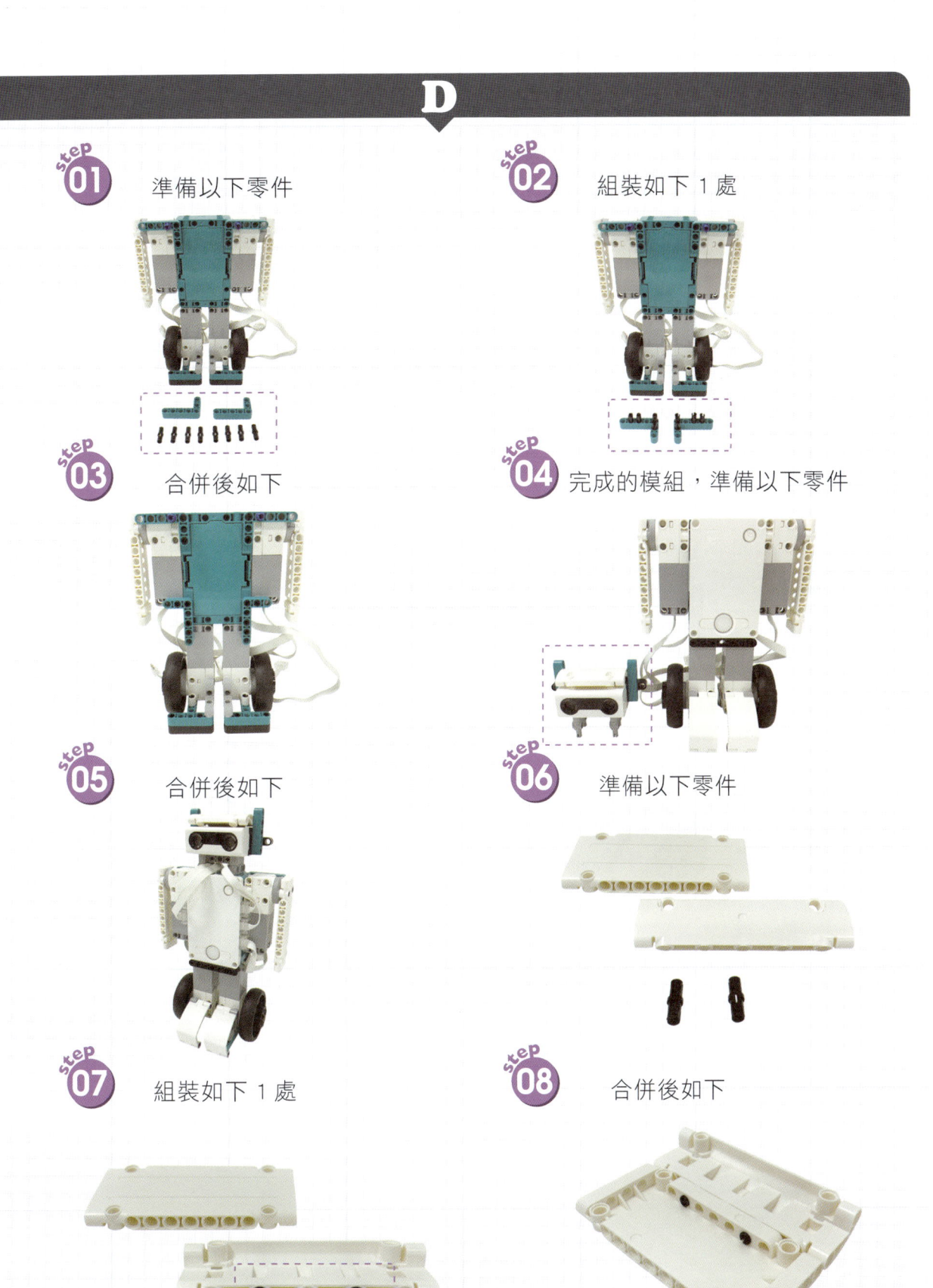

Chapter 9　二足人形機器人

D

step 01 準備以下零件

step 02 組裝如下 1 處

step 03 合併後如下

step 04 完成的模組，準備以下零件

step 05 合併後如下

step 06 準備以下零件

step 07 組裝如下 1 處

step 08 合併後如下

創意無限樂高 SPIKE 機器人

D

step 09 組裝如下 1 處

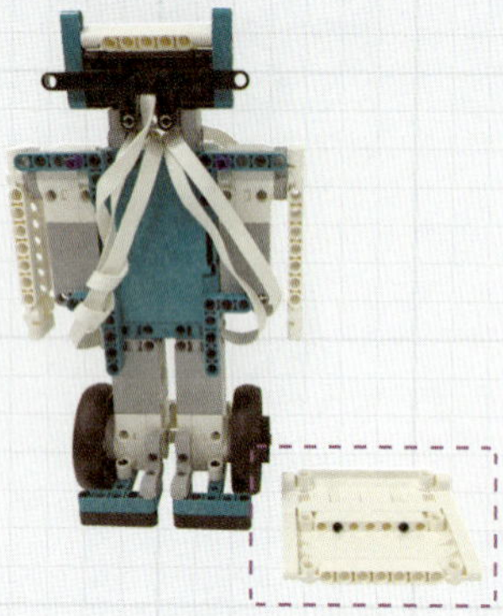

step 10 組裝完成

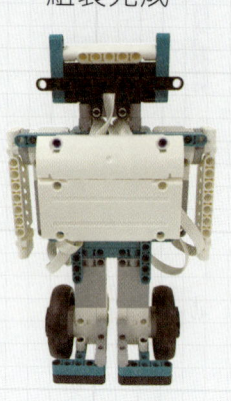

從不同角度觀看 1

從不同角度觀看 2

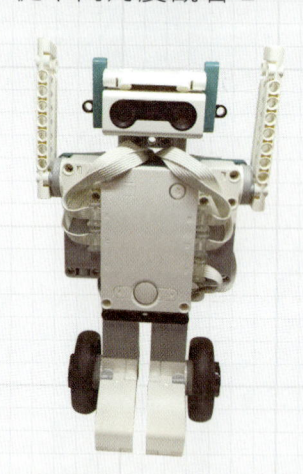

226

Chapter 9　二足人形機器人

9-3　撰寫「二足人形機器人」之指引程式

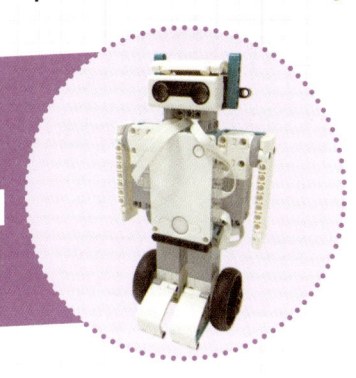

一 二足機器人行走 3 步

| 流程圖 |

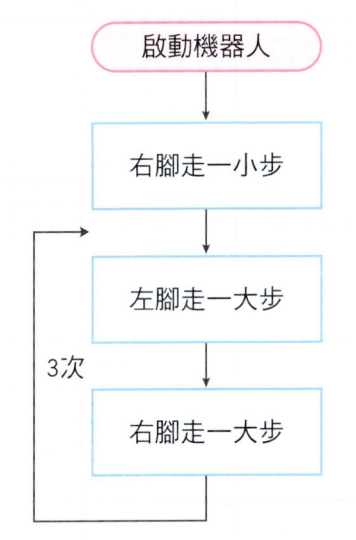

啟動機器人
↓
右腳走一小步
↓
左腳走一大步　← 3次
↓
右腳走一大步

| 程式設計 |

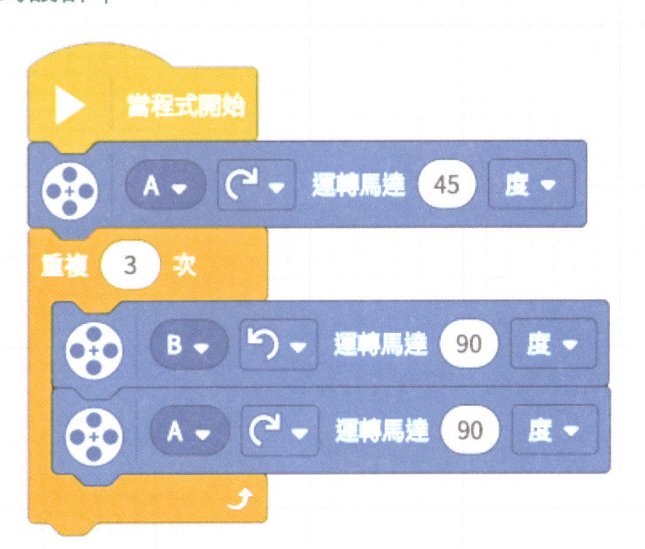

當程式開始
A　順時針　運轉馬達 45 度
重複 3 次
　B　逆時針　運轉馬達 90 度
　A　順時針　運轉馬達 90 度

二 二足機器人右手揮手 3 次

| 流程圖 |

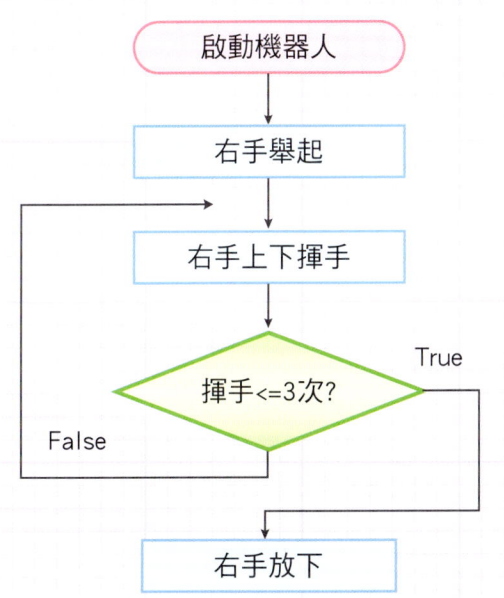

啟動機器人
↓
右手舉起
↓
右手上下揮手
↓
揮手<=3次？ — True → (迴圈回到「右手上下揮手」)
False
↓
右手放下

| 程式設計 |

當程式開始
C　逆時針　前往位置 160
重複 3 次
　C　最短路徑　前往位置 200
　C　最短路徑　前往位置 160
C　順時針　前往位置 0

227

三 二足機器人行走 3 步再右手揮手 3 次 1

| 流程圖 |

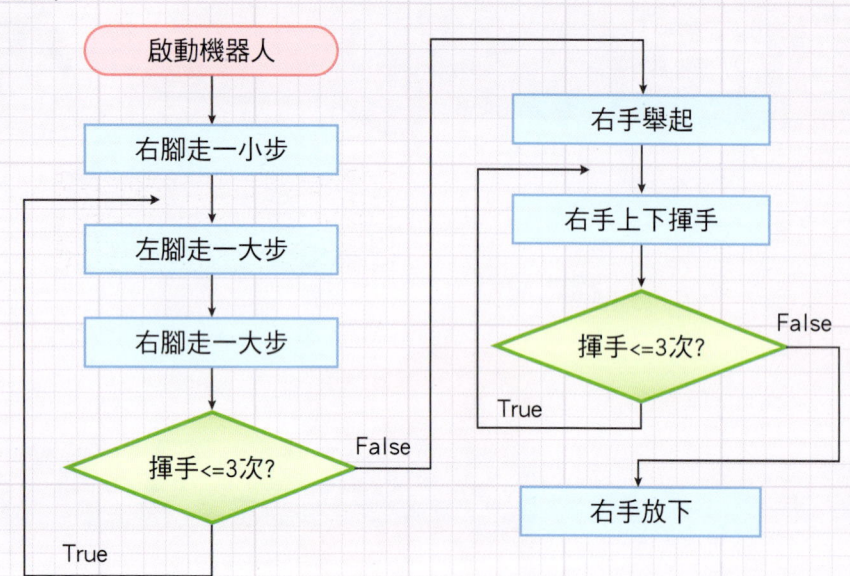

```
啟動機器人
    ↓
右腳走一小步
    ↓
左腳走一大步  ←─┐
    ↓           │
右腳走一大步    │
    ↓           │
揮手<=3次? ──True┘
    │ False
    ↓
右手舉起  ←─┐
    ↓       │
右手上下揮手│
    ↓       │
揮手<=3次? ─True┘
    │ False
    ↓
右手放下
```

| 程式設計 |

- ▶ 當程式開始
- 運轉馬達 A 順時針 45 度
- 重複 3 次
  - 運轉馬達 B 逆時針 90 度
  - 運轉馬達 A 順時針 90 度
- 運轉馬達 C 逆時針 前往位置 160
- 重複 3 次
  - 運轉馬達 C 最短路徑 前往位置 200
  - 運轉馬達 C 最短路徑 前往位置 160
- 運轉馬達 C 順時針 前往位置 0

9-4 專題製作：二足人形機器人

主題發想

機器人已成為人們生活的一部分，不僅可以是我們生活中的一種陪伴，更能替我們的生活帶來許多的便利，例如距離感測、巡邏監控等等...

本次專題設計，運用機器人的概念作為發想，讓機器人可以帶給我們更多生活的輔助。

主題目的

1. 模仿真實在生活中的人形機器人，作為實際應用。
2. 透過人形機器人，實際了解生活中，可結合之處。

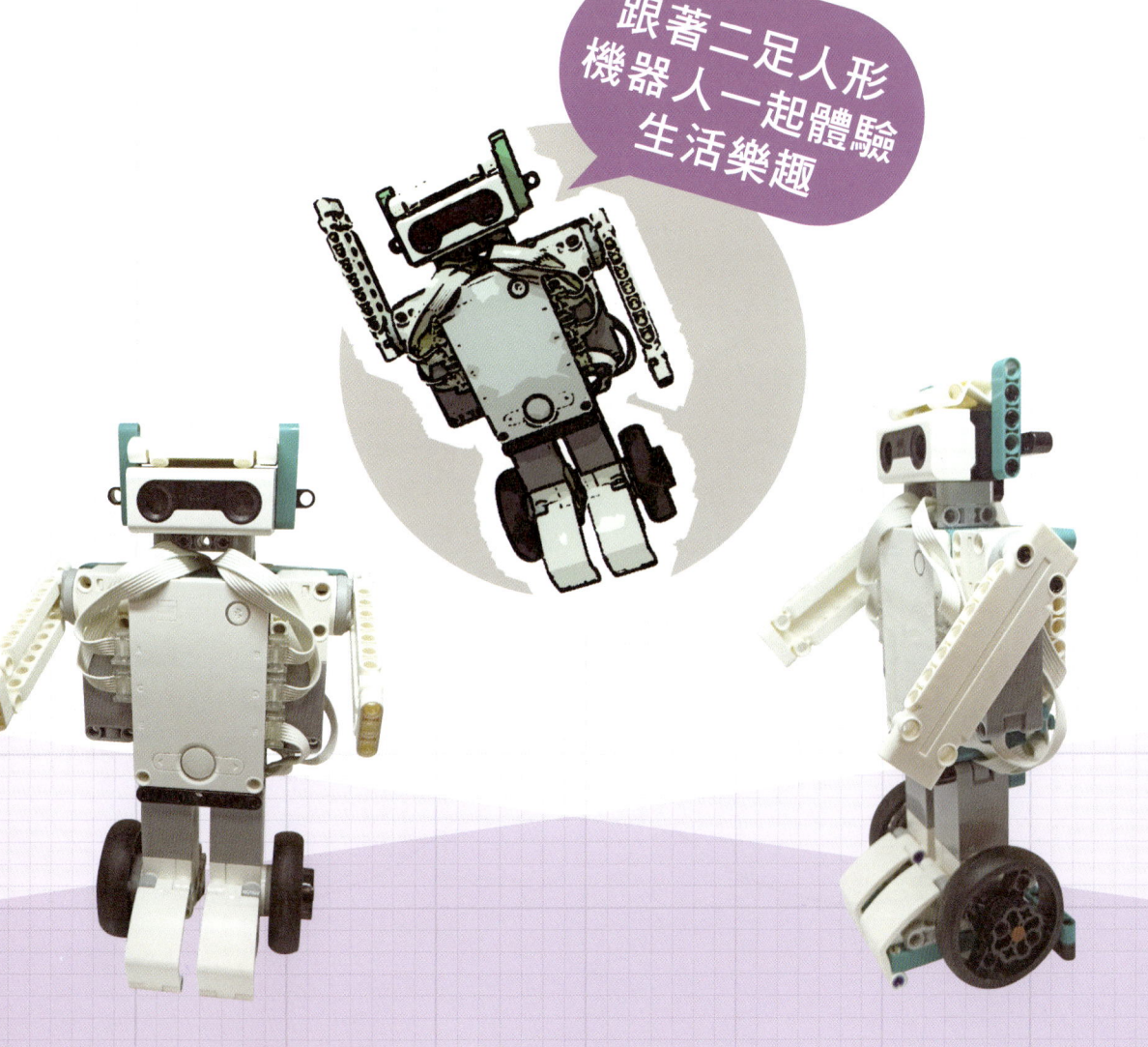

跟著二足人形機器人一起體驗生活樂趣

創意無限樂高 SPIKE 機器人

|流程圖|

- 啟動機器人
- 二足人形機器人往前行走
- 超音波偵測<20
  - False → 二足人形機器人往前行走
  - True → 揮右打招呼

|撰寫程式|

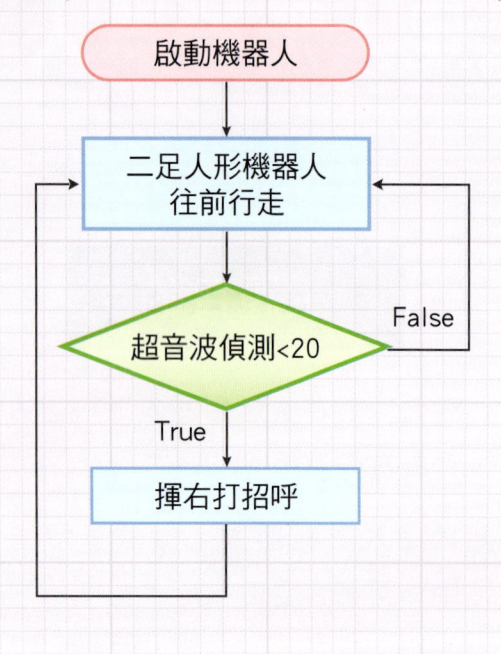

當程式開始
- 運轉馬達 A 順時針 45 度
- 重複直到 F 距離小於 20 %嗎？
  - 運轉馬達 B 逆時針 90 度
  - 運轉馬達 A 順時針 90 度
- C 逆時針 前往位置 160
- 重複 3 次
  - C 最短路徑 前往位置 200
  - C 最短路徑 前往位置 160
- C 順時針 前往位置 0

創新性

1. 透過樂高機器套件，來創意組裝二足人形機器人。
2. 二足人形機器人可以瞭解二足人形機器人的設計方式。

應用性

1. 室內互動遊戲。
2. 結合程式設計課程。

Chapter 9　實作題

題目名稱： 二足人形機器人

題目說明：
1. 請利用「遙控器」元件功能，來控制二足人形機器人。
2. 請利用「PS4 搖桿」來控制二足機器人。

題目編號： A038007

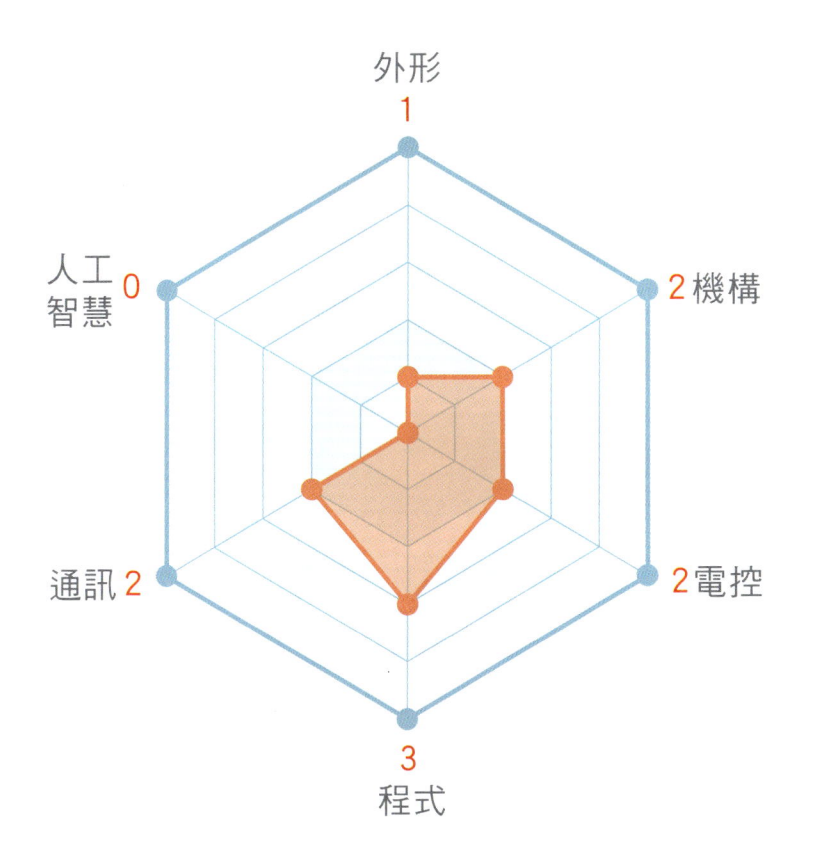

實作時間：180 min	
創客指標	指數
外形（專業）	1
機構	2
電控	2
程式	3
通訊	2
人工智慧	0
創客總數	10

外形 1
機構 2
電控 2
程式 3
通訊 2
人工智慧 0

231

Chapter 9　實作題

1. 請利用「遙控器」元件功能，來控制二足人形機器人。

| 遙控器之介面設計 |

| 程式設計 |

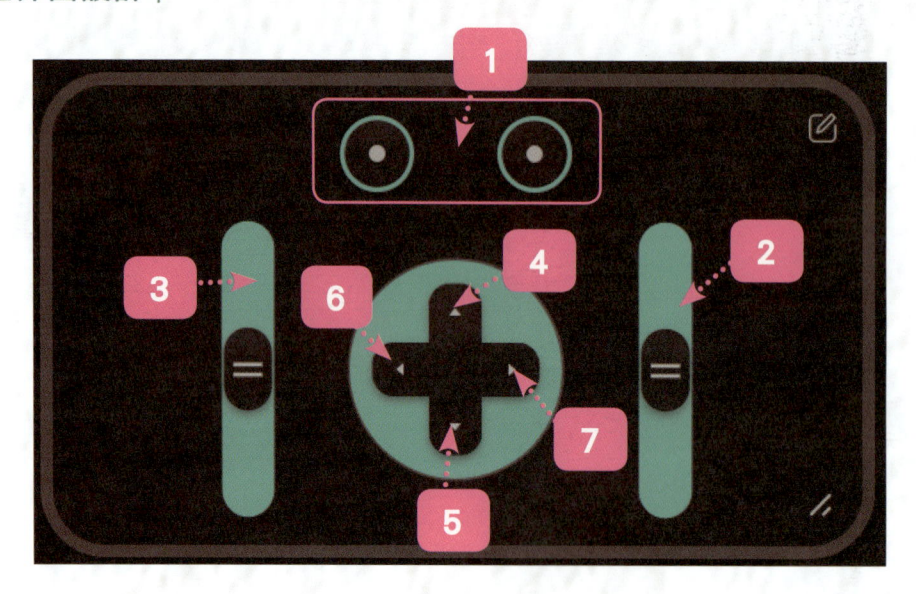

1. 控制兩顆眼睛

當 B1 按鈕被 按下
F 亮起 ○

當 B2 按鈕被 按下
F 亮起 ○

當 B1 按鈕被 放開
F 亮起

當 B2 按鈕被 放開
F 亮起

2. 控制右手揮手

當滑桿 SV1 移動
變數 右手角度 設為 滑桿 SV1 * -1 * 2
C 最短路徑 前往位置 右手角度

當滑桿 SV1 放開
C 最短路徑 前往位置 0
變數 右手角度 設為 0

232

Chapter 9　實作題

3. 控制左手揮手

- 當滑桿 SV2 移動
  - 變數 左手角度 設為 (滑桿 SV2 * 2)
  - D 最短路徑 前往位置 左手角度

- 當滑桿 SV2 放開
  - D 最短路徑 前往位置 0
  - 變數 左手角度 設為 0

4. 控制前進

- 當十字鍵 D1 往上 按鈕被按下
  - A 順時針 運轉馬達 90 度
  - B 逆時針 運轉馬達 90 度

5. 控制後退

- 當十字鍵 D1 往下 按鈕被按下
  - A 逆時針 運轉馬達 90 度
  - B 順時針 運轉馬達 90 度

6. 控制左轉

- 當十字鍵 D1 往左 按鈕被按下
  - A 順時針 運轉馬達 90 度

7. 控制右轉

- 當十字鍵 D1 往右 按鈕被按下
  - B 逆時針 運轉馬達 90 度

Chapter 9　實作題

2. 請利用「PS4 搖桿」來控制二足機器人。

| 程式設計 |

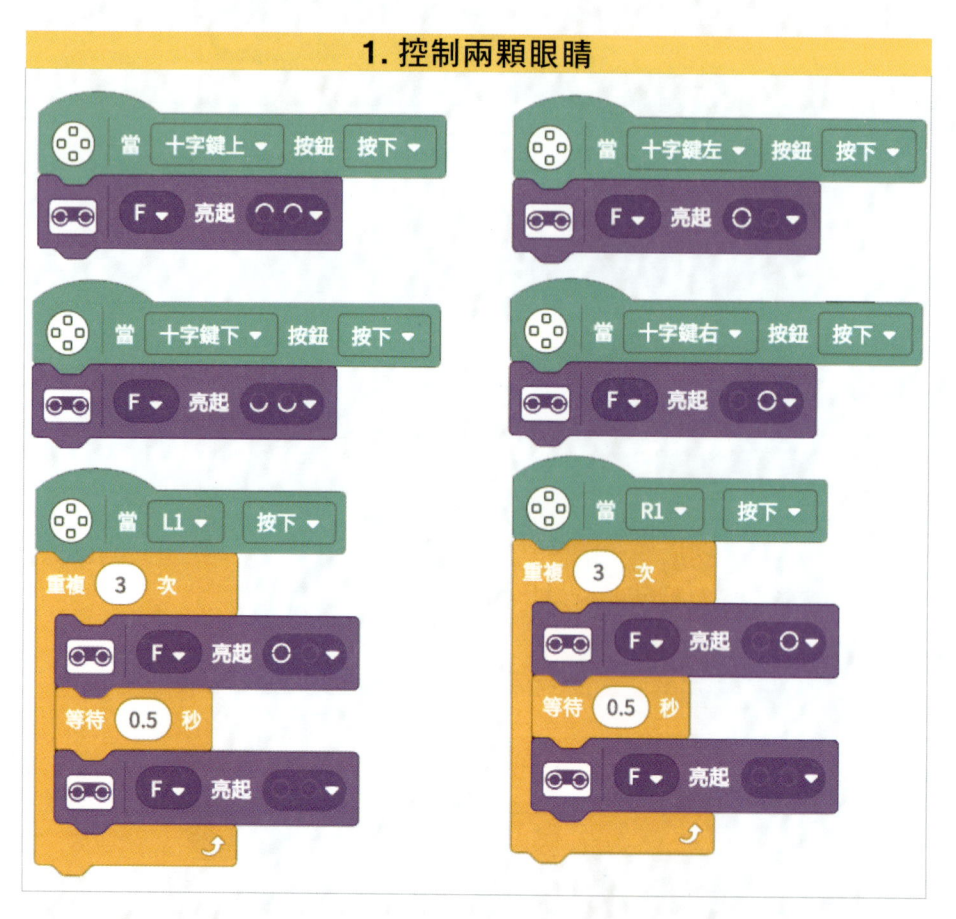

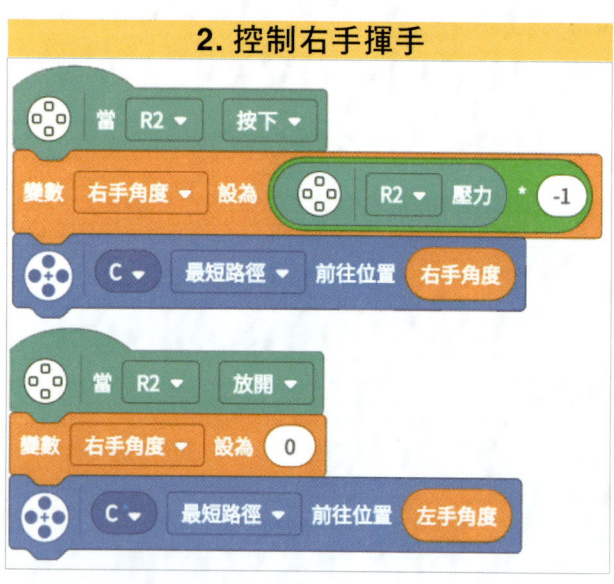

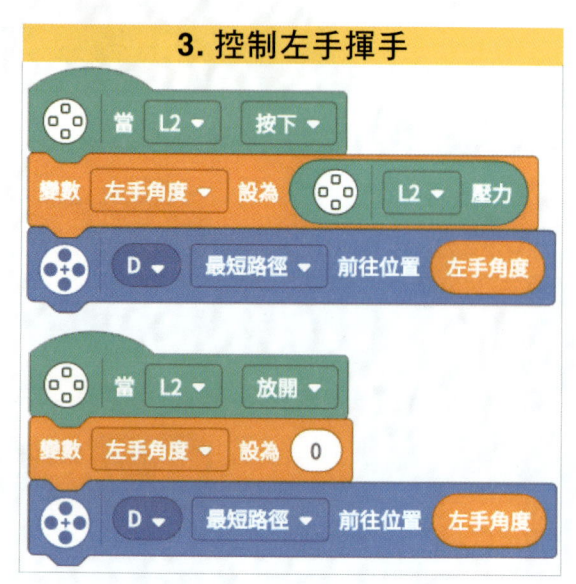

1. 控制兩顆眼睛

當 十字鍵上 按鈕 按下
　F 亮起 ◐◐

當 十字鍵左 按鈕 按下
　F 亮起 ◐○

當 十字鍵下 按鈕 按下
　F 亮起 ◑◑

當 十字鍵右 按鈕 按下
　F 亮起 ○◐

當 L1 按下
　重複 3 次
　　F 亮起 ○
　　等待 0.5 秒
　F 亮起

當 R1 按下
　重複 3 次
　　F 亮起 ○
　　等待 0.5 秒
　F 亮起

2. 控制右手揮手

當 R2 按下
　變數 右手角度 設為 R2 壓力 * -1
　C 最短路徑 前往位置 右手角度

當 R2 放開
　變數 右手角度 設為 0
　C 最短路徑 前往位置 左手角度

3. 控制左手揮手

當 L2 按下
　變數 左手角度 設為 L2 壓力
　D 最短路徑 前往位置 左手角度

當 L2 放開
　變數 左手角度 設為 0
　D 最短路徑 前往位置 左手角度

Chapter 9　實作題

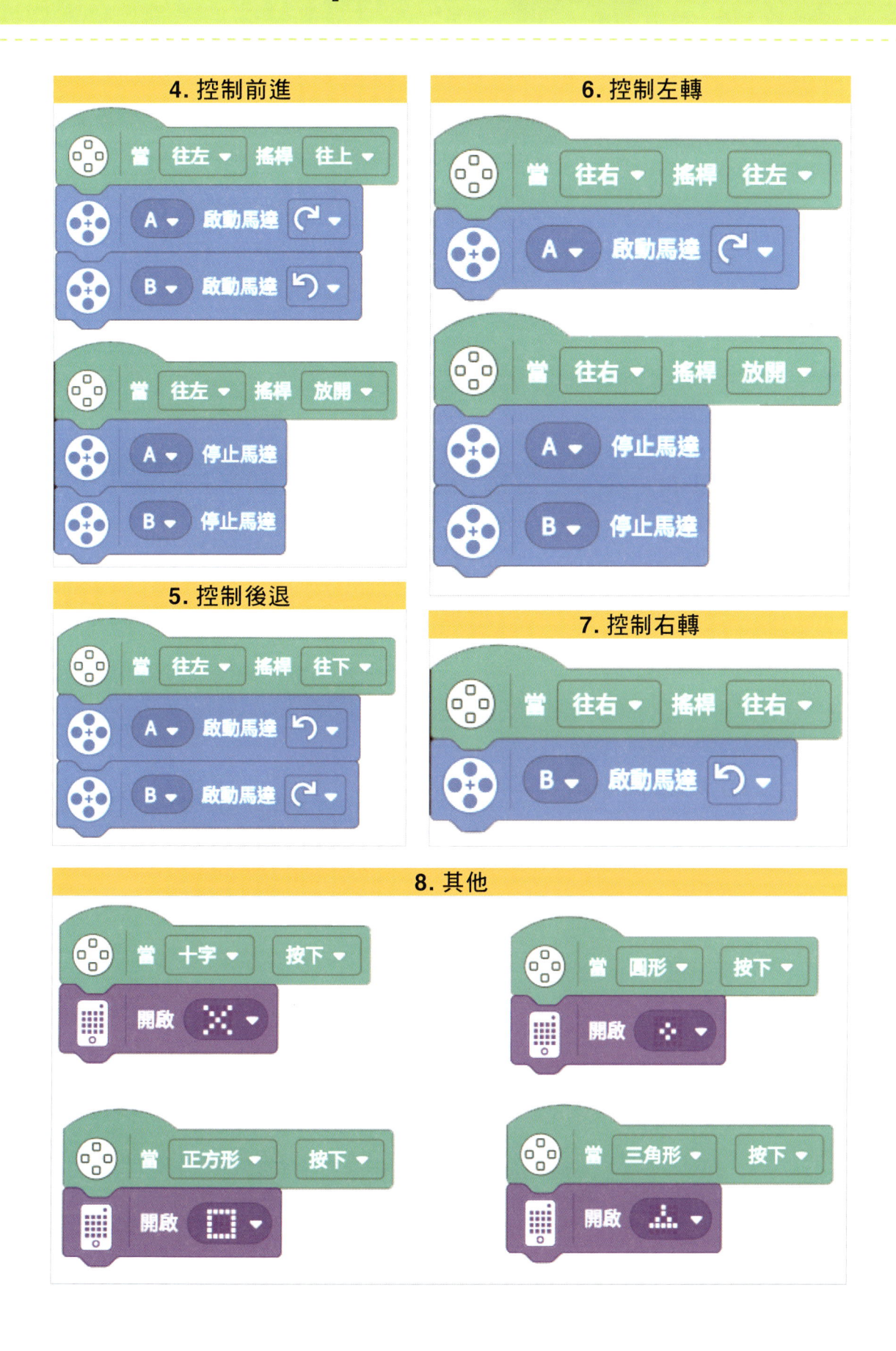

4. 控制前進
- 當 [往左] 搖桿 [往上]
  - A 啟動馬達 ↻
  - B 啟動馬達 ↺
- 當 [往左] 搖桿 [放開]
  - A 停止馬達
  - B 停止馬達

5. 控制後退
- 當 [往左] 搖桿 [往下]
  - A 啟動馬達 ↺
  - B 啟動馬達 ↻

6. 控制左轉
- 當 [往右] 搖桿 [往左]
  - A 啟動馬達 ↻
- 當 [往右] 搖桿 [放開]
  - A 停止馬達
  - B 停止馬達

7. 控制右轉
- 當 [往右] 搖桿 [往右]
  - B 啟動馬達 ↺

8. 其他
- 當 [十字] 按下
  - 開啟 ✕
- 當 [正方形] 按下
  - 開啟 ▢
- 當 [圓形] 按下
  - 開啟 ◆
- 當 [三角形] 按下
  - 開啟 △

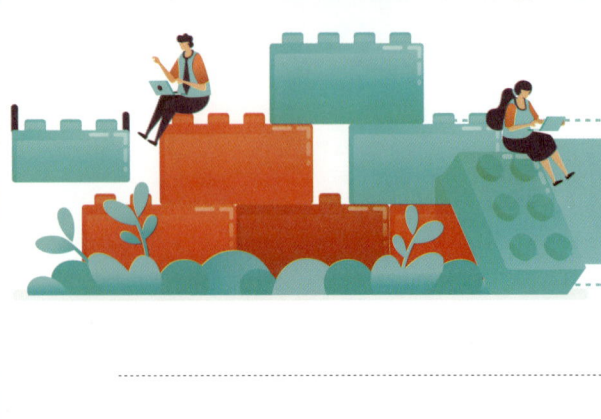

MEMO

Chapter 10 無人作戰車

10-1　無人作戰車

10-2　SPIKE 無人作戰車組裝

10-3　撰寫「無人作戰車」之指引程式

10-4　專題製作：無人作戰車

★ 學習目標

1. 瞭解組裝樂高無人作戰車的創意點子及應用時機。
2. 瞭解如何利用 SPIKE 程式來撰寫無人作戰車程式。

10-1 無人作戰車

各位同學先學會創意組裝一台「無人作戰車」之外,再撰寫機器人程式,來讓機器人可以玩比賽,增加學習程式的樂趣。

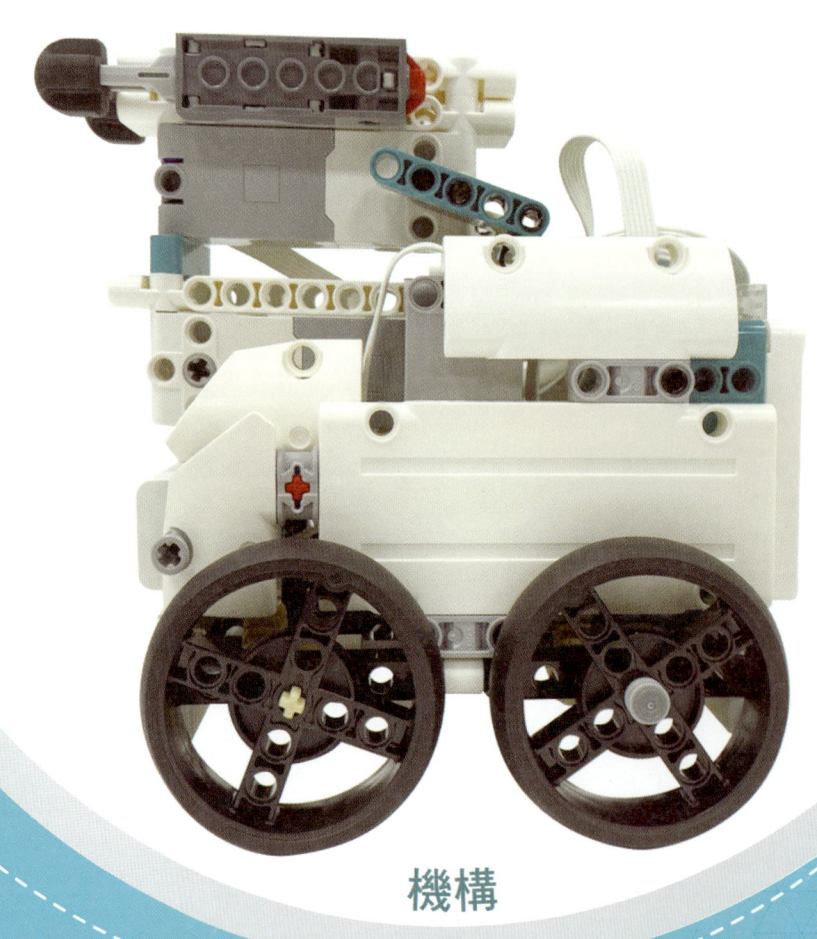

機構

在本章節中,介紹各位同學利用 SPIKE 套件來設計一台教學用的進階基本車,因此,它要有控制器(主機)、馬達、感測器及相關的樂高零件,來設計一個「SPIKE 無人作戰車」。

|主題|

設計「無人作戰車」。

|目的|

讓學習者瞭解如何利用樂高零件來創作「無人作戰車」作品。

|優點|

結構非常簡單,改造容易。

Chapter 10　無人作戰車

1. 創意組裝
2. 寫程式
3. 測試

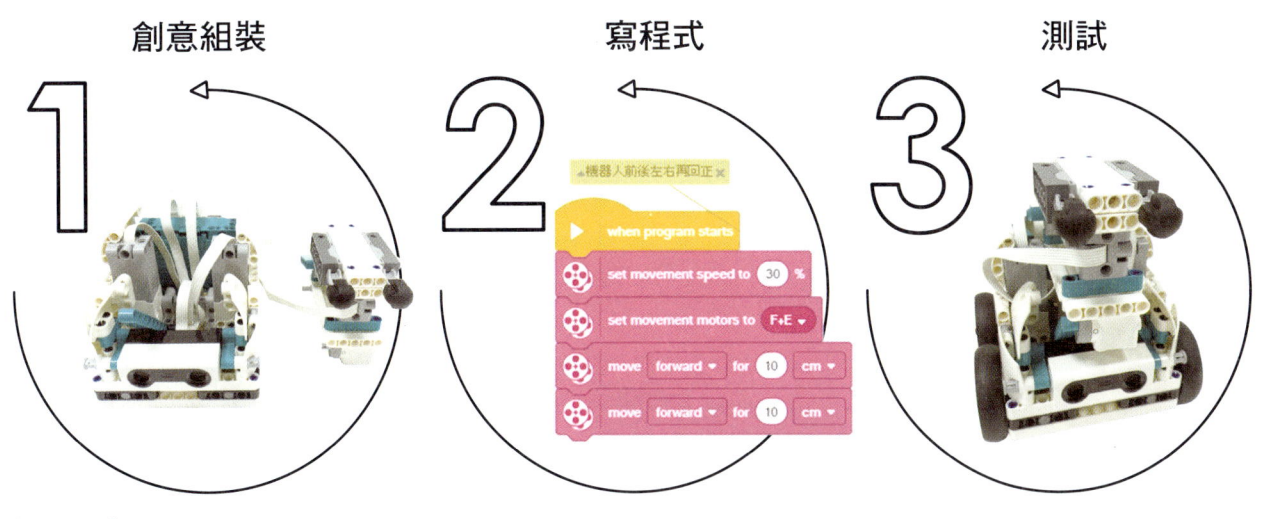

| 說明 |

1. 創意組裝：依照指定「功能及造型」來搭配「感應器及相關配件」結合「主機」。
2. 寫程式：依照指定任務來撰寫處理程序的動作與順序（程式）。
3. 測試：利用拼圖程式，將程式上傳到「主機」內，並依照指定功能先進行測試。

| 流程圖 |

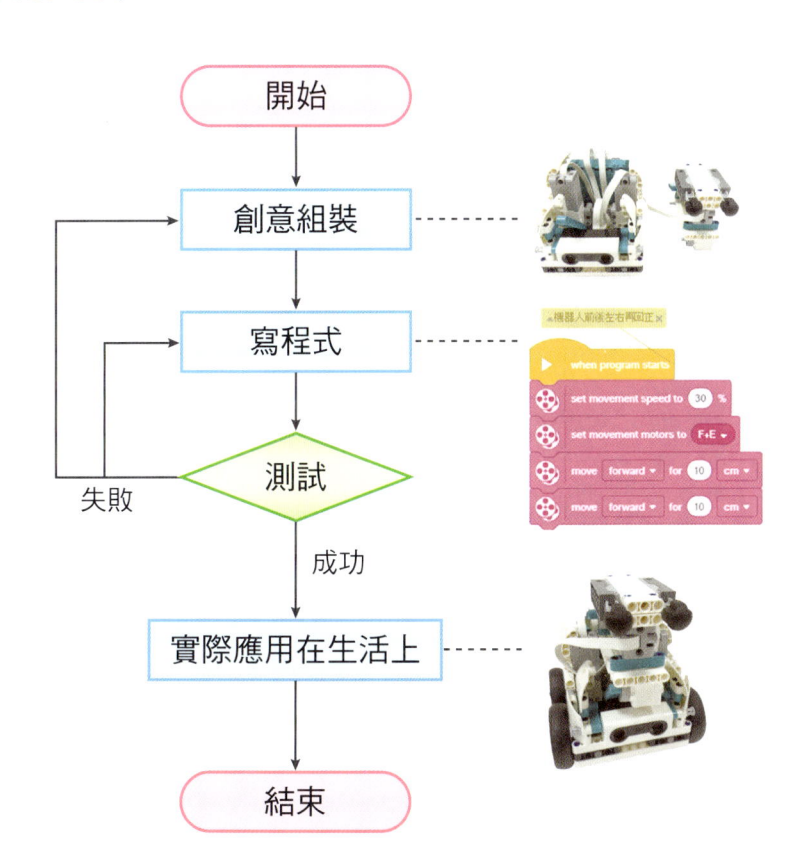

開始 → 創意組裝 → 寫程式 → 測試 → (成功) 實際應用在生活上 → 結束
測試 (失敗) → 創意組裝 / 寫程式

說明

從流程圖中，我們可以清楚瞭解「設計機器人程式」必須要經過的三大步驟，並且在進行第三步驟時，如果無法測試成功，除了要修改程式之外，也要檢查組裝是否正確，並且要反覆地進行測試，直到完全成功為止。最後，就可以將創作的智能裝置，應用在我們日常生活中。

難度 ⭐⭐⭐

10-2　SPIKE 無人作戰車組裝

想要製作一台「SPIKE 無人作戰車」時，必須要先準備相關的「主機、馬達、感測器及相關的零件材料」。

你需要準備……

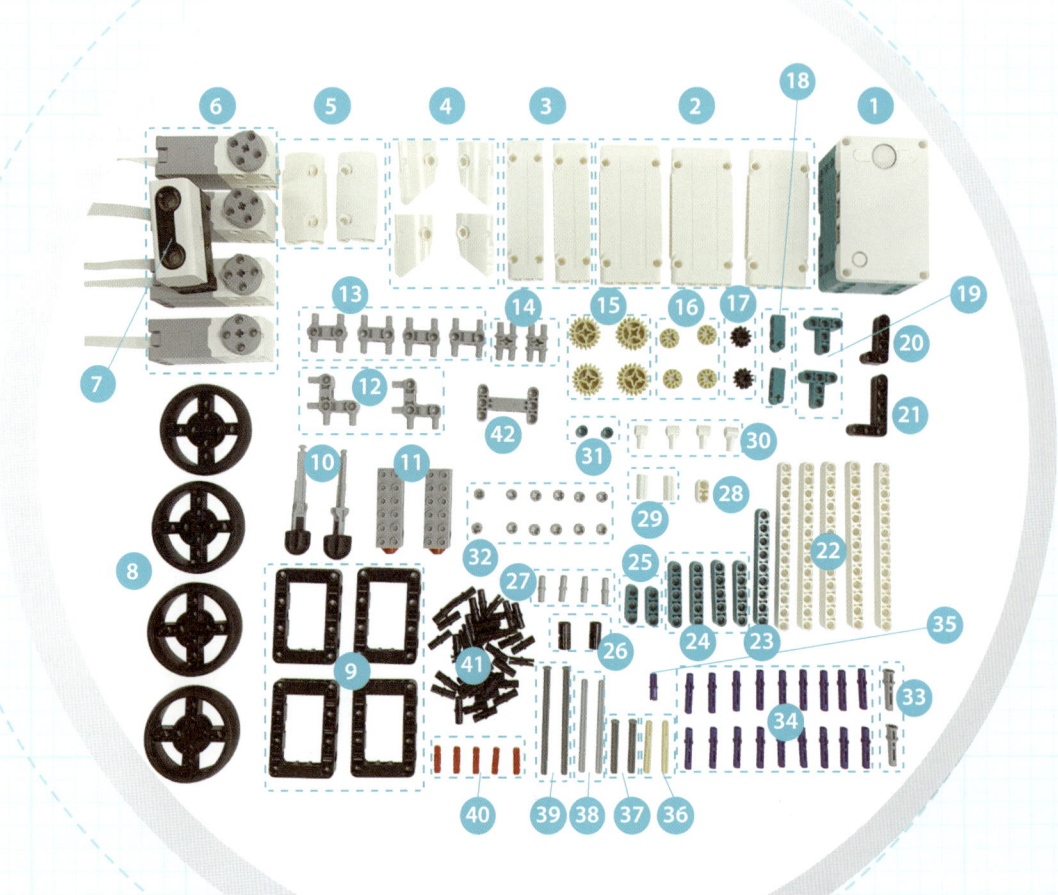

Chapter 10　無人作戰車

1. 主機 ×1
2. 大厚板 ×3
3. 小厚板 ×2
4. 小側板 ×4
5. 小弧型側板 ×2
6. 馬達 ×4
7. 超音波感測器 ×1
8. 輪子 ×4
9. 小型方框 ×4
10. 子彈 ×2
11. 發射器 ×2
12. L 型連接器 ×2
13. H 型連接器 ×4
14. 小 H 型連接器 ×2
15. 20 齒雙面斜齒輪 ×4
16. 斜齒輪 ×4
17. 12 齒雙面斜齒輪 ×2
18. 雙插銷連接器 ×1
19. T 型橫桿 ×2
20. 2*4 橫桿 ×1
21. 3*5 橫桿 ×1
22. 13m 橫桿 ×5
23. 9m 橫桿 ×1
24. 5m 橫桿 ×4
25. 3m 橫桿 ×2
26. 活動式連接器 ×2
27. 活動式插銷 ×4
28. 2m 橫桿 ×1
29. 雙軸連接器 ×2
30. 圓型連接器 ×4
31. 綠色連接器 ×2
32. 套筒 ×12
33. 十字軸插銷 ×2
34. 長插銷 ×18
35. 十字軸固定式插銷 ×1
36. 4m 十字軸（乳白色）×2
37. 4m 十字軸（灰色）×2
38. 7m 十字軸 ×2
39. 8m 十字軸 ×2
40. 2m 十字軸 ×5
41. 短插銷 ×50
42. I 型連接器 ×1

開始動手組裝！

在準備好「無人作戰車」所需要的「主機、感測器、構件及相關的材料」之後，接下來，請各位讀者依照以下的步驟就可以完成（註：▢ 代表步驟組裝的部分）：

A

step 01 準備以下零件

step 02 組裝如下 1 處

step 03 組裝如下 1 處

step 04 準備以下零件

step 05 合併後如下

從不同角度觀看 1

242

Chapter 10　無人作戰車

A

從不同角度觀看 2

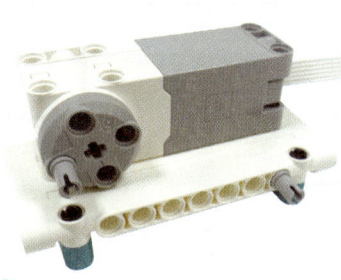

step 06　準備以下零件

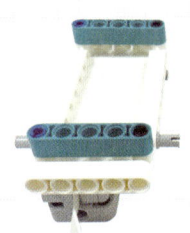

step 07　組裝如下 2 處

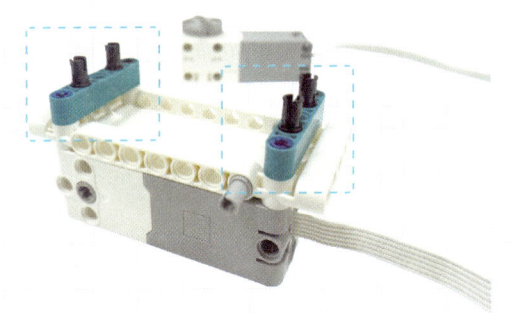

step 08　合併後如下

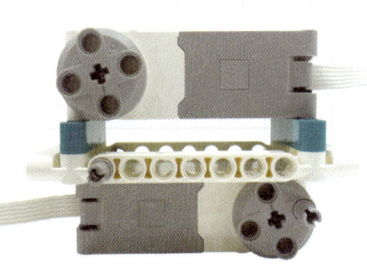

從不同角度觀看

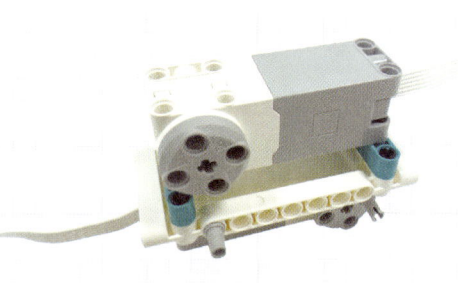

step 09　準備以下零件

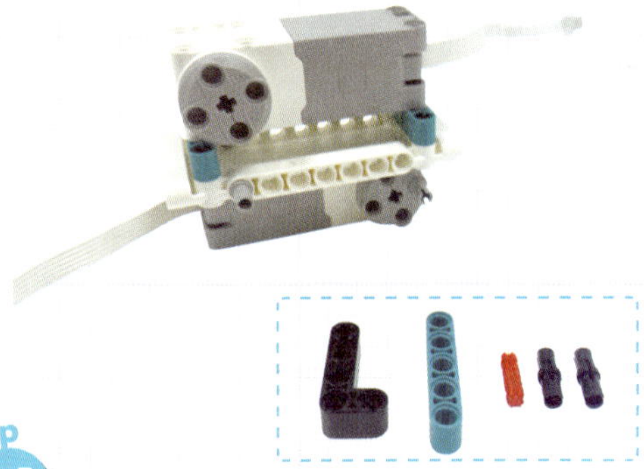

step 10　組裝如下 2 處

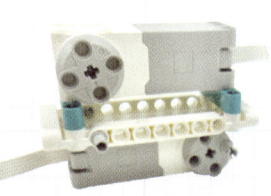

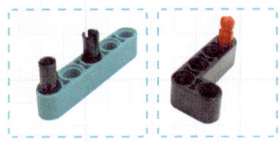

step 11　組裝如下 1 處

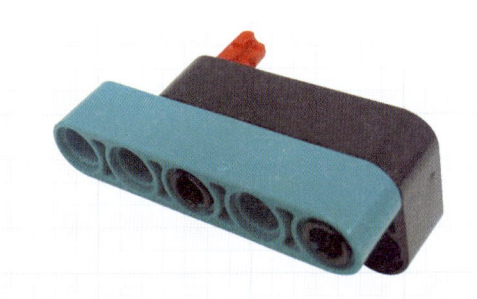

243

創意無限樂高 SPIKE 機器人

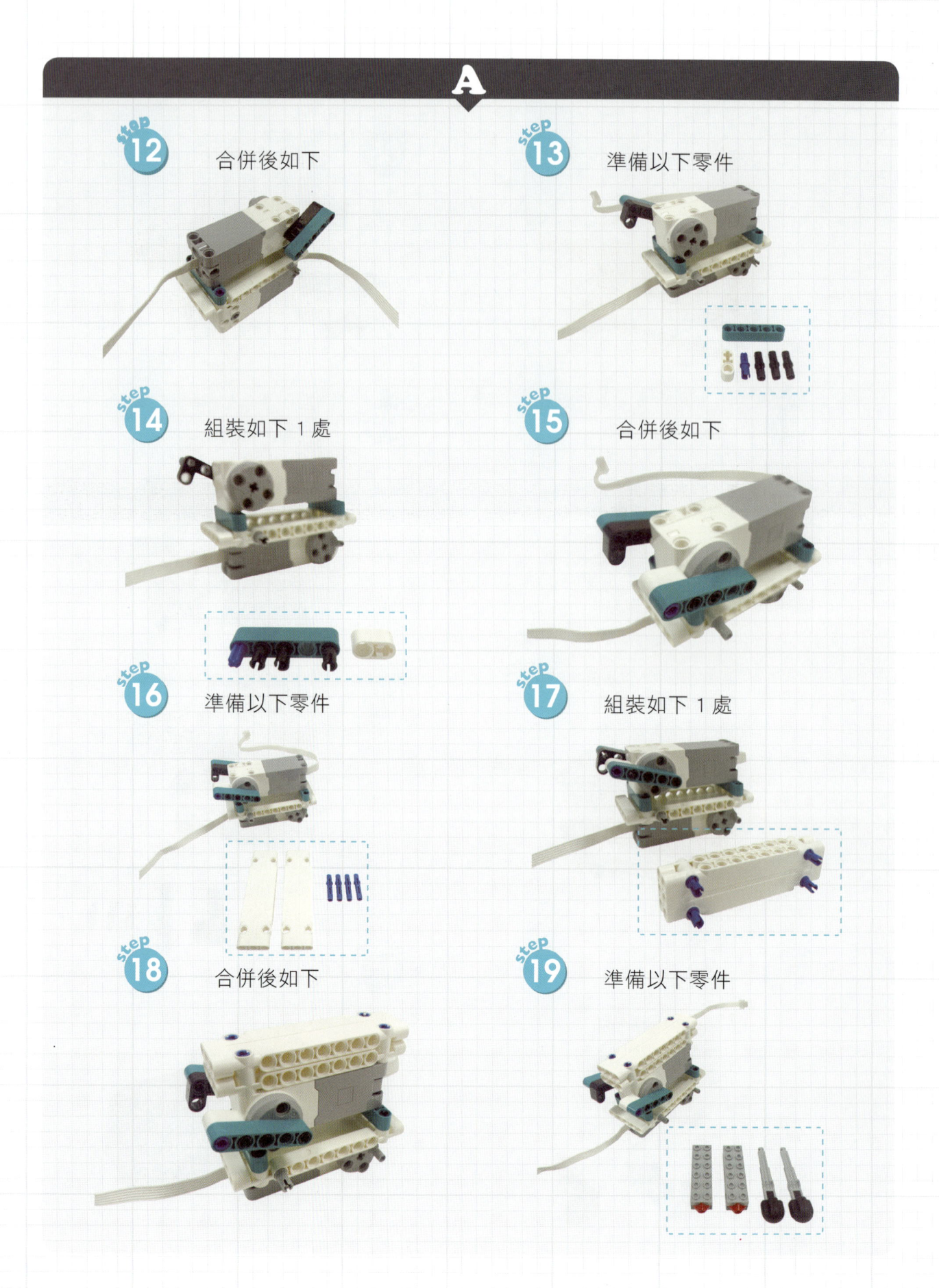

A

step 12 合併後如下

step 13 準備以下零件

step 14 組裝如下 1 處

step 15 合併後如下

step 16 準備以下零件

step 17 組裝如下 1 處

step 18 合併後如下

step 19 準備以下零件

244

Chapter 10 無人作戰車

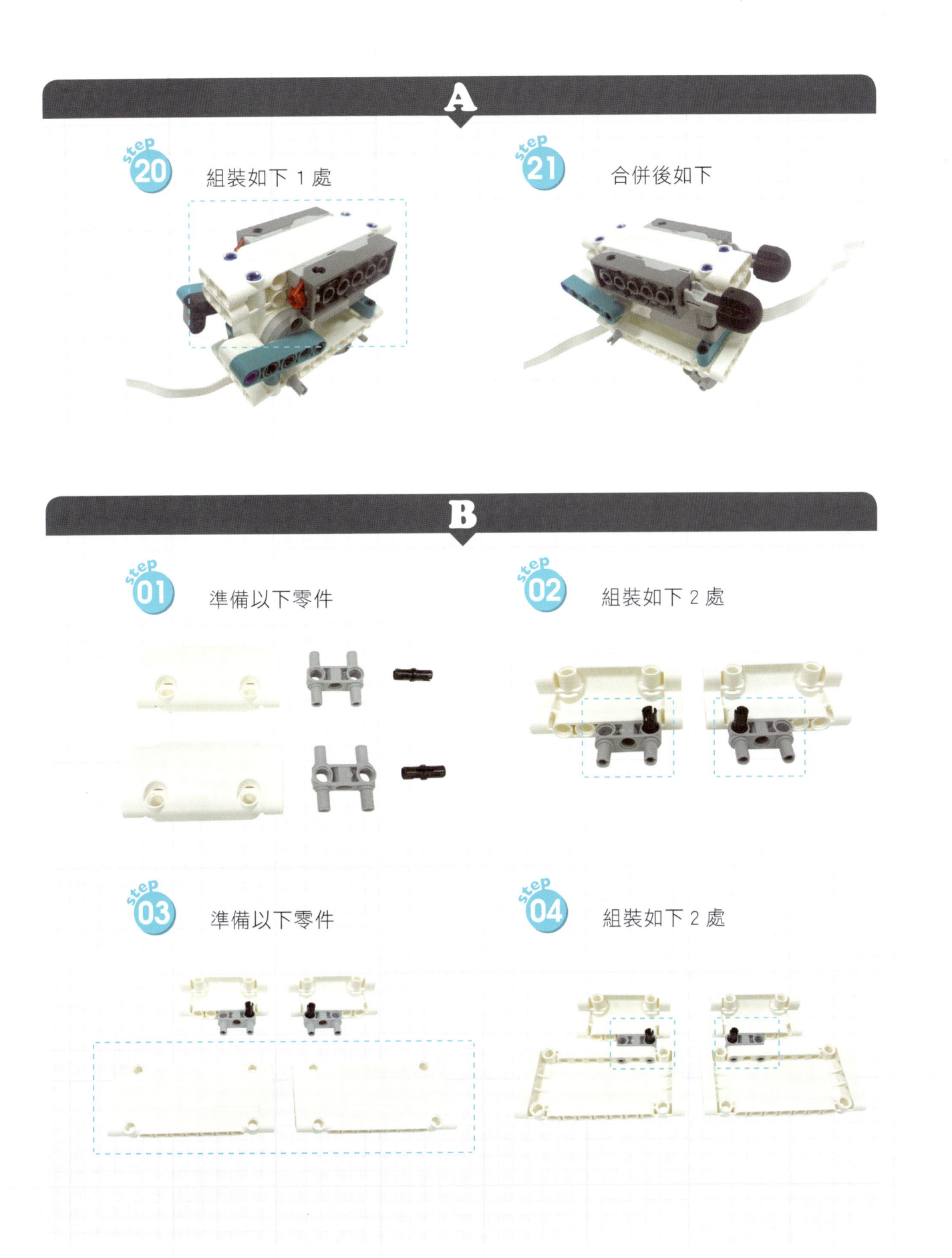

A

step 20 組裝如下 1 處

step 21 合併後如下

B

step 01 準備以下零件

step 02 組裝如下 2 處

step 03 準備以下零件

step 04 組裝如下 2 處

創意無限樂高 SPIKE 機器人

B

step 05 準備以下零件

step 06 組裝如下 1 處

step 07 合併後如下

step 08 準備以下零件

step 09 組裝如下 3 處

step 10 合併後如下

step 11 準備以下零件

step 12 合併後如下

Chapter 10　無人作戰車

B

step 13 準備以下零件

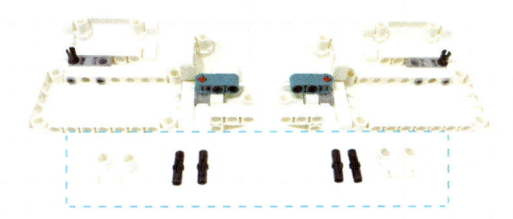

step 14 組裝如下 2 處

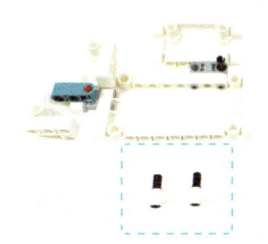

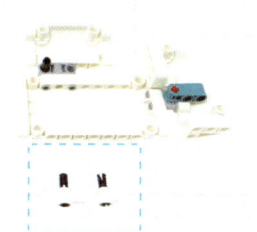

step 15 合併後如下

step 16 準備以下零件

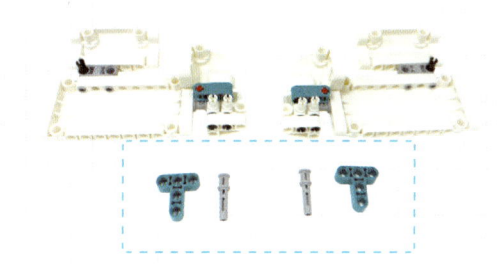

step 17 組裝如下 2 處

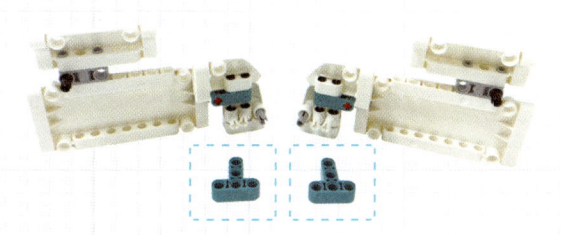

step 18 合併後如下

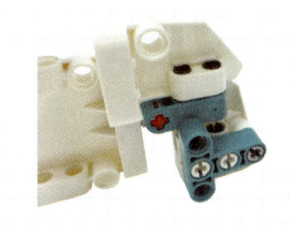

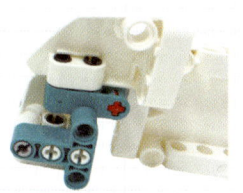

從不同角度觀看

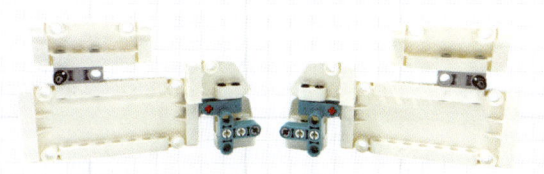

247

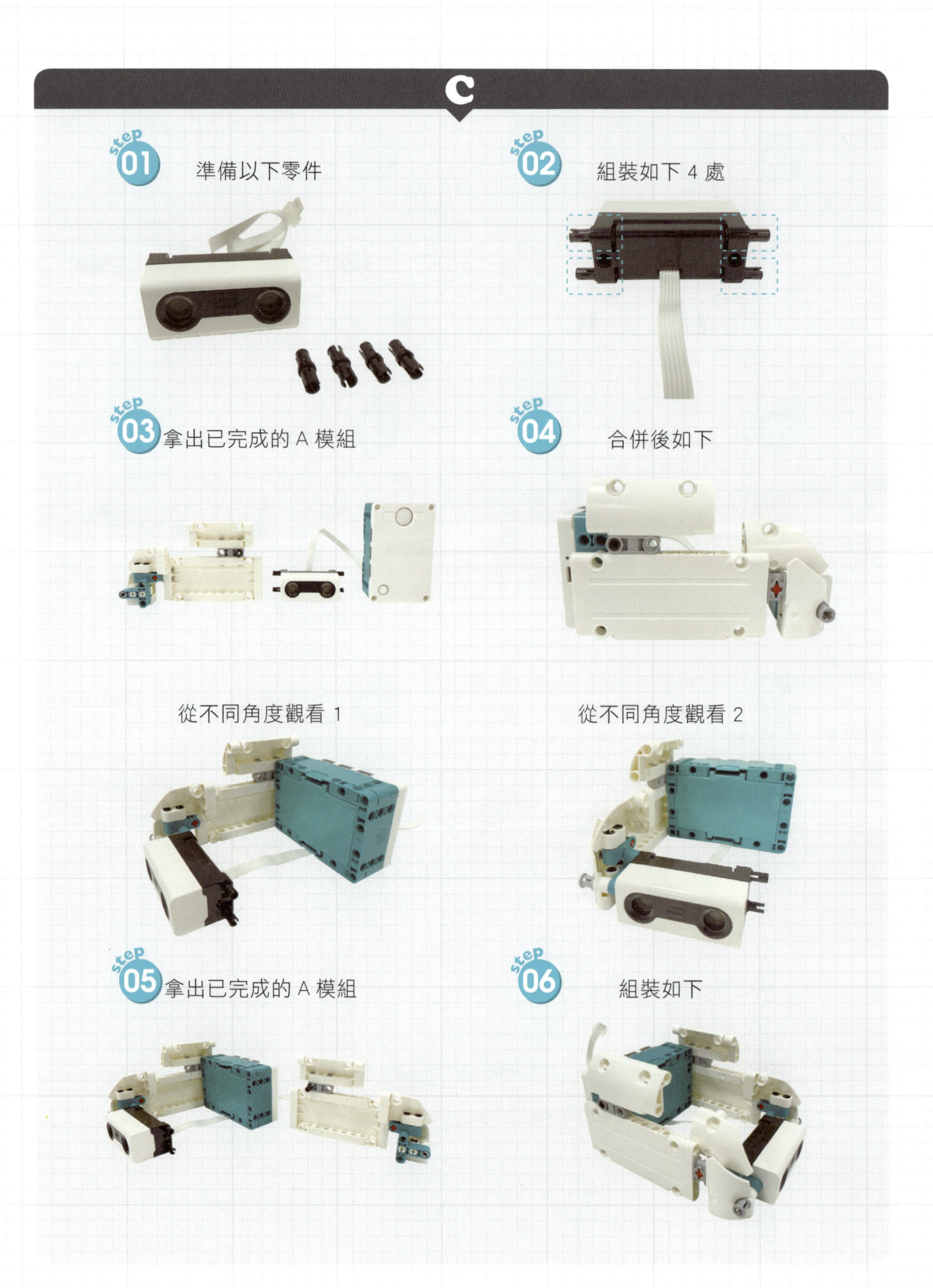

C

step 01 準備以下零件

step 02 組裝如下 4 處

step 03 拿出已完成的 A 模組

step 04 合併後如下

從不同角度觀看 1

從不同角度觀看 2

step 05 拿出已完成的 A 模組

step 06 組裝如下

Chapter 10　無人作戰車

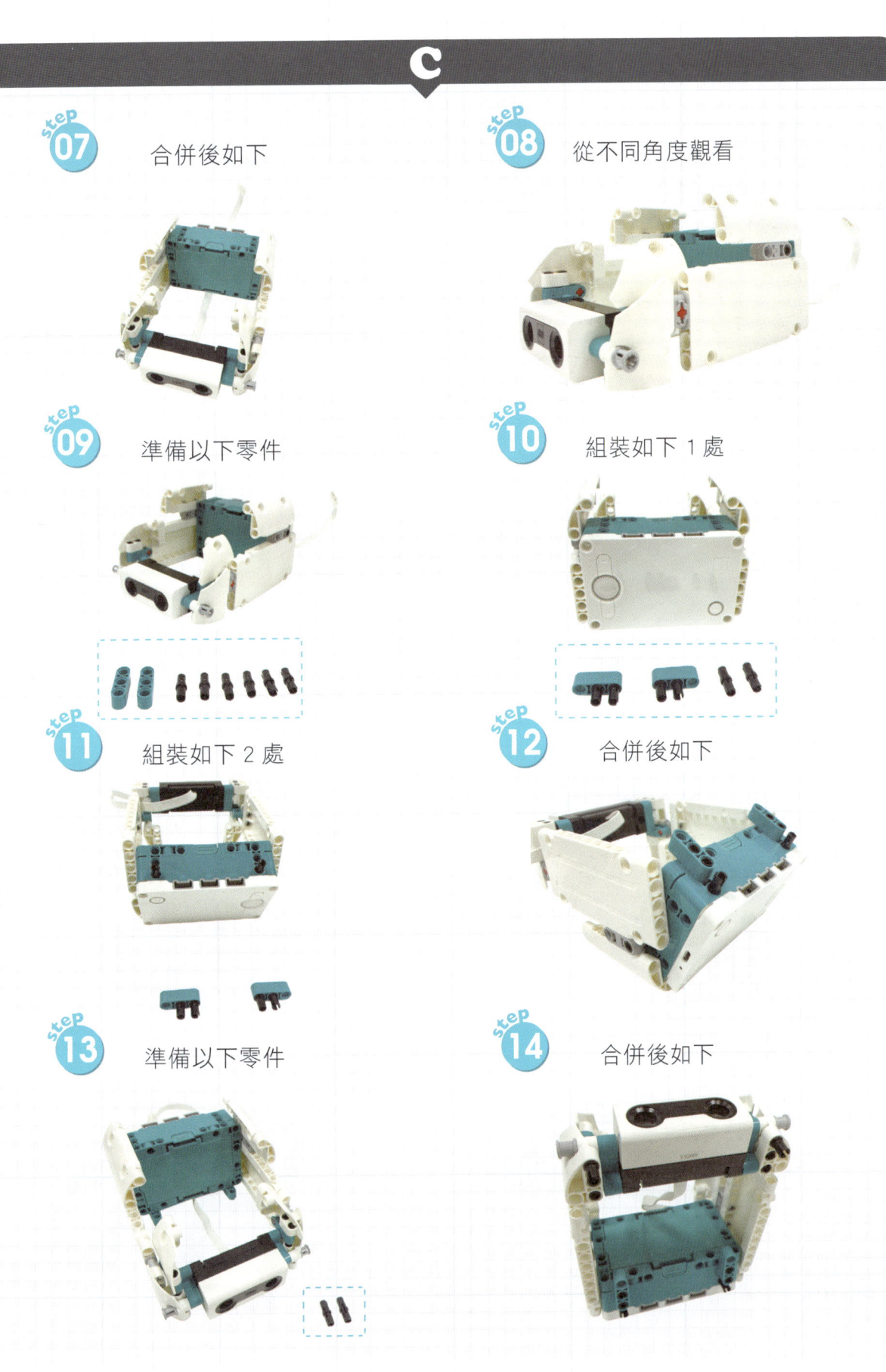

C

step 07 合併後如下

step 08 從不同角度觀看

step 09 準備以下零件

step 10 組裝如下 1 處

step 11 組裝如下 2 處

step 12 合併後如下

step 13 準備以下零件

step 14 合併後如下

249

D

step 01 準備以下零件

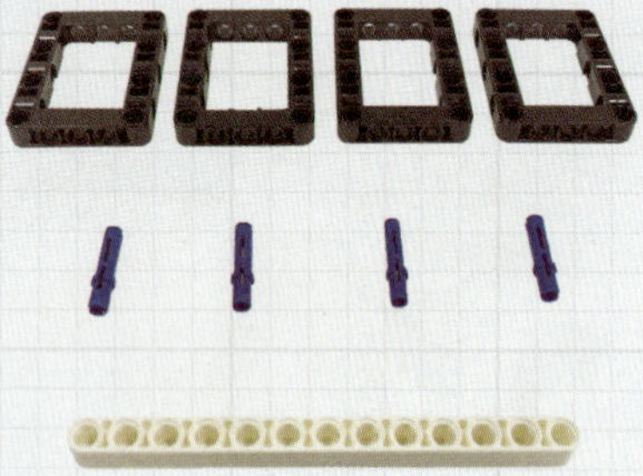

step 02 組裝如下 1 處

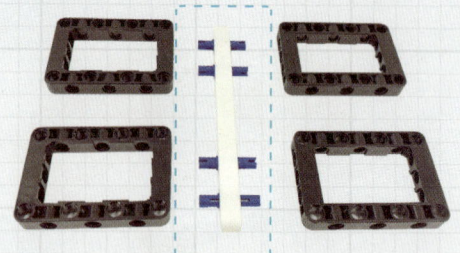

step 03 合併後如下

step 04 準備以下零件

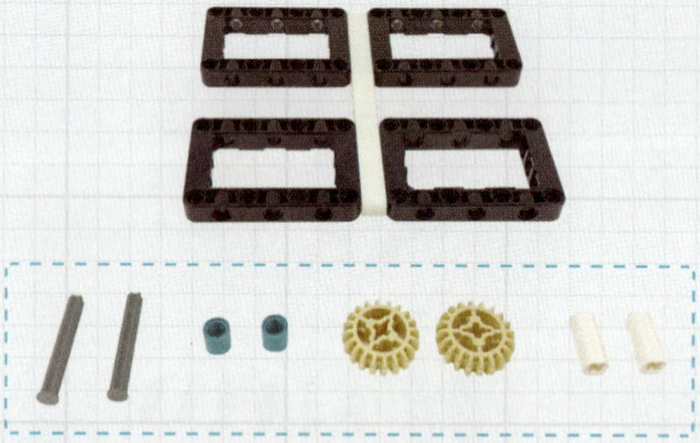

step 05 組裝如下 2 處

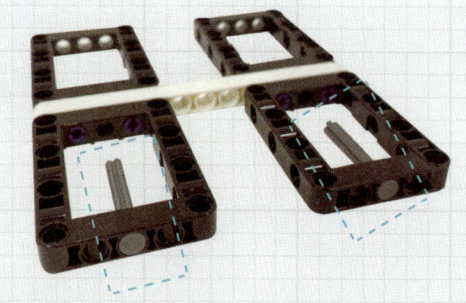

step 06 組裝如下 2 處

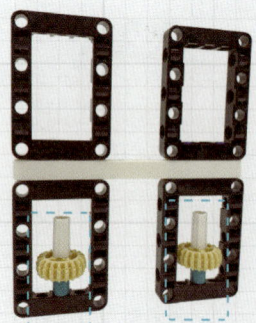

step 07 準備以下零件

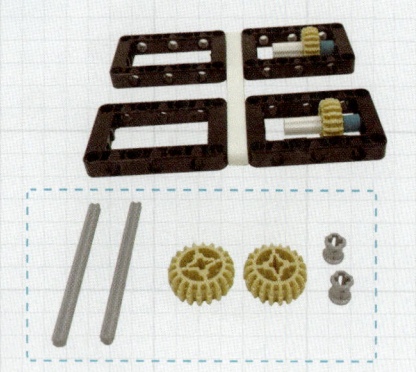

step 08 組裝如下 1 處

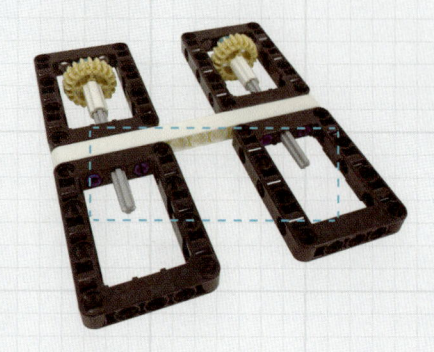

Chapter 10　無人作戰車

D

step 09 組裝如下 1 處

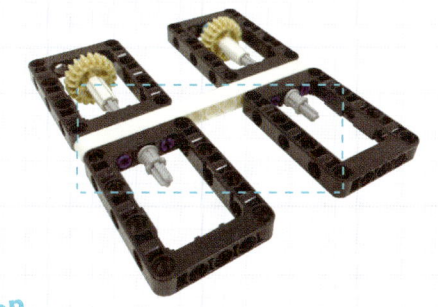

step 10 合併後如下

step 11 準備以下零件

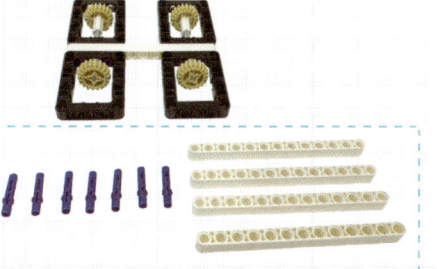

step 12 組裝如下 1 處

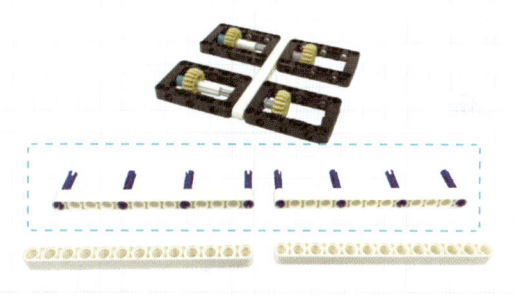

step 13 組裝如下 2 處

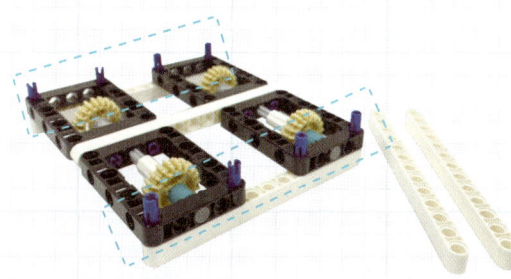

step 14 合併後如下

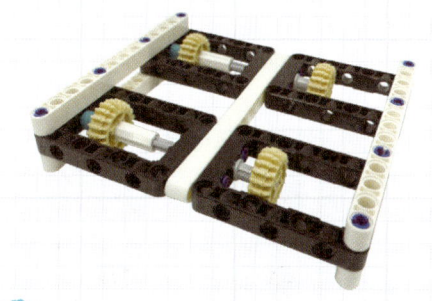

step 15 準備以下零件

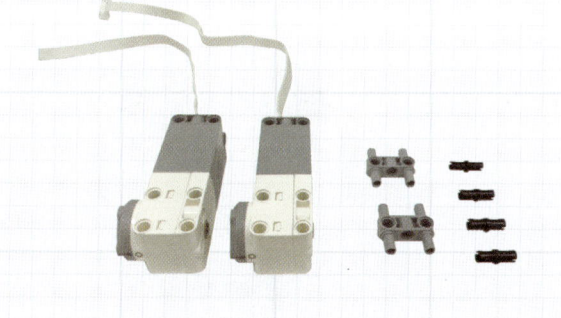

step 16 組裝如下 1 處

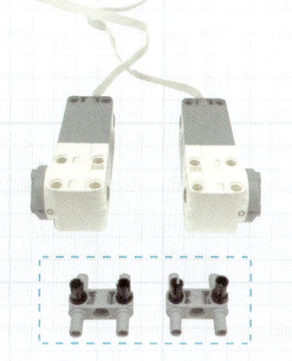

251

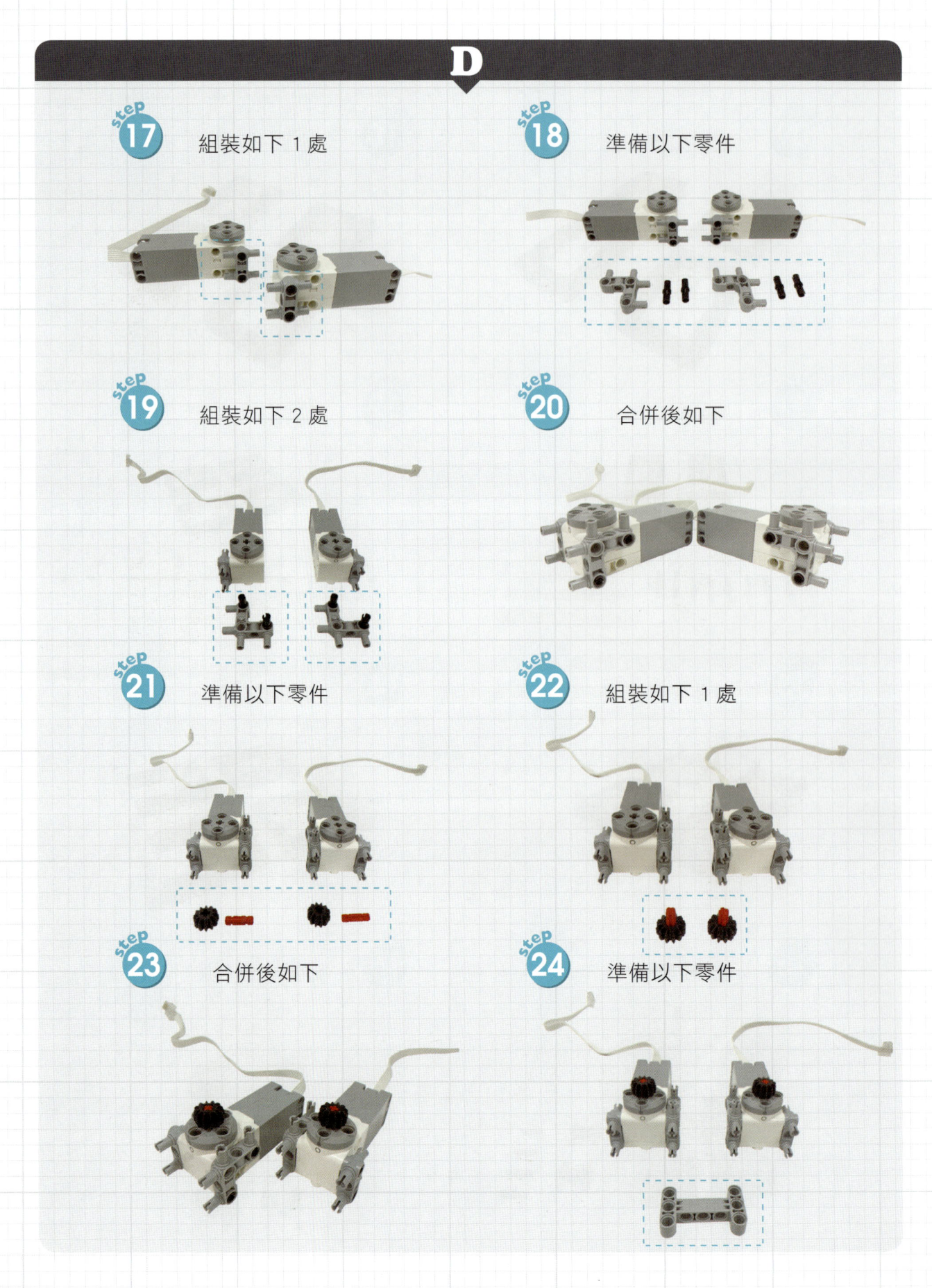

D

step 17
組裝如下 1 處

step 18
準備以下零件

step 19
組裝如下 2 處

step 20
合併後如下

step 21
準備以下零件

step 22
組裝如下 1 處

step 23
合併後如下

step 24
準備以下零件

D

step 25 組裝如下 1 處

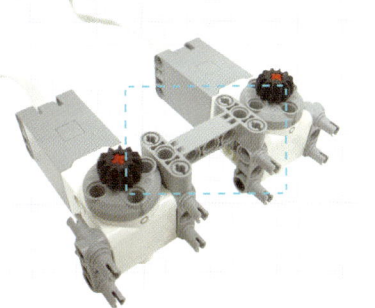

step 26 拿出已完成的模組組裝

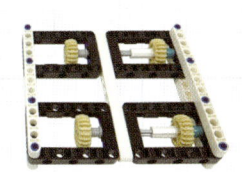

step 27 合併後如下

從不同角度觀看

step 28 準備以下零件

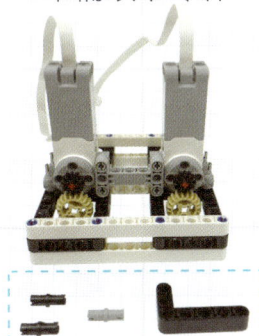

step 29 組裝如下 1 處

step 30 合併後如下

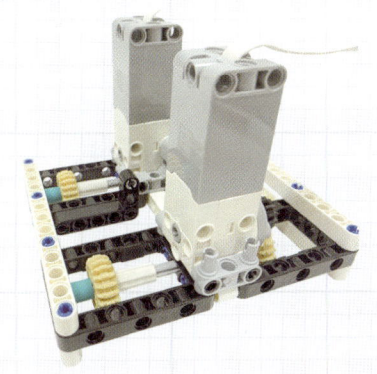

從不同角度觀看 1

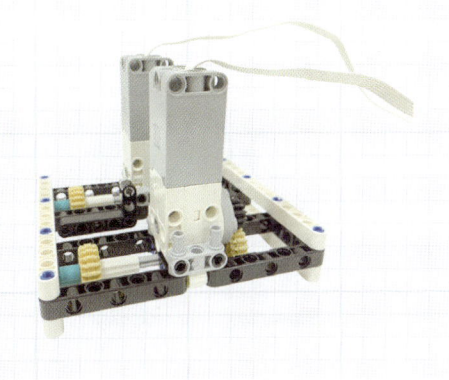

創意無限樂高 SPIKE 機器人

D

從不同角度觀看 2

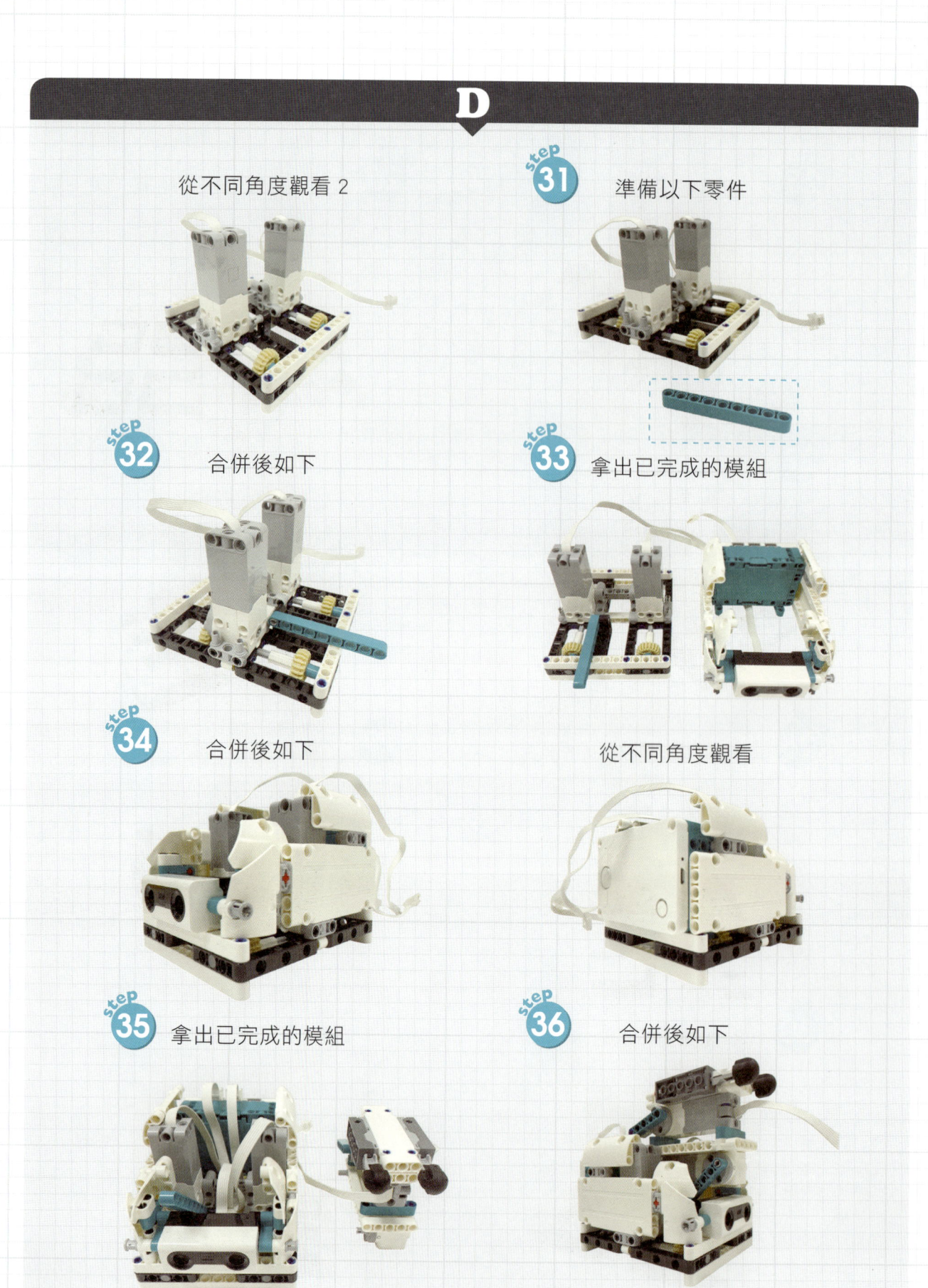

step 31 準備以下零件

step 32 合併後如下

step 33 拿出已完成的模組

step 34 合併後如下

從不同角度觀看

step 35 拿出已完成的模組

step 36 合併後如下

254

Chapter 10　無人作戰車

D

從不同角度觀看 1

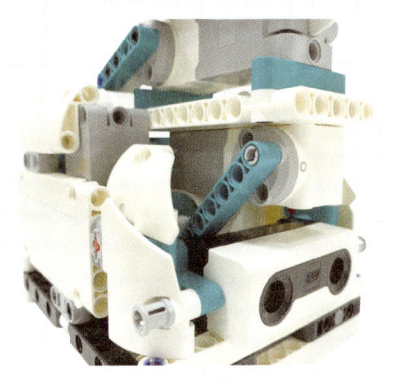

從不同角度觀看 2

從不同角度觀看 3

從不同角度觀看 4

E

step 01　準備以下零件

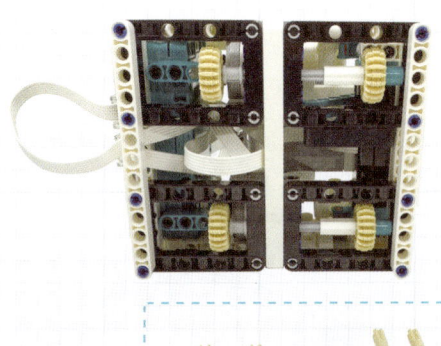

step 02　組裝如下 1 處

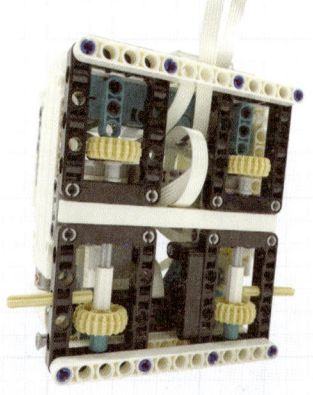

255

創意無限樂高 SPIKE 機器人

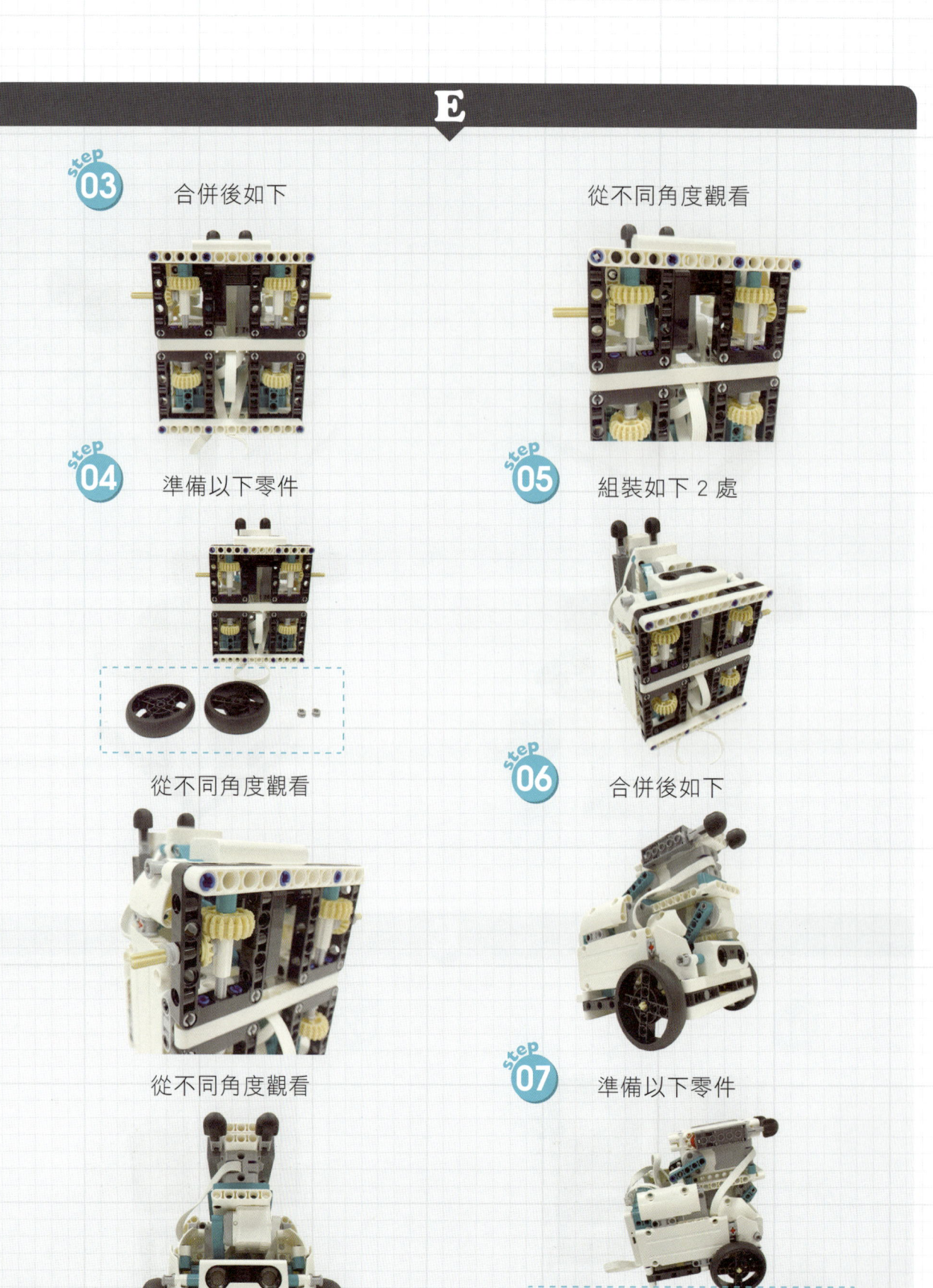

E

step 03 合併後如下

從不同角度觀看

step 04 準備以下零件

step 05 組裝如下 2 處

從不同角度觀看

step 06 合併後如下

從不同角度觀看

step 07 準備以下零件

256

Chapter 10　無人作戰車

E

step 08 組裝如下 1 處

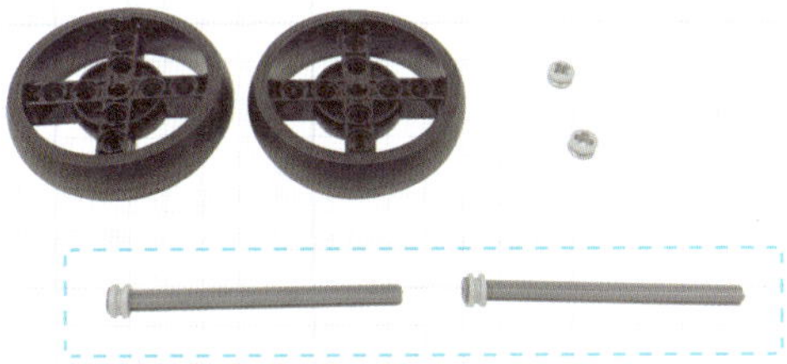

step 09 組裝如下 1 處

step 10 組裝如下 2 處

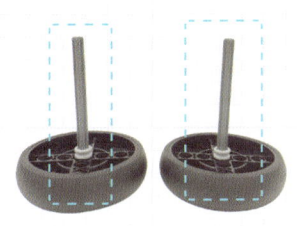

step 11 合併後如下

step 12 準備以下零件

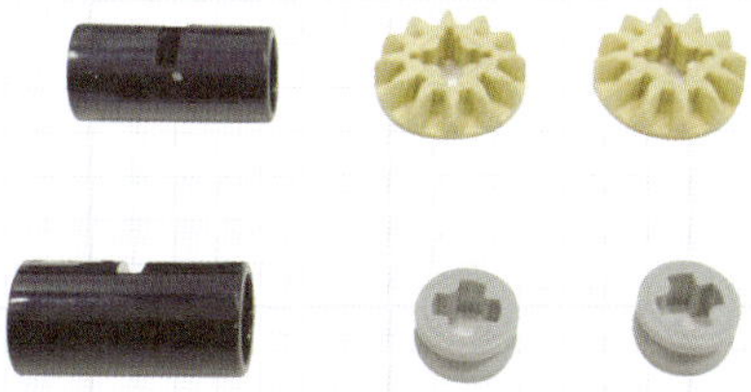

step 13 組裝如下 1 處

step 14 合併後如下

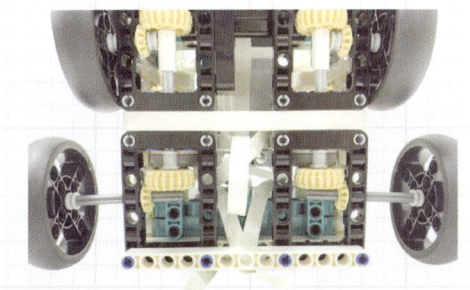

從不同角度觀看

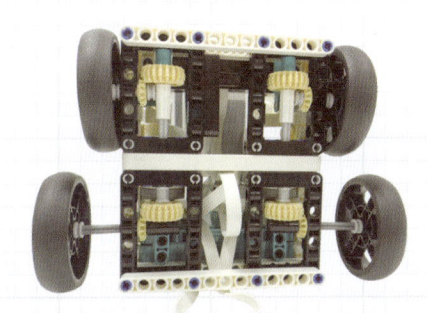

257

E

step 15

組裝完成

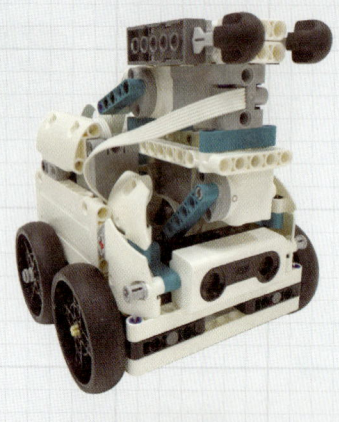

從不同角度觀看 1

從不同角度觀看 2

10-3 撰寫「無人作戰車」之指引程式

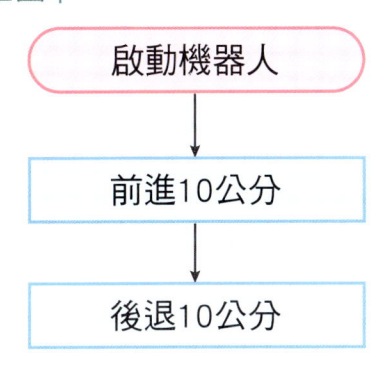

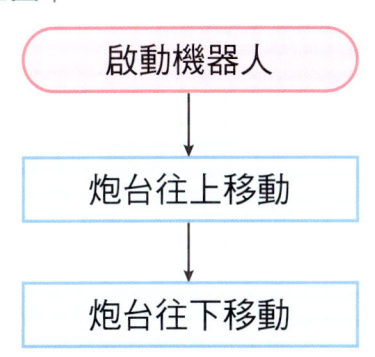

一 戰車前後移動

| 流程圖 |

啟動機器人 → 前進10公分 → 後退10公分

| 程式設計 |

當程式開始
↑ 移動 -10 公分
↓ 移動 -10 公分

二 炮台上下移動

| 流程圖 |

啟動機器人 → 炮台往上移動 → 炮台往下移動

| 程式設計 |

當程式開始
D 最短路徑 前往位置 210
D 最短路徑 前往位置 45
D 最短路徑 前往位置 210
D 最短路徑 前往位置 45

259

三 炮台發射飛彈

| 流程圖 |

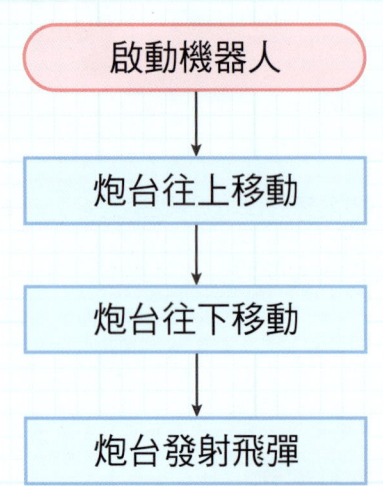

啟動機器人
↓
炮台往上移動
↓
炮台往下移動
↓
炮台發射飛彈

| 程式設計 |

當程式開始
- E ▼ 最短路徑 ▼ 前往位置 320
- D ▼ 最短路徑 ▼ 前往位置 210
- D ▼ 最短路徑 ▼ 前往位置 45
- D ▼ 最短路徑 ▼ 前往位置 210
- D ▼ 最短路徑 ▼ 前往位置 45
- E ▼ 最短路徑 ▼ 前往位置 0
- E ▼ 最短路徑 ▼ 前往位置 320

四 停止中偵測敵人後發射飛彈

| 流程圖 |

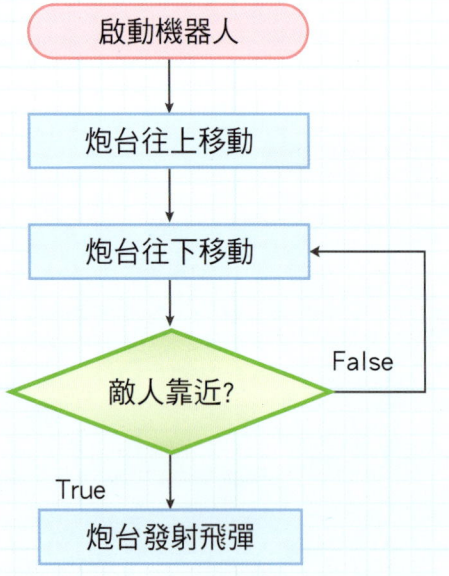

啟動機器人
↓
炮台往上移動
↓
炮台往下移動 ←─── False
↓
敵人靠近?
↓ True
炮台發射飛彈

| 程式設計 |

當程式開始
- E ▼ 最短路徑 ▼ 前往位置 320
- D ▼ 最短路徑 ▼ 前往位置 210
- D ▼ 最短路徑 ▼ 前往位置 45
- D ▼ 最短路徑 ▼ 前往位置 210
- D ▼ 最短路徑 ▼ 前往位置 45
- 等待直到 C ▼ 距離小於 ▼ 20 公分 ▼ 嗎?
- E ▼ 最短路徑 ▼ 前往位置 0
- E ▼ 最短路徑 ▼ 前往位置 320

10-4　專題製作：無人作戰車

主題發想

　　射擊遊戲是現在學生的最愛，不過，又要如何透過機器人的創意組裝，能在機構上更加穩固，又可以調整發射的拋物線。

　　因此，我們想運用 LEGO 的中型伺服馬達，來作為發射機構的升降動力來源。

主題目的

1. 運用超音波感測器，模擬設計出一部無人作戰車，當距離靠近時，便可以執行所設定之動作。

2. 可以應用於家中的保全系統，當有危險人物靠近時，做出適當的保護機制。

利用無人作戰車發射完美的拋物線

創意無限樂高 SPIKE 機器人

| 流程圖 |

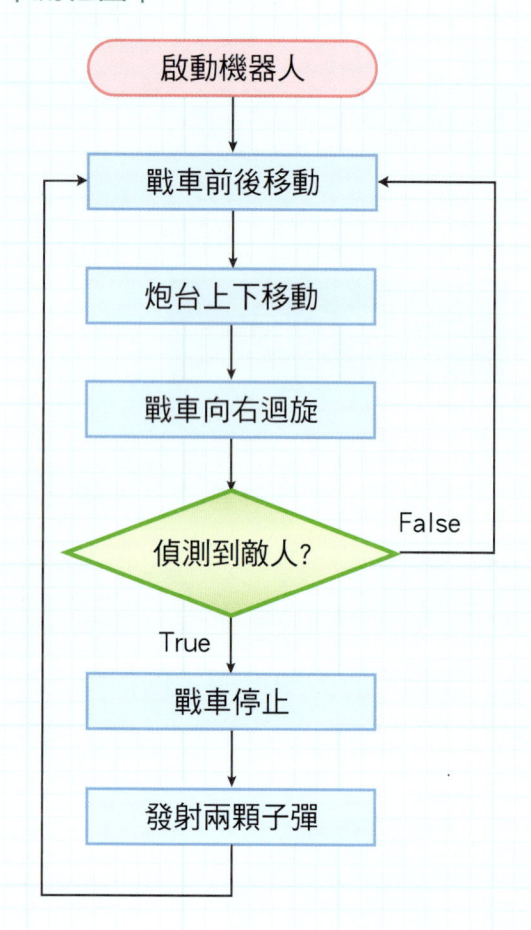

```
啟動機器人
    ↓
戰車前後移動 ←──────┐
    ↓              │
炮台上下移動         │
    ↓              │
戰車向右迴旋         │
    ↓              │
偵測到敵人？── False ┘
    │ True
戰車停止
    ↓
發射兩顆子彈
```

| 撰寫程式 |

- 當程式開始
- ↑ 移動 -10 公分
- ↓ 移動 -10 公分
- E 最短路徑 前往位置 320
- D 最短路徑 前往位置 210
- D 最短路徑 前往位置 45
- D 最短路徑 前往位置 210
- D 最短路徑 前往位置 45
- 重複直到 C 距離小於 20 公分 嗎？
  - 用 -50 -25 % 速度開始移動
- 停止動作
- E 最短路徑 前往位置 0
- E 最短路徑 前往位置 320

創新性

1. 透過樂高機器套件，來創意組裝無人作戰車。
2. 無人作戰車可以讓玩家瞭解 Lego SPIKE 發射器的使用時機。

應用性

1. 室內互動作戰小遊戲。
2. 結合程式設計課程，增加樂趣。

Chapter 10　實作題

題目名稱： 無人作戰車

題目說明： 請利用「遙控器」元件功能，來控制無人作戰車。

題目編號： A038008

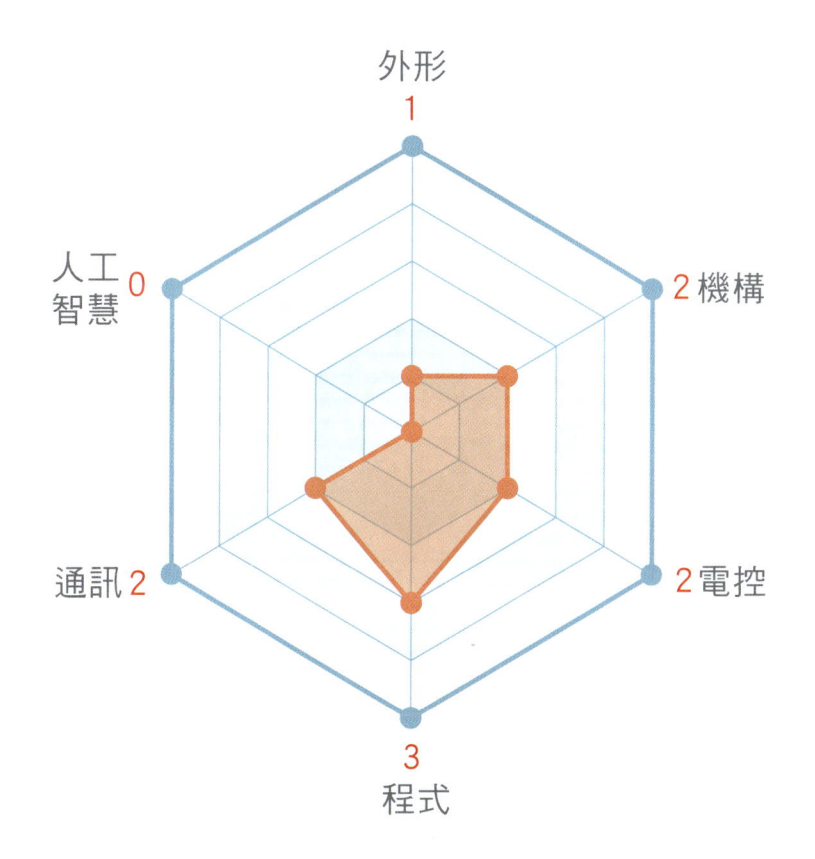

創客指標	指數
外形（專業）	1
機構	2
電控	2
程式	3
通訊	2
人工智慧	0
創客總數	10

實作時間：180 min

263

Chapter 10　實作題

| 遙控器之介面設計 |

| 程式設計 |

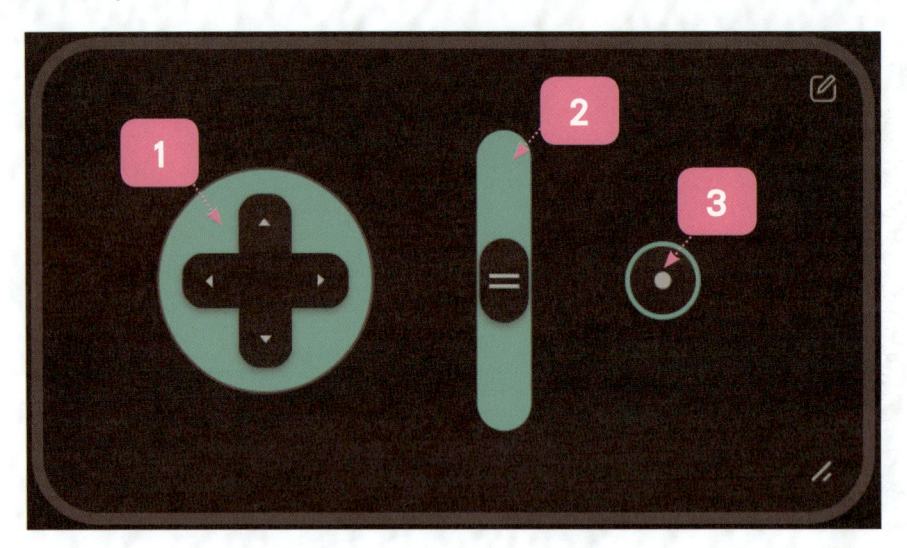

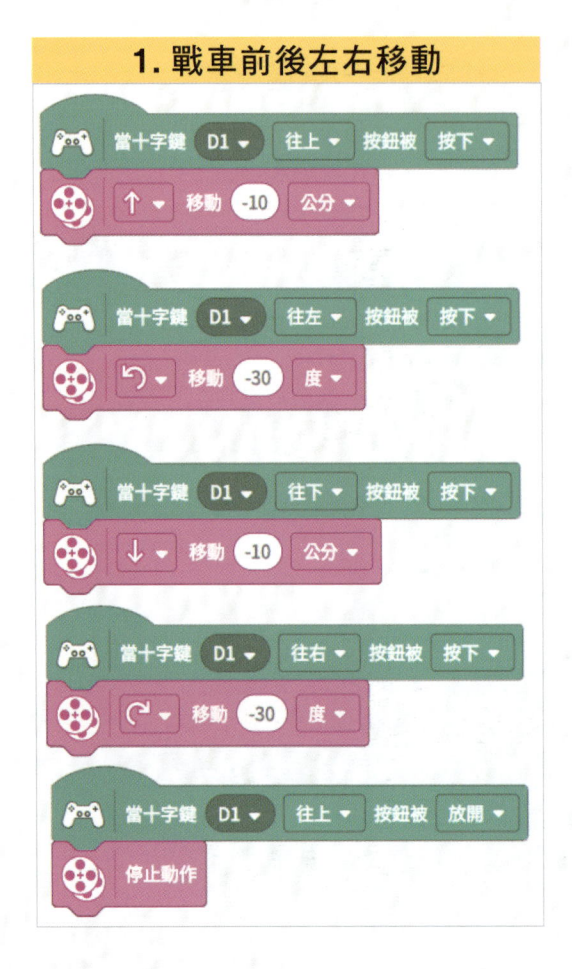

1. 戰車前後左右移動

當十字鍵 D1 往上 按鈕被 按下
↑ 移動 -10 公分

當十字鍵 D1 往左 按鈕被 按下
↺ 移動 -30 度

當十字鍵 D1 往下 按鈕被 按下
↓ 移動 -10 公分

當十字鍵 D1 往右 按鈕被 按下
↻ 移動 -30 度

當十字鍵 D1 往上 按鈕被 放開
停止動作

2. 炮台上下移動

當滑桿 SV1 高
D 最短路徑 前往位置 45

當滑桿 SV1 低
D 最短路徑 前往位置 210

3. 炮台發射飛彈

當 B1 按鈕被 按下
E 最短路徑 前往位置 0

當 B1 按鈕被 放開
E 最短路徑 前往位置 320

Chapter 11 多方位機動戰車

11-1 多方位機動戰車

11-2 SPIKE 多方位機動戰車組裝

11-3 撰寫「多方位機動戰車」之指引程式

11-4 專題製作：多方位機動戰車

⭐ 學習目標

1. 瞭解組裝樂高多方位機動戰車的創意點子及應用時機。
2. 瞭解如何利用 SPIKE 程式來撰寫多方位機動戰車程式。

11-1 多方位機動戰車

各位同學先學會創意組裝一台「多方位機動戰車」之外,再撰寫機器人程式,來讓機器人可以玩比賽,增加學習程式的樂趣。

機構

在本章節中,介紹各位同學利用 SPIKE 套件來設計一台教學用的進階基本車,因此,它要有控制器(主機)、馬達、感測器及相關的樂高零件,來設計一個「多方位機動戰車」。

|主題|

設計「多方位機動戰車」。

|目的|

讓學習者瞭解如何利用樂高零件來創作「多方位機動戰車」作品。

|優點|

結構非常簡單,改造容易。

266

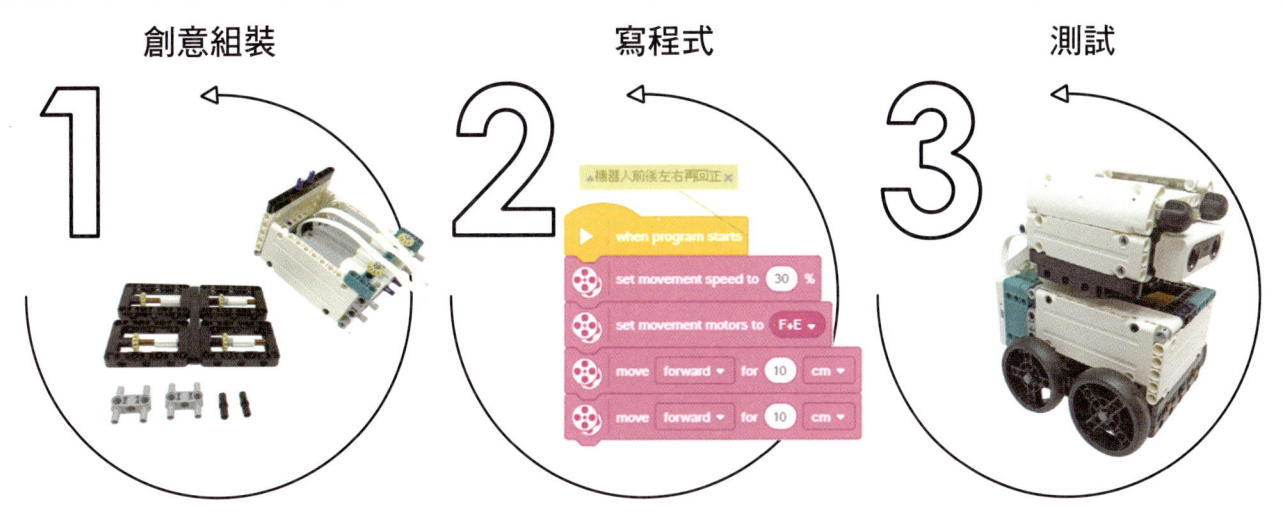

Chapter 11　多方位機動戰車

1 創意組裝　　**2** 寫程式　　**3** 測試

| 說明 |

1. **創意組裝**：依照指定「功能及造型」來搭配「感應器及相關配件」結合「主機」。
2. **寫程式**：依照指定任務來撰寫處理程序的動作與順序（程式）。
3. **測試**：利用拼圖程式：將程式上傳到「主機」內，並依照指定功能先進行測試。

| 流程圖 |

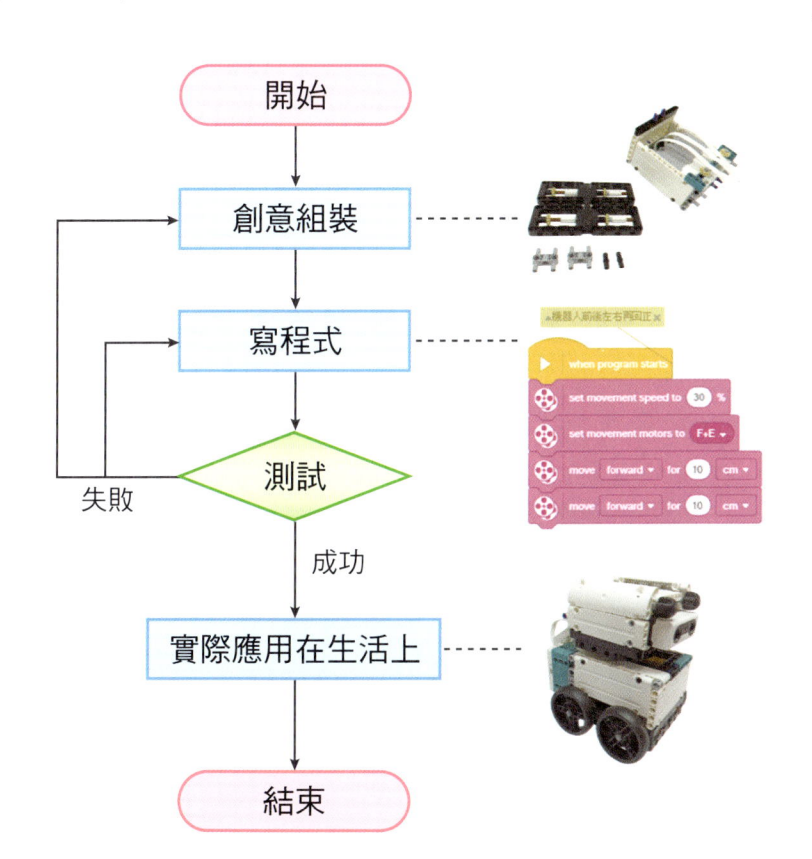

開始 → 創意組裝 → 寫程式 → 測試
- 失敗 → 回到 創意組裝 / 寫程式
- 成功 → 實際應用在生活上 → 結束

說明

　　從流程圖中，我們可以清楚瞭解「設計機器人程式」必須要經過的三大步驟，並且在進行第三步驟時，如果無法測試成功，除了要修改程式之外，也要檢查組裝是否正確，並且要反覆地進行測試，直到完全成功為止。最後，就可以將創作的智能裝置，應用在我們日常生活中。

難度 ★★★★

11-2　SPIKE 多方位機動戰車組裝

想要製作一台「SPIKE 多方位機動戰車」時，必須要先準備相關的「主機、馬達、感測器及相關的零件材料」。

你需要準備……

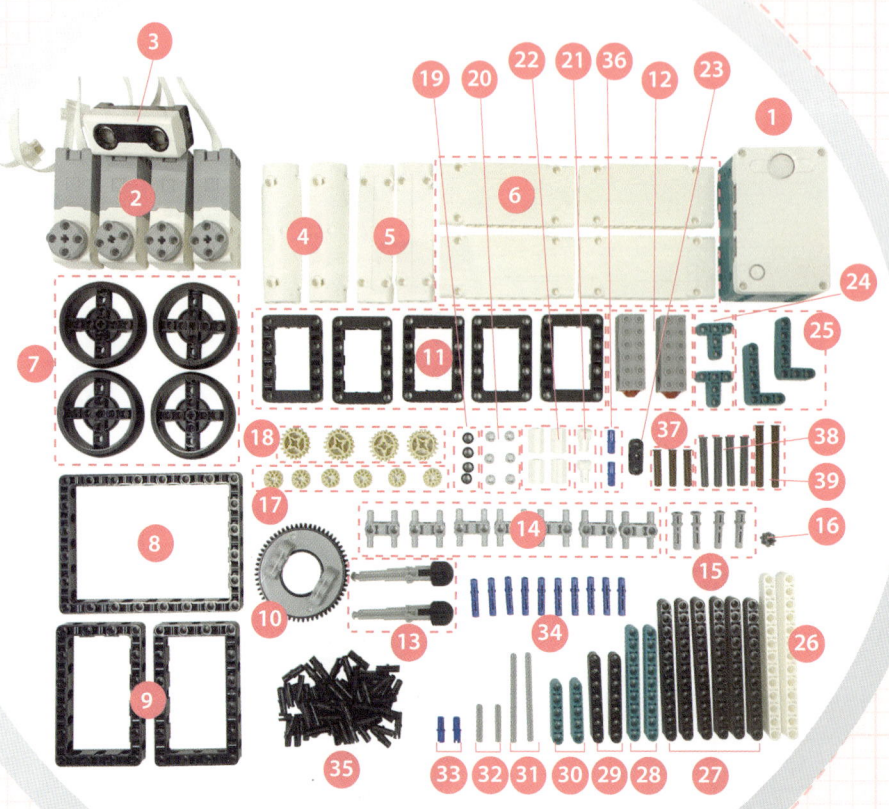

Chapter 11　多方位機動戰車

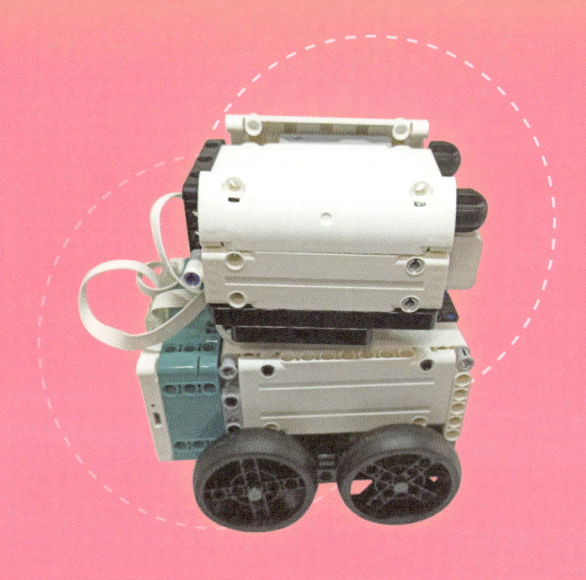

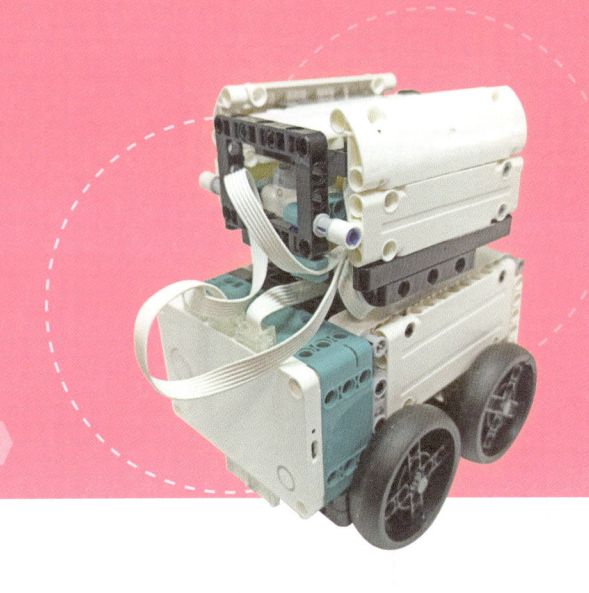

1. 主機 ×1
2. 馬達 ×4
3. 超音波 ×1
4. 大弧型側板 ×2
5. 小厚板 ×2
6. 大厚板 ×4
7. 輪子 ×4
8. 大型方框 ×1
9. 中型方框 ×2
10. 轉向齒輪 ×1
11. 小型方框 ×5
12. 發射器 ×2
13. 子彈 ×2
14. H 型連接器 ×7
15. 十字軸插銷 ×4
16. 8 齒正齒輪 ×1
17. 斜齒輪 ×6
18. 20 齒雙面斜齒輪 ×4
19. 連接器 ×4
20. 套筒 ×6
21. 圓型連接器 ×2
22. 雙輪連接器 ×4
23. 垂直連接器 ×1
24. T 型橫桿 ×1
25. 3*5 橫桿 ×2
26. 13m 橫桿 ×2
27. 11 m 橫桿 ×6
28. 9m 橫桿 ×2
29. 7m 橫桿 ×2
30. 5m 橫桿 ×2
31. 7m 十字軸 ×2
32. 3m 十字軸 ×2
33. 短插銷 ×2
34. 長插銷 ×10
35. 黑白短插銷 ×10
36. 短插銷 ×2
37. 3m 十字軸 ×3
38. 4m 十字軸 ×4
39. 8m 十字軸 ×2

開始動手組裝！

在準備好「多方位機動戰車」所需要的「主機、感測器、構件及相關的材料」之後，接下來，請各位讀者依照以下的步驟就可以完成（註：▢ 代表步驟組裝的部分）：

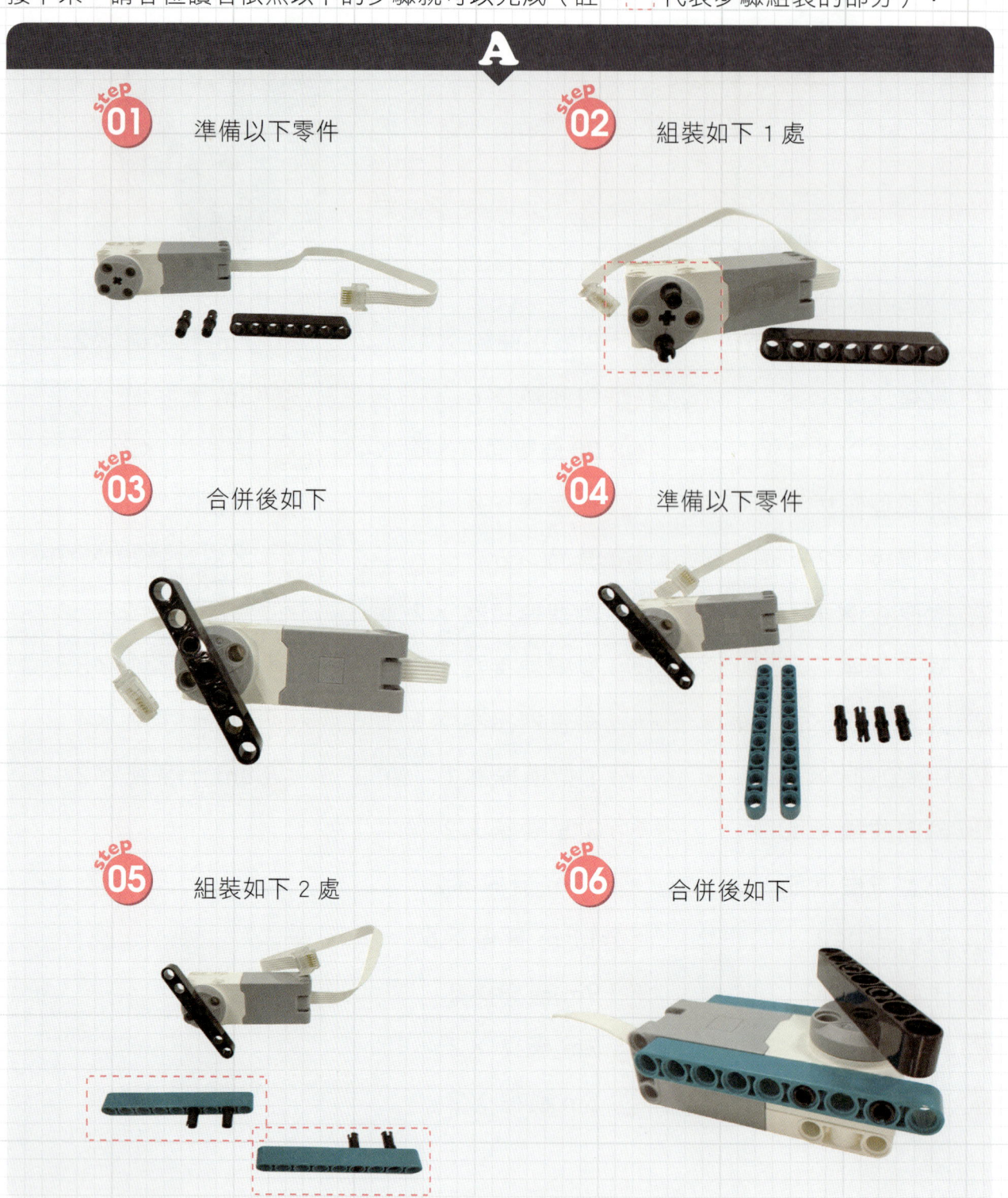

A

step 01 準備以下零件

step 02 組裝如下 1 處

step 03 合併後如下

step 04 準備以下零件

step 05 組裝如下 2 處

step 06 合併後如下

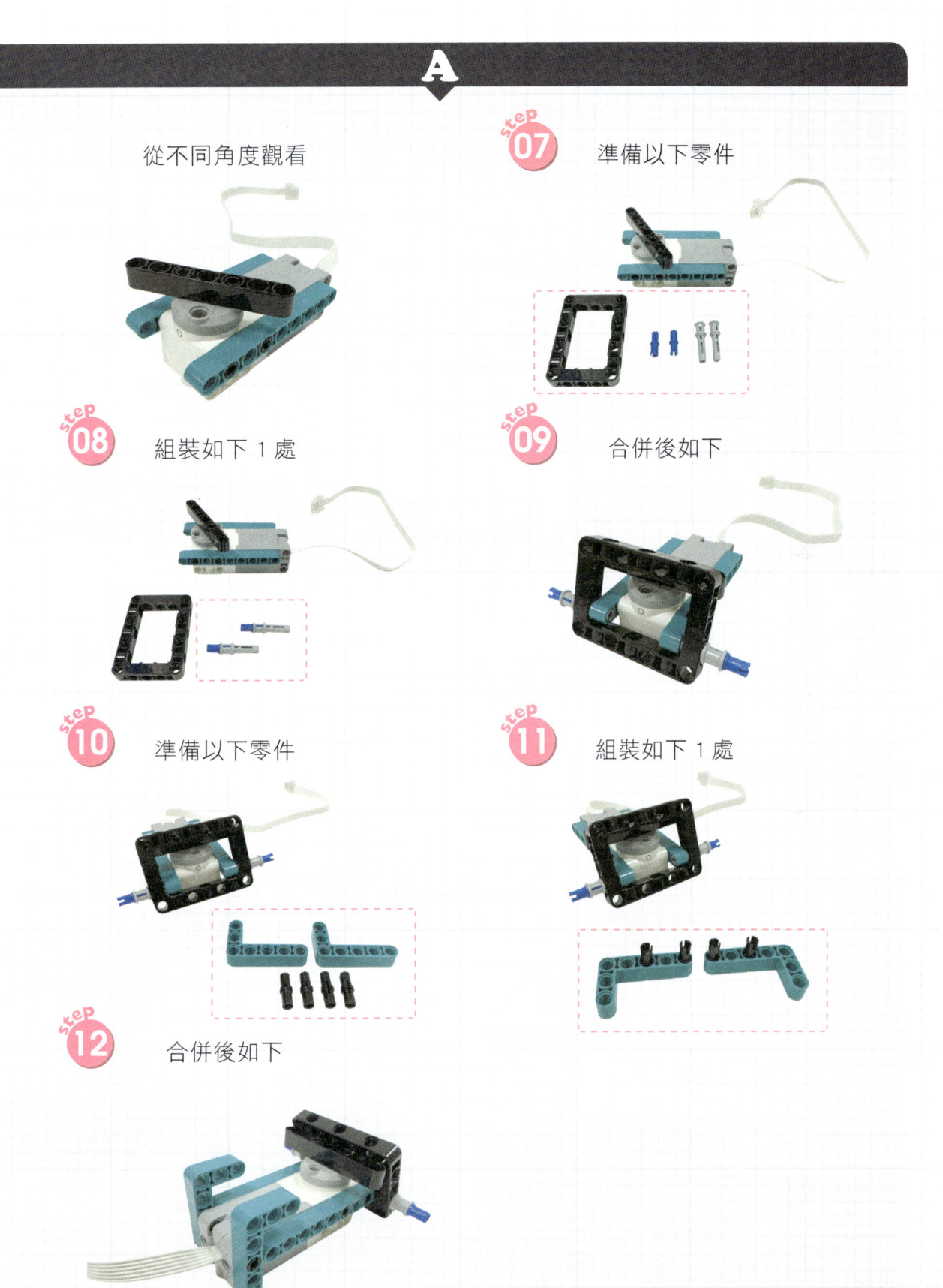

Chapter 11　多方位機動戰車

A

從不同角度觀看

step 07　準備以下零件

step 08　組裝如下 1 處

step 09　合併後如下

step 10　準備以下零件

step 11　組裝如下 1 處

step 12　合併後如下

271

創意無限樂高 SPIKE 機器人

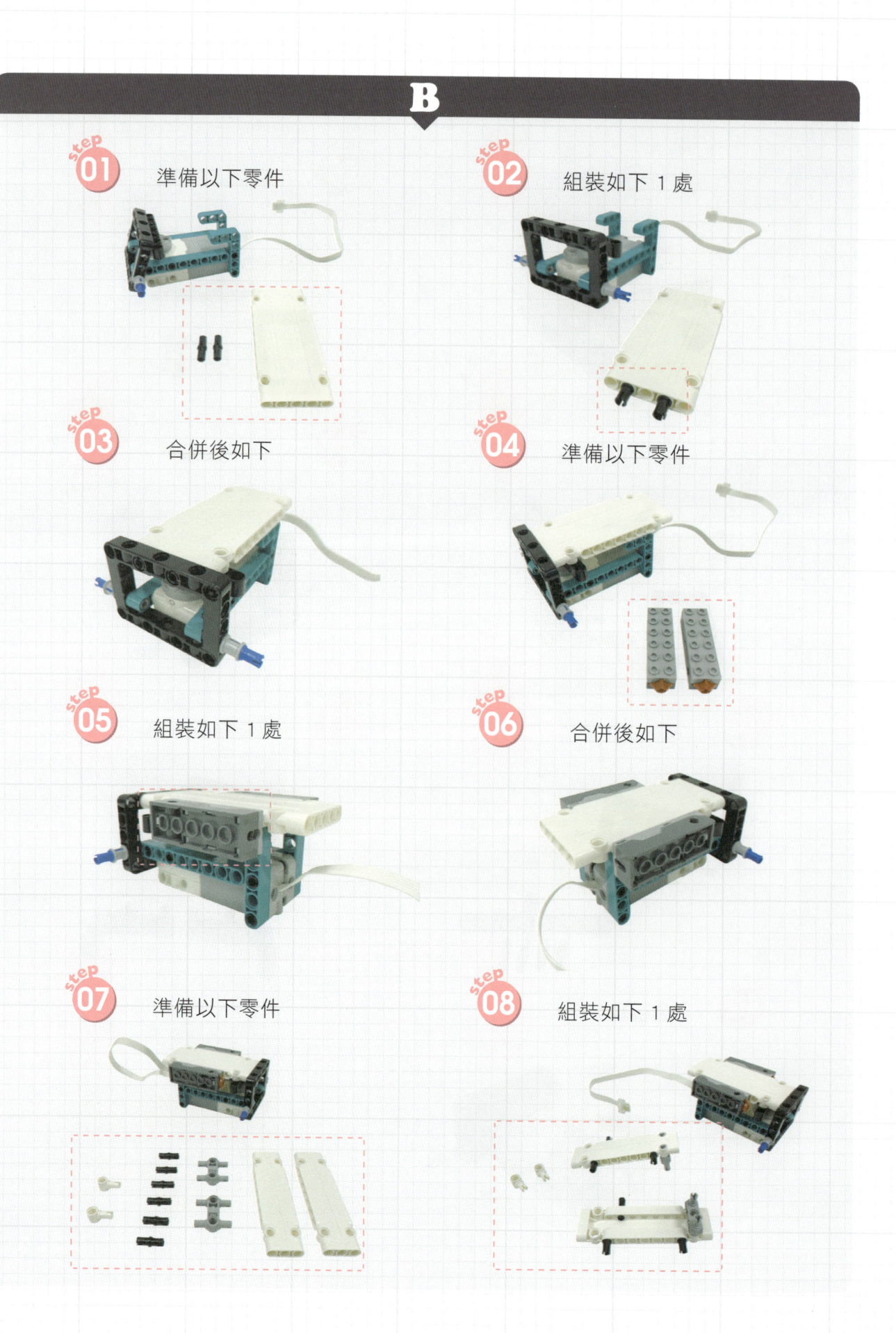

B

step 01 準備以下零件

step 02 組裝如下 1 處

step 03 合併後如下

step 04 準備以下零件

step 05 組裝如下 1 處

step 06 合併後如下

step 07 準備以下零件

step 08 組裝如下 1 處

Chapter 11 多方位機動戰車

B

step 09 組裝如下 1 處

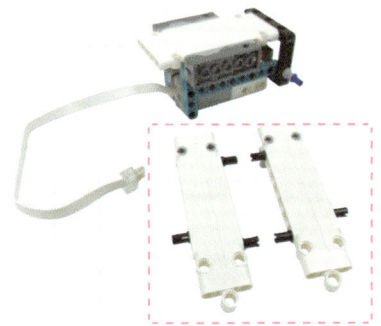

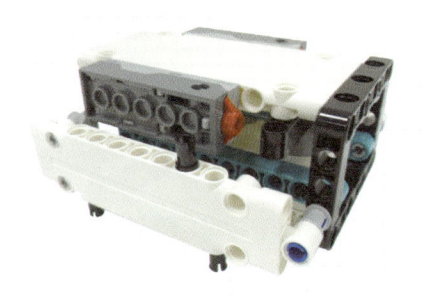

step 10 合併後如下

從不同角度觀看

step 11 準備以下零件

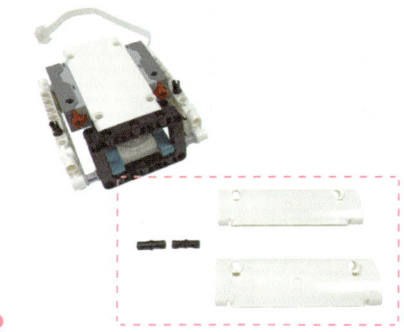

step 12 組裝如下 1 處

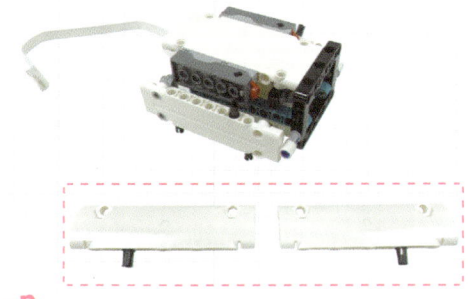

step 13 合併後如下

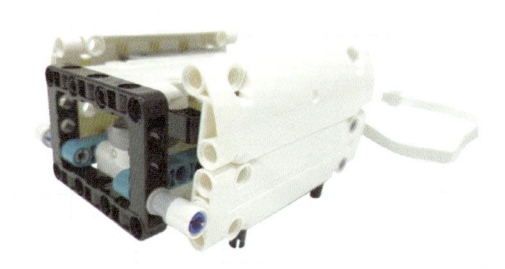

step 14 準備以下零件

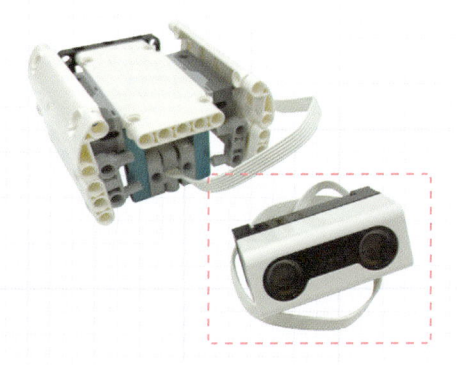

step 15 合併後如下

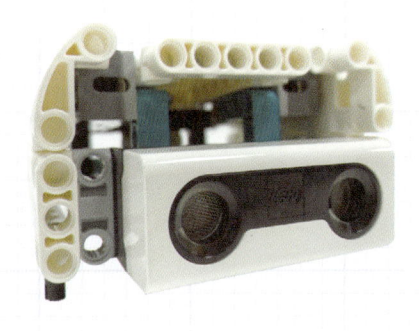

273

B

從不同角度觀看 1

從不同角度觀看 2

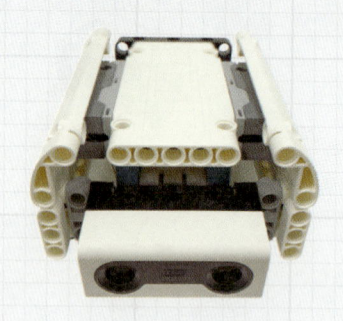

step 16 準備以下零件

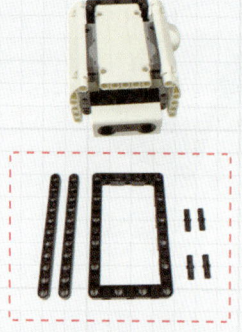

step 17 組裝如下 4 處

step 18 組裝如下 2 處

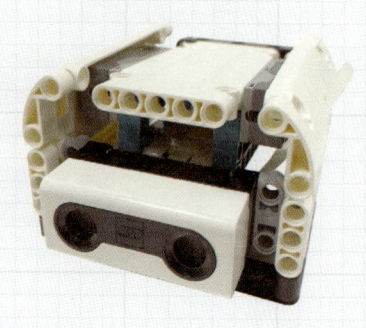

step 19 合併後如下

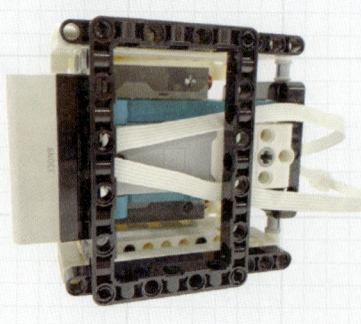

從不同角度觀看

Chapter 11　多方位機動戰車

step 01 準備以下零件

step 02 組裝如下 4 處

step 03 合併後如下

step 04 準備以下零件

step 05 組裝如下 1 處

step 06 合併後如下

step 07 組裝如下 1 處

step 08 合併後如下

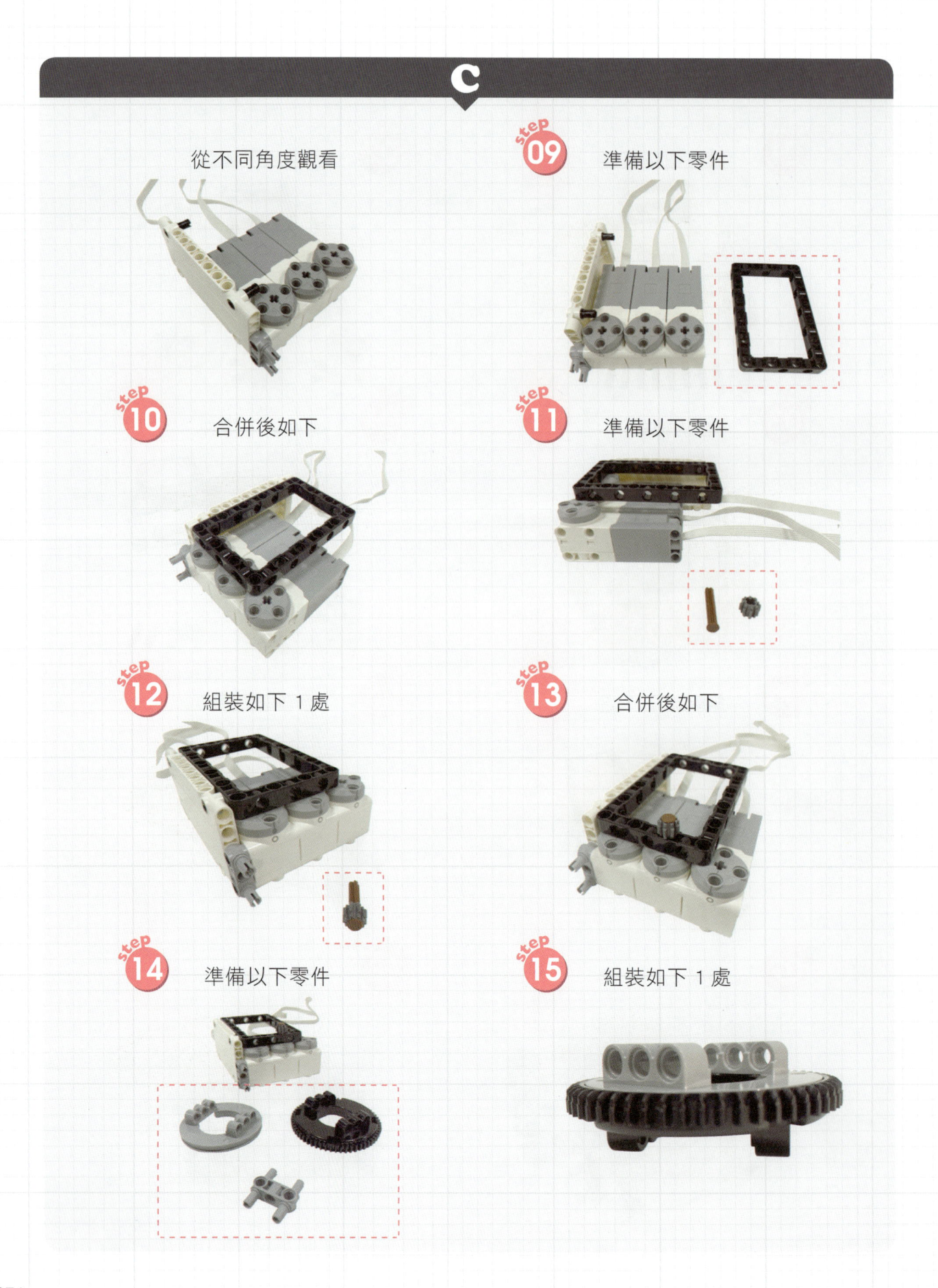

C

step 09 準備以下零件

從不同角度觀看

step 10 合併後如下

step 11 準備以下零件

step 12 組裝如下 1 處

step 13 合併後如下

step 14 準備以下零件

step 15 組裝如下 1 處

Chapter 11　多方位機動戰車

C

step 16 合併後如下

step 17 準備以下零件

step 18 合併後如下

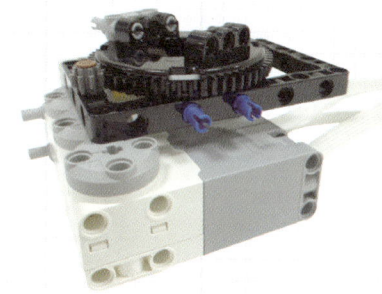

step 19 準備以下零件

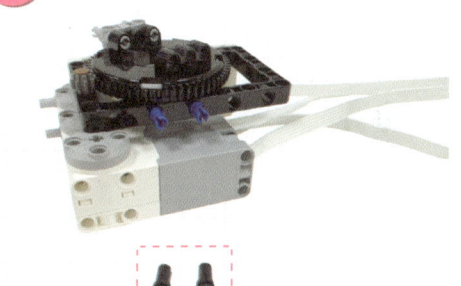

step 20 組裝如下 2 處

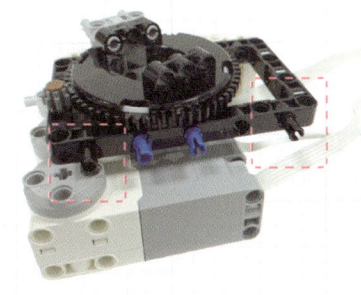

step 21 準備以下零件

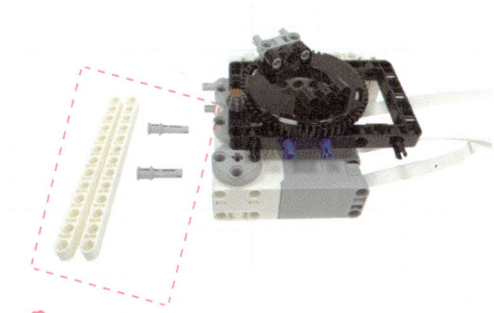

step 22 組裝如下 1 處

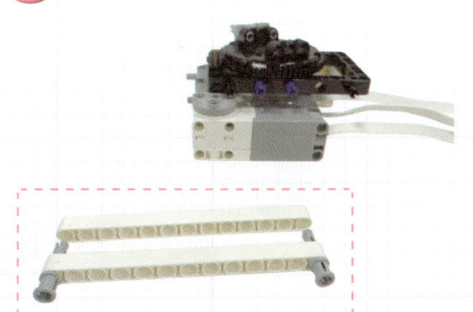

step 23 組裝如下 1 處

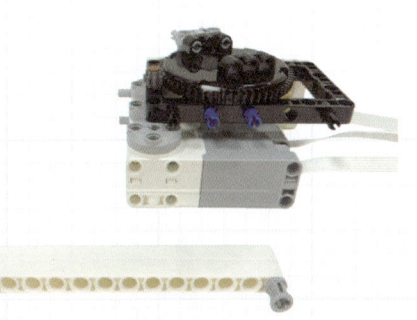

創意無限樂高 SPIKE 機器人

C

step 24　合併後如下

step 25　準備以下零件

step 26　組裝如下 3 處

step 27　合併後如下

step 28　合併後如下

從不同角度觀看

step 29　準備以下零件

step 30　組裝如下 3 處

278

Chapter 11　多方位機動戰車

C

step 31 準備以下零件

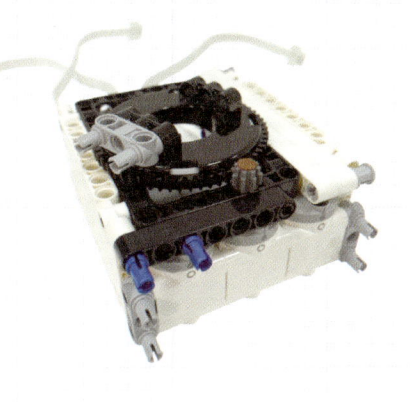

D

step 01 準備以下零件

step 02 組裝如下 1 處

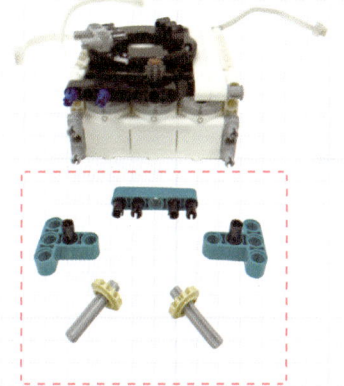

step 03 組裝如下 2 處

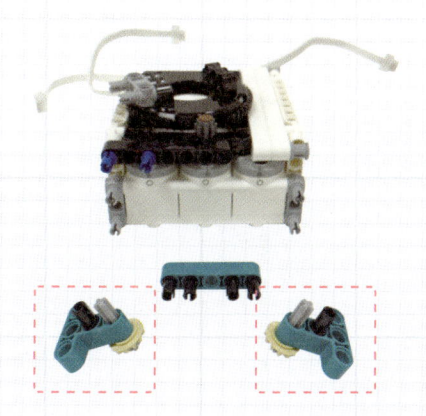

step 04 合併後如下

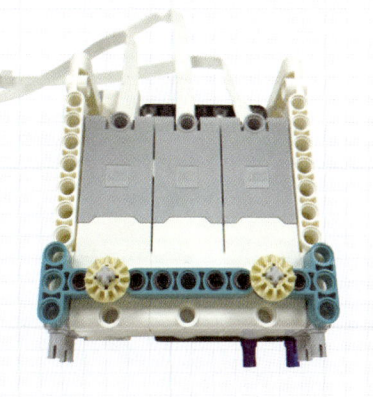

279

創意無限樂高 SPIKE 機器人

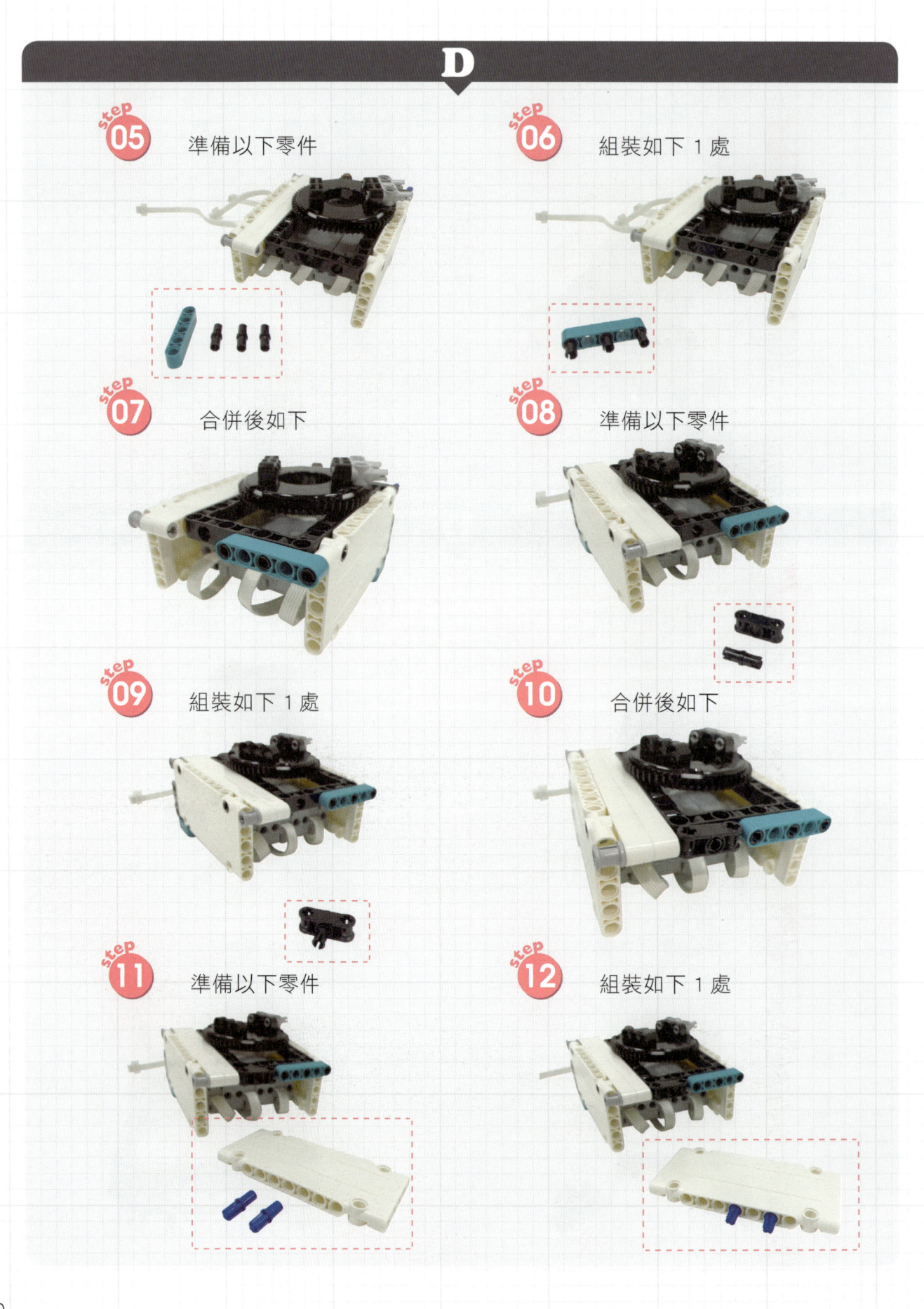

D

step 05 準備以下零件

step 06 組裝如下 1 處

step 07 合併後如下

step 08 準備以下零件

step 09 組裝如下 1 處

step 10 合併後如下

step 11 準備以下零件

step 12 組裝如下 1 處

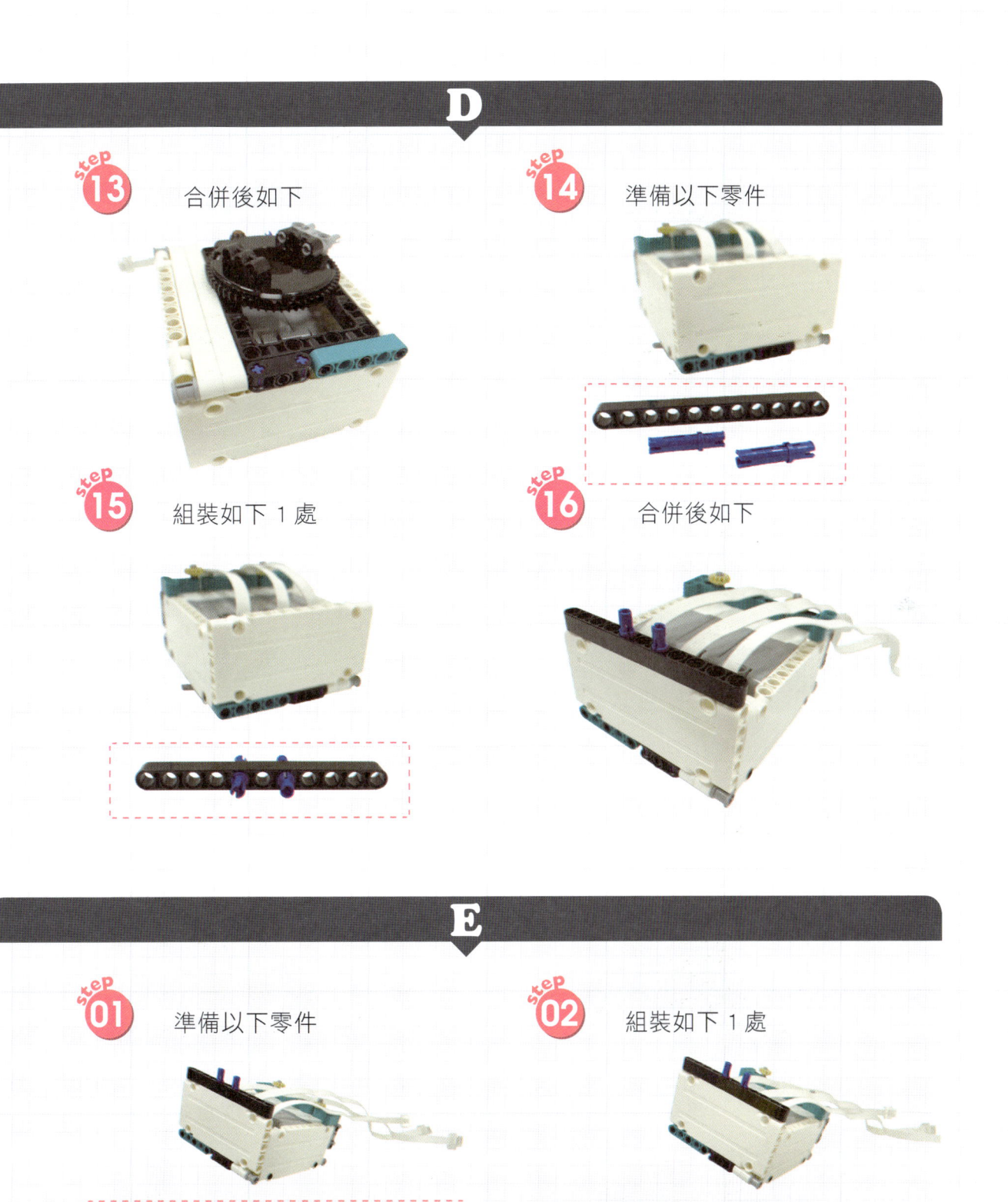

Chapter 11 多方位機動戰車

D

step 13 合併後如下

step 14 準備以下零件

step 15 組裝如下 1 處

step 16 合併後如下

E

step 01 準備以下零件

step 02 組裝如下 1 處

281

創意無限樂高 SPIKE 機器人

E

step 03 合併後如下

step 04 準備以下零件

step 05 組裝如下 1 處

step 06 組裝如下 1 處

step 07 準備以下零件

step 08 組裝如下 1 處

step 09 合併後如下

step 10 準備以下零件

Chapter 11　多方位機動戰車

E

step 11 組裝如下 4 處

step 12 合併後如下

step 13 準備以下零件

step 14 組裝如下 6 處

step 15 合併後如下

step 16 準備以下零件

step 17 組裝如下 4 處

step 18 合併後如下

E

step 19 準備以下零件

step 20 組裝如下 2 處

step 21 準備以下零件

step 22 組裝如下 4 處

step 23 準備以下零件

step 24 合併後如下

step 25 組裝如下 1 處

step 26 組裝如下 1 處

Chapter 11 多方位機動戰車

E

step 27 合併後如下

從不同角度觀看

step 28 準備以下零件

step 29 合併後如下

step 30 組裝完成

285

11-3 撰寫「多方位機動戰車」之指引程式

一 多方位機動戰車－前後移動

|流程圖|

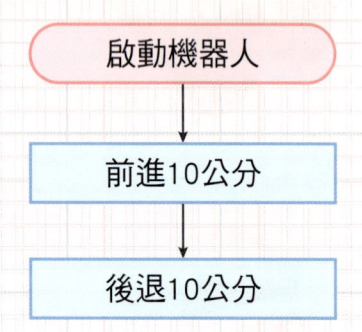

啟動機器人
↓
前進10公分
↓
後退10公分

|程式設計|

當程式開始
將動作馬達設為 A+B
↑ 移動 10 公分
↓ 移動 10 公分

二 機動炮台左右移動

|流程圖|

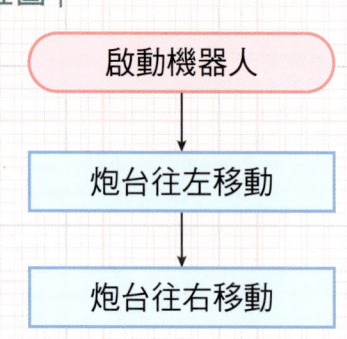

啟動機器人
↓
炮台往左移動
↓
炮台往右移動

|程式設計|

當程式開始
D 最短路徑 前往位置 0
D ↻ 運轉馬達 1.5 圈
D ↺ 運轉馬達 3 圈
D ↻ 運轉馬達 1.5 圈

機動炮台發射飛彈

|流程圖|

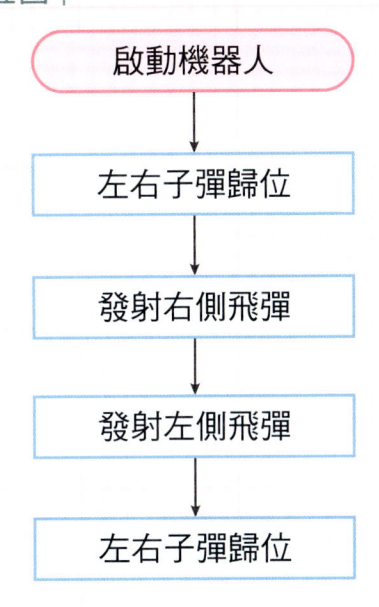

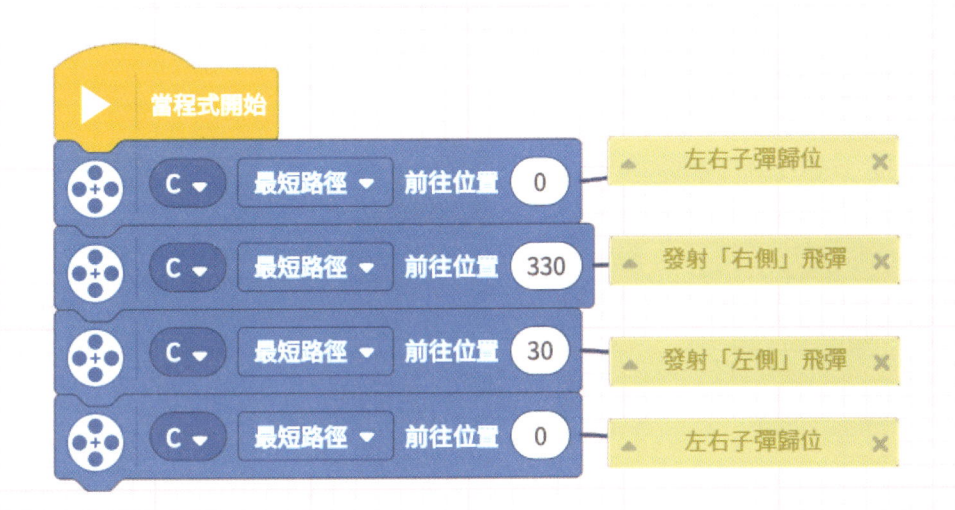

```
啟動機器人
    ↓
左右子彈歸位
    ↓
發射右側飛彈
    ↓
發射左側飛彈
    ↓
左右子彈歸位
```

|程式設計|

當程式開始
- C 最短路徑 前往位置 0　　　左右子彈歸位
- C 最短路徑 前往位置 330　　發射「右側」飛彈
- C 最短路徑 前往位置 30　　 發射「左側」飛彈
- C 最短路徑 前往位置 0　　　左右子彈歸位

四 停止中偵測敵人後發射飛彈

| 流程圖 |

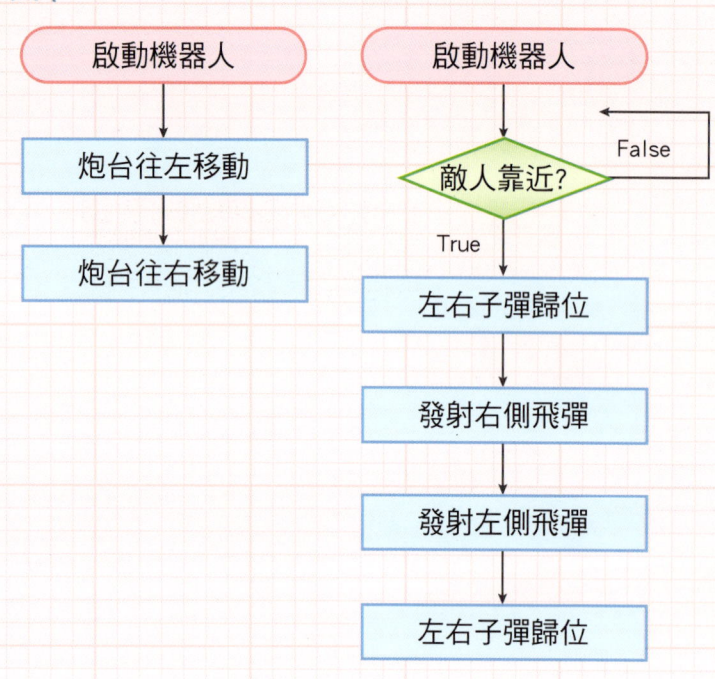

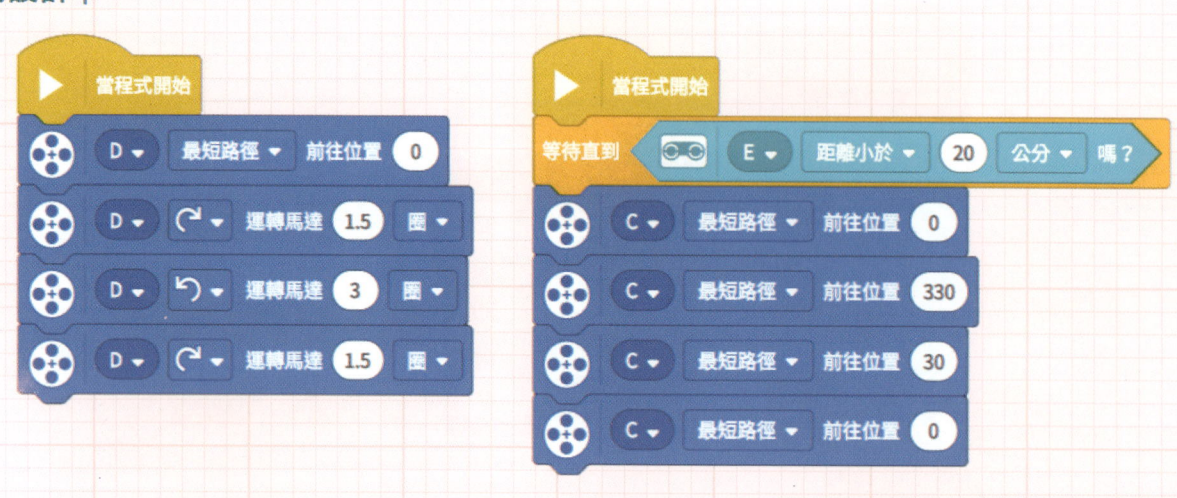

```
啟動機器人
    ↓
炮台往左移動
    ↓
炮台往右移動
```

```
啟動機器人
    ↓
敵人靠近? ──False──┐
    │True          │
    ↓              │
左右子彈歸位         │
    ↓              │
發射右側飛彈         │
    ↓              │
發射左側飛彈         │
    ↓              │
左右子彈歸位         │
```

| 程式設計 |

程式一（左側）：
- 當程式開始
- D ▼ 最短路徑 ▼ 前往位置 0
- D ▼ ↻ ▼ 運轉馬達 1.5 圈 ▼
- D ▼ ↺ ▼ 運轉馬達 3 圈 ▼
- D ▼ ↻ ▼ 運轉馬達 1.5 圈 ▼

程式二（右側）：
- 當程式開始
- 等待直到 [E ▼ 距離小於 20 公分 ▼ 嗎?]
- C ▼ 最短路徑 ▼ 前往位置 0
- C ▼ 最短路徑 ▼ 前往位置 330
- C ▼ 最短路徑 ▼ 前往位置 30
- C ▼ 最短路徑 ▼ 前往位置 0

11-4 專題製作：多方位機動戰車

主題發想

結合遙控車、射擊遊戲，設計出戰車的雛形，並在中間機構，設計可平時旋轉的功能，讓整個平台更有活用性。

此設計可應用於家中的巡邏機器人，可無限制地行走，並透過超音波感測器、射擊功能，達到巡邏之工作。

主題目的

1. 從生活中的所需周邊，作為設計的基底，完成家中的巡邏監控系統。
2. 可以透過手機 APP，設定超音波的變數設定功能。

多方位機動戰車發射、偵測樣樣來

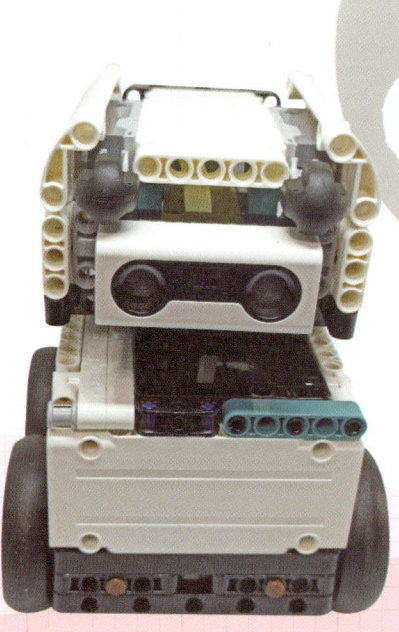

創意無限樂高 SPIKE 機器人

| 流程圖 |

啟動機器人 → 戰車炮台左右轉 → 偵測到敵人？
- False：回到戰車炮台左右轉
- True：發射兩顆子彈 → 戰車停止

| 撰寫程式 |

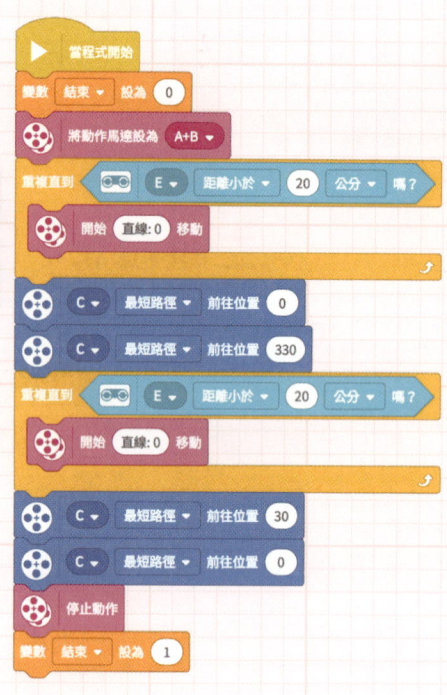

（程式積木）

創新性
1. 透過樂高機器套件，來創意組裝多方位機動戰車。
2. 多方位機動戰車可以瞭解 Lego SPIKE 旋轉盤的使用時機。

應用性
1. 室內互動作戰小遊戲。
2. 結合程式設計課程，增加樂趣。

Chapter 11　實作題

題目名稱：多方位機動戰車

題目說明：請利用「遙控器」元件功能，來控制多方位機動戰車。

題目編號：A038009

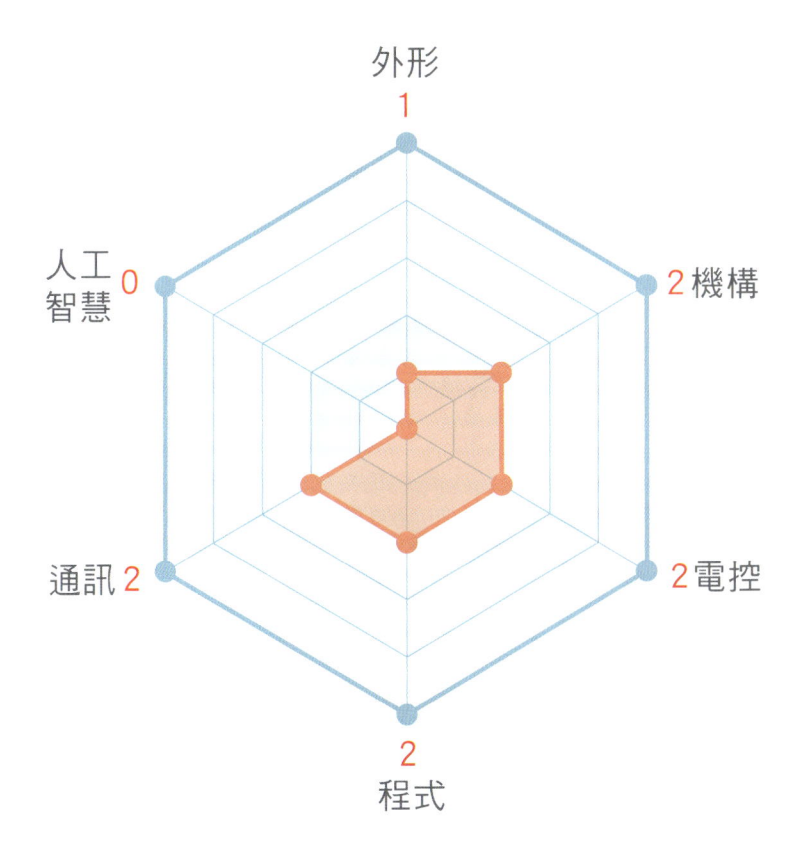

創客指標	指數
外形（專業）	1
機構	2
電控	2
程式	2
通訊	2
人工智慧	0
創客總數	9

實作時間：180 min

Chapter 11　實作題

|遙控器之介面設計|

|程式設計|

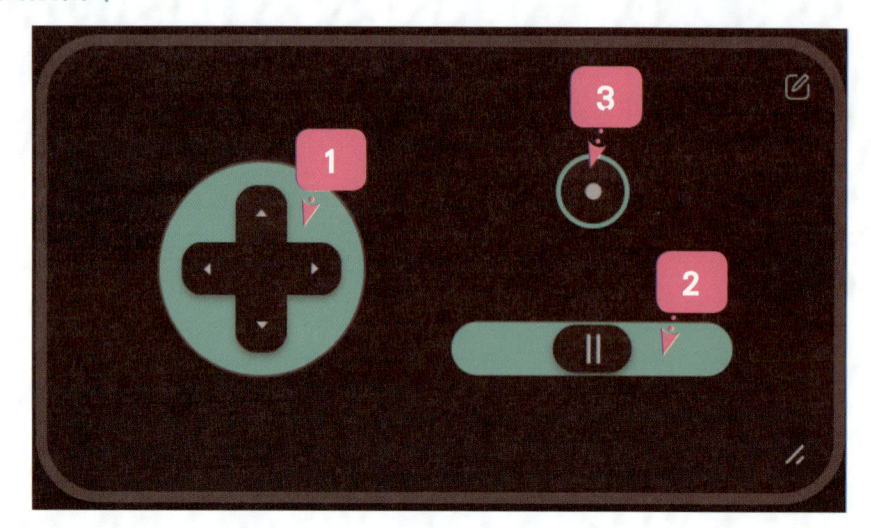

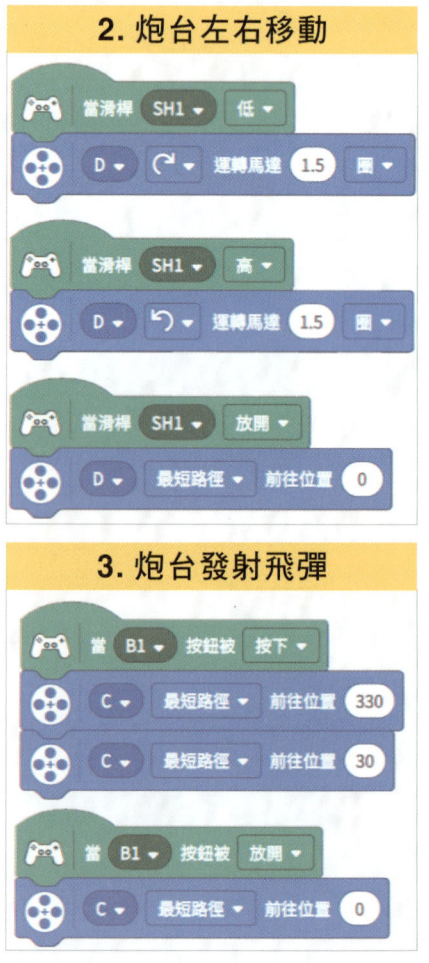

1. 戰車前後左右移動

- 當十字鍵 D1 往上 按鈕被 按下
  - ↑ 移動 -10 公分
- 當十字鍵 D1 往左 按鈕被 按下
  - ↺ 移動 -30 度
- 當十字鍵 D1 往下 按鈕被 按下
  - ↓ 移動 -10 公分
- 當十字鍵 D1 往右 按鈕被 按下
  - ↻ 移動 -30 度
- 當十字鍵 D1 往上 按鈕被 放開
  - 停止動作

2. 炮台左右移動

- 當滑桿 SH1 低
  - D ↻ 運轉馬達 1.5 圈
- 當滑桿 SH1 高
  - D ↺ 運轉馬達 1.5 圈
- 當滑桿 SH1 放開
  - D 最短路徑 前往位置 0

3. 炮台發射飛彈

- 當 B1 按鈕被 按下
  - C 最短路徑 前往位置 330
  - C 最短路徑 前往位置 30
- 當 B1 按鈕被 放開
  - C 最短路徑 前往位置 0

Chapter 12 賽車機器人

12-1　賽車機器人
12-2　SPIKE 賽車機器人組裝
12-3　撰寫「賽車機器人」之指引程式
12-4　專題製作：賽車機器人

★ 學習目標

1. 瞭解組裝樂高賽車機器人的創意點子及應用時機。
2. 瞭解如何利用 SPIKE 程式來撰寫賽車機器人程式。

12-1 賽車機器人

各位同學先學會創意組裝一台「賽車機器人」之外，再撰寫機器人程式，來讓機器人可以玩比賽，增加學習程式的樂趣。

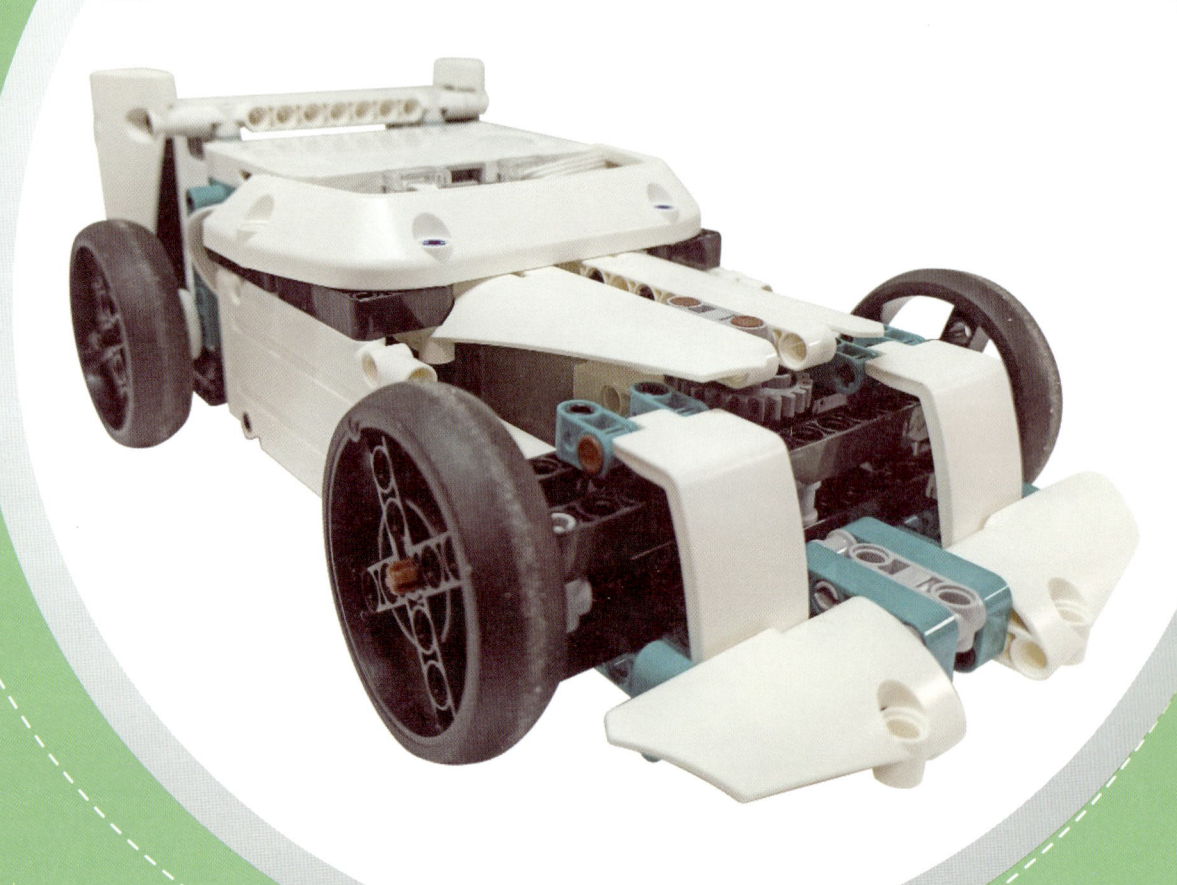

機構

在本章節中，介紹各位同學利用 SPIKE 套件來設計一台教學用的進階基本車，因此，它要有控制器（主機）、馬達、感測器及相關的樂高零件，來設計一個「SPIKE 賽車機器人」。

|主題|

設計「賽車機器人」。

|目的|

讓學習者瞭解如何利用樂高零件來創作「賽車機器人」作品。

|優點|

結構非常簡單，改造容易。

Chapter 12　賽車機器人

1 創意組裝　　**2** 寫程式　　**3** 測試

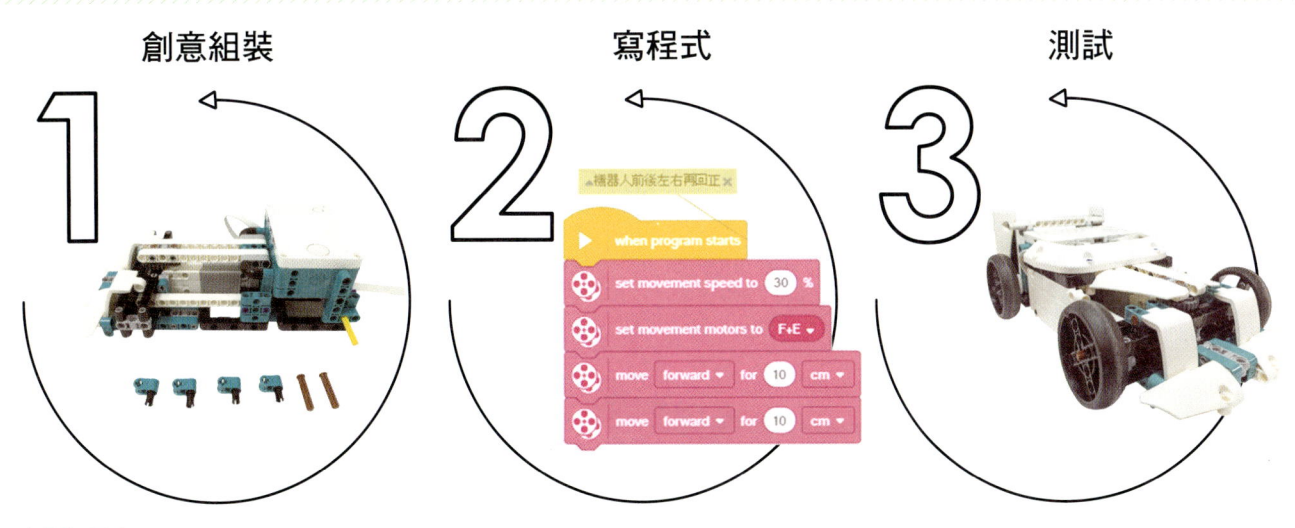

| 說明 |

1. 創意組裝：依照指定「功能及造型」來搭配「感應器及相關配件」結合「主機」。

2. 寫程式：依照指定任務來撰寫處理程序的動作與順序（程式）。

3. 測試：利用拼圖程式：將程式上傳到「主機」內，並依照指定功能先進行測試。

| 流程圖 |

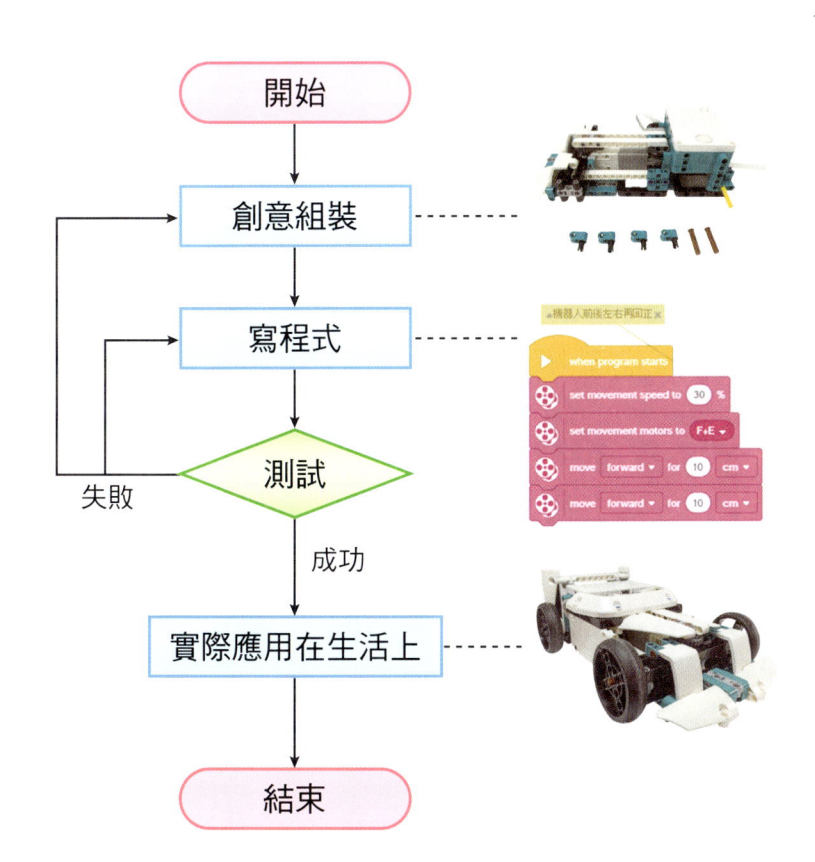

說明

從流程圖中，我們可以清楚瞭解「設計機器人程式」必須要經過的三大步驟，並且在進行第三步驟時，如果無法測試成功，除了要修改程式之外，也要檢查組裝是否正確，並且要反覆地進行測試，直到完全成功為止。最後，就可以將創作的智能裝置，應用在我們日常生活中。

難度 ★★★★

12-2　SPIKE 賽車機器人組裝

想要製作一台「SPIKE 賽車機器人」時，必須要先準備相關的「主機、馬達、感測器及相關的零件材料」。

你需要準備……

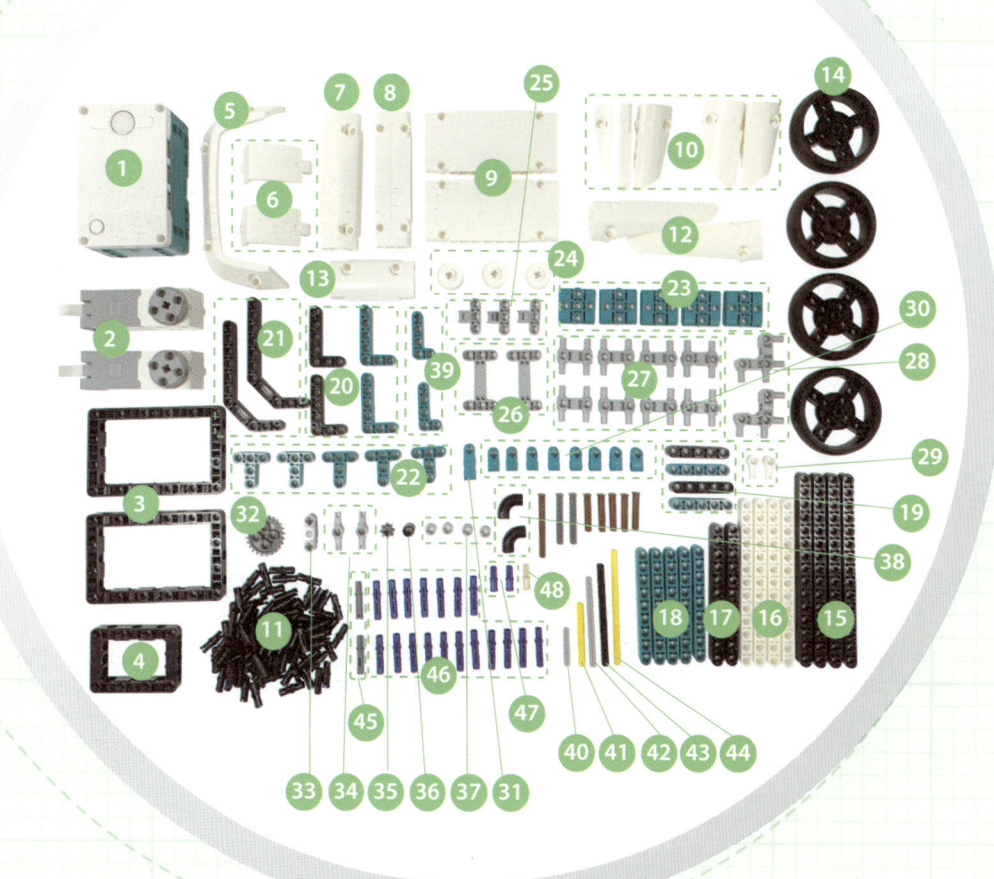

Chapter 12　賽車機器人

1. 主機 ×1
2. 馬達 ×2
3. 中型方框 ×2
4. 小型方框 ×1
5. 前後側板 ×1
6. L 型側板 ×2
7. 弧型側板 ×1
8. 小厚片 ×2
9. 大厚片 ×2
10. 中型側板 ×4
11. 短插銷 ×50
12. 大型側板 ×2
13. 小弧型側板 ×1
14. 輪子 ×4
15. 15m 橫桿 ×4
16. 13m 橫桿 ×4
17. 11m 橫桿 ×2
18. 9m 橫桿 ×5
19. 5m 橫桿 ×4
20. 3*5 橫桿 ×4
21. J 型橫桿 ×2
22. T 型橫桿 ×5
23. 十字型連接器 ×5
24. 滑軸 ×3
25. T 型連接器 ×3
26. I 型連接器 ×2
27. H 型連接器 ×8
28. L 型連接器 ×2
29. 圓孔連接器 ×2
30. 垂直連接器 ×8
31. 雙插銷連接器 ×1
32. 24 齒正齒輪 ×1
33. 3L 垂直連接器 ×1
34. 垂直連信器 ×2
35. 8 齒正齒輪 ×1
36. 活動式連接器 ×1
37. 套筒 ×4
38. 弧型連接器 ×2
39. 2*4 橫桿 ×2
40. 3m 十字軸 ×1
41. 5m 十字軸 ×1
42. 7m 十字軸 ×1
43. 8m 十字軸 ×1
44. 9m 十字軸 ×1
45. 十字軸插銷 ×2
46. 長插銷 ×18
47. 固定式插銷 ×2
48. 活動式插銷 ×1

開始動手組裝！

在準備好「賽車機器人」所需要的「主機、感測器、構件及相關的材料」之後,接下來,請各位讀者依照以下的步驟就可以完成(註:▢ 代表步驟組裝的部分):

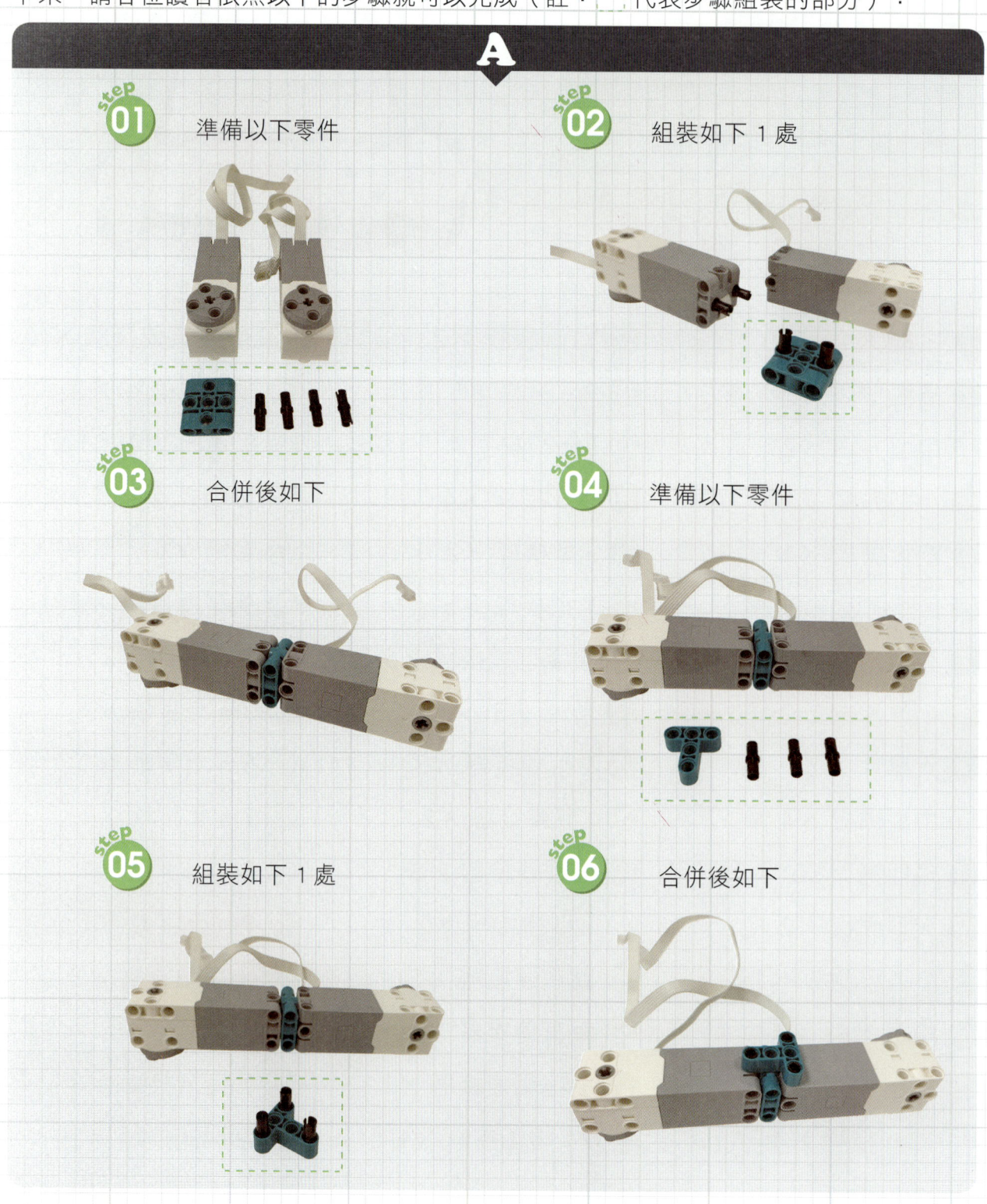

A

step 01 準備以下零件

step 02 組裝如下 1 處

step 03 合併後如下

step 04 準備以下零件

step 05 組裝如下 1 處

step 06 合併後如下

Chapter 12　賽車機器人

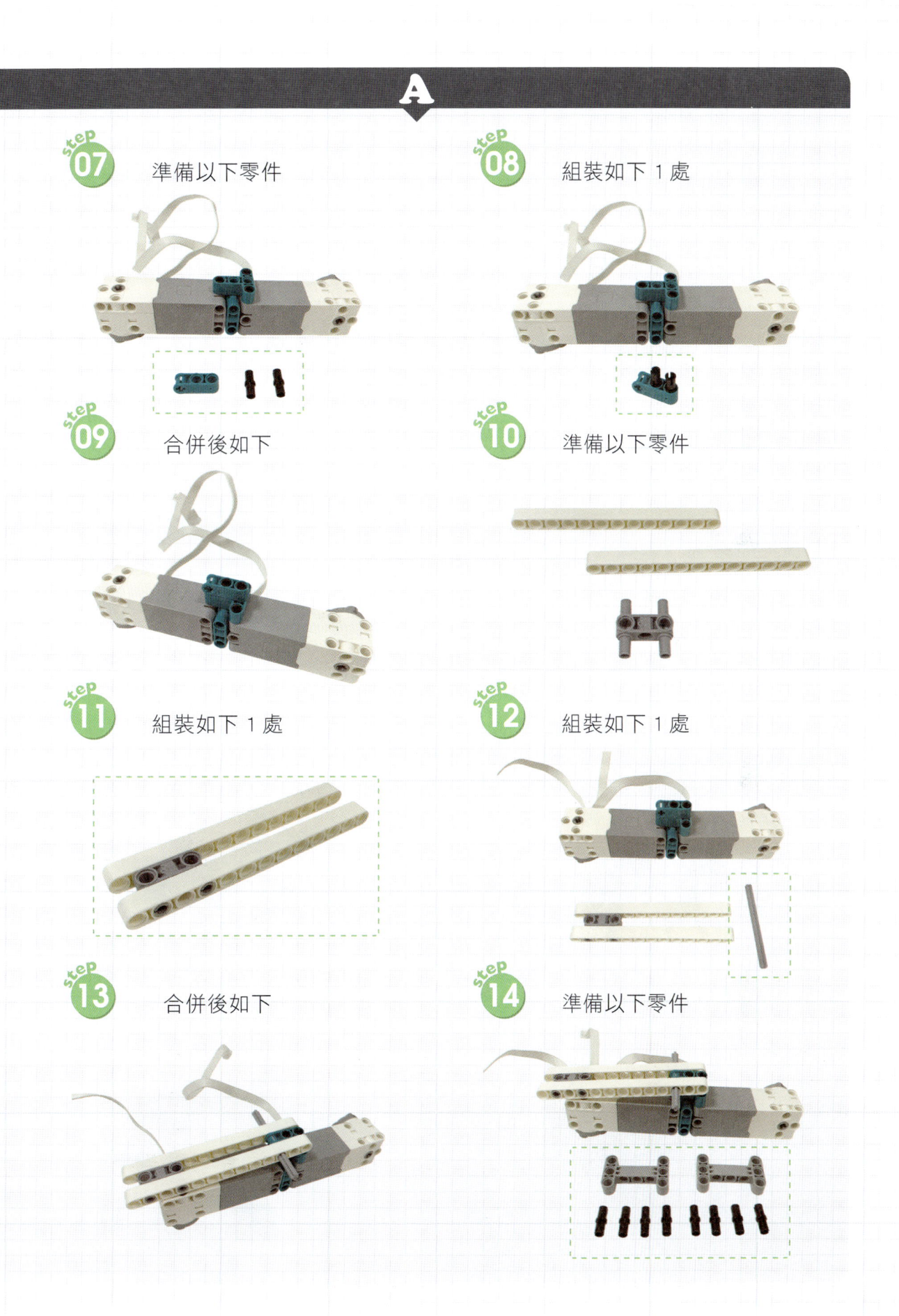

A

step 07 準備以下零件

step 08 組裝如下 1 處

step 09 合併後如下

step 10 準備以下零件

step 11 組裝如下 1 處

step 12 組裝如下 1 處

step 13 合併後如下

step 14 準備以下零件

299

A

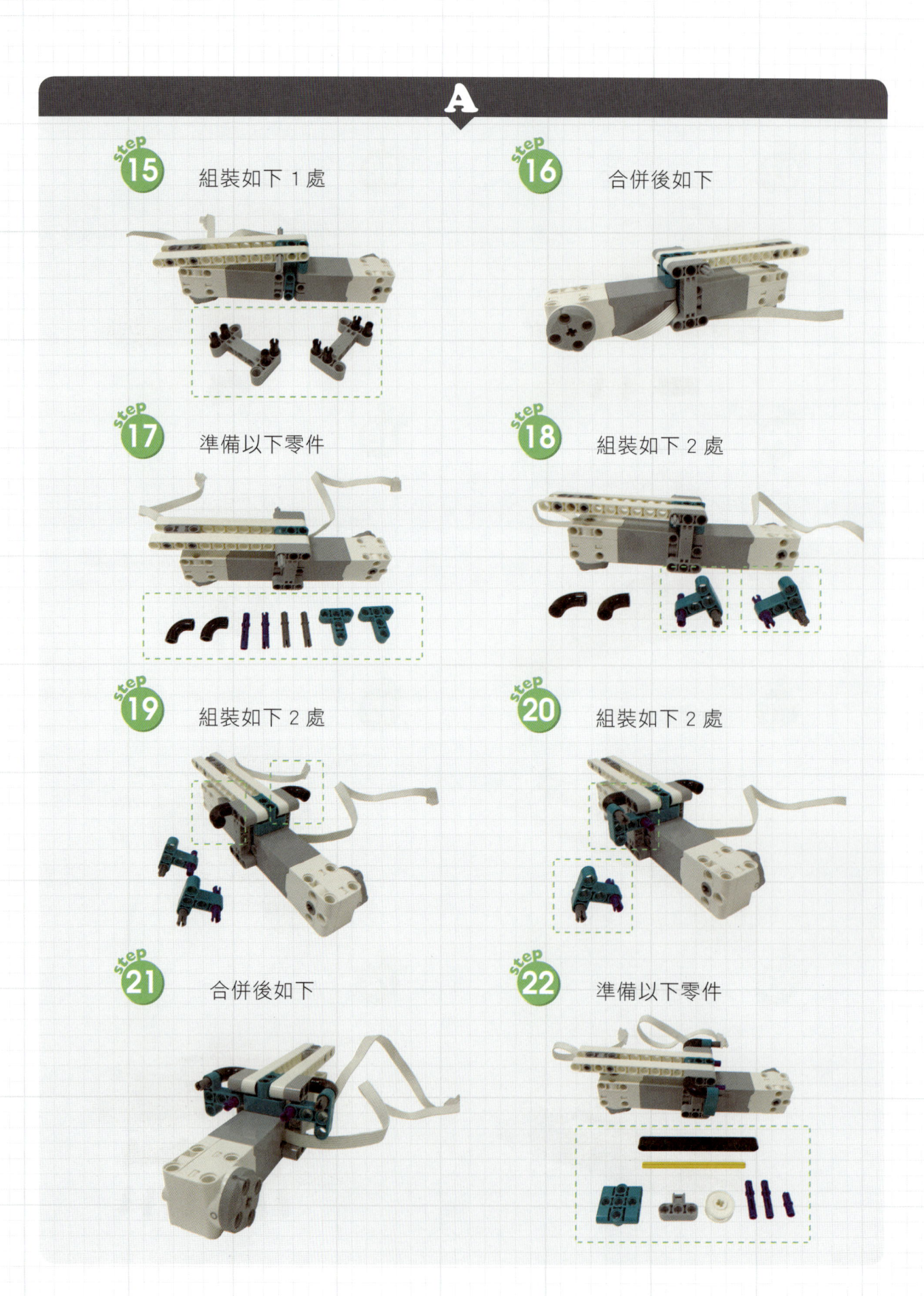

step 15 組裝如下 1 處

step 16 合併後如下

step 17 準備以下零件

step 18 組裝如下 2 處

step 19 組裝如下 2 處

step 20 組裝如下 2 處

step 21 合併後如下

step 22 準備以下零件

Chapter 12　賽車機器人

A

step 23 組裝如下 1 處

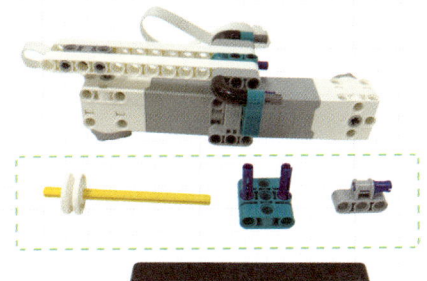

step 24 組裝如下 1 處

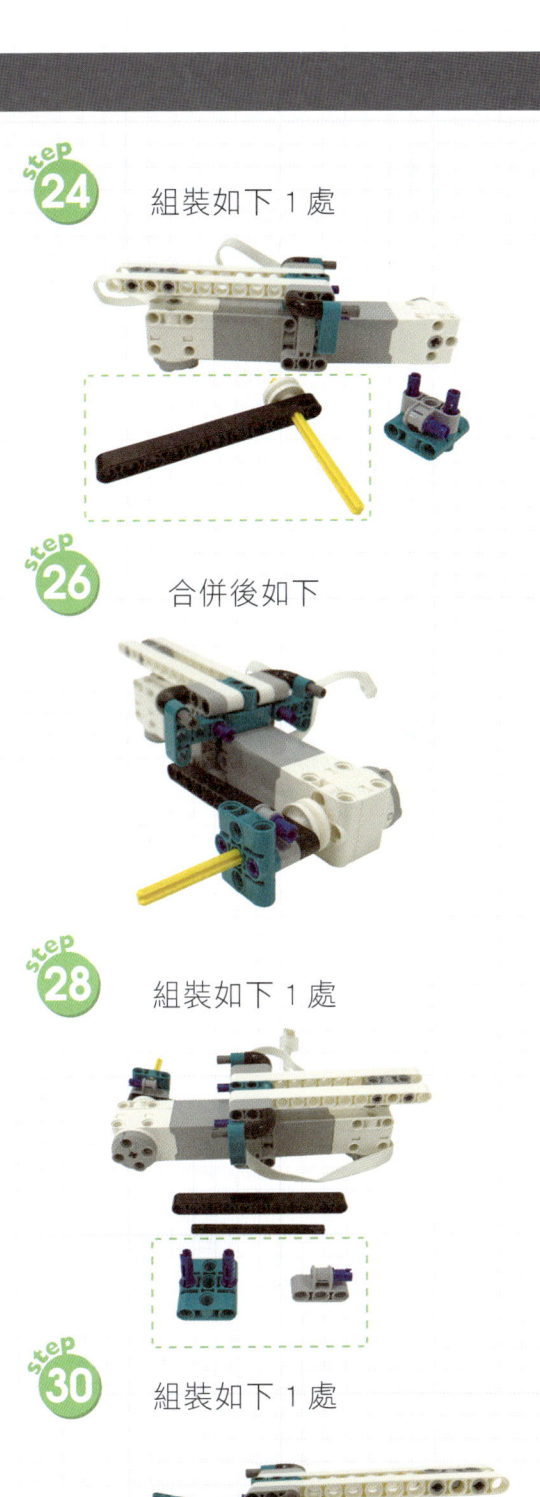

step 25 組裝如下 1 處

step 26 合併後如下

step 27 準備以下零件

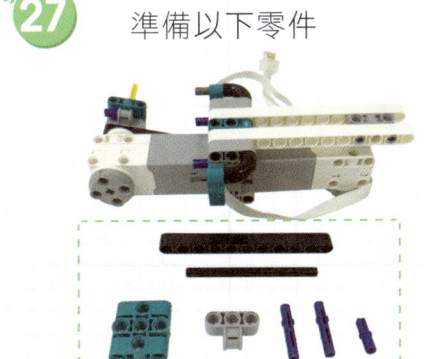

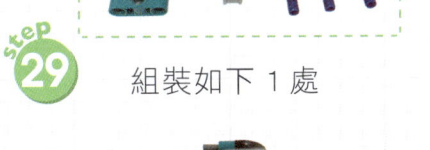

step 28 組裝如下 1 處

step 29 組裝如下 1 處

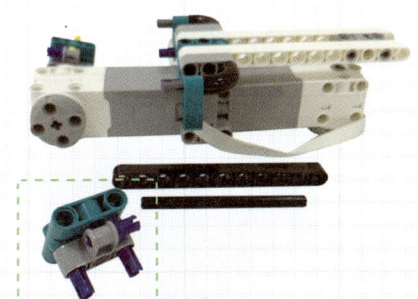

step 30 組裝如下 1 處

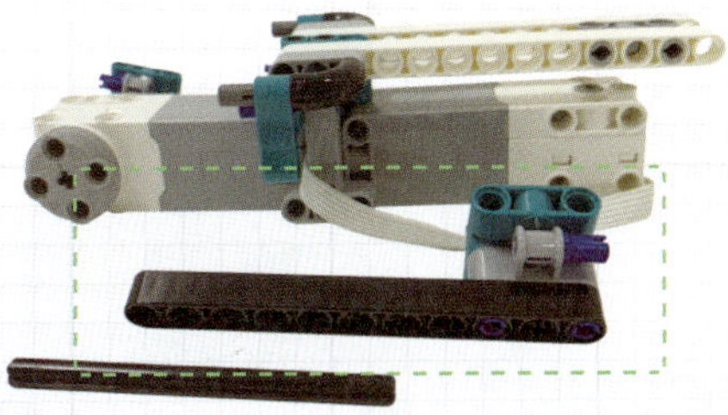

創意無限樂高 SPIKE 機器人

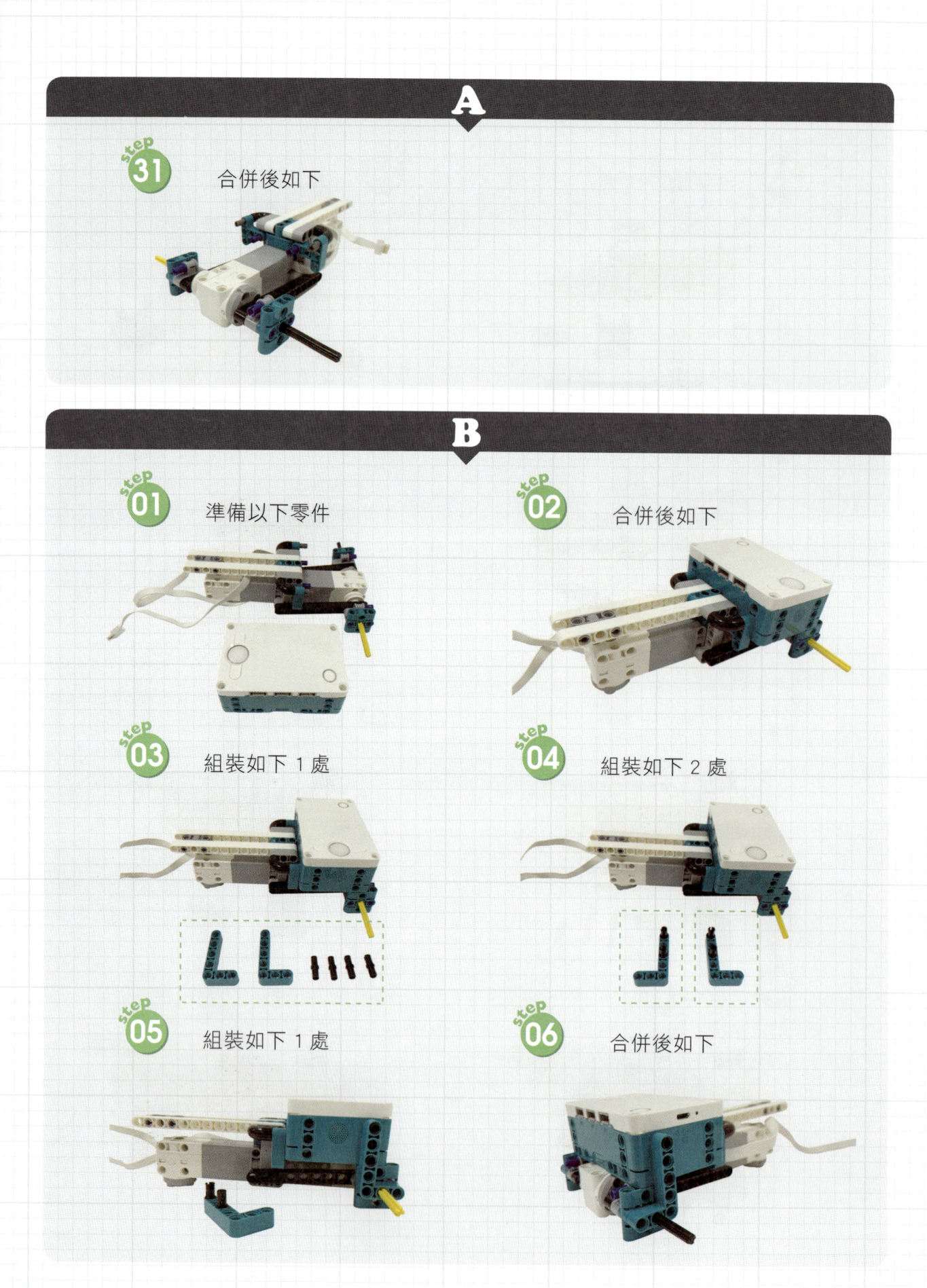

A

step 31 合併後如下

B

step 01 準備以下零件

step 02 合併後如下

step 03 組裝如下 1 處

step 04 組裝如下 2 處

step 05 組裝如下 1 處

step 06 合併後如下

Chapter 12 賽車機器人

B

step 07 準備以下零件

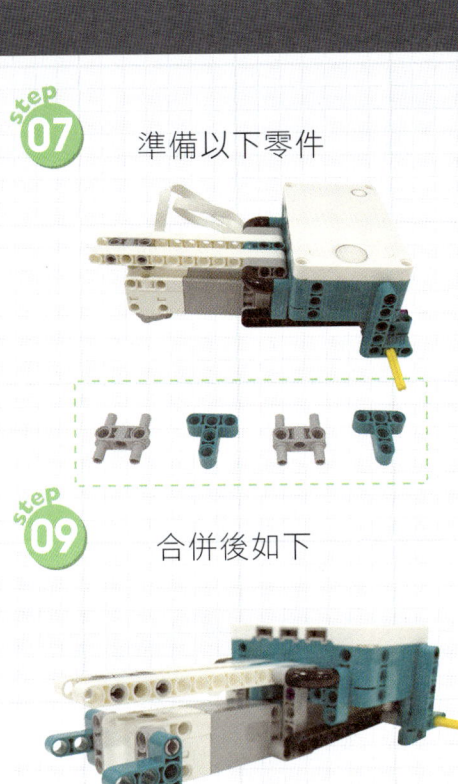

step 08 組裝如下 2 處

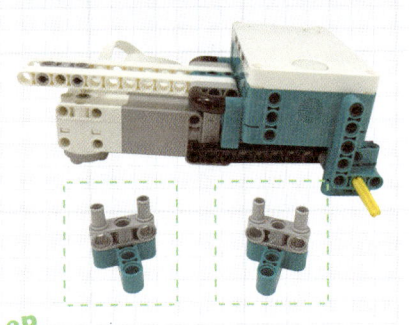

step 09 合併後如下

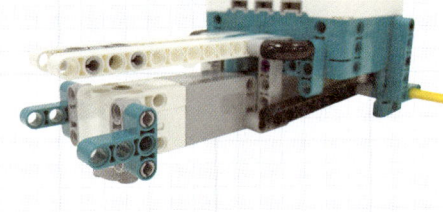

step 10 準備以下零件

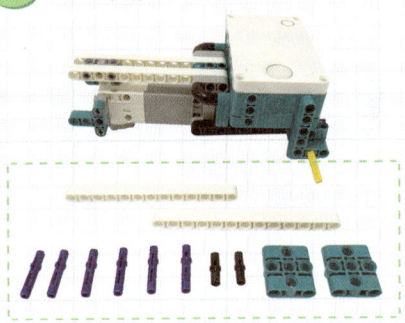

step 11 組裝如下 1 處

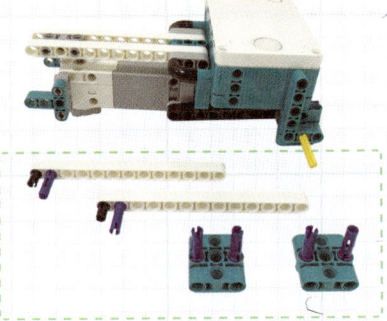

step 12 組裝如下 1 處

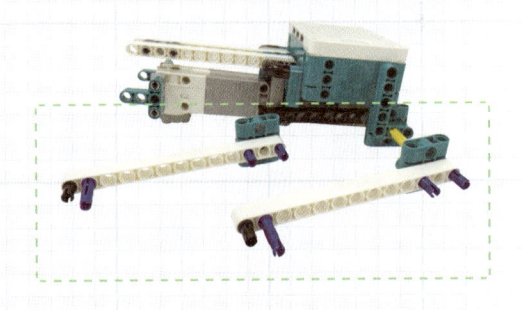

step 13 組裝如下 1 處

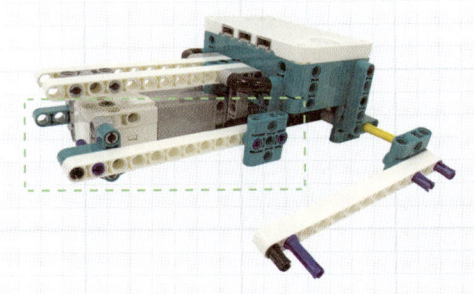

step 14 合併後如下

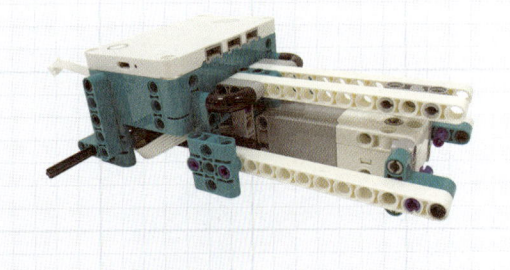

303

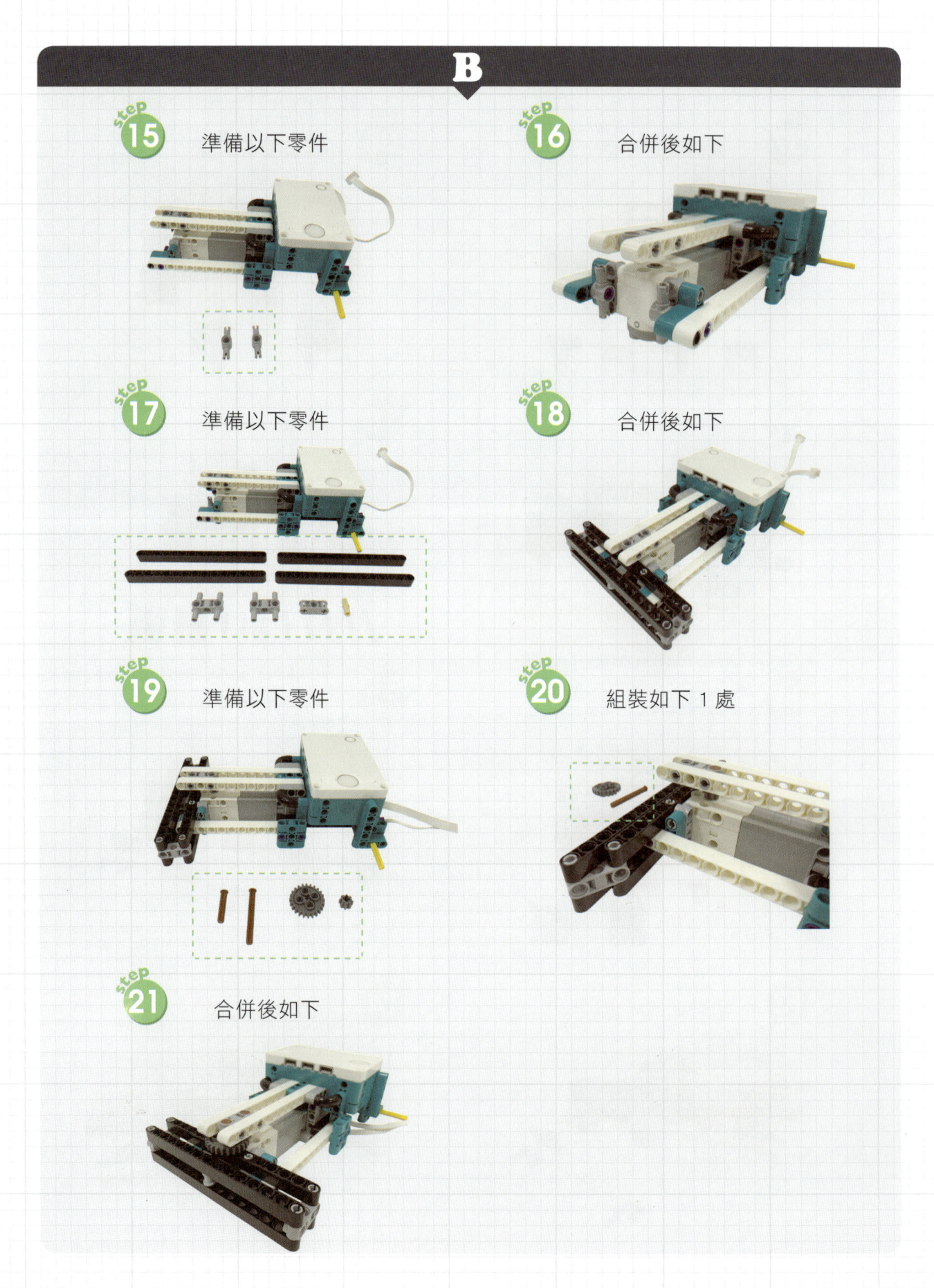

B

step 15
準備以下零件

step 16
合併後如下

step 17
準備以下零件

step 18
合併後如下

step 19
準備以下零件

step 20
組裝如下 1 處

step 21
合併後如下

Chapter 12　賽車機器人

C

step 01 準備以下零件

step 02 組裝如下 1 處

step 03 合併後如下

step 04 準備以下零件

step 05 組裝如下 1 處

step 06 合併後如下

step 07 準備以下零件

step 08 合併後如下

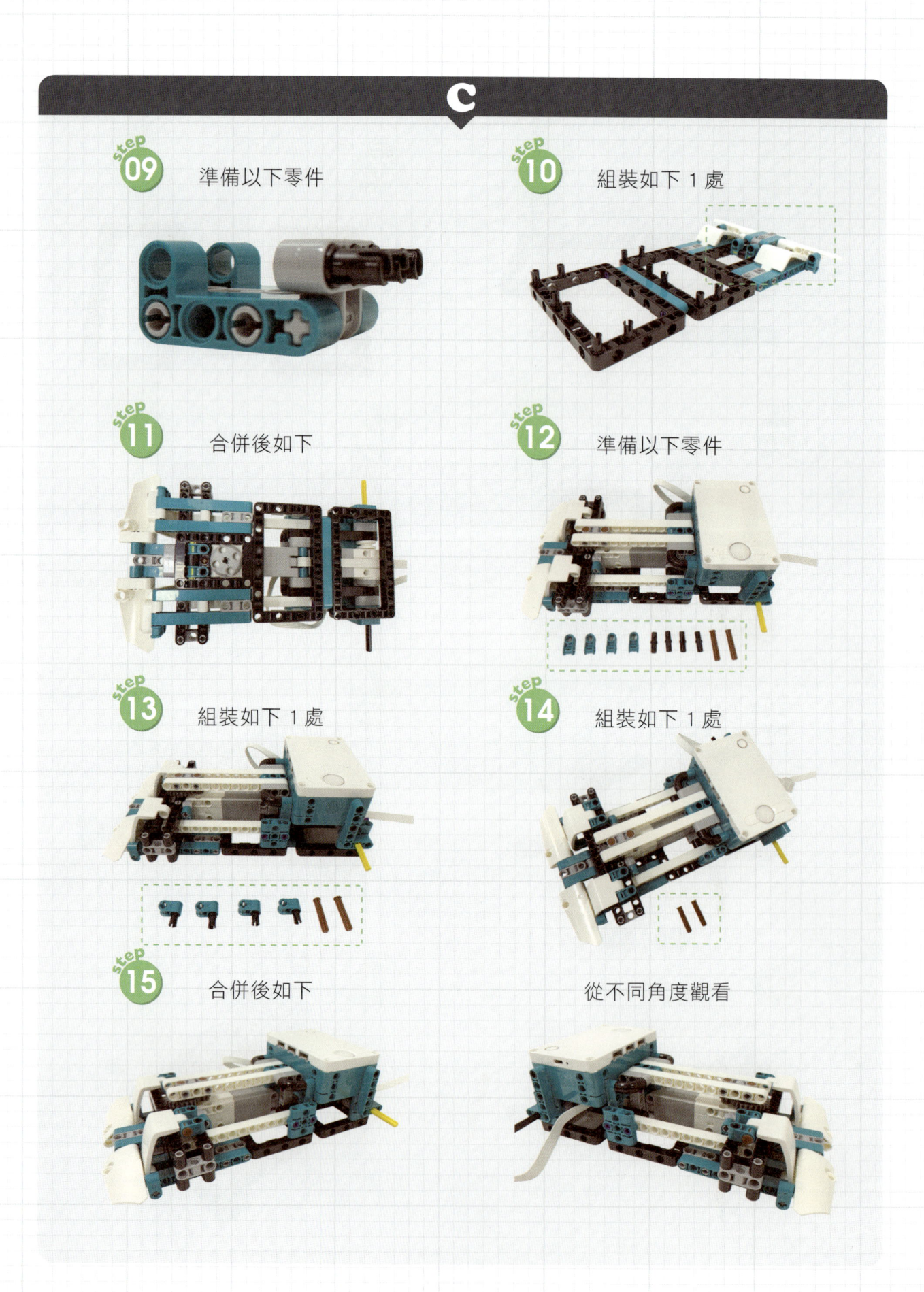

C

step 09 準備以下零件

step 10 組裝如下 1 處

step 11 合併後如下

step 12 準備以下零件

step 13 組裝如下 1 處

step 14 組裝如下 1 處

step 15 合併後如下

從不同角度觀看

Chapter 12 賽車機器人

step 16
準備以下零件

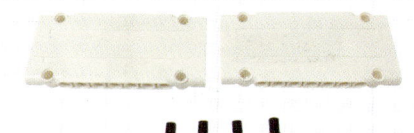

step 17
組裝如下 1 處

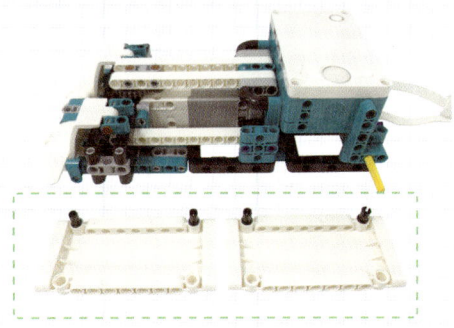

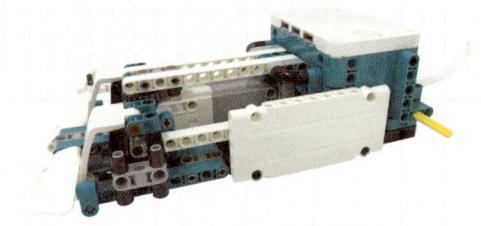

從不同角度觀看

step 18
合併後如下

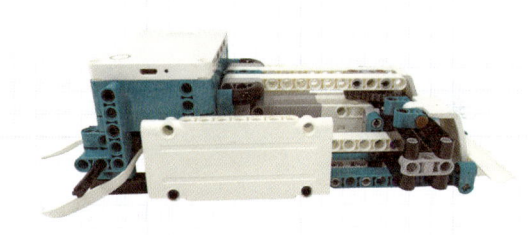

step 19
準備以下零件

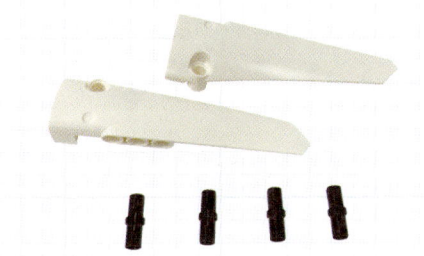

step 20
組裝如下 1 處

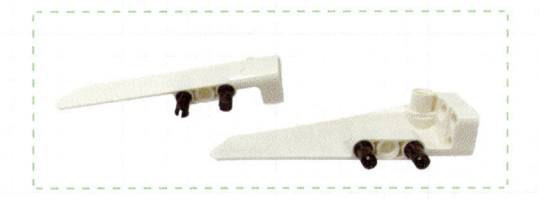

step 21
合併後如下

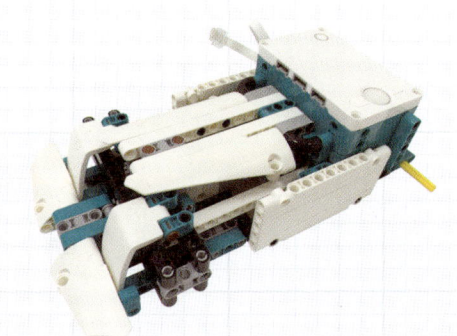

從不同角度觀看

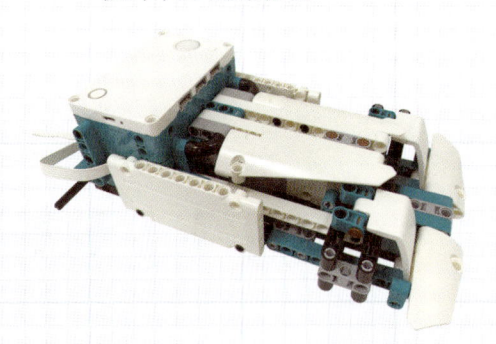

307

D

step 01 準備以下零件

step 02 組裝如下 2 處

step 03 組裝如下 1 處

step 04 合併後如下

step 05 準備以下零件

step 06 合併後如下

step 07 準備以下零件

step 08 組裝如下 2 處

D

step 09 組裝如下 1 處

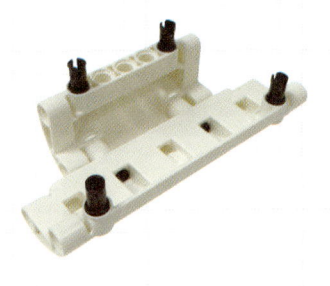

step 10 合併後如下

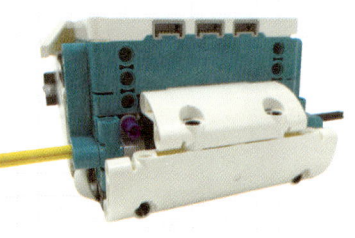

step 11 準備以下零件

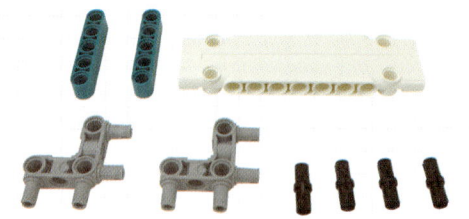

step 12 組裝如下 1 處

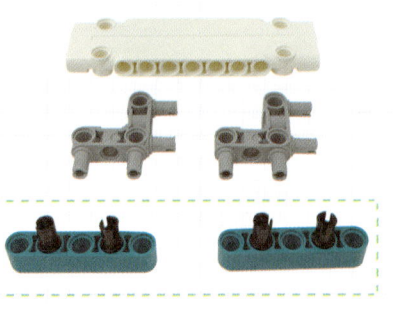

step 13 組裝如下 1 處

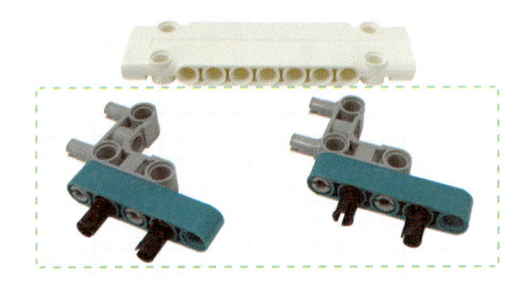

step 14 組裝如下 1 處

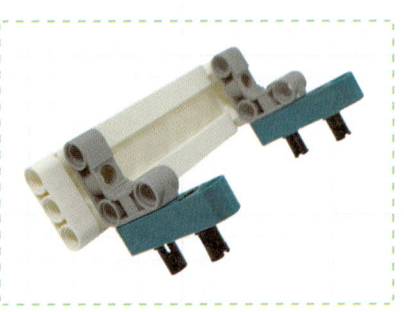

step 15 合併後如下

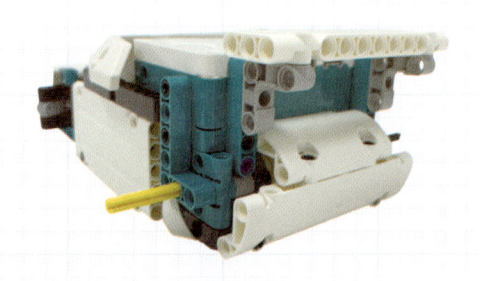

step 16 準備以下零件

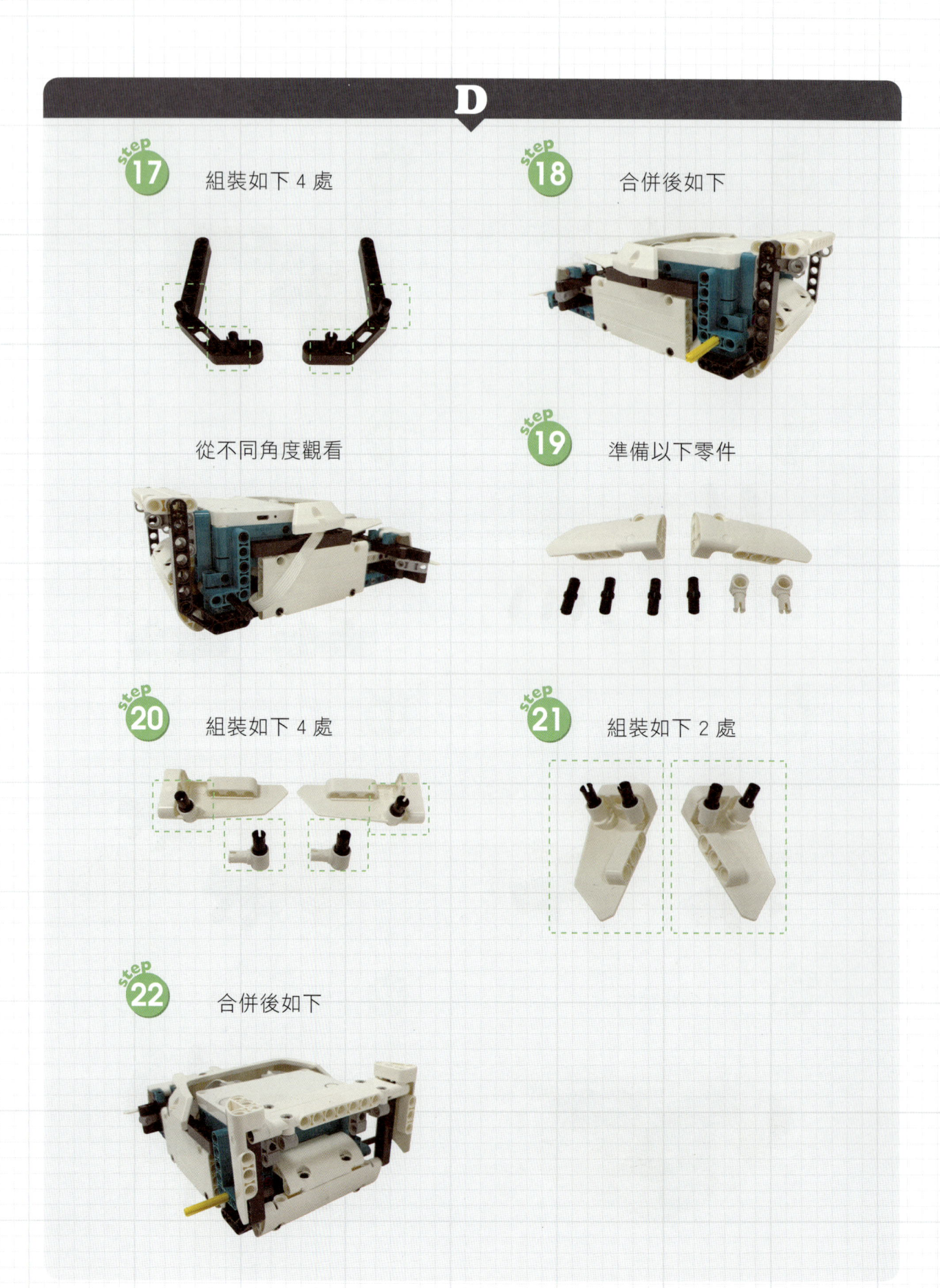

D

step 17 組裝如下 4 處

step 18 合併後如下

從不同角度觀看

step 19 準備以下零件

step 20 組裝如下 4 處

step 21 組裝如下 2 處

step 22 合併後如下

Chapter 12　賽車機器人

E

step 01 準備以下零件

step 02 組裝如下 1 處

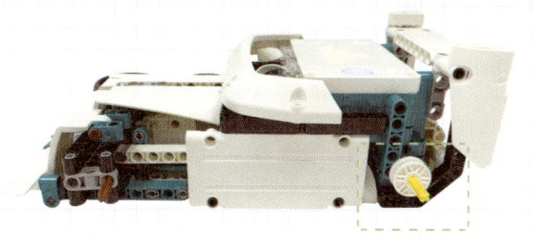

step 03 組裝如下 1 處

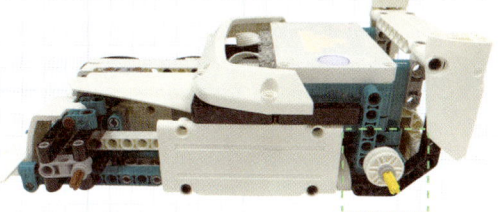

step 04 合併後如下

step 05 組裝如下 2 處

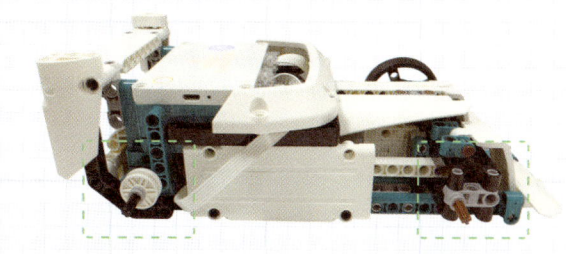

step 06 合併後如下

step 07 組裝完成

從不同角度觀看

12-3 撰寫「賽車機器人」之指引程式

一 賽車前後各轉 1 圈

| 流程圖 |

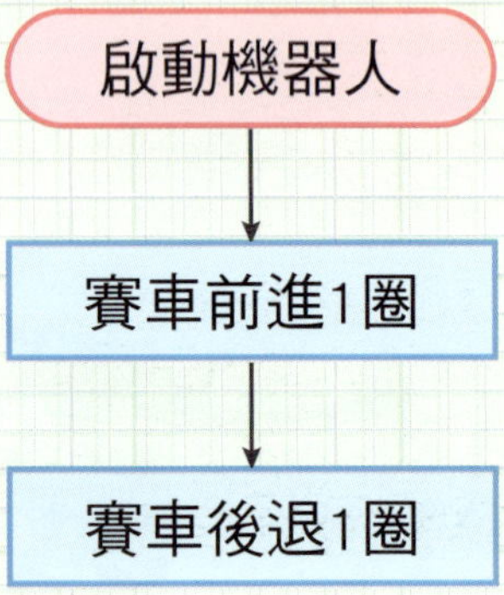

啟動機器人
↓
賽車前進1圈
↓
賽車後退1圈

| 程式設計 |

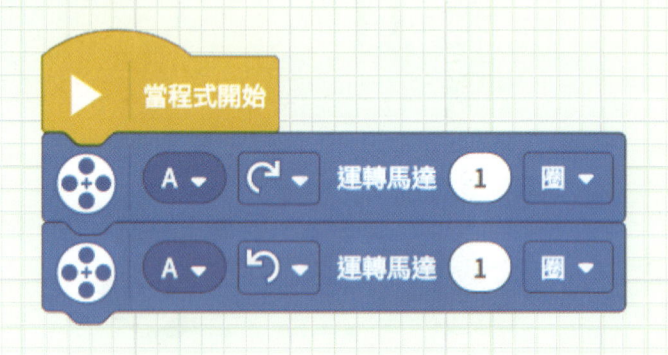

當程式開始
A ↻ 運轉馬達 1 圈
A ↺ 運轉馬達 1 圈

二 賽車左右轉

| 流程圖 |

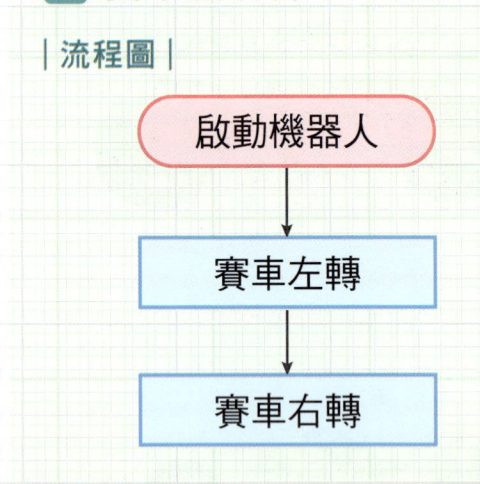

啟動機器人
↓
賽車左轉
↓
賽車右轉

| 程式設計 |

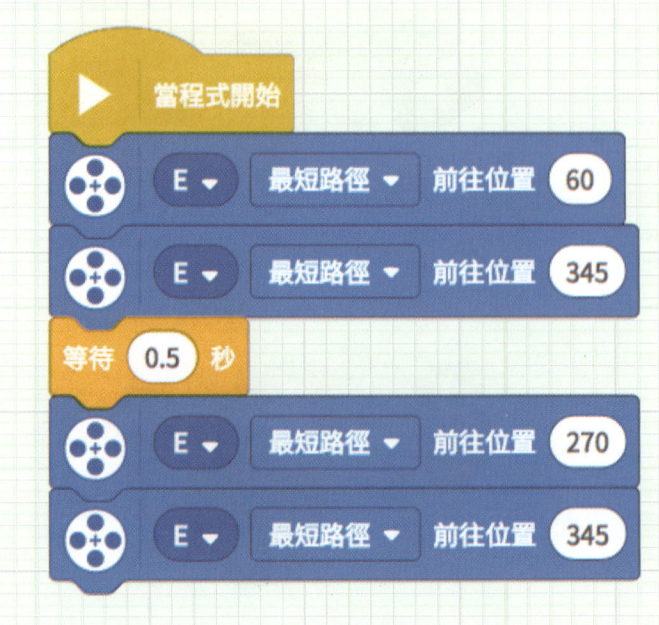

當程式開始
E 最短路徑 前往位置 60
E 最短路徑 前往位置 345
等待 0.5 秒
E 最短路徑 前往位置 270
E 最短路徑 前往位置 345

三 賽車前後左右

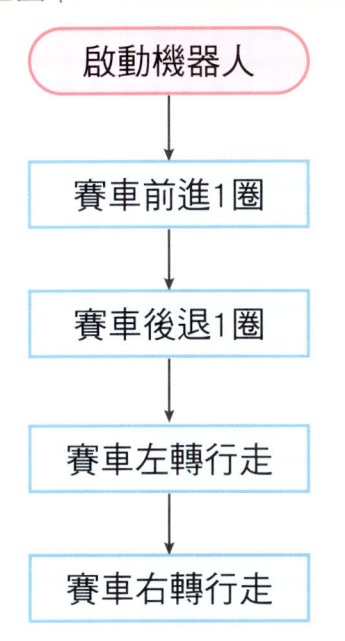

|流程圖|　　　　　　　　　|程式設計|

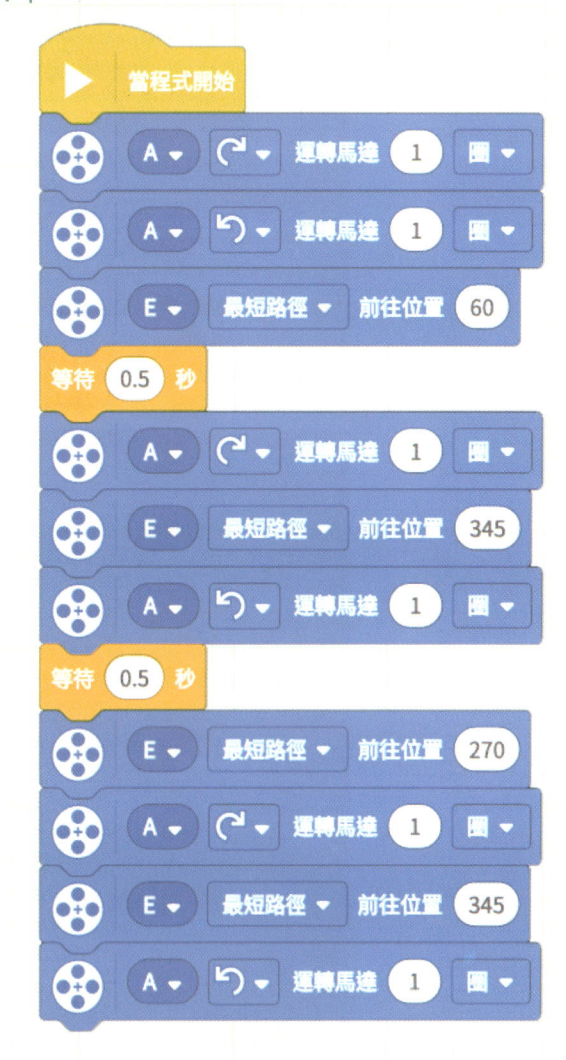

```
啟動機器人
    ↓
賽車前進1圈
    ↓
賽車後退1圈
    ↓
賽車左轉行走
    ↓
賽車右轉行走
```

程式積木：
- 當程式開始
- 運轉馬達 A 順時針 1 圈
- 運轉馬達 A 逆時針 1 圈
- E 最短路徑 前往位置 60
- 等待 0.5 秒
- 運轉馬達 A 順時針 1 圈
- E 最短路徑 前往位置 345
- 運轉馬達 A 逆時針 1 圈
- 等待 0.5 秒
- E 最短路徑 前往位置 270
- 運轉馬達 A 順時針 1 圈
- E 最短路徑 前往位置 345
- 運轉馬達 A 逆時針 1 圈

四 手機操控賽車機器人

在上面的單元中，你一定會發現賽車都是固定的玩法，無法提供使用者動態的操控，因此，在本單元中，將介紹使用者，如何利用手機操控賽車機器人。其步驟如下：

step 01 在擴充功能元件 (更多馬達)

step 02 編輯「遙控器」操作介面

step 03 撰寫「遙控器」操作介面程式

step 04 實際執行操控

313

創意無限樂高 SPIKE 機器人

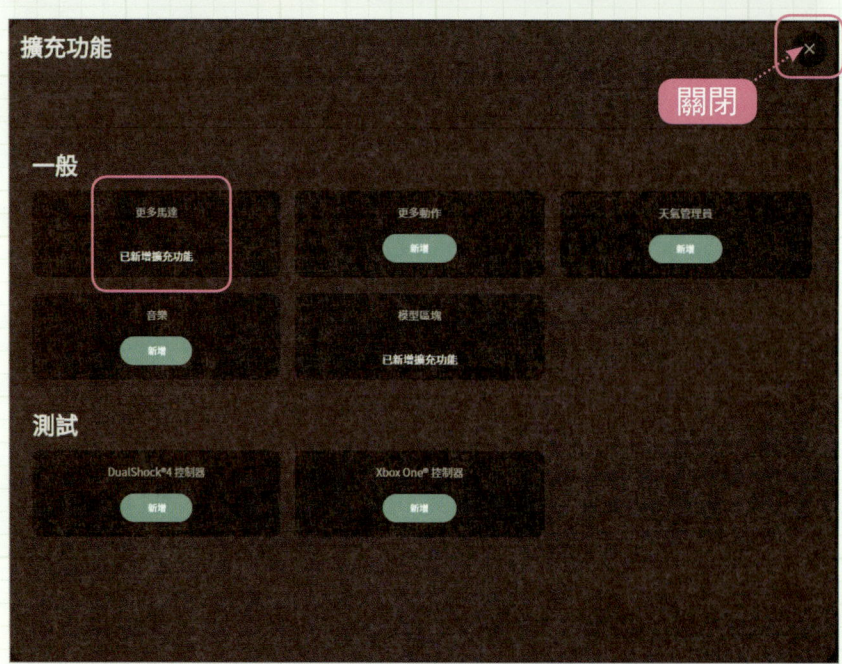

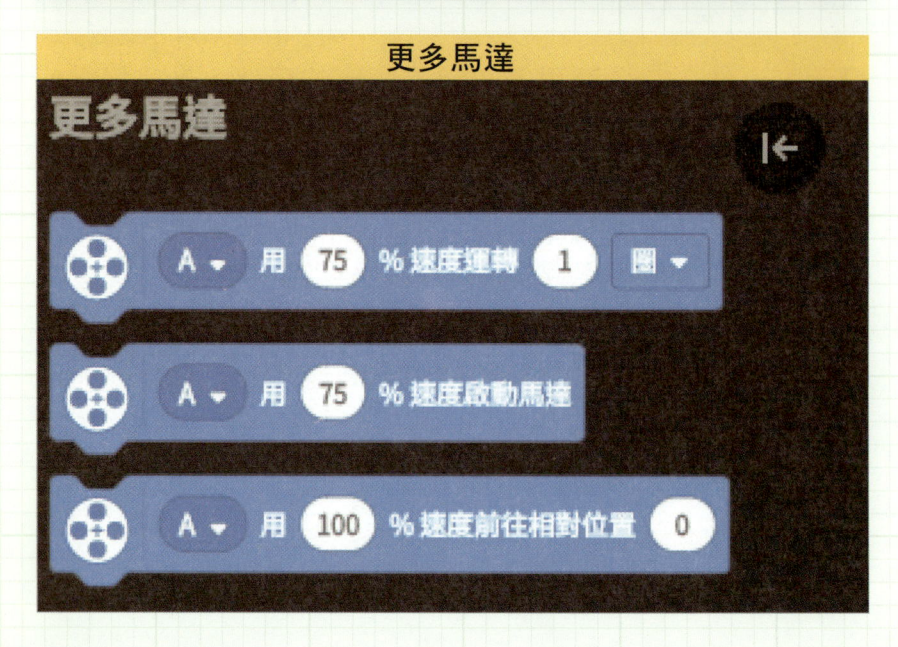

| 程式設計 |

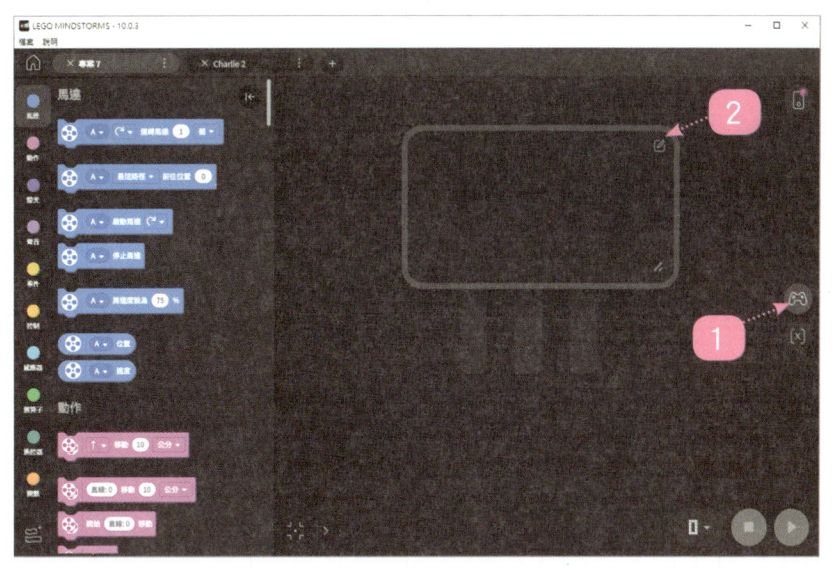

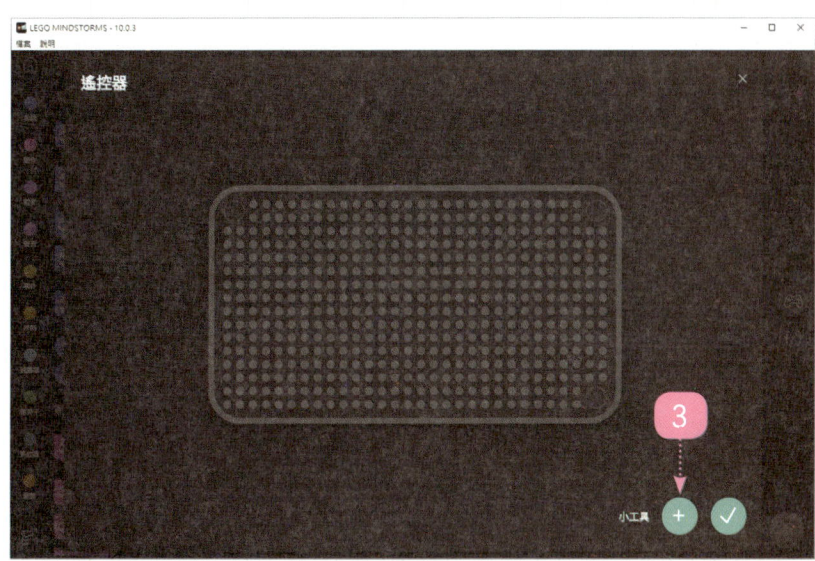

Chapter 12　賽車機器人

控制元件

感應器元件

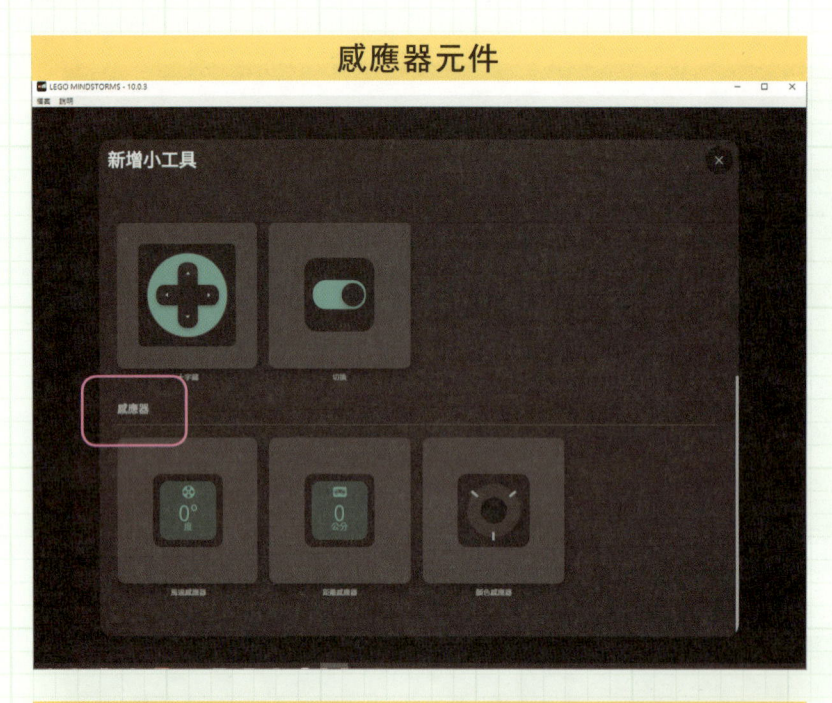

本單元使用「按鈕」及「垂直滑桿」兩個元件

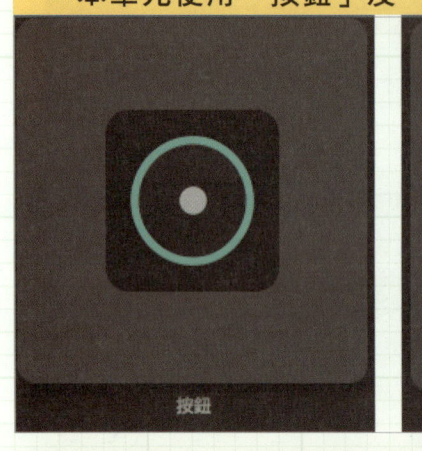

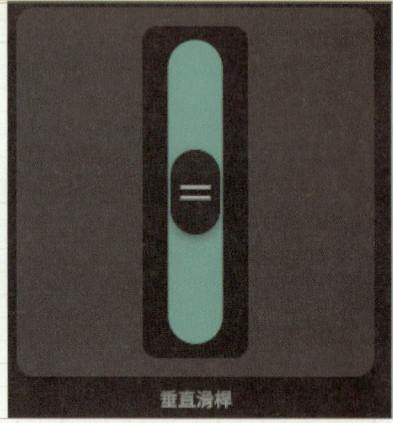

按鈕

垂直滑桿

遙控器介面設計

完成

Chapter 12　賽車機器人

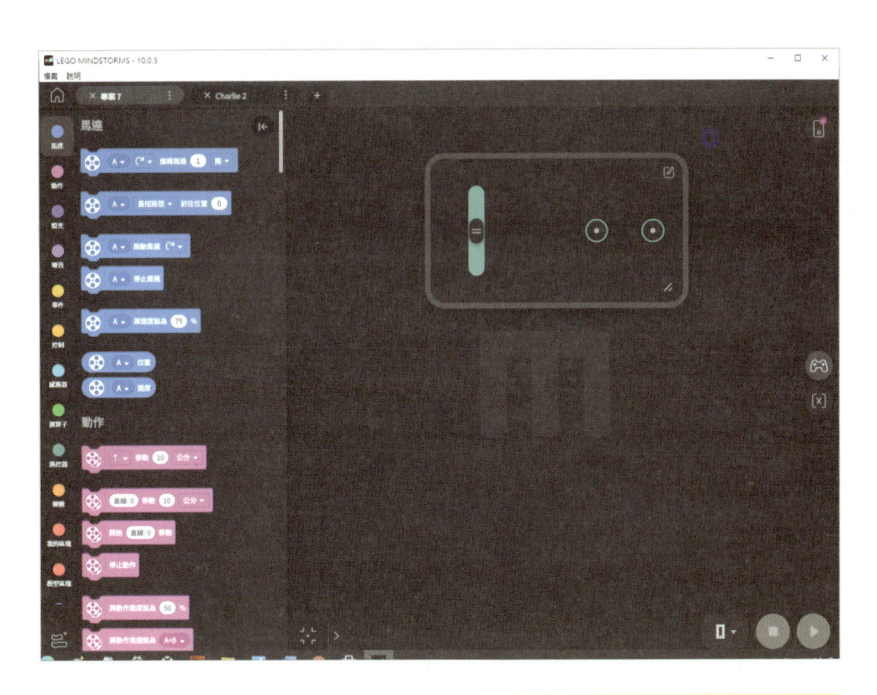

此時，在左側的「遙控器」元作群組，就會顯示剛才設定的元件。

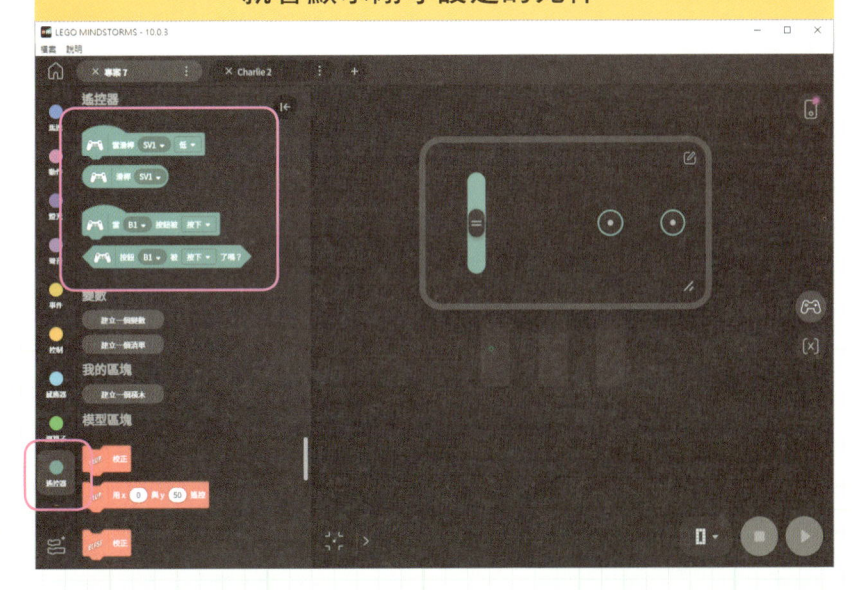

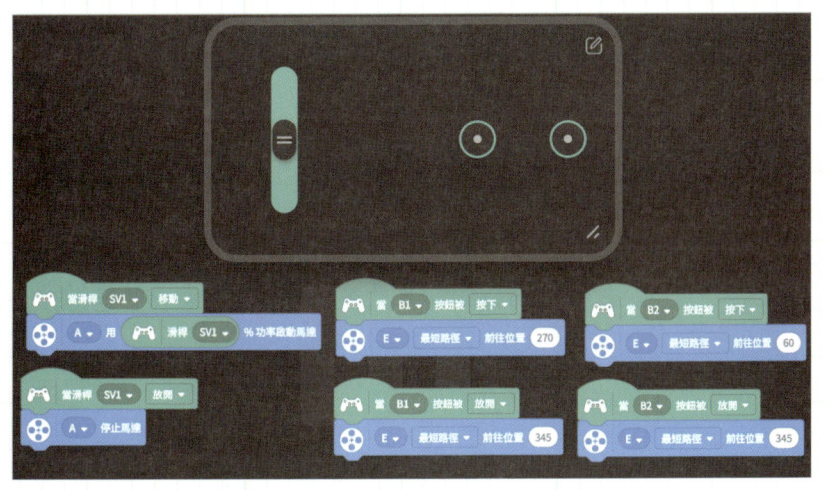

創意無限樂高 SPIKE 機器人

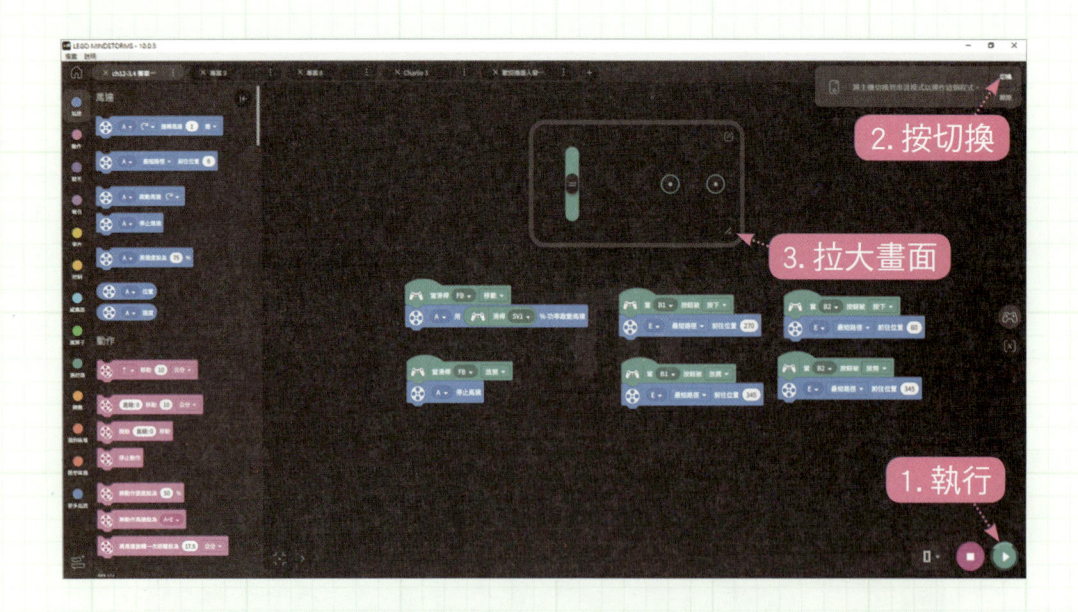

2. 按切換

3. 拉大畫面

1. 執行

| 操控介面 |

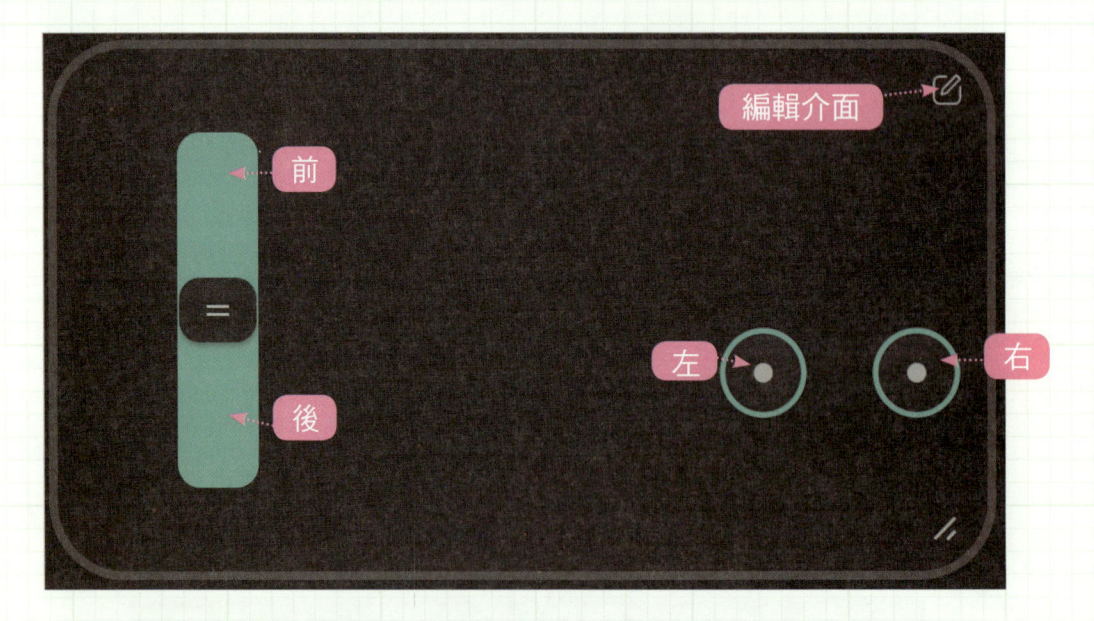

編輯介面

前

後

左　右

318

12-4　專題製作：賽車機器人

主題發想

無論是實體車-特斯拉電動車，或是玩具的遙控汽車，都不斷地隨著科技的演進，日漸進步，讓我也想用 LEGO 創造一台獨一無二的機器人車，透過手機就能做即時的程式改變速度，還能發揮創意做出不同風格的外觀創作。

主題目的

1. 透過 LEGO 創作，外觀可依造風阻考量進行設計，讓整體更有賽車的規格。
2. 運用搖桿作多種模式的變化操控。

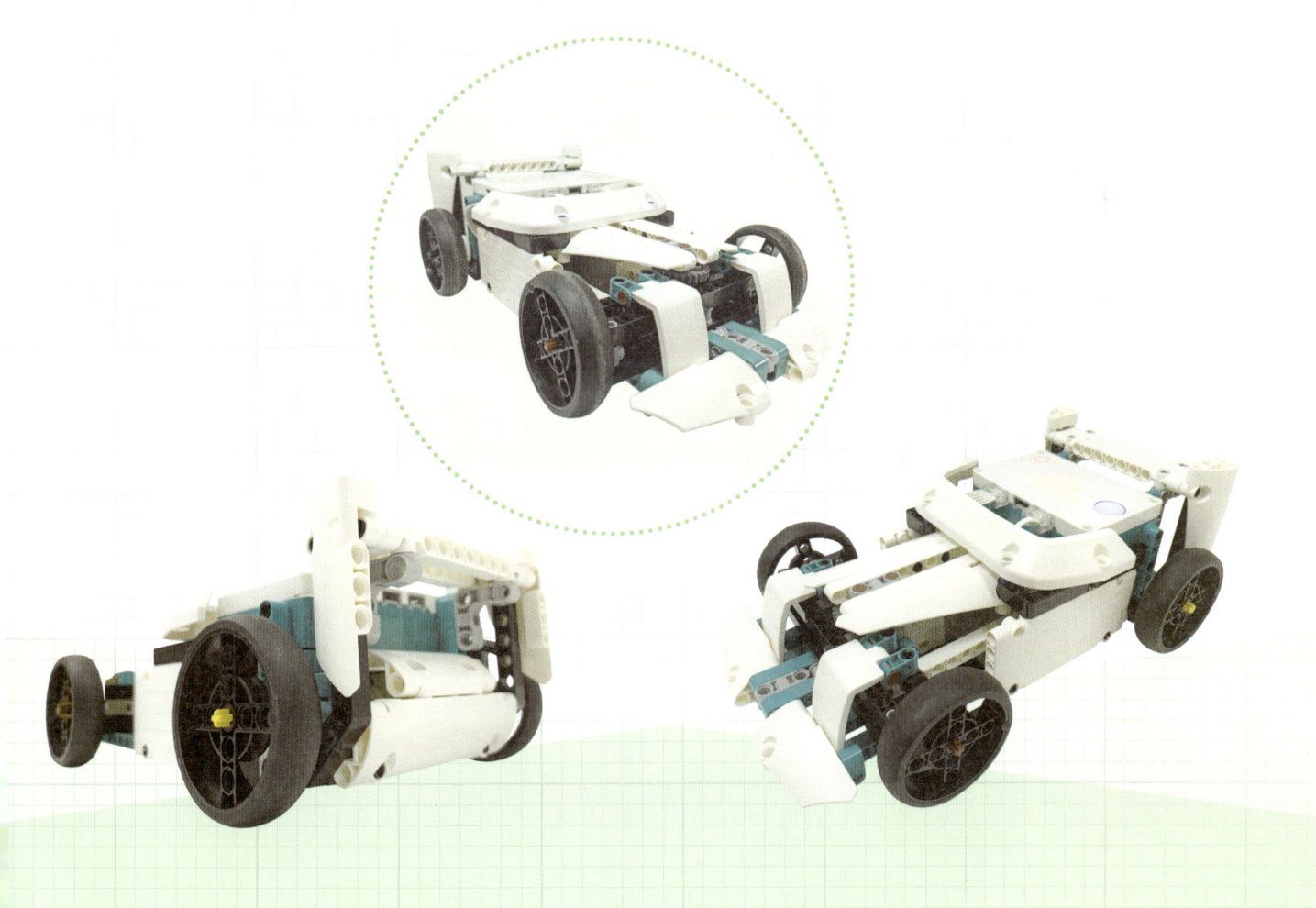

創意無限樂高 SPIKE 機器人

創新性
1. 透過樂高機器套件,來創意組裝賽車機器人。
2. 賽車機器人可以讓玩家瞭解 Lego SPIKE 運用搖桿作多種模式的變化操控。

應用性
1. 室內互動作賽車遊戲。
2. 結合程式設計課程,增加樂趣。

| 操作介面 |

| 各種功能說明 |

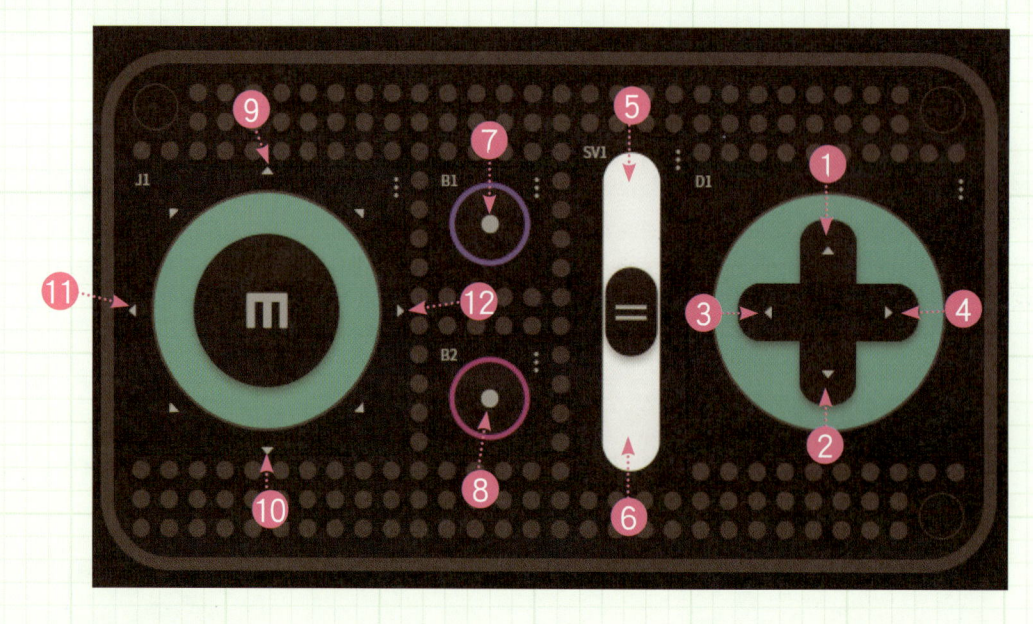

一、十字鍵	二、垂直滑桿	三、按鈕	四、搖桿
① 前進	⑤ 漸進加速	⑦ 設定速度:加速	⑨ 前進
② 後退	⑥ 漸進減速	⑧ 設定速度:減速	⑩ 後退
③ 左轉			⑪ 左轉
④ 右轉			⑫ 右轉

程式介紹

一、十字鍵

❶ 前進

- 當十字鍵 D1 往上 按鈕被 按下
  - A 將速度設為 Speed %
  - A 啟動馬達 ↻
- 當十字鍵 D1 往上 按鈕被 放開
  - A 停止馬達

❷ 後退

- 當十字鍵 D1 往下 按鈕被 按下
  - A 將速度設為 Speed %
  - A 啟動馬達 ↺
- 當十字鍵 D1 往下 按鈕被 放開
  - A 停止馬達

❸ 左轉

- 當十字鍵 D1 往左 按鈕被 按下
  - A 啟動馬達 ↻
  - E 最短路徑 前往位置 270
- 當十字鍵 D1 往左 按鈕被 放開
  - A 停止馬達
  - E 最短路徑 前往位置 345

❹ 右轉

- 當十字鍵 D1 往右 按鈕被 按下
  - A 啟動馬達 ↻
  - E 最短路徑 前往位置 60
- 當十字鍵 D1 往右 按鈕被 放開
  - A 停止馬達
  - E 最短路徑 前往位置 345

二、垂直滑桿

❺ 漸進加速　❻ 漸進減速

- 當滑桿 SV1 移動
  - A 用 滑桿 SV1 % 功率啟動馬達
- 當滑桿 SV1 放開
  - A 停止馬達

三、按鈕

❼ 設定速度：加速

當 B1 按鈕被 按下
變數 Speed 改變 5
寫出 Speed

❽ 設定速度：減速

當 B2 按鈕被 按下
變數 Speed 改變 -5
寫出 Speed

四、搖桿

❾ 前進

當搖桿 J1 往上
變數 Y 設為 搖桿 J1 y 軸
A 用 Y * 2 %功率啟動馬達

❿ 後退

當搖桿 J1 往下
變數 Y 設為 搖桿 J1 y 軸
A 用 Y * 2 %功率啟動馬達

⓫ 左轉

當搖桿 J1 往左
A 將速度設為 -30 %
A 啟動馬達
E 最短路徑 前往位置 270

⓬ 右轉

當搖桿 J1 往右
A 將速度設為 -30 %
A 啟動馬達
E 最短路徑 前往位置 60

停止

當搖桿 J1 放開
A 停止馬達
E 最短路徑 前往位置 345
變數 Y 設為 搖桿 J1 y 軸

Chapter 12　實作題

題目名稱：**賽車機器人**

題目說明：請利用「PS4 搖桿」控制賽車。

題目編號：A038010

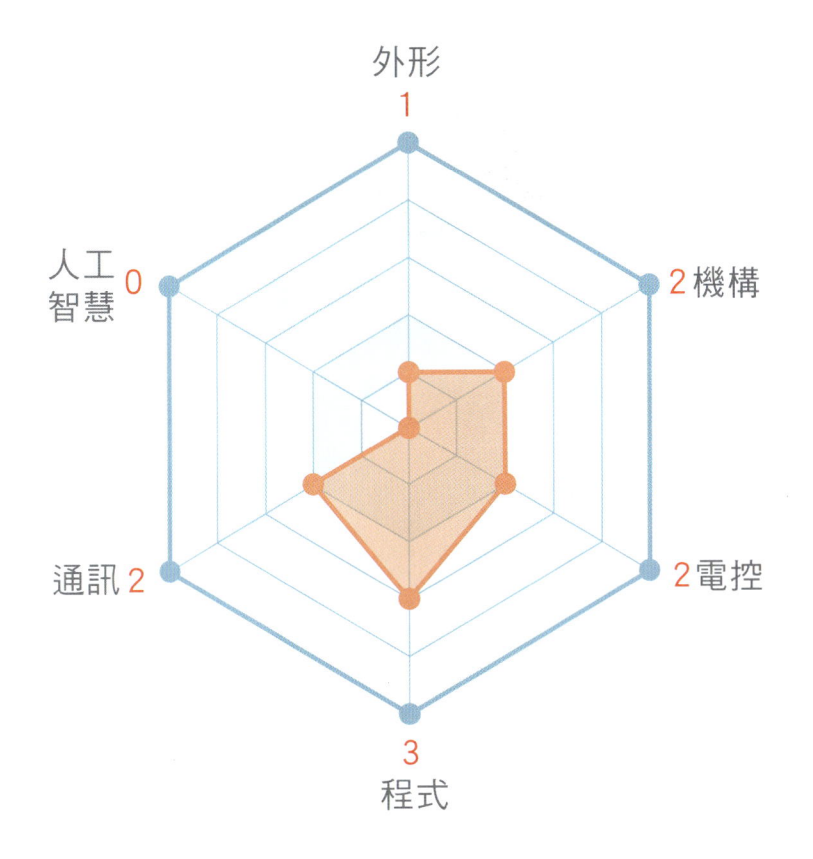

創客指標	指數
外形（專業）	1
機構	2
電控	2
程式	3
通訊	2
人工智慧	0
創客總數	10

實作時間：180 min

Chapter 12　實作題

| PS4 搖桿之介面設計 |

| 程式設計 |

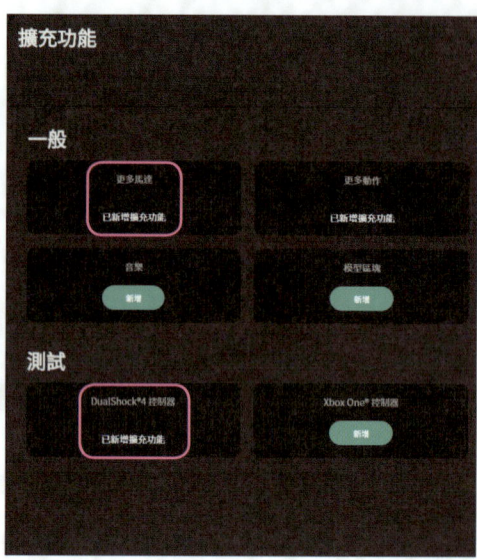

左邊搖桿（控制前 - 後）

當程式開始
重複無限次
　　A 用 往左 搖桿 y 軸 % 功率啟動馬達

右邊搖桿（控制左 - 右）

當 往右 搖桿 往左
　　E 最短路徑 前往位置 270

當 往右 搖桿 往右
　　E 最短路徑 前往位置 60

當 往右 搖桿 放開
　　E 最短路徑 前往位置 345

Maker Learning Credential Certification
創客學習力認證

創客學習力認證精神

以創客指標 6 向度：外形（專業應用）、機構、電控、程式、通訊、AI 難易度變化進行命題，以培養學生邏輯思考與動手做的學習能力，認證強調有沒有實際動手做的精神。

MLC 創客學習力證書，累積學習歷程

學員每次實作，經由創客師核可，可獲得單張證書，多次實作可以累積成歷程證書。藉由證書可以展現學習歷程，並能透過雷達圖及數據值呈現學習成果。

創客師 → 核發 **Maker Learning Credential Certification 創客學習力認證** → **學員**

學員收穫：
1. 讓學習有目標
2. 診斷學習成果
3. 累積學習歷程

單張證書

歷程證書
正面 
反面

雷達圖診斷
1. 興趣所在與職探方向
2. 不足之處

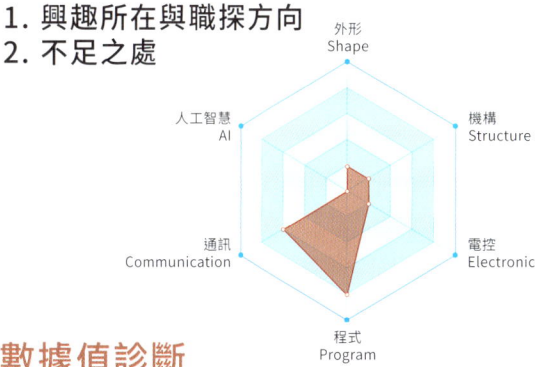

（雷達圖向度：外形 Shape、機構 Structure、電控 Electronic、程式 Program、通訊 Communication、人工智慧 AI）

數據值診斷
1. 學習能量累積
2. 多元性（廣度）學習或專注性（深度）學習

100 — 10 — 10
創客指標總數　創客項目數　實作次數

100 — 1 — 10
創客指標總數　創客項目數　實作次數

諮詢專線：02-2908-5945 # 132
聯絡信箱：oscerti@jyic.net

Lego SPIKE 機器人

SPIKE Prime 樂高史派克機器人結合豐富多彩的樂高積木元素，易於使用的硬體以及基於 Scratch 的直觀拖放式編碼程式語言，通過有趣的學習活動思考和解決複雜問題。從容易進入的項目到無限的創意設計可能性，SPIKE Prime 可以幫助學生學習必要的 STEAM 和 21 世紀技能，這些知識將成為明天的創新思維，同時獲得樂趣！

影片介紹

核心學習價值

- 將工程設計技能應用於設計過程的各個環節。
- 通過拆解問題和邏輯思維來培養高效的問題解決能力和程式設計能力。
- 設計將軟硬體結合起來的項目，以收集和交換數據。
- 處理變數、數組和雲端數據。
- 運用批判式思維，並培養未來職業發展所需的核心技能和素養。

產品清單

	SPIKE Prime 史派克機器人教育版 #45678 產品編號：3015024 建議售價：$12,800	SPIKE 機器人家用版 (Robot Inventor)#51515 產品編號：3015027 建議售價：$11,999
比較		
主機	1 個	1 個
大型馬達	1 個	-
中型馬達	2 個	4 個
壓力感應器	1 個	-
距離感應器	1 個	1 個
顏色感應器	1 個	1 個
鋰電池	1 個	1 個
零件數	523 個	949 個
搭配書籍教材	新一代樂高 SPIKE Prime 機器人 - 使用 LEGO Education SPIKE App- 最新版 書號：PN011 作者：李春雄 近期出版 	創意無限樂高 SPIKE 機器人 - 使用 LEGO MINDSTORMS Robot Inventor- 最新版 書號：PN012 作者：李春雄 建議售價：550 

※ 價格‧規格僅供參考 依實際報價為準

JYiC.net 勁園國際股份有限公司 www.jyic.net

諮詢專線：02-2908-5945 或洽轄區業務
歡迎辦理師資研習課程

書　　　　名	創意無限樂高SPIKE機器人-使用 LEGO MINDSTORMS Robot Inventor
書　　　　號	PN012
版　　　　次	2022年01月初版
編　著　者	李春雄‧李碩安
總　編　輯	張忠成
責　任　編　輯	稀奇文創 吳祈軒
校　對　次　數	8次
版　面　構　成	陳依婷
封　面　設　計	陳依婷
出　版　者	台科大圖書股份有限公司
門　市　地　址	24257新北市新莊區中正路649-8號8樓
電　　　　話	02-2908-0313
傳　　　　真	02-2908-0112
網　　　　址	tkdbooks.com
電　子　郵　件	service@jyic.net
版　權　宣　告	**有著作權　侵害必究** 本書受著作權法保護。未經本公司事前書面授權，不得以任何方式（包括儲存於資料庫或任何存取系統內）作全部或局部之翻印、仿製或轉載。 書內圖片、資料的來源已盡查明之責，若有疏漏致著作權遭侵犯，我們在此致歉，並請有關人士致函本公司，我們將作出適當的修訂和安排。
郵　購　帳　號	19133960
戶　　　　名	台科大圖書股份有限公司 ※郵撥訂購未滿1500元者，請付郵資，本島地區100元 / 外島地區200元
客　服　專　線	0800-000-599

國家圖書館出版品預行編目資料

創意無限樂高SPIKE機器人:使用LEGO MINDSTORMS Robot Inventor / 李春雄, 李碩安
-- 初版. -- 新北市：台科大圖書, 2022.01
面；　公分
ISBN 978-986-523-378-5（平裝）
1.電腦教育 2.機器人
3.電腦程式設計 4.中等教育
524.375　　　　　　110019990

網　路　購　書	PChome商店街 JY國際學院	博客來網路書店 台科大圖書專區		
各服務中心	總　公　司	02-2908-5945	台中服務中心	04-2263-5882
	台北服務中心	02-2908-5945	高雄服務中心	07-555-7947

線上讀者回函
歡迎給予鼓勵及建議
tkdbooks.com/PN012